U0452976

美学与文艺批评丛书

高建平　主编

审美趣味与文化权力

黄仲山　著

中国社会科学出版社

图书在版编目（CIP）数据

审美趣味与文化权力/黄仲山著.—北京：中国社会科学出版社，2023.9
（美学与文艺批评丛书）
ISBN 978-7-5227-2726-4

Ⅰ.①审… Ⅱ.①黄… Ⅲ.①审美评价—关系—文化史—研究
Ⅳ.①B83-05

中国国家版本馆 CIP 数据核字（2023）第 201875 号

出 版 人	赵剑英
责任编辑	张 潜
责任校对	王丽媛
责任印制	王 超

出　　版	中国社会科学出版社
社　　址	北京鼓楼西大街甲 158 号
邮　　编	100720
网　　址	http://www.csspw.cn
发 行 部	010-84083685
门 市 部	010-84029450
经　　销	新华书店及其他书店
印　　刷	北京明恒达印务有限公司
装　　订	廊坊市广阳区广增装订厂
版　　次	2023 年 9 月第 1 版
印　　次	2023 年 9 月第 1 次印刷
开　　本	710×1000　1/16
印　　张	24
字　　数	335 千字
定　　价	128.00 元

凡购买中国社会科学出版社图书，如有质量问题请与本社营销中心联系调换
电话：010-84083683
版权所有　侵权必究

审美趣味背后权力金字塔的崩塌及其重建

——黄仲山:《审美趣味与文化权力》序言

黄仲山博士的这部著作《审美趣味与文化权力》,讨论一个美学上的大问题,即审美的趣味是如何形成的,在它背后,文化权力如何起作用。

趣味是现代美学体系建构中形成的一个核心概念,也是美学这个学科实现现代转型的重要标志。在欧洲,从古代到中世纪,美学的主要关注对象是客观事物的美,即什么样的对象是美的。由此,形成了三种观点,即美在事物间或事物内部各要素的比例和对称,美在物的光与色,以及美在对象的整体性。美在比例和对称,来源于毕达哥拉斯的关于数学美和几何图形美的论述。柏拉图在《斐利布篇》中接过这个观点,建立了西方美学史上的形式主义大传统。美在物的光与色,与普罗提诺论单纯事物的美的论述有关。这种观点认为,对象的材质、色彩和光,本身就是美的,并不是由于对象或要素间的关系才美。美在对象的整体性,继承的是亚里士多德关于戏剧要有头、有中间、有结尾这种生物学的比喻,认为美的对象,尤其是艺术品,是一个有机的整体。到了中世纪后期,托马斯·阿奎那将三者结合起来,认为美包含了三个条件:完整或完善,合适的比例或和谐,明亮或清晰。这是对欧洲客观主义美学的完整叙述。

主观论的美学,即从审美主体方面研究美学,也可溯源到柏拉图。在著名的《大希庇阿斯篇》中,提到了美与快感问题,尝试在"快感"

的基础上讨论美是什么样的"快感",针对什么物的"快感","快感"与后果有什么关系等问题。美是使人愉快的,说到这里,只是说了一个常识。两千多年前的柏拉图就意识到,宣示常识,将之宣布为一大发明,是一种愚蠢。审美主体之间千差万别,审美对象所提供的感受也千差万别,美本身难寻,于是,该文最终得出的结论是:"美是难的",这是破感,也是从"美感"的角度研究美学的发端。此后,从主体方面研究美的观点时有出现,但从客体方面论美的观点却始终占据着主导地位。

到了近代,从审美主体方面研究美受到越来越多的人重视。这方面的研究,指向着两个方向:一个方向是哲学的,产生了审美趣味学说和审美态度学说;另一个方向是科学的,产生了诸种神经-生理-心理学说。这两个方向有时相互交叉,有时相互排斥,但在更多的情况下各自独立。由于美的复杂性,神经-生理-心理的研究方向,尽管也有进展,但却遇到重重困难,很难产生具有普遍说服力的理论。这种研究把人当成"被试",而人是复杂的,不只是被动的"被试",而是有着主动性;同时人是群体性的,受着社会、文化的影响。于是,这种心理研究最终还是要绕回到哲学和文化研究上来。

审美趣味学说是一种介乎主客之间的学说,其基本观点,用朱光潜的一句为人所熟知的话就说,是"在物为刺激,在心为反应"。趣味是 taste 一词的翻译,这个词原来的意思是口味,涉及人在品尝食物时对于对象的选择和感受。这与此后出现的更具主观性的审美态度学说有很大的区别。审美态度说强调,主体对于对象取什么样的态度,就会产生什么样的反应。朱光潜先生早期在《文艺心理学》中所讲的"距离说""移情说"都属于审美态度说,由主体去"拉开距离""投射情感"。20 世纪 50 年代,他降低其美学观的主观性程度,提出主客观统一说,是重新回到审美趣味说上来。

在美学史上,审美趣味学说相对于此前的种种新柏拉图主义和新亚

序　言

里士多德主义的美学学说来说，是一个重要的进步，它将研究的焦点转移到了人的感性经验上来了。审美趣味是人的感性经验能力及其结果，是属人的现象，其全部复杂性也正在于此。

英国有一个谚语谈到趣味无争辩。如果这是指口味的话，那么，显然争辩是没有意义的。黄瓜白菜，各有所爱。人们在饮食中，有着各自的习惯。招待客人，一定要照顾客人的口味，而不是把自己的口味强加给客人。然而，审美趣味说恰恰是在说趣味有争辩。人可以有高雅的习惯或者粗俗的习惯，要培养建立在高雅习惯上的高尚趣味。英国经验主义哲学家休谟所主张的趣味说，就是致力于趣味的提高。趣味的敏感度的形成，既依赖先天的能力，也要靠经验的积累和能力的训练。他举品酒师神奇的能力为例，说品酒师能从一桶葡萄酒中品出一把钥匙的金属味，显然是先天能力与后天训练的结果。审美欣赏也是如此，有人敏锐，有人粗钝，这里有高低之分，审美趣味说正是强调这种主观能力的培育。

康德的美学深受休谟的影响，他将审美看成是趣味判断，而美是趣味判断的对象。然而，这里是指个人的趣味还是集体的趣味？同样的对象，有人认为美，有人认为不美，那怎么办？面对这个古老的哲学和美学问题，康德就求助于主体间的"共通感"，而这种"共通感"又建立在一种人之所为人的共同的心理构造之上。照此说来，与其说康德解决了美学上的问题，不如说，他只是提出了问题，从而形成了一个新的开端。

人与人是不一样的。审美趣味研究的真正的复杂性正是从这里开始的。我们都熟悉鲁迅先生所说的话：焦大不会爱上林妹妹，这两个人所属的社会阶层不同，趣味也不同。读《红楼梦》，可看出其中形形色色的人所具有的不同的趣味。焦大与一些奴仆的趣味差不多，尽管其间也有精粗之分、个性和地位之分。丫环在主人身边服务，档次要高一些。丫环们之间等级也不同，一些大丫环趣味要高一些，据说是主子们调教的结果。在主子们之间,也有高下之分。贾宝玉高于贾环和薛蟠,贾政高于贾赦,有着个性的差异。贾母、王夫人和王熙凤尽管文化水平不高,由于在贾府的地位高,他们的趣味也受到尊重。刘姥姥进大观园,衬托出了贵族与平民的趣味差别。贾母通过这个人展示自己怜老惜贫的品德,而林黛玉却将她说成是"母蝗虫"。书中还有一个另类的妙玉,其趣味特别高雅,但高雅得连林黛玉和薛宝钗都受不了。这里面各有各的情况,但雅俗之分和雅俗之争却以各种方式显示出来。

趣味不是共同的,但不能对趣味之别作相对主义的解释。焦大不会爱上林妹妹,于是各有所爱,各有趣味。但是,话不能说到此为止。在一个社会里,有着上流社会的趣味,也有平民的趣味。这种高级趣味与低级趣味之分,本质上也是社会地位的区分。处于上层的人群,在趣味上也占据着统治地位,权力的金字塔会造就趣味的金字塔。于是,有着上层对下层的压迫和渗透,下层对上层的羡慕或不屑,上层对美的展示和欣赏的垄断,下层的不满和对低等趣味的自得其乐。

在中国古代,有人品决定文品、诗品、画品的说法。好的艺术家不是"轩冕才贤",就是"岩穴上士",在"轩冕才贤"和"岩穴上士"之间又有分流。更进一步说,比起社会地位外,有着种种复杂性。中国古代文人与贵族之间的趣味有种种的差异。由于基于儒家教育的科举制度和文官制度,中国的文人集团尽管对君主和皇亲国戚、贵族集团在政治上处于从属地位,但在文化上却处于优势地位。他们的审美趣味有时也会成为主导性的趣味,反过来影响贵族和平民。例如文人的诗、画、音乐方面的成就,被贵族和平民追慕和仿效。

在欧洲中世纪,贵族的趣味受教会的影响,到了近代,新兴资产阶级在审美趣味上受贵族影响。这是主流,但也有相反的逆流。贵族趣味的世俗化,冲击修道院的清规戒律,带来人性的解放。新兴资产阶级有成为新贵族的动机,效仿贵族,但也不可避免地带来平民的趣味。这种复杂性,再加上城乡之间、地域之间、民族和文化传统之间,以及性别

序　言

和代际所形成的种种差别，形成了崇拜和效仿，压服和不服，喜爱和厌恶，这些都是影响审美趣味的种种因素，其中的权力关系起到了重要作用。如此说来，这本书抓住了美学上的一个关键问题：文化权力。本书围绕这个观点，提供了材料，整理了研究脉络，提出了自己的见解。对于美学研究来说，这是一个正确的方向。希望这本书能被学界喜欢，对当代美学研究提供启发。

当然，回到柏拉图的这句老话："美是难的"，这本书知难而上，作出了自己的努力。趣味与权力的关系是复杂的，不能一朝一夕解决。这是一个两千多年来人们反复思考的问题，但历代人的思考都不会是白费力气。美学正是在这种思考过程中得到了发展和进步。

高建平
2023 年 3 月 17 日于深圳

目　　录

导　论 …………………………………………………………… 1

第一章　审美趣味理论权力维度的伸张与遮蔽：从休谟、康德到布尔迪厄 ……………………………………………… 15

　　第一节　休谟的趣味标准：无争辩原则与标准性原则的矛盾 … 17
　　第二节　康德的趣味判断：功利与无功利的悖论 ………… 38
　　第三节　布尔迪厄的趣味社会学批判：区隔与支配的真相 …… 46

第二章　审美趣味与文化权力的纠结与缠绕 …………………… 54
　　第一节　趣味与权力：从个体精神性到社会支配性 ……… 55
　　第二节　隐性"区隔"与显性支配：审美趣味与审美权力的双向建构 …………………………………………… 85
　　第三节　社会权力结构转型中的审美趣味：历史的维度 …… 97

第三章　权力关系域下趣味的几种二元对立模式 ……………… 118
　　第一节　东方与西方：趣味差异与地域差异 ……………… 121
　　第二节　自身与他者：趣味差异与种族差异 ……………… 142
　　第三节　男性和女性：趣味差异与性别差异 ……………… 158
　　第四节　亲代与子代：趣味差异与代际差异 ……………… 178
　　第五节　人类与自然：人的尺度与自然尺度 ……………… 193

第六节　城市和乡村：乌托邦与反乌托邦 …………………… 206

第四章　文艺趣味与权力冲突：艺术之辨 …………………… 221
　　第一节　艺术发展与权力演进 ………………………………… 221
　　第二节　高低之分和雅俗之辨 ………………………………… 231
　　第三节　经典传承与权力播撒 ………………………………… 244
　　第四节　趣味的标准与批评的标准 …………………………… 253

第五章　生活图景与趣味认同：生活之思 …………………… 264
　　第一节　日常生活经验与审美经验 …………………………… 264
　　第二节　消费的趣味与趣味的消费 …………………………… 268
　　第三节　时尚的批判与趣味的批判 …………………………… 277

第六章　趣味观念与社会精神：文化之观 …………………… 283
　　第一节　文化趣味脉络与人类精神史 ………………………… 283
　　第二节　文化趣味与文化格调 ………………………………… 289
　　第三节　文化趣味与文化情怀 ………………………………… 296

第七章　重塑趣味社会结构与价值标准 ……………………… 311
　　第一节　大众趣味权力化批判的反思 ………………………… 312
　　第二节　走向大众，而不是趋向大众 ………………………… 323
　　第三节　审美教育何为：一种基于审美的思考 ……………… 331
　　第四节　趣味关系何以合理：一种基于正义的解读 ………… 336

参考文献 …………………………………………………………… 351

后　记 ……………………………………………………………… 373

导　论

一

审美趣味是美学领域里一个非常重要的概念，在西方，对于审美趣味相关话题的研究已有相当长的历史，不仅在学术史占据较为重要的位置，而且具有思想史意义。西方美学理论体系中，一般认为审美趣味是从味觉延伸出来的一种审美鉴赏力与判断力，在中国美学语境中又可以理解为一种品位、品格，即一种审美的主观倾向性和个人的审美素养，与古代文人士大夫的艺术观念、生活环境乃至人生境遇息息相关。

在西方，趣味（taste）最早是由"味道""味觉"衍生而来的一个概念，在古希腊语词汇中类似于 γενσις，根据罗念生、水建馥所编的《古希腊语汉语词典》，这个词有三个义项，分别为"味觉""尝味、品尝"和"食物"。[①] 此外，法语中表示趣味的词是 Goût，在词典中释义为"味觉""味道"，以及"趣味"和"品味"；德语用 Geschmack 来表示趣味的意思，其中也有"口味"与"味道"的含义；在英语语境中，除 taste 这个词外，也常用 relish 一词表示"滋味""味道"和"趣味"的概念，而这经常出现于 17—18 世纪英国的一批理论家相关论述中，成为启蒙时期哲学的关键词汇之一。对欧洲几种主要语言文化中"趣味"一词的词源进行综合分析，可以看出"趣味"所指具有基本的

[①] 罗念生、水建馥编：《古希腊语汉语词典》，商务印书馆 2004 年版，第 166 页。

共性，具有共同的话语源头和演绎方向，从源头来看，"趣味"最早与品尝食物的味觉相关联。因此，在近现代哲学和美学理论中，审美趣味通常被作为一种感官能力，这不仅是因为美学自鲍姆嘉通以来就存在着"感性学"认知传统，而且还有趣味概念本身源自味觉感官的因素，就如美国哲学家阿瑟·丹托所言："审美口味是味觉的一个自然隐喻"。[①]西方理论体系关于"趣味"的讨论基本是沿袭这一路径向前拓展的。其次，"趣味"与"味道"一样，首先被认为具有个体经验性，个体性就意味着难以避免的差异性，即由个体感官的差别所造成的品鉴经验差异，当后来的"趣味"理论探讨越来越深入时，面对思维和话题分岔缠结乃至无法延续，就会有人主张"趣味"回归"口味"原初的现实体验，重新建立思维模型，梳理个体到群体之间演进关系的整条思路。"趣味"进入审美领域之后，似乎被赋予了超出天然味觉经验的理性、道德等社会价值因素，加上先前与"口味"一以贯之的经验直接性，使得审美趣味成为联结感官与道德、经验与理性、个体与群体的一个兼具自然性与社会性的文化概念。除此之外，从时间维度来看，"味道"所包含的是瞬时性的感觉经验，而"趣味"则被认为是具有历时性传承特征的、深具历史感的人类精神形态，体现了某种精神萃取与汇聚的过程。因此从这个意义上说，"趣味"是经过经验反刍和理论反思的，已经超越了"味觉"和"味道"一时一地的感官经验，相对地具有一定历史深度和文化积累的意义，换句话说，趣味在审美语境中，更多的是一种文化上的选择而不是生物学意义的选择。

"权力"一词在西方源自古拉丁语词汇 Potere，原意是"能够"，或者可理解为具有做某种事情的能力，后来派生出英语 Power 和法语的 Lepouroir；另有一种观点认为"权力"一词出自拉丁语 Autorias，衍生至英语即成为 Authority，不过这一词汇更多地与"权威"的意思有关，

[①] 阿瑟·丹托：《寻常物的嬗变——一种关于艺术的哲学》，陈岸瑛译，江苏人民出版社 2012 年版，第 117 页。

导　　论

而本书论述则更多地择取前者的含义，意即掌控事物的力量和能力。在汉语中，"权"原先是指用来测量物体重量的一种器具，后引申为动词，指衡量对象的力量、地位、价值等。在现代汉语语境中，"权力"不仅指一种力量，也包括一种支配关系。一般而言，"权力"一词的外延有狭义和广义之分，狭义的权力一般指政治权力，是由政治架构派生出来的威权和宰制权，指社会某个组织或阶层对其成员或其他人群的某种影响力和支配力。广义的权力则分为政治权力、社会权力和文化权力等，是掌握政治资源、经济资本和社会文化资本的阶层全面影响和控制其他阶层的能力和力量，这种权力可以渗透进社会各个层面，并且能够从多方权力掌控中获取足够的回馈。霍布斯用权势一词来说明人如何利用自然优越性和后天获得的优越性来获取具体利益，他对权势的解释是："使一个人受到许多人爱戴或畏惧的任何品质或其声誉都是权势。"① 权势的来源不仅包括高贵的出身和财富、力量等显在的实力优势，而且包括仪容、口才等隐性素质，从这个角度说，体现非同一般的趣味，自然也是个人或阶层权势的一种显现。如果将趣味命题的分析纳入社会权力视域中，那么需要明确的是，审美趣味所包含的权力结构更多地体现在社会文化权力这一层面上，遵循权力最基本的逻辑，但与传统的政治权力又有较大区别，这不单单表现为所赋权力的来源不同，而且控制和支配方式、权力所涉各方关系等都呈现不同的状态和面貌。

回到理论源头来说，审美趣味作为审美感受力，必然会产生个体差异，这种感受能力的差异势必在社会交往中形成文化区分，形成某个群体的优越感，并且借由文化资本的硬性占有和文化舆论的软性影响形成对他人支配的权力。德国哲学家马尔库塞分析了某种社会环境下趣味的形成过程："在一种稀缺性的社会体系下，人们以形成劳动资料为目的、以竞争性为导向来发展其感官能力，娴熟的技巧、忍耐力和优雅的

---

① ［英］霍布斯：《利维坦》，黎思复、黎廷弼译，商务印书馆2017年版，第63页。

趣味作为（人的）素养被生活、职业和权力所塑造并维持下来。"① 这就是说，从审美趣味的养成过程及其在不同人群中所体现的迥异面貌来看，人们追求所谓的"优雅趣味"，反映的不仅仅是以个人审美素养提升为目的，还受到争夺与掌控权力的动机以及支配与反支配等社会逻辑的影响。因此，我们很难做到将"趣味"悬置于个体内在精神这个牢笼，从而进行封闭性的逻辑演绎，审美趣味必然涉及社会各类权力因素，涉及人与人的关系史，因此需要从社会和历史两个纵横维度来定位"趣味"的内涵，进而把握"趣味"在审美文化体系中的价值。

二

在社会思想文化史中，审美趣味命题总是处于人的自然属性与社会属性、个体性和群体性、工具性与价值论等论域和范畴的交叉点上，是一个多方勾连而又颇具张力的关联体。从历史性来分析，审美趣味命题跨越前现代、现代以及后现代各个历史时期，从一个独特的角度映射了不同历史阶段美学和文化思想的发展面貌；而从学科跨度来看，审美趣味经历从美学之外到被纳入美学，继而超越美学的过程，实际上是以美学范畴为中心，向生物学、人类学、心理学乃至文化社会学等学科领域多方发散，从而延伸出多重维度，渗透到人文精神不同区块的命题论域，审美趣味的权力维度是其中非常重要的部分。如果将审美趣味放在人类社会整体发展进程中审视，就会发现，趣味从来不是一个纯粹的美学命题，它包含着社会文化各个阶层、各种群体之间力量的斗争与妥协，其形成、维系、消解与重建等过程持续受各方政治、经济乃至文化利益碰撞、平衡等动态过程的影响。

一方面，审美趣味理论与相关社会理论的关系是双重的，从审美趣

---

① Herbert Marcuse, "Technology, War and Fascism", in Douglas Kellner, ed., *Collected papers of Herbert Marcuse*, Vol. 1, London and New York: Routledge, 1998, p. 64.

导　论

味范畴可以窥视甚至洞穿不同阶层之间在特定社会结构下维持静态平衡和保持动态发展的真相，直臻审美活动各个群体观念差异和批评尺度鸿沟的关键所在，同时可以更为清晰地理解一些社会理论的演进过程与丰富内涵；另一方面，社会学相关理论在审美趣味研究中占据重要位置，形形色色的社会理论都曾试图通过审美趣味分析来说明和佐证社会关系的具体形态与社会权力架构的整体面貌，这在德国法兰克福学派理论以及法国布尔迪厄等人的社会学理论中都有具体体现。因此，如果说审美趣味相关理论的演进观念给社会文化整体面貌的研究提供一个窗口和角度，那么各个时期的社会理论思潮则给具体的审美趣味分析提供一个大的社会语境和历史文化背景。审美趣味从哲学云端化入生活和具体的社会场景，可大处着眼，也可小处细描，围绕趣味话题，既有成体系的理论宏篇，也有闪着智慧灵光的短笺小言，这其中既有面向社会整体风貌的宏大视野，也有透入艺术与生活细微处的精妙之论；既有形而上的哲学架构，也有接地气的生活体悟。就审美趣味本身来说，这不仅有利于我们对趣味理论产生全面的了解，而且使得审美趣味研究具有了超越美学论域本身的人文社会价值。因此可以说，审美趣味是把握社会发展脉象、观察社会人文风尚不同面貌、领悟社会文化背后权力关系的重要关节点和窗口，对审美趣味历史的与社会人文的审视，应以美学为基点，同时跳出美学学科的限制，形成具有广泛阐释力的开放性命题。

　　审美趣味是当下人们普遍关注的一个话题，尤其是契合理论界对于各种亚文化和边缘文化的关注，如后殖民主义、女权主义、生态伦理以及大众文化理论等，它们都或多或少会从审美趣味角度寻找支点，或踵述前言，或另辟蹊径，对审美趣味做出各种版本的解读，试图以此来阐释历史和当下的文化现象和问题，丰富相关文化理论的社会实践样本，增加自身话语体系的阐释效力。此外，这种寻找理论支撑的举动使得人们对审美趣味的关注越来越偏向社会性和政治性，包括思考其中所包含的权力支配结构及其影响。这种现象本身折射出我们的时代文化研究的兴奋点，即联系政治来研究文化现象，联系意识形态来解读理论。从这方面来说，审美趣味的权力性话题研究恰好切中当下社会文化种种现象和问题的根源，不仅具有理论建构的意义，而且具有指向现实实践的价值。

三

宽泛地说，西方对于审美趣味的研究可以追溯到古希腊时期。近代以来，从英国休谟、里德、夏夫茨伯里、哈奇森等人的思想启蒙开始，到康德的哲学思辨，再到布尔迪厄的文化社会学研究，形成关于趣味的各具特色的经典理论体系。20世纪以来，西方关于审美趣味的研究更多从一种社会政治与文化相联系的角度进行解读，从法兰克福学派的文化批判理论到伯明翰学派的文化研究理论等，对审美趣味结构在权力关系中的形成和发展都给以足够的关注，其中很大一部分是祖述休谟、康德等人的观点并加以阐述与批判，其中加入了社会文化的分析样本，将社会不同阶层文化趣味问题放在资本主义条件下、放在文化工业与大众文化发展的大环境、大趋势下进行分析，突出了社会批判和文化介入的姿态。

后现代主义理论家对于趣味的权力属性和标准问题十分敏感，试图通过多种角度对审美趣味相对稳定的社会结构与价值标准进行解构，同时提出趣味多元化和非中心化观念，以印证后现代的社会分析与解构思潮。后殖民主义、生态主义、女权主义理论家和大众文化的倡导者都试图通过对在原先权力结构中处于次等地位的文化的不平等状况进行分析，向所谓的中心和主导文化发起挑战，这其实也是对趣味中心论提出质疑，解构中心和边缘的二元关系，使原先被遮蔽、被压制的审美趣味形态和观念进入人们的视野，获得被平等对待和审视的机会。当然，要达到边缘走向中心、后台进入前台的目的，所伴随的必然是对之前审美

导 论

文化秩序的批判和解构。比如，后殖民理论家爱德华·赛义德在其名作《东方学》中指出西方与东方之间存在一种权力关系，这种权力关系包括文化趣味上的关系，呈现西方自古希腊以来对于东方文化包括审美趣味观念体系的认知与描述，揭示西方话语对东方文化的想象性建构，对这一过程所体现出的西方中心主义提出批判；另外还有一批女性主义理论家如朱迪丝·巴特勒、弗吉尼亚·伍尔夫等，她们重点关注男性对女性在政治、经济、文化上的支配，试图解构男权社会对女性的统治关系，表达女性寻求身体和精神解放的诉求，这种诉求也表现在对女性趣味的表述与关注上；此外，美国哲学家阿诺德·柏林特等人从环境美学建构的思路和立场出发，对人的价值观包括趣味观对自然所造成的伤害进行反思，试图建构一种人与自然相互和谐、符合美学规律的自然环境和人文环境；审美趣味命题的探讨还与20世纪后半叶以来艺术终结及美学重构等话题相联系，阿瑟·丹托从艺术品观念史变迁的分析出发，指出现代艺术趣味对艺术的命运走向产生决定性影响；韦尔施在《重构美学》中对日常生活审美化问题进行探讨，从审美趣味和观念的重构问题引向美学的重构问题。所有这些，都显示了当下美学研究一个重要思路是与社会理论研究相结合，尤其是审美趣味话题的探讨，已经越来越超出纯粹美学的圈子，与更为广泛的社会文化理论乃至政治理论研究形成了紧密的联系。

关于审美趣味的话题，一般认为是一个西方概念，在中国，"趣味"一词与美学上所说的审美趣味在内涵和外延上并不能完全等同，如上文所述，趣味在中国文人士大夫群体中多指作为文化圈子与阶层标识的品位。由品位所体现出来的诸多文化表象进行延伸，趣味又时常与生活和艺术中的赏玩、趣玩联系起来，比如晚明"公安三袁"乃至清代袁枚都主张生活与艺术的灵性和趣味，从生活中的器物、艺术的手法到人生的境界，都强调随性而不刻意，自然灵动而不局促板滞，此即为一种"有趣味的生活"和"有趣味的艺术"，显然，这与西方审美趣味概念产生了较大的差别。近代以来，中国一批知识分子受西方文化思想熏陶，将中西趣味的理论糅合到国家和民族救亡图存的语境中，比如梁启超的生活艺术化理论有关"趣味"的表述，就是一个多方杂糅的理论，有学者分析说："梁启超从中西文化中借用了趣味的术语，但他所界定的'趣味'既非单纯的艺术品味也非纯粹的审美判断。"① 梁启超所说的"趣味"，意义比较含混，既指一种"情感"，也用来代指"美"，"在梁启超看来，'趣味'、'情感'、'美'有着相同的含义，在他的文章中，许多时候会把这三个词混同使用"②。实际上，联系他的"趣味教育"相关表述来看，"趣味"所包含的含义或许更为复杂，不仅有快乐、生趣等审美情感的意思，也有接近于西方"趣味"概念中审美判断能力与倾向的含义，总体上体现人的情感状态、精神品格和审美能力等各方面的精神素养，而他所强调的"趣味教育"，既指"美育"，其实也包含了知识教育和伦理教育的内容。除此之外，民国时期还有梁实秋等人倡言"趣味"，似乎更偏于一种情感范畴的表达，当时美学语境中的"审美趣味"似乎与中国审美批评话语中的"品味"更为接近，而且论述较为集中的是关于"雅"和"俗"的话题，朱自清在《论雅俗共赏》一文中梳理了中国文学史上雅文学和俗文学的形成与变化过程，指出"雅""俗"的相对性，探讨如何才能"俗不伤雅"，"雅俗共赏"，他列举了《西厢记》和《水浒传》的例子来说明"雅人"与"俗人"不同立场背后的利益以及权力关系，"雅人"的评判是海淫海盗，而"俗人"老百姓却喜欢，朱自清指出："'海淫'、'海盗'只是代表统治者的利益的说话。"③ 朱自清的这番话就涉及对审美趣味背后权力关系的理解，所谓"雅俗"界限的设定有时并非出自审

---

① 金雅：《"趣味"与"生活的艺术化"——梁启超美论的人生论品格及其对中国现代美学精神的影响》，《社会科学战线》2009年第9期。
② 王旭晓：《梁启超"趣味教育"思想对当代美育的启示》，《杭州师范大学学报》（社会科学版）2008年第5期。
③ 朱自清：《论雅俗共赏》，江苏文艺出版社2008年版，第7页。

导　论

美，而是出于维持统治秩序的需要，朱自清可谓透析了传统文论中"雅俗"趣味背后的文化权力本性。

新中国成立以来，受特殊的政治和文化语境催动，形成了两次"美学热"，围绕美学的话题展开许多相关的讨论，审美趣味话题在其间也屡次被提起。文艺界在毛泽东《在延安文艺座谈会上的讲话》的思想指导下，一般是将关注点放在雅俗文学的探讨上，对旧时所谓贵族趣味与高雅文化基本持一种批判态度，相应地提出"雅俗共赏"文艺观。美学家王朝闻先生在《喜闻乐见》一书中详细论述如何使文艺作品被群众所接受，他说："文艺能够适应群众需要的另一个重要原因，在于文艺作品相应地曲折地表现了群众的审美经验和习惯，审美趣味和能力。"① 意思是说，艺术家在个人的审美趣味上要尽可能接近群众，才能创造出群众喜闻乐见的作品，这与新中国成立以来文艺理论与美学界的主流思想是基本一致的，即文艺为工农兵服务，审美趣味观念要取自群众、接近群众并服务群众。

近些年，国内学者在西方哲学家休谟、康德、布尔迪厄等美学理论与文化理论基础上，结合中国古典美学和当下的美学实践，对审美趣味理论做出了新的阐释，尤其是在当下社会文化转型时期，通过审美趣味权力化结构的批判，对当前消费社会中存在的文化区隔与权力支配现象进行解读，分析文化趣味层级结构的合理与不合理之处，并且由此探讨美学与艺术的未来命运，以及社会审美文化秩序的重建等问题。国内关于这方面的研究论文和著作较多，兹举几例：高建平在《发展中的艺术观与马克思主义美学的当代意义》中论述了城乡之间趣味的区隔，还以欧洲资产阶级兴起后社会各阶层趣味的种种动态变化为例，说明资产阶级在审美趣味上与原有的封建贵族趣味体系是一种承接关系，这其实说明趣味作为一种文化资本，其支配方式与经济、政治资本的不同之处，在这方面，贵族和资产阶级形成一种合谋关系。高建平引用杜威的

---

① 王朝闻：《喜闻乐见》，作家出版社1963年版，第334页。

观点指出趣味分层给社会文化发展带来的问题:"一方面是高雅艺术日益苍白,另一方面是下层人满足于粗俗的刺激。"① 因此,他呼吁打破这种阶层的划分,建立起全民的艺术。李春青多年来研究中国传统文人趣味,他在《论"雅俗"——对中国古代审美趣味历史演变的一种考察》等文章中详细考察了文人趣味的来源与特性,分析所谓"雅俗"观念的形成以及中国雅俗文学的演变,他的一个基本认识就是:文人通过显示独特趣味,打造高雅品格,对社会文化施加持久广泛的影响力,这其实就透露出趣味背后微妙的文化权力关系。彭锋在《回归——当代美学的11个问题》一书中,将"趣味是否有高低之分"作为当代美学一个重要命题进行分析,他从历史角度对休谟的趣味理论以及后现代理论家的批判话语进行了对照,论述后现代美学家对以休谟为代表的现代美学趣味概念中所包含的不平等性、不公正性的批判,同时介绍了后现代美学家倡导的多元趣味的种种特征以及他们对原有趣味标准的解构过程。彭锋在对后现代多元趣味进行分析之后,将话题引向全球化时代的趣味标准,倡导建构具有国际风格与现代感的新文化。他指出不同文化间交往的重要性,认为只有这样,"才有可能软化趣味的顽固性,进而提升趣味的境界"②。周宪在《中国当代审美文化研究》一书中将审美趣味看作是一个整合的概念,一方面体现为审美主体面对对象的选择性,即审美偏爱;另一方面体现了主体在审美活动中的价值规范和判断力。同时,他提出群体趣味这一概念,认为这种趣味类型才真正具有社会学意义,并且以此为基础展开趣味的社会学分析。他结合当前中国审美文化发展的现状,对趣味体现的社会学结构进行了分析,从官方文化、大众文化和精英文化的三分法出发,分别对正统趣味、精英趣味以及大众文化的流行趣味存在和发展情况进行了详细的分析,指出其中所

---

① 高建平:《发展中的艺术观与马克思主义美学的当代意义》,《文学评论》2011年第3期。

② 彭锋:《回归——当代美学的11个问题》,北京大学出版社2009年版,第201—223页。

包含的种种影响与支配的权力关系。最后，还分析了三种趣味之间的互动结构，对未来社会趣味结构进行展望："不管未来的趣味结构是怎样的，有一点可以肯定，那就是未来的趣味结构必定不是一元的中心化，而应该呈现出多元的丰富状态。"①

总的来看，国内对审美趣味相关命题的研究论文较多，以审美趣味为专题对象的研究著作却并不常见，大多是以论著的若干章节出现，如上面所提到的周宪《中国当代审美文化研究》、彭锋《回归——当代美学的11个问题》等，都以专章形式对审美趣味做出了探讨，并且引介了中西方关于审美趣味的理论研究，还有朱国华《文学与权力——文学合法性的批判性考察》一书，论述了文学与权力之间的关系，为文学理论研究提供了一种新的思路。此外，就国内的博士、硕士论文来说，与审美趣味命题相关的有复旦大学范玉吉的博士论文《试论西方美学史上趣味理论的变迁》、黑龙江大学郜静的硕士论文《英国近代经验主义美学的审美趣味理论研究》等，都是从美学范畴出发，侧重对西方趣味理论史进行梳理。除此之外，还有关于西方理论大家休谟、康德、布尔迪厄等趣味理论的研究，如山东师范大学李占伟的博士论文《布尔迪厄文艺思想研究》、西北大学刘楠的硕士论文《从趣味判断到趣味区隔——布迪厄对康德趣味美学的反思》等，这部分专题研究重点梳理美学史上重要的思想家关于审美趣味的理论，其中有对于文化权力维度的描述，但总体上是围绕思想家整个思想体系来进行研究的。

综合国内与国外研究现状可以看出，虽然关于审美趣味的理论研究比较充分，其中不乏从社会文化权力角度来解读审美趣味的文章和著作，但多数只是在某个方面有所涉及，缺少专门的、深入的研究。因此，本书将审美趣味的变迁和文化权力的演变过程联系起来，通过文化权力的视野来观照审美趣味，希望借此对历史上出现的种种审美趣味理论做出更准确的理解，对审美趣味和文化权力在历史变迁中的关系产生

---

① 周宪：《中国当代审美文化研究》，北京大学出版社1997年版，第202—221页。

更清晰的认识。此外，如前所述，由于中西审美趣味概念的所指既有交叉也有区别，在谈论这一话题时，首先应区分中西不同的理论语境，避免相关命题和概念的混用和误用，本书所侧重的是西方审美趣味理论脉络的梳理和阐释，同时兼及中国古代趣味理论中交叉与融通的部分，从而分析审美趣味在人类社会发展中的存在形态与发展轨迹。

四

审美趣味的相关命题在美学史上被一论再论，任何涉及审美趣味的研究都必须面对过去几百年的美学传统而产生某种"影响的焦虑"，使得后来的研究者经常面对大师们各种形色、各种角度的精辟论述而陷于无可言说的窘境。重拾这一话题进行研究，主要面对的现实困难有三，其一是资料浩如烟海，爬梳整理出一条较为清晰的线索，是一项极为浩大的工程。作为西方美学的一个核心概念，不同时期、不同文化背景的理论家都对审美趣味提出了自身的见解，研究者想要穷尽所有的材料，几乎是不可能完成的任务。其二是观点千头万绪。审美趣味是极具争议性的话题，时代、地域、性别、个人立场和文化背景的差异都可以带来观念上的不同，趣味问题因此似乎从来未曾有过定论，这样就对研究对象与研究立场的选择提出了诸多挑战，但也正是因为如此，使趣味问题的探讨具有了现实意义和无限可能性。其三是趣味问题的内涵、外延涉及范围太广，很难从整体上把握全貌，更难掌握其全部的细节。审美趣味虽然是个美学概念，但同时引起了社会学、文化学甚至伦理学等研究者的关注，究其原因，趣味问题本身就隐含了从个体选择到群体认同直至社会体系性控制这样一种递进式的政治、文化与社会伦理关系。虽然具体的研究会遇到某些现实困难，但依然有章可循，不仅有大量文献可资借鉴，而且拥有足够的腾挪余地和创新空间。

本书试图通过还原和梳理近现代以来属于个人精神史范畴的个体审

导　论

美趣味演变历史（尽管限于相关史料的掌握程度和本书的篇幅，这种还原是非常不充分的，梳理的历史也是不连续的），来发掘隐藏在趣味命题背后以多重维度呈现的文化权力关系及其变迁历程，趣味精神图谱的演变与文化权力生态的变迁形成两条随历史进程不断变化的轨迹，在某些历史阶段并不太清晰，如草蛇灰线，若有若无，但总归是有迹可循，而在有些历史阶段则显示出强关系形态，两条轨迹的缠绕状况能够清晰可见，由这些显现出来的迹象推衍历史全貌，这是现代科学研究中所包含的基本思路以及所应用的普遍策略。

此外，通过这一命题的研究，可以对当下美学界关注的一些命题做出回应，比如日常生活审美化问题、艺术定义问题，以及生态等维度的介入问题等，这些都或多或少与审美趣味的层级结构以及所包含的中心—边缘等二元关系相关，同样在某种意义上受权力运作的影响，如果能够理顺审美趣味与当下社会关系和文化发展状况的种种联结，或许能从另一重角度对这些问题提出新的认识。本书的创新之处体现在三点，首先，把握"审美趣味"与"文化权力"两个关键词，从权力的视角来分析审美趣味，将社会学以及文化相关理论运用到审美趣味的审视与研究中，在不同学科和知识体系的交叉点上对审美趣味命题进行全新的观照。其次，本书结合审美趣味层级结构发展变迁的历史语境，对休谟、康德、布尔迪厄等哲学家相关理论体系进行批判性解读，以现代观念和现代视野来串联经典理论，形成本书相对独立的观念与理论体系，比如对休谟所提出的趣味标准问题进行历史分析，对布尔迪厄审美趣味的文化区隔理论进行社会学还原等。此外，本书运用权力的视角来分析审美文化生活和艺术理论与实践，在揭示审美趣味与社会权力背后种种关系的基础上，对生活美学与文艺美学一些关键性的命题进行了探讨，比如对于传统的艺术高雅、低俗之分进行辨析，对经典的生成与解构问题、日常生活经验与审美经验问题等进行解读，从而形成了某些创新性的观点与评述。

另外需特别说明一点，审美趣味不可否认具有个体精神自适自足的方面，带有审美意识方面的独特追求，本书只是希望突出趣味与权力的相关性以及结合权力来考察趣味演进的规律，并非有意将趣味从纯粹审美的牢笼引向另一个唯政治或者说唯权力的牢笼，因此本书的立场虽不赞成将趣味与社会权力剥离开来的观点，但也不是对相关的社会政治与文化批判理论作不加选择的接纳与阐释。理论阐释与建构本身很难做到严丝合缝，价值界定也很难固守某种不变的社会模型，本书希望能够将审美趣味和文化权力的关系命题面向历史和社会两个维度进行开放性的辨析与延展，最终的指向是，在审美关系和社会关系的结合点上研究趣味与权力的关系，并找出在现实的权力关系影响下一种合理的、能最大限度地体现社会公平正义的社会审美趣味形态，以实现社会精神文化的和谐发展。

第一章　审美趣味理论权力维度的伸张与遮蔽：从休谟、康德到布尔迪厄

西方对于审美趣味这一命题的言说与探讨肇始于古希腊时期，最初从人自然感官中的味觉开始谈论，然后延伸至更为广泛的社会文化领域。如果我们回溯精神文化发展的历史，就会发现趣味话题的讨论有时虽然走得很远，但总是带有比附味觉感官的痕迹。趣味（taste）一词的含义在西方从最初的味觉感官偏好逐渐涉及美学领域的审美倾向，其间经历了相当长一段历史时期的演进，发展状态与西方历史编年中政治、宗教、文化等大环境息息相关，从中世纪蛰伏沉息到启蒙时期喷涌而出，从现代性语境下的独立建构到后现代背景下的消解与重构，社会文化大环境的种种变迁与延宕，无不在趣味话题的探讨上得到清晰体现。审美趣味这一命题经过不同话语层面的语义辨析和价值依附，其论证过程从散漫逐渐趋向严谨，论述思路从朦胧转向清晰，表述内容从杂乱多元无序的状态逐渐向美学话题中心集中，在面临解构思潮时又不断整合，在话题集中时又趋于发散，在此回环拉锯过程中，围绕趣味概念形成一套联结多方观念和视角的言说体系。从这一点说，趣味既可以算是一个深具历史性的古老话题，又是紧随时代文化风潮而不断变迁的新话题。

联系美学发展历史，趣味虽然在古希腊时期就成为思辨性话题，被作为一个严格意义上的审美命题则始自 17—18 世纪，如果将 18 世

纪鲍姆嘉通提出专门化的感性认识研究作为"美学"学科的起点，那么此前关于审美趣味的各种观点都还没有真正进入学科意义上的美学论域来进行建构。此外，经过现代哲学认识领域的深化和思维范式的转变，审美趣味所关联的人的精神生活各个层面以及社会阶层的各种复杂形态，都被规以一种全新的价值尺度和论辩形式来进行言说，对审美趣味的理论探讨被整个地含纳进现代性乃至后现代性的思想发展轨迹，这样来说，审美趣味又是一个近代以来不断纳入新质的开放性命题，这一方面是由于趣味在美学自身框架内还有无限的张力，另一方面是因为趣味命题紧紧依随时代文化变迁和思想更新，使得趣味的内涵永远无法仅用哲学思辨的方式穷尽，这也是各历史阶段的思想家在趣味命题上不断提出不同创见的理论动因。

审美趣味自17—18世纪以来，经历了不同的哲学语境和历史语境，其中最为显明的是英国经验主义美学—德国古典美学—法国社会学的线索，其思想内涵以及外部指向都因论述背景和视角的不同产生较大的差异。本章试图从大卫·休谟（David Hume）、康德到布尔迪厄关于趣味的理论出发，结合社会文化权力的维度，梳理和论述审美趣味理论在西方现代哲学和社会学史中的发展沿革与具体形态。当然，这种梳理途径肯定会忽略乃至遗漏许多甚至是很重要的理论发展时期和流派，比如17世纪在法国发展兴盛的新古典主义美学，其中对宫廷贵族审美趣味的辩护以及对趣味法则的保守态度都是非常值得关注的。此外，这种分类也并不意味着对同一地域、同一时期相关理论作简单化处理方式的认同，比如在休谟所处的18世纪英国，哲学和艺术理论远非经验主义所能够简单涵括，包括夏夫茨伯里（Shaftesbury）和约书亚·雷诺兹（Joshua Reynolds，1723—1792）等人都在某种程度上偏向理性主义，而经验主义哲学家自身也并非将经验与理性决然对立。因此，上述这条线索只是一种笼统的分类，其实在思想史上，理论流派通常彼此之间相互借鉴和影响，形成你中有我、我中有你的交错现象，国家、地区等方

第一章 审美趣味理论权力维度的伸张与遮蔽：从休谟、康德到布尔迪厄

面的限定性也时常被打破，对一个命题探讨的立场不能完全以特定的历史时期和社会地域背景来划界，尤其是审美趣味这一超越时代和地域的重要美学命题，语境化解读往往更贴近实际，但适当跳出语境更能接近趣味命题的本源和本质。

在这里之所以循着上述这条线索，一方面是考虑针对审美趣味的权力维度这一研究论域，能够对自启蒙时期以来审美趣味理论进行某种程度的筛选，可以最大限度地保证论述思路的清晰，同时忽略掉相对芜杂的信息；另一方面是因为近现代审美趣味理论最具代表性和突破性的发展，应该就是以休谟为代表的英国经验主义美学、以康德为代表的德国古典美学，以及以布尔迪厄为代表的法国社会学理论。在这三位思想家身上，不论是所体现的理论深度、所承接的社会问题广度，还是其理论后续的生发性和影响力，都在审美趣味研究历史语境中占据着重要位置，并成为理论界不断批判与阐释的话语源头和范本。他们的理论不仅可以呈现审美趣味理论发展的不同面貌，尤为重要的是，从不同立场和角度对审美趣味与社会权力结构的联结做了经典的阐释，这将是本书针对这一命题进行研究最主要的逻辑起点和历史依据。

第一节 休谟的趣味标准：无争辩原则与标准性原则的矛盾

一 经验与理性的交织碰撞：英国启蒙时期的趣味理论

从16—17世纪的培根、笛卡尔开始，欧洲哲学开始迈入近代化进程，哲学从本体论转向认识论，哲学研究也逐渐将注意力集中到人的认识层面。在这一过程中形成了英国经验主义和大陆理性主义两大派别。这种哲学思潮的流变对美学思想的发展产生了巨大而深远的影响，当欧洲哲学围绕经验与理性进行争锋交错时，美学中"美感""观念""道德""理性"等相关范畴都经历了哲学思辨的洗礼，在这

一过程中，关于审美趣味的探讨也因哲学派别的分野而遵循着不同的思路，而对趣味一些基本命题的理解却在这种经验与理性的交织碰撞中得以不断地扩展与深化。

在17世纪之前，审美趣味至少并没有得到一种系统的考察与持续的关注，而从17世纪开始，欧洲进入启蒙时期，审美趣味在当时被作为一个严肃的启蒙性问题而提出来加以探讨。围绕趣味命题的哲学对话映射了当时启蒙思潮席卷欧洲的时代背景，并与当时各国资产阶级政治运动与政治诉求相对应，德国哲学家加达默尔结合历史分析了趣味问题的启蒙性质："趣味概念的历史依循着专制制度从西班牙到法国和英国的历史，并且与第三等级的前期发展相一致。趣味不仅仅是一个新社会所提出的理想，而且首先是以这个'好的趣味'理想的名称形成了人们以后称之为'好的社会'的东西。"① 这就是说，良好的趣味在启蒙语境下被看作是理想社会的一个标志，实际上是反抗专制制度的一个突破口。随着社会思想呈现现代性转型趋势，审美趣味理论开始深入新的哲学批判语境和人性解放思潮的中心，成为建立新的道德观念、社会伦理和美学理论的重要突破口，体现了启蒙思想家以现代性社会文化秩序取代旧的贵族文化和神学思想体系的文化与政治诉求。

在17世纪或更早的时候，英国思想家霍布斯与洛克承接培根的经验主义哲学思想，进一步奠定和完善了经验主义哲学的基本观念体系。霍布斯在性恶论与极端功利主义思想的基础上，将美感作为体现善恶的途径与表现，因此审美愉悦在某种程度上和善恶相关的愉悦相一致。他重视人类对事物的辨识力，即一种判断力，认为判断力在诗中保证了一种逼真的效果，使人产生审美愉悦。霍布斯对判断力在艺术中作用所进行的辨析，不仅是延续真善美关系的旧题，也开启关于艺术辨识力讨论

---

① ［德］汉斯-格奥尔格·加达默尔：《真理与方法——哲学诠释学的基本特征》上卷，洪汉鼎译，上海译文出版社2004年版，第46页。

第一章 审美趣味理论权力维度的伸张与遮蔽：从休谟、康德到布尔迪厄

的新意。洛克的美学思想，按朱光潜先生的观点，更多地是对霍布斯理论的发挥和修正，然而他的代表性著作《人类理解论》对于审美趣味理论的探讨影响很大，洛克坚持认为人心中所存的原则并不是上天赋予，包括道德的原则和实践的原则，都不是天生存于人内心的印迹，而是后天形成的，由此，洛克不相信人类理解中有一些共同的天赋原则。人类有一些实践的、思辨的原则是人们所普遍同意和一致承认的，但正如他所说的："普遍的同意并不能证明有什么天赋的东西。"① 洛克对于人类知识、道德和美感等精神起源的理解与康德哲学的"先验论"原则不同，洛克不认为这种普遍的原则是人类心灵在受生之初就受之于天的，这与康德趣味判断所立论的天生的"共通感"截然不同，因此可以推论，在洛克那里，人的趣味和人的知识观念一样，在人群中可以得到普遍认可，并非是由于天生的主观心理条件，而是通过别的途径所致，特别是后天的教育等因素。

17—18世纪之间英国哲学家夏夫茨伯里的道德哲学和美学思想体系更倾向于莱布尼茨的大陆理性主义，朱光潜在《西方美学史》中将夏夫茨伯里归于剑桥学派的新柏拉图主义一派，与霍布斯、洛克等的经验主义思潮相对立。② 夏夫茨伯里提出道德感和美感是先验存在的，我们拥有一种特殊的"内在的感官"（Internal Sense），这种感官能够像视觉、触觉和味觉等一样直接感知德性和美，虽是属于理性部分，但却具有人类感官所共同具有的不假思索的辨识力。夏夫茨伯里所言的"内在的感官"判断其实综合了经验派和理性派的观点，既将其归于理性范畴，又指明它具有感官经验的直接性特征。按夏夫茨伯里的说法，通过这种所谓"内在的感官"，我们可以直接"品味"美的对象，获得不需所凭、无需他证的美感愉悦。这种直接的审美判断即体现为"趣味"的能力，来自天然的禀赋和良好的修养，是一种与灵魂相联系的功能，

---

① ［英］洛克：《人类理解论》上册，关文运译，商务印书馆2009年版，第7页。
② 朱光潜：《西方美学史》，人民文学出版社1979年版，第205—206页。

只有少数上层精英才能够拥有，就像道德感区分德性高低一样，这种对美的"内在的感官"能力成为区分人审美品性高低的标志。在谈到"趣味无争辩"话题时，夏夫茨伯里认为，我们谈论人的愉悦，不能因其情感具有个体属性就拒绝其中价值评判的存在，而他所提的价值评判处处比照着道德善恶的标准，以善恶德行的显明事实来说明趣味高低的明晰道理。他举例说，如果一个暴君恣意横行，残忍无状，并以"趣味无争辩"为名阻断他人反对其恶行，那么他所获得的愉悦就不可能是美好而无可指责的。此外，他认为一个富有却灵魂肮脏的人很难享有真正的审美愉悦，这不是"趣味无争辩"这个俗语可以解释的，他所下的判断是：德不配位、善意不昭导致美感难寻，恶行恶状的人趣味不可能达到某个高度。他进一步提出，每个个体都存在固有的"思想情境"（Situation of Mind），我们对于审美愉悦的认知就来自于此，而个体的思想情境是不同的，这导致个体之间对于审美愉悦的判断也不尽相同。夏夫茨伯里将审美判断标准建立在他所说的"思想情境"设定上，"思想情境"是否合理，关系到趣味判定是否合适："因此我们不得不思考哪种思想情境是最合理的，即如何选择更好的视点，以使我们的辨别最佳；如何进入一种不偏不倚的状态，以使我们作出最适合的判断。"[①] 所谓的"思想情境"包含了存在于个体情境之中的审美趣味，要使人们在审美辨识的时候达到最优的情境，就需要在趣味上达到一定的水准，这其实是要寻求一种标准的建立，以挽救"无争辩"观念所带来的道德沦丧和审美失准，从人的精神源头上将趣味拉进特定的体系，不让趣味问题游离于某种规范之外。

此外，同时期的英国散文家、诗人约瑟夫·艾迪生（Joseph Addison，1672—1719）也对趣味问题进行了相应的探讨，在他那里，

---

① Anthony Ashley Cooper, Earl of Shaftesbury. "The Moralists: a Philosophical Rhapsody", in Douglas den Uyl, ed., *Characteristicks of Men, Manners, Opinions, Times*, Vol. 2, Indianapolis: Liberty Fund, 2001, p. 230.

第一章　审美趣味理论权力维度的伸张与遮蔽：从休谟、康德到布尔迪厄

趣味的官能是指一种想象力，人们通过想象的愉悦来品味美的对象。18世纪初，艾迪生与散文家理查德·斯梯尔（Richard Steele，1672—1729）合作创办著名的《闲话报》（The Tatler），通过探讨娱乐、时尚以及来自会客厅沙龙的闲谈话题，暴露当时社会存在的矫揉造作的生活艺术和不合时宜的趣味，分析什么才是更为理想的趣味状态，为当时新兴的中产阶级提供思想、礼仪和修养的规范。后来两人还创办了另一份杂志《旁观者》（The Spectator），艾迪生和斯梯尔为杂志创作了大量讽刺性小品文和小说，以文学的形式树立了假想的道德哲学乡绅，对新时代的生活方式进行描述，对社会形形色色的人物进行批评，体现各阶层生活趣味的碰撞。另一个具有影响力的哲学家伯克（Burke），与其他经验主义哲学家一样，都是将趣味放在审美心理层面上进行考察，将趣味归于人的想象力范畴，认为趣味原理是所有人共有的，但并不意味着每个人在趣味上是同等的，他说："既然趣味属于想象力的范畴，那么它的原理就适用于所有人；在趣味发生的影响方式上没有什么区别，在引起影响的原因方面也没有什么差异；但是在程度上存在差别，这主要来自两个原因；或者是因为天赋感觉能力特别强，或者是因为曾经对事物进行过长时间的、细致的观察。"① 伯克描述的趣味所依托的是心理共性，他将趣味的发生机制和影响人的原理设定为具有普遍一致性，这来源于共同的心理基础，而他所提的趣味程度差异也是基于心理层面的分析结果，天赋感觉能力高低和后天的观察训练程度，都是影响趣味的原因。无论是强调原理一致，还是承认程度差异，实际上都说明趣味标准的存在，使得这种认同与区分能够统一起来。

18世纪后期，英国画家、艺术评论家雷诺兹也偏向于将趣味和理性相结合，他联系自身绘画创作经验与个人鉴赏实践，对审美趣味进行一番审视和考察，认为审美趣味作为鉴赏力是艺术中辨别正误的一种力

---

① ［爱尔兰］埃德蒙·伯克：《关于我们崇高和美观念之根源的哲学探讨》，郭飞译，大象出版社2010年版，第23页。

量,不能仅将其当作人的感知来看待。他以绘画艺术为例,主张将庄严与崇高作为趣味的范本,以此来避开不健康的和卑下的趣味。他同时认为,要形成必要的、良好的审美趣味需求助于哲学与理性。然而,正如19世纪初英国画家詹姆斯·诺斯科特(James Northcote)在雷诺兹传记中所评述的那样,在那个时代,雷诺兹虽然关注并改进了审美趣味这一重要命题,然而"却并没有更多地将他的天才放在这个命题上,对其加以完善和扩展"①。也就是说,雷诺兹从艺术经验出发对于审美趣味命题或许有真知灼见,但并未真正从哲学层面对这一命题进行深入开挖与阐释。

1707年,苏格兰王国与英格兰王国正式合并,这是英国近代历史上最为重要的政治事件之一,自此以后,两个长期争战的民族相互借重,携手并进,开启了工业革命的序幕。从思想文化演变角度来看,政治合并深刻地影响了启蒙运动进程,使得大批思想家在英格兰和苏格兰两地涌现出来,形成基于新教传统的迥异于欧洲大陆的思想体系。同时,合并的结果也使得后世对英国18世纪思想史产生了不同的界定与表述。一般说来,人们习惯将18世纪英国思想史看成一个整体,以与德法等欧洲大陆国家思想史进行对照。然而我们却难以忽视一个极为重要的事实,即群星闪耀的苏格兰思想家群体在近代启蒙思想史上完全可以独立地占据着一席之地,在整个18世纪,除了洛克、夏夫茨伯里等英格兰哲学家之外,围绕着爱丁堡、格拉斯哥、阿伯丁这些苏格兰城市,同样有一批杰出的思想家活跃在学术圈和艺术圈,如弗朗西斯·哈奇森(Francis Hutcheson)、大卫·休谟、亚当·斯密(Adam Smith)、亚当·弗格森(Adam Ferguson)、托马斯·里德(Thomas Reid)等,他们在政治、经济、哲学文化等诸多领域发表开创性的学说,在思想上

---

① James Northcote, *The Life of Sir Joshua Reynolds*, Printed for Henry Colburn, Conduit-Street, London, 1819, p. 3.

第一章　审美趣味理论权力维度的伸张与遮蔽：从休谟、康德到布尔迪厄

相互探讨、交锋和借鉴，形成了后世学者所称的18世纪苏格兰启蒙运动①，这是一场思想的盛宴和文明飙进的风暴，无论从思想家的个人成就还是整体上对人类思想史的影响来看，这一时期苏格兰思想家的光芒都很难被掩盖，对西方文化（尤其是对法国、美国）产生了重要的影响，也为整个人类社会迈入近代文明提供了宝贵的思想资源。

由于同处大不列颠岛，苏格兰与英格兰虽在历史上存在诸多恩怨，但在文化上存在紧密联系，尤其是在18世纪初政治上最终形成统一体之后，苏格兰的这批启蒙思想家在哲学与美学等方面和英格兰思想家联系更为紧密，两地思想界的交流与呼应更为频繁，所关注的理论方向彼此一致，所形成的思想语境相互嵌合，推动哲学和美学理论整体快速发展。哈奇森、休谟等人受洛克、夏夫茨伯里的思想影响很深，在思想上的承接关系已远远突破地域所形成的差异，这使得我们在讨论休谟等人时，常常忽略其苏格兰的身份背景。事实上，苏格兰当时存在的哲学氛围和理论环境，对于这批思想家提出理论创见、延伸理论话题、借鉴理论成果具有极大的意义。当时苏格兰的思想家依托大学、哲学学会、文化刊物等机构和组织，形成了某种意义上的学术共同体，拥有相互交流的渠道，常常集中某些话题进行探讨和争辩，这有利于思想的充分展示与相关话题的不断延伸。比如在18世纪中期，苏格兰爱丁堡形成了围绕审美趣味命题的热烈讨论，当时许多知名艺术家和哲学家都参与其中，作为讨论的具体成果，留下了一系列影响深远的著作和观点，成为美学重要的思想资源。就影响力而言，大卫·休谟的文章《论审美趣味的标准》（Of the Standard of Taste，1757）备受关注，此外亚历山

---

① 据英国学者亚历山大·布罗迪所编《苏格兰启蒙运动》一书的绪论所说，学界对于苏格兰启蒙运动这一提法存在争议，有些学者认为启蒙运动是波及整个欧洲的，并未发展出明显的国家特征，因此苏格兰人并未创造一个独立的苏格兰启蒙运动。然而也有不少学者倾向于将当时苏格兰一批学者单独提出来，因为他们的学术思想受苏格兰当时特殊的政治、经济、社会、教育、法律、宗教等方面背景的影响，不可避免地带有特定社会环境的印迹。本书所论及的休谟等一批思想家的趣味理论，由于同样受到当时苏格兰社会文化环境的深刻影响，为集中论述以及便于理解，故此采用了苏格兰启蒙运动的说法。

大·杰拉德（Alexander Gerard，1728—1795）的《趣味杂记》（*An Essay on Taste*，1759）、艾伦·拉姆齐（Allan Ramsay，1713—1784）《关于趣味的对话》（*A Dialogue on Taste*，1762）等，也是探讨审美趣味的重要理论著作，另外，亨利·霍姆（Henry Home，Lord Kames，1696—1782）、托马斯·里德（Thomas Reid，1710—1796）、约书亚·雷诺兹等人的相关观点在当时都具有较大的影响。总体来看，这场关于审美趣味的讨论具有延续性，趣味这一讨论对象的内涵和外延也基本清晰明确，融合在当时具有一致性的思想语境中，这场讨论主要有两个命题，其一是人的感官、情感（激情等）与理性能力等精神方面的特质与审美趣味的关联；其二则是审美趣味的标准问题，许多哲学家在讨论审美趣味时都围绕这两个命题展开，形成关联度较高的对话语境，使得这一时期的审美趣味理论具有清晰的思想脉络和观念领域。澳大利亚哲学家亨利·洛瑞对18世纪苏格兰学派哲学家的美学理论进行了分析，认为这些理论"具有一种强烈的家族相似性（family likeness）特征"，自哈奇森以降，"他们几乎一致地采取了心理学的研究方法，讨论我们关于美的感情的特征，并且追问它是由什么性质或哪些性质所激起的"[①]。从心理学的探究延伸到美学中的趣味理论，是苏格兰同时代哲学家的普遍思路，比如，他们对趣味的理论研究通常基于一个核心的心理学概念，即"内在感官"。夏夫茨伯里的学生哈奇森承继了"内在感官"的概念并进行阐发，他认为人的感知是有区别的，因此需要使用不同名称来界定产生不同感知的那些感官能力，他说："我们会用其他的名称来命名这些更高的、更加令人愉快的美与和谐的感知，即称它们为感性印象的接受力，一种内在感官的能力。"[②] 在哈奇森看来，正是这种"感官"才是美感的真正来源。哈奇森依据"内在感官"说的基

[①] ［澳］亨利·洛瑞：《民族发展中的苏格兰哲学》，管月飞译，浙江大学出版社2014年版，第189页。

[②] Francis Hutcheson, "Of Beauty Order, Harmony, Design", in James O. Young, ed., *Aesthetics: Critical Concepts in Philosophy*, Vol. I, London and New York: Routledge, 2005, p. 48.

第一章 审美趣味理论权力维度的伸张与遮蔽：从休谟、康德到布尔迪厄

本原理，系统地阐述了审美趣味的某些理论。他将美感作为审美趣味与审美能力的统一，一般而言，人们判断事物能否给人以美感，结论应该是一致的，但事实上这种判断一经放入人群进行协调沟通，其结果却大相径庭，这种实际结果与预期设想的落差经常会打击试图给世间万物设定框架律条的近现代思想家，然而问题总会有解决之道。哈奇森沿用洛克"观念的联想"（Association of Ideas）这一概念来试图破解难题，比如，将美的事物与令人讨厌的东西联系起来，或者将事物美的属性与丑恶的属性相互联系纠缠，就会影响到我们的审美判断。哈奇森以这种联想机制来解释审美判断上出现的分歧，他举例说，我们对于自然风光的审美感受受到我们早期经历的影响，如果我们在那里度过美好的青春时光，那么即便是穷乡僻壤也会让我们感觉愉悦，相反，如果我们在那里经受过苦难，那么即便风光秀丽也会勾起我们的不快，哈奇森用这一事例说明人产生审美爱好多种多样的原因，然而，这一情形"不否定我们内在美感官的一致性"①。因此，如果我们美感的产生依据一致的感官基础，审美反馈按相同的规律和法则在运作，那么与之相关联的审美判断必然存在某种标准。要让作为个体的个别判断尽可能准确而有价值，其前提则是需具备较雄厚的联想储备，同时尽一切努力排除偶然联想因素的干扰，使个别判断能够接近或符合那个标准。在哈奇森那里，排除干扰的能力应该是好的审美趣味辨识力所必备的要素，而他所谓的"观念联想储备"即为良好趣味所具有的经验基础与知识基础。哈奇森关于美感与趣味的相关论述对休谟产生了较大的影响，休谟的趣味标准理论从基本观念上看，与哈奇森非相对主义的观点是一致的，即承认存在共同的标准，也承认现实中个别的审美判断随具体情境和审美经验的不同而产生偏差，如何弥合这两个问题所包含的概念性矛盾，是哈奇森分析审美趣味问题所面对的主要难题，也是休谟沿着"趣味无争辩"

---

① ［英］弗朗西斯·哈奇森：《论美与德性观念的根源》，高乐田等译，浙江大学出版社 2009 年版，第 64 页。

命题往下延伸的关键点所在。

苏格兰常识学派创始人托马斯·里德在哲学上站在休谟的对立面，批判休谟的怀疑论，关于审美趣味命题的论述，里德也采用了"内部感官"与"外部感官"的区分，从属于"外部感官"的味觉出发，认为属于"外部感官"的味觉辨识和属于"内部感官"的趣味判断具有一致性。他认为艺术的美触发人的愉悦感，但这种愉悦感来自于人的内心，我们听到美妙的音乐时感到愉悦，是因为内心的某种东西在起作用，在里德看来，这种存于内心的东西就是"美妙的趣味"。[①] 趣味根植于人的内心，形成内在心理结构的一部分，来自外部的种种感官刺激成为趣味外显的诱发性因素。联系当时的哲学语境，里德的这种观念与他的常识哲学具有一定的关联性，里德同时重视"内部感官"和"外部感官"的作用和价值，并在谈到趣味命题时，将两者沟通了起来。当时还有一位比较活跃的艺术家艾伦·拉姆齐也参与了关于趣味问题的讨论，他在《关于趣味的对话》(A Dialogue on Taste, 1762) 中，记录了当时关于审美趣味的一些对话，其中包括对"趣味无争辩"的理解，认为趣味和感觉仅仅是对个体自己有效，"并不能从中延伸出更多的结论"[②]。意思是人们所说的趣味是存在于个体的，无从争辩，而不像其他客观的、物理上的判断，具有较为确定的依据和标准。另外，艾伦·拉姆齐在这种对话的记述中，还表达了与夏夫茨伯里不同的观点，并不将道德责任作为审美趣味的对象，这区别于当时较为普遍的将趣味作道德化理解的方式。

与大卫·休谟寻求将审美趣味与传统习性、教育背景及社会实践等联系起来不同，亨利·霍姆（卡姆斯勋爵）更多地将审美趣味归于人的天赋和上帝的赐予。虽然他一直试图将自己与远房亲戚大卫·休谟的

[①] Thomas Reid, *Essays on the Intellectual Powers of Man*, edited by James Walker, D. D., Cambridge: Metcalf and Company, 1850, p. 431.

[②] Allan Ramsay, *A Dialogue on Taste* (1762), (Kessinger Legacy Peprints), Kessinger Publishing, 2010, pp. 8-9.

第一章　审美趣味理论权力维度的伸张与遮蔽：从休谟、康德到布尔迪厄

许多观点进行区分，然而实际上，从其关于趣味的相关论述可以看出，他接受了大卫·休谟的基本观点。他认为审美趣味时常会发生明显的变化，这种变化出现在人群中，往往会产生某种竞争，这种竞争关系又促使人的趣味得到改善。此外，他还专门谈到趣味标准的问题，明确认为有必要建立审美趣味的评判标准，这与休谟观点在大的方向上是相符的。在他看来，所谓的"趣味无争辩"观点其实是在拒绝比较，排斥对趣味进行任何评判，如果这种思维观念成立，那么世间拥有恶趣味的人就可以逃脱任何的指责，艺术因此就无所谓好坏之分。特殊情况下"趣味无争辩"似乎有道理，但如果整体来看审美趣味的概念特征，无争辩无法形成对趣味的统一认知与认同，对其进行阐释就会遇到难以逾越的障碍。他建议从人的自然天性中寻找某种根基以解决趣味的普遍性问题，"如果我们能够求诸于这一根基，那么审美趣味的标准将不再是一个秘密。"[①] 他以人的道德感来进行对比，认为人之天性也拥有一种对趣味普遍性进行判断的自然标准，这是我们之所以成为同一种属的客观原因。尽管当时现代启蒙思想已冒出尖芽，但哲学思想中体现神的旨意、捍卫贵族王权的意识仍占据很大空间，尤其是在相对偏远的苏格兰，思想界保守与激进的力量同样强大。如果结合亨利·霍姆本人的观念倾向与身份背景来对其趣味观念进行分析，他之所以想要寻求一种趣味的标准，论证其存在的可能性与特性，目的就是要用一种贵族可掌控的准则来规范社会中每个个体千差万别的趣味，从而将贵族的身份优势转化为审美的精神优势，在审美上掌握评判的权力，进而约束人的审美行为。

另外，当时还有一批学者从修辞学角度对审美趣味的功用做出分析。18 世纪英国修辞学研究在很大程度上依附于神学阐释之上，比如在很多情况下，修辞学研究的实际意义是为更好更有效地宣讲基督教教

---

① Henry Home, Lord Kames, *Elements of Criticism*, Vol 2, edited by Peter Jones, Indianapolis: Liberty Fund, 2005, p.721.

义，但修辞学家的趣味观念也同样离不开其特定的文化身份背景以及社会历史环境，他们的很多观点带有一定的启蒙思想印记。乔治·坎贝尔（George Campbell，1719—1796）对启蒙主义与新思潮抱着开明与融通的态度，他在《修辞哲学》一书中，将修辞理论的改写、建构与理性、科学等相关话语结合，以贴近现代主义语境。坎贝尔对审美趣味在修辞学中的作用做了一番阐述，认为良好的趣味可以打磨日常语言中粗陋和生糙的部分，使语言变得更丰富、更精确、更协调、更优雅，这是人本身内蕴的审美趣味加之于语言修辞的增色效果。更明确的是，他将趣味的发生机制与影响效果放置于语言的功能之先："在语言成为人们关注的对象很久以前，（趣味的）这种效果就在潜移默化地影响着人们。"① 英国修辞学家休·布莱尔（Hugh Blair，1718—1800）将审美趣味作为其修辞学研究的基石，他认为趣味在演讲和写作中起着必不可少的作用，因为审美趣味是一种媒介，使得个人的感觉与情感具有普遍价值，这样面向公众传达个人感觉的演讲与写作才有意义。作为朴素实在论者，他将修辞学理论建立在自然原则之上，因此将审美趣味说成是一种从自然和艺术美中获取愉悦的力量。他认为趣味可以还原为两种品性，即"敏感性"（delicacy）和"正确性"（correctness），据他分析："敏感性的力量在于辨识作品的真正价值；正确性的力量在于排斥虚假做作的价值观念。敏感性更多地依赖于感觉，正确性则更多地依靠推理与判断。前者更多是一种天赋，后者则更多是文化艺术影响的结果。"② 与坎贝尔一样，布莱尔将趣味作为一种人类共有的感官能力，然而他同时认为趣味的实现依赖于理性的运用，试图以此来拓展趣味所具有的力量，他将趣味的提升描绘成一种循环，即被修辞学所激发的理性不仅提供了使趣味高雅的方式，人的理性本身也在趣味的这种磨炼中得以提

---

① George Campbell, *The Philosophy of Rhetoric*, 1776. edited by Lloyd F. Bitzer, Carbondale: Southern Illinois University Press, 1966, p. 161.

② Hugh Blair, *Lectures on Rhetoric and Belles Lettres*, Vol. 1, printed by I. Thomas and E. T. Andrews, 1802, p. 18.

第一章 审美趣味理论权力维度的伸张与遮蔽：从休谟、康德到布尔迪厄

升。布莱尔对传统的修辞学进行改造，用以探讨如何对文学作品进行适当的鉴赏，通过修辞学原理和知识的掌握，从而获得欣赏与体验"美文"的能力，最终提升人们的审美情趣。在此基础上他确定，审美趣味部分在于天性，但更多地取决于教育和文化环境，它是一种可以改进的能力，这就不仅仅是修辞学范畴所能含括的了，就像美国学者洛伊丝·阿格纽（Lois Agnew）所分析的那样："布莱尔的审美趣味理论超越了那些（修辞学的）边界，为了揭示一种从语言那里获取的重要的力量源泉。"[①] 这就是说，布莱尔的趣味理论本于修辞学，又超出了修辞学，将修辞学改造为关联趣味的公共交流学，并通过修辞交流到趣味沟通的关系链条，将趣味引向了社会关系层面，趣味由内蕴性概念变成一个在交流中展现价值的公共性概念。他认为趣味法则已成为社会成员之间相互影响的一种动态力量，因此时刻处于社会监控之下，趣味的标准成为维系这种力量关系的条件。此外，按他的说法，标准并不是由个人决定的，而是由人们共同的感官所决定，它最终掌握着判定审美趣味高下的权威。

17—18世纪英国启蒙运动思潮中的这批思想家对于审美趣味命题进行了多角度的探析，产生许多极具启发意义的思想和理论。总的来说，在当时的社会人文语境中，思想界主要还是从"趣味无争辩"这一命题出发，所集中探讨的是审美趣味标准问题，一方面从人的主体精神特性出发进行人性研究，另一方面是从社会整体的文化需求出发进行社会分析，其中融合了这些哲学家、艺术家关于思想启蒙的政治化诉求。在启蒙运动大背景下，启蒙思想家将审美趣味理解为使人显现出优雅的、有教养的一种关键性品质，背后的目标与意图是将趣味改造过程作为人性解放的一部分，让符合资产阶级理想的趣味成为显现现代性审美生活的一种标志。美国美学家比厄兹利认为在18世纪尤其是中后期，

---

① Lois Agnew, "The Civic Function of Taste: A Re-Assessment of Hugh Blair's Rhetorical Theory", *Rhetoric Society Quarterly*, Vol. 28, No. 2, Spring, 1998, pp. 25-36.

"对审美感受的心理学研究和对崇高的热情,给予新古典主义批评体系以最后一击。确定的规则与典范的概念让位于对(个人的、人际间的,以及培养成的)趣味的强调"①。很显然,启蒙运动思想家是要将审美从旧的规则中解放出来,回到人的感官、情感与趣味中进行重新审视。

然而,这批思想家同时具有十分强烈的精英意识,休谟与亨利·霍姆等人本身就具有旧贵族的身份,在苏格兰,艺术家艾伦·拉姆齐在1754年成立所谓"上流社会"(the Select Society),以协调与联系当时法律界、宗教界和文化界等各行业重要人物,亚当·斯密、大卫·休谟以及亨利·霍姆等当时的文化名流都名列其中,这从侧面显示这样一个事实:即启蒙主义思想家在探讨社会启蒙问题时,所注重的是树立一种审美、道德等方面的范式,这实际上还是精英主义的教化观念,因此在涉及审美趣味话题时,一般倾向于非相对主义的观点,将标准问题置于趣味价值观的中心位置,致力于标准的论证与分析,以此为基础实现文化与知识精英启蒙、教化普通民众的既定目标。在这种情形下,所提供的审美趣味标准必然是体现着资产阶级文化与知识精英的审美理念与精神追求,一方面的诉求是打破原先王权与教权对社会精神文化领域的绝对控制,另一方面又试图以资产阶级精英文化趣味为标准实现对整个社会的审美改造,这实际上是在打破旧的审美话语体系之后,树立了一个新的权威模式。

二 休谟关于趣味标准的观念

苏格兰思想家大卫·休谟处于这场启蒙运动的漩涡中心,他的思想不仅与当时整个英国的社会思潮与文化环境产生紧密的联系,休谟作为苏格兰人的身份也在某种程度上影响其具体的理论语境,由于具有鲜明的苏格兰人的思想与情感特征,他在苏格兰启蒙运动中担当着中流砥柱

---

① [美]门罗·C. 比厄兹利:《西方美学简史》,高建平译,北京大学出版社2006年版,第172页。

第一章 审美趣味理论权力维度的伸张与遮蔽：从休谟、康德到布尔迪厄

的作用。因此，我们在考察分析休谟的审美趣味理论时，应结合特定的地域环境与时代背景。

在 17—18 世纪的英国，审美趣味的价值逐步凸显出来，关于趣味的几个重点话题在研究过程中逐渐集中，当时一批思想家在理论交锋和彼此影响下产生了许多具有启发性的观点，休谟关于审美趣味标准的理论就出现于这种大环境下，在休谟之前，这一话题业已历经无数的探讨，在休谟之后，它仍然是人们持续谈论的焦点。在趣味这个命题上，美学史上很少有人比休谟更为频繁地被人所提及，因此，我们似乎可将休谟作为探讨问题的一个关节点，不仅能够深入具体的文化语境，使关于趣味标准这一命题的分析研究代入特定的历史环境和时代背景，而且可以透入趣味作为审美范畴本身所包含的关键性问题，即"趣味无争辩"论争所聚焦的标准问题。联系当时的理论谱系来看，大卫·休谟继承夏夫茨伯里与哈奇森等人关于审美判断非相对主义的观点，辨别和分析了当时苏格兰文化界、哲学界关于趣味的理论探讨，在此基础上对审美趣味的标准问题进行了详细论述。正如上文所言，其实在休谟之前，已有许多理论家谈及审美趣味的标准问题，休谟对这一命题的推进在于，他将审美趣味的群体认同与个体分化这对矛盾问题作了最直接的分析和深入具体的阐释。

休谟关于审美趣味的主要观点集中在《论趣味的标准》一文中，先是论证审美趣味有必要建立某种标准，因为如果要协调人们不同的感受，就需依赖于相对固定的一套标准。接下来，休谟论述了建立审美趣味的标准如何成为可能的问题。作为感觉经验论者，他首先承认人的审美趣味存在差异，根据我们常规的判断，这种差异很容易被觉察出来，然而，实际的差异比想象中要大得多。他拿出语言作为例子进行说明，尽管每个表达审美和定义道德的名词看起来都有固定意思，然而一旦遇到具体的例子，用这些词来描述某件事物、传达某种情感的时候，这些词原先固定的意义就被打破了，人们往往按自身表达需要有选择地释放

词语的意义。休谟想说的意思是，设定审美趣味的标准也遇到同样的问题，即便在一般的层面上看起来似乎一致，但具体到对每个审美感受进行判断，趣味标准就会产生歧义。另外，他从人的感受和理智的差别来分析"趣味无争辩"这句谚语的含义，感受不同于理智，不需要求助外物来证明自身是否正确，所感受的美也不体现为客观存在于事物中的内在属性，而只需和自己的心灵相互合拍即可。这样，在无争辩原则下就形成趣味只对自身的感受负责、因此趣味天生平等这一结论。论述到这里，休谟并未提出有力的证据和逻辑链来应对和解决关于趣味在人之间的差异性以及人之内的自适性的矛盾命题。然而休谟在趣味问题上并没有走向相对主义，他的论述并不会到此为止，紧接着，他又提出一个与之前所说的"趣味无争辩"原则截然对立的"常识的表现"，即虽然人们对趣味高低的评述具有差异，但这种差异超出一定程度之后，就被人们普遍认为是荒唐可笑的，由此看来，人们对趣味状态与价值的评价存在一致性。休谟提出的这种"常识"，看起来仅为一种断语式的现象陈列，为了不使自己的论证链条就此断裂，他必须要找出足够的理由来支持这种论断。他将存在于趣味判断中的"常识"归因于人内在原始心理结构的一致性："从人内心结构的原始状态来看，某些特殊的形式和品质是能够引起愉悦的，而其他一些则引发反感。"[①] 这种求诸于人最初内在心理结构的思路被其后的康德所采用，即所谓"人同此心，心同此理"，在这种认定之下，人的趣味判断一致性具有了看似普遍且又合理的心理基础。在休谟的道德情感体系中，他将"效用"（有用性）作为人类情感和道德价值的衡量标准，趣味正是满足这种"效用"、"直接令我们自己愉快的品质"，他描述了精致趣味所包含的审美价值："对这些神性的美的那种感受性，或者说一种精致的趣味，其本身在任何人物身上都是一种美；因为它传达出一切享受中最纯净、最持

---

① David Hume, "Of the Standard of Taste", in George Dickie, R. J. Sclafani, eds., *Aesthetics: A Critical Anthology*, New York: St. Martin's Press, 1977, p. 596.

第一章　审美趣味理论权力维度的伸张与遮蔽：从休谟、康德到布尔迪厄

久和最无害的享受。"在这里，休谟将所谓"精致的趣味"普泛化，认定这是人类共同接受的价值，在此基础上，他以这种趣味价值判断的一致性为依据，认为趣味使得审美愉悦可以相互传递，"有一些种类的价值之所以受到珍视，是因为它们直接传达给那个拥有它们的人以快乐"[①]。趣味的"效用"不仅在于体现自身的情感满足，而且传递给他人，让同样赞许这种趣味的人获得快乐。休谟论述人们在趣味评判过程中的心理结构问题时，比照了身体其他感官发挥作用的原理，将心理的内在结构不能对趣味作正确判定归因于器官的失调或缺陷，因此他认为在确定趣味的标准时，应该将这种情况排除在外。然而这其中的疑问是，即便像夏夫茨伯里所说关涉趣味判断的是"内在的感官"，但这种感官并不像听觉感官、视觉感官那样可以直接判别正误，与趣味判断相关的所谓感官并不具有直接可见性，某种程度上是一种依靠设定而非直接存在的东西，说到底，这种"内在的感官"是类比出来的概念，即便在趣味判断中真实地起作用，也是内嵌于人的心理结构中，难以避免认知、情感等因素的影响。如此一来，要断定一个人趣味有问题，给出的原因是这个人对趣味直接感知的感官有缺陷，那么肯定会形成争论，如果是盲人、聋人，他们会承认自己身体的某一部分感官出现缺失，但人们一般不会倾向于承认情感、认知出现问题，这样关于审美感知能力个体差别的探讨就演变为趣味多元化的争论，从而回到"趣味无争辩"的老路上去，使趣味差异问题变得纠缠不清，任何相关的讨论都无法再深入下去。为此，休谟引出所谓"趣味敏感性"的概念，来进一步解释趣味存在高低之分的问题。如果说感知有缺陷，对于个体来说需要排除，那么关于趣味敏感性存在差异的论述则使趣味变成可测量、可学习、可改善的东西，将趣味的高低程度按敏感性进行较细致的划分，实现了趣味比较的可能途径，在此基础上确立判断趣味优劣的标准。

休谟为那种能够对审美趣味做出完美评判的批评家进行了描述：

[①]　[英]休谟：《道德原则研究》，曾晓平译，商务印书馆2001年版，第113页。

"强大的感官能力,加上细腻的情感,在训练中得以改进,在比较中得以完善,并且清除了所有的偏见,能够单独胜任对有价值的特性进行评价的工作。这种综合性素质加起来所形成的评判,无论在何处,它都是趣味和美确定无疑的标准。"① 由于要同时满足这么多条件,这就接近于那种理想的批评家,休谟也承认在现实中并不容易找到这种人。在此我们可以发现一个问题,尽管休谟之前的论述似乎都是依据经验事实来立论,但到这里,他对这种批评家的描述以及批评标准的设定首先从主观推断而来,源自一种主观的构想,将其设定为推进逻辑的关键前提,然后再去依附现实。然而对他来说这并非问题的核心,也无须再做更多的论证,他真正的目的是要证明趣味存在高低之分,通过一种立论含糊而公众承认的趣味标准,来说明"某些人(无论要寻找出他们有多么困难)总体上得到人们普遍的承认,即他们拥有超出其他人的权威性……如果能证明这些,那么我们现在的目的就足够可以达到了"②。由此可以看出,休谟论证趣味标准实际存在,实质是要建立某种权威,将趣味得以提升的可能性诉诸接受影响或是支配的关系上,虽然这种权威性建立在人们普遍承认的基础上,但对于个人来说,无法改变已形成的受影响或被支配的关系。休谟以少数人的趣味作为普遍的趣味标准,其实是从主观出发进行某种法则的构建,另一方面却极力比照标准的普遍性与客观性,以此获取标准的衡量与判断功能,并且需要社会全体人群加以遵循。但其中的悖论却无法消除,要穷尽所有主体的趣味是无法做到的,只能从少数人群中提取样本进行分析,以作为标准制定的依据,然而这也必须参照其他群体的趣味,标准如果在仅仅在有限的社会群体关系中建立起来,忽略了其他人群的趣味,标准的信度和效度就无法得到保障。总之,休谟留下了一个矛盾性的话题,即审美趣味如何在承认

---

① David Hume, "Of the Standard of Taste", in George Dickie, R. J. Sclafani, eds., *Aesthetics: A Critical Anthology*, New York: St. Martin's Press, 1977, p.601.

② David Hume, "Of the Standard of Taste", in George Dickie, R. J. Sclafani, eds., *Aesthetics: A Critical Anthology*, New York: St. Martin's Press, 1977, p.602.

第一章　审美趣味理论权力维度的伸张与遮蔽：从休谟、康德到布尔迪厄

个体差异的同时，又服从于既定的、统一的标准。休谟的文章中用假想式、断语式的逻辑处理方式来越过矛盾，显然并不能从根本上解答人们在这个问题上的疑问。说到底，休谟的趣味标准实际上就是在表明：真正能够在设定的趣味标准下进行审美鉴赏是极其精英主义的事情，大部分人都会被排除在外，这也是和他的贵族身份以及哲学思想背景相联系的。

三　休谟趣味理论的影响与批判

休谟关于审美趣味的理论观点后来直接影响到康德，形成现代趣味理论的经典体系，正如乔治·迪基所说："关于审美趣味的论述仅有休谟和康德是最为重要的，而其他理论都可以看作这两种理论（休谟和康德）的发展。"① 尽管在此前与此后都有无数关于审美趣味的论述和理论出现，但都在休谟与康德那里形成某种汇聚和发散，在论述思路、研究范围上都存在沿袭和借鉴的关系。如果说休谟将审美趣味标准问题推向了美学的一个重要位置，那么康德对趣味判断原理的辨析则拓展了前所未有的分析理路，留下了无数存在争议的空间。

美国学者桑塔耶纳在探讨审美趣味衡量标准时，基本上也是沿用休谟的思维，首先是认为审美趣味的职能和基础使得各种趣味能够同时存在，彼此间不会引起道义上的争论与冲突，"要求一种趣味一家独鸣，这种态度是荒诞可笑的"。然而，他同时又提出："必须建立起一个审美趣味的社会标准，否则任何有功效的、累积性的艺术都是不能存在的。"② 他将审美趣味的产生首先归结为审美情感所关联的喜好与偏爱，然而之后需经历一个自省、反思的过程，这一过程有理性的参与，使得审美趣味逐渐完善并固定下来。基于此，他进一步指出各种审美趣味虽

---

① George Dickie. *Art and the Aesthetic*: *An Institutional Analysis*, Ithaca and London: Cornell University Press, 1974, p. 65.

② ［美］桑塔耶纳：《审美趣味的衡量标准》，傅正元译，载《西方美学史资料选编》，上海人民出版社1987年版，第969—977页。

然都具有各自的价值，但其权威性存在巨大的差异，这就产生了权力争夺的空间。桑塔耶纳在趣味价值方面反对多元化，他认为艺术欣赏趣味上的激烈交锋比看似公平的折中主义要好，"高超的欣赏和创作能力需要高度专门化和排他性，因此，艺术上的伟大时代往往是奇怪地缺乏宽容的时代"①。他将人的情感反应与理性反思统一在审美趣味演变过程中，以此论证审美趣味标准的合法性，最终的现实导向就是标举一种优雅的审美趣味，以此来拒斥所谓的庸俗趣味。

休谟关于审美趣味标准的设定也招致许多人的批评，其中一个重要的观点是认为休谟破坏了审美趣味的多元平衡，使趣味在统一标准下丧失了审美观念形态和审美对象选择的多种可能性。比如，美国学者特德·科恩（Ted Cohen）就持一种多元的趣味观，认同每一种趣味背后的价值，因而他对休谟的理论整体持一种怀疑态度。他分析了休谟关于趣味标准的理论，指出两个突出的问题，第一个问题是："是否存在一种方法可以证明这样的观点，即一个人的趣味比另一个人的更为优越。"在这种质疑基础上，他指出休谟的错误在于对趣味进行比较时过于强调"人之间的"（interpersonal）问题，即人与人在趣味方面的关系，却很少考虑到"人内部的"（intrapersonal）问题，即在个体范围内人的趣味不同时期会随着各种内部因素和外部条件的影响而改变，而这种改变仅仅是作为"改变"还是更有目标性的"改善"，后者则必须是假设有一个休谟意义上的"趣味的标准"作为前提的，科恩因此认为休谟在康德《判断力批判》之前就已经做了一个"先验的"论证。科恩质疑的第二个问题是：如果设想趣味有好坏之分，每个人都希望拥有好的趣味，这似乎是显而易见的，但这却回避了一个重要的事实，即我们如何划分趣味的好坏？就像科恩所说："至于这是否是真实的问题，

---

① ［美］桑塔耶纳：《美感》，杨向荣译，人民出版社2013年版，第33页。

第一章 审美趣味理论权力维度的伸张与遮蔽：从休谟、康德到布尔迪厄

则完全取决于一个人如何理解一种趣味优于另一种趣味意味着什么。"①他认为无论人们对趣味作何理解，都找不出理由认定人们必须要向"好的"趣味靠近，也找不出理由让人们希望自身趣味变得更好。按照科恩的观点，人们对趣味好坏的价值认定是基于趣味存在标准的事先认定，然而认定趣味的好坏优劣可能是个伪问题，因为这不符合我们获取审美愉悦的真实需求和具体反映，如果在审美活动中处处浮现出某种趣味的标准，以此规约和取舍我们即兴的选择，那么审美就会失去获取精神愉悦的可能。

此外，美国分析哲学家乔治·迪基也专门对休谟的趣味理论做了一番分析，他从休谟所举的那个《堂·吉诃德》小说中关于酒的品味的例子入手，指出休谟的这个例子所说明的道理与审美趣味理论不能具有完全的通约性，休谟不能说明为何对酒的品味的精细判断能够等同于人们审美趣味的精致问题。然而，迪基认为，与哈奇森认为只存在一种单一的审美趣味的标准涵盖所有审美活动不同，休谟把审美趣味的标准多元化，认为标准虽然有，却是多种多样的，因此迪基认为，休谟尽管动摇了相对主义怀疑派的基础，但是，"虽然不清楚休谟是不是同意，但从某种性质上讲，他的这种引申了的、折中妥协的观点也具有美学相对主义的倾向"②。

休谟关于趣味标准的论述提供了一种极具争议性的话题，如前所述，虽然趣味的标准问题在休谟之前就有无数争论，但休谟第一次用清晰的分析和论述展开了这个命题，而舒斯特曼、科恩和迪基对于休谟的批判和质疑也同样是具有启发性意义的。随着争论的深入以及社会文化语境的变化，关于趣味标准的命题被逐渐引向作为一种社会权力结构的批判，让我们深思趣味作为一种文化导向其背后的权力关系。

---

① Ted Cohen, "The Philosophy of Taste: Thoughts on the Idea", in Peter Kivy, ed., *The Blackwell Guide to Aesthetics*, Blackwell Publishing, 2004, p. 170.

② George Dickie, *Evaluation Art*, Philadelphia: Temple University Press, 1988, p. 154.

第二节　康德的趣味判断：功利与无功利的悖论

除了休谟之外，18 世纪德国著名哲学家康德对鉴赏趣味的理论建构也是绕不开的，他的关于审美判断的四个契机如非功利的愉悦感、共通感的可传递性等，不仅深刻地阐释了趣味判断过程中个体感性精神的特质，而且拓宽了人们对趣味社会沟通功能的理解。

一　康德趣味判断的理论来源

在 1760—1770 年间，康德还处于对哲学和人类思想体系的思索阶段，尚未形成他自身的思想体系，对审美与感性法则的理解跟随鲍姆嘉通对于美学的定义，即美学是"感性认识的科学"；同时他对审美力量的认知则受到伯克和卡姆斯勋爵思想的影响，在审美趣味方面，像保罗·盖耶所说的，康德那时"还没确定审美趣味的存在是依赖于一种特殊的能力，还是一种判断的特殊运用，也没有意识到可以用'先验'的原则来审视审美趣味"[①]。可以说，康德关于趣味判断的思想体系是接受大陆理性主义和英国经验主义两方面的影响而一步步地发展起来的。尤其值得一提的是，在对人性作形而上学思考乃至构建趣味判断理论方面，康德受休谟的影响很大，他在《未来形而上学导论》（1783）中表示："坦率地说，休谟给我的印象是多年前他第一次打破了我独断论的迷梦，给我的思辨哲学以新的方向。"[②] 休谟启发康德走出莱布尼茨的唯理论哲学，对唯理论和经验论进行综合，创建新的理论体系。在 1770 年后十几年的沉寂期，是康德思考、消化和吸收前人理论遗产并形成自己思想体系的过程，在 1781—1790 年间，康德"三大批判"相

[①] Paul Guyer, *Kant and the Claims of Taste*, Cambridge: Cambridge University Press, 1997, p. 17.

[②] Immanuel Kant, *Prolegomena to Any Future Metaphysics*, Translated by James W. Ellington, Indianapolis: Hackett Publishing Company, 2001, p. 5.

第一章 审美趣味理论权力维度的伸张与遮蔽：从休谟、康德到布尔迪厄

继问世，尤其是1790年，他的《判断力批判》完成了他的精神哲学体系，对趣味判断做了基于功利与无功利、个体与群体等二律背反的阐释。

二 康德的趣味判断理论

与英国思想家不同，康德试图为趣味判断寻求某种"先验的"（a priori）基础，他赋予趣味以一种超越性的地位，就在于其法则中拥有一个"先验的"基础，"它要求一种必然性，因此使得每个人对事物是否给人愉悦成为一种有效的判断"①。因此，康德承认自己关于趣味判断的理论与趣味养成途径问题无关，它所关心的是在趣味判断之上的先验基础如何使审美判断成为一种有效的判断，"对于作为审美判断力的鉴赏能力的研究在这里不是为了陶冶和培养趣味，而只是出于先验的意图来做的"②。如果说休谟等人划定趣味标准背后的意图是规制趣味培养过程，康德则有意地隐藏了这种功利性，这与他的"审美自律性"观念是一致的。

康德在"审美无功利"原则上试图回避或消解审美趣味的权力属性，这种立场将审美趣味置于各种类型的权力游戏之外，试图为审美趣味在社会人群中沟通建立一个超越功利性的基础。康德对趣味判断的分析总是试图超越认识论，认为趣味判断并不涉及对任何对象的认识，这种判断也不是针对某一具体对象的判断。实际上就是要切断趣味判断与客观对象、内容之间的联系，在审美领域保持纯粹性的精神乌托邦，似乎是要在美学的根基上铺设一条精神归隐之路。然而，正如他的哲学悖论一样，康德的趣味判断理论也充满了种种悖论与矛盾之处，"审美无功利"其实包含了功利性，在趣味判断过程中试图消解社会权力因素

---

① Tamar Japaridze, *The Kantian Subject: Sensus Communis, Mimesis, Work of Mourning*, State University of New York Press, 2000, p.123.

② ［德］康德：《判断力批判》，邓晓芒译，人民出版社2002年版，第4页。

其实恰恰带来权力的渗透，就像加达默尔所说，康德的趣味判断体现的是一种教化思维，而并非体现一种纯粹审美的目的性。

康德将历史的与社会的因素渗透到对这种"共通感"的论述中，认为个体先验的感官心理特征是共通感产生的必要条件，但它是在一定社会环境下实现其普遍有效性的。他将这种共通感建立在先天的人类感性能力与后天社会道德观念相结合的基础上，体现先验的与历史的结合、个体的与社会的结合："趣味判断根本上说是一种对道德理念的感性化的能力……只有当感性与道德情感达到一致时，真正的趣味判断才能具有某种确定不变的形式。"① 这样一来，不少学者就认定康德的"审美共通感"理论其实只是其道德判断中所依据的道德共通感的变体，这就回归到一个相对更古老的话题，即美与善的统一，这使得人们在道德和美学的研究中常常产生关联性思维。这样，康德所谓的"审美趣味判断"就很难真正超越社会历史的牵绊，进而在审美这个真空环境中完成所谓"无功利"的阐释游戏。

通过了解审美权力的结构与运作特征，可以更深刻地理解康德的"趣味二律背反"命题。康德提出了趣味判断的"正题"与"反题"，前者说明趣味判断不是基于概念的"单称判断"，因为概念具有普遍性，如果建立在概念基础上，就会导致无穷无尽的争辩，因而由此处出发可以引申出"趣味无争辩"的命题；后者说明趣味判断又是基于概念的，因为如果趣味判断的多样性完全是发散而无所收束的，那么就不可能具有太多争论的空间。趣味判断需要得到普遍的赞同，这种赞同建立在人们心同此理的"共通感"基础上，康德说："我是说，只有在这样一个共通感的前提下，才能作鉴赏判断。"② 康德其实把这种"二律背反"作为趣味的一种存在方式，如果深入地看，这背后其实隐藏着不同人群和个体在审美活动中的权力博弈。趣味千差万别是一种原始的

---

① [德] 康德:《判断力批判》，邓晓芒译，人民出版社2002年版，第164页。
② [德] 康德:《判断力批判》，邓晓芒译，人民出版社2002年版，第75页。

第一章　审美趣味理论权力维度的伸张与遮蔽：从休谟、康德到布尔迪厄

状态，然而经过社会整合与权力介入，最终在"共通感"上形成一种秩序，这样，原本看似自由无羁的趣味形态具备了条理化，趣味也就变成一个可探讨的、能够融入艺术规则的命题。

康德还提到了鉴赏趣味与天才的关系，不过，按照康德对天才的定义，天才是给艺术赋予规则的，也就是说，天才其实是艺术美创造的源头，他说："为了把美的对象评判为美的对象，要求有鉴赏力，但为了美的艺术本身，即为了产生出这样一些对象来，则要求有天才。"① 根据汉娜·阿伦特的分析，康德将天赋才能与趣味做了区分，天赋的独创性和想象力被用于艺术作品创造上，而判断一部作品是否为美的艺术，则依赖于趣味的判断。② 在康德那里，天才拥有艺术才能，但天才也需要接受鉴赏力的驯化，需要一种既有规范的引导，使天才变得有教养，在这种情形下，天才的创造力才拥有牢固的支撑，才能获得普遍的、持久的赞扬，并且被人们所自觉追随。从这方面看，康德所指的天才就是艺术趣味的引领者，同时也是鉴赏规范的接受者；天才形塑着审美对象，同时也是被形塑的对象。

此外，康德论述趣味沟通的功能时，提到沟通关系同时是一种妥协关系："这样一个时代和这样一个民族首先就必须发明出将最有教养的部分的理念与较粗野的部分相互传达的艺术，找到前一部分人的博雅和精致与后一部分人的自然纯朴及独创性的协调，并以这种方式找到更高的教养和知足的天性之间的那样一种媒介，这种媒介即使对于作为普遍的人性意识的鉴赏来说也构成了准确的、不能依照任何普遍规则来指示的尺度。"③ 康德这段话表明了他对理想的艺术法则的判断思路，他并非将所谓较高级的文化和受教育的人作为审美趣味标准，而是追求深入内心的普遍传达，这需要趣味范式得到社会不同群体完全自愿的、基于

---

① ［德］康德：《判断力批判》，邓晓芒译，人民出版社2002年版，第155页。
② Hannah Arendt, *Lectures on Kant's Political Philosophy*, edited by Ronald Beiner, Chicago: The University of Chicago Press, 1992, p. 62.
③ ［德］康德：《判断力批判》，邓晓芒译，人民出版社2002年版，第203页。

"无利害"原则的承认,因此他将审美趣味标准建立在相互影响、彼此沟通的基础上,而不是任何硬性的规约和单向的灌输。这种中间"媒介"即他理想的趣味标准,希望以此探求各层次人群间的共识,最大限度地涵盖普遍的人性。因此可以说,康德的趣味判断最终指向并不是要建立一个唯一合法的、普遍适用的趣味标准,而是将目标放在建立个人审美判断的能力以及与社会群体进行审美沟通的能力上。

三 康德趣味判断理论的影响与批判

康德的《判断力批判》和他的趣味判断理论树立了另一个经典的范例,像休谟一样,康德的理论影响了许多理论家,也受到无数人的批判。康德的学生赫尔德受其思想影响甚深,在他论述审美趣味的文章中,像康德一样标举了天才的力量,他认为天才对整个社会形成良好的审美趣味不仅具有示范性意义,而且具有决定性意义,他说:"我们看到,审美趣味的时代在一切形态之下都是天才力量的一种结果,只要这种力量得到了整理和处理。"[①] 赫尔德将审美趣味的存在状态看成是完全由天才一己建构的结果,而且审美趣味存在的价值也是由于天才的倡导,没有天才,审美趣味将成为荒诞不经的东西,这实际上是一种极端精英化的理念。但是,赫尔德与康德一样,认为天才也需要适当的引导,否则,"当天才们恶劣地运用它们的天才力量时,它们也就只可能败坏审美趣味"[②]。赫尔德所谓的天才其实也并没有跳出权力与特定规范之外而随心所欲,但他还是强化了天才的作用,认为决定一个时代审美趣味是好是坏,仍然是天才的事情,天才的行动将会扭转这个时代丑陋的、衰落的审美趣味,并唤醒美好的、和谐的审美趣味,这就赋予了天才扭转社会审美趣味风尚的能力,在这一点上,相比康德,赫尔德应

---

① [德] 赫尔德:《赫尔德美学文选》,张玉能译,同济大学出版社 2007 年版,第 134 页。
② [德] 赫尔德:《赫尔德美学文选》,张玉能译,同济大学出版社 2007 年版,第 99 页。

第一章 审美趣味理论权力维度的伸张与遮蔽：从休谟、康德到布尔迪厄

该更注重天才在审美趣味社会层面的影响。

德国哲学家叔本华对康德的趣味判断理论进行分析，认为康德在《判断力批判》中延续了其哲学所特有的主观主义路线："在这美感判断力批判里他也不从美自身，从直观的直接的美出发，而是从美的判断，从名称极为丑陋的所谓趣味判断出发的。"① 叔本华肯定这一方法为美学研究开辟了道路，但同时也会迷失最终的目的地，因为这似乎并不是对审美问题的正视和解决之道，离客观真理还有一定的距离。叔本华所批判的就是前面已提到的问题，康德追求的所谓纯粹的趣味判断是一种理想化的范式，希望借此而达到一种普遍效力，一旦形成便可无须再加维护而得以永存，世代罔替。然而实际上它是悬置在真实社会条件之外，无视社会发展各种力量博弈中的种种变量和选择性因素。可以说，这种超越性精神建构其实是压制平庸生活的一种贵族思维，就像加达默尔所批判的，所谓"普遍的和共同的感觉，实际上就是对教化本质的一种表述"②。叔本华和加达默尔对康德的批判都与他的主观性有关，不顾现实的美本身与审美活动本身，而主观演绎出一套纯粹趣味判断原则，这就很容易让人将其与控制、教化思维联系起来。

康德趣味判断的主观色彩还体现为以认知判断的理论框架嵌套趣味判断诸原则。德里达在《绘画的真理》一书中重新阐释和批判了康德趣味判断相关理论，他分析了康德的理论框架，指出这种逻辑的框子形成一种相对稳定的结构，即康德式的笼子，"审美趣味的判断并不是一种知识判断，它不是逻辑的，而是主观的，因而也是审美的"③。去除了绘画的一切表现性特征，超越任何经济、政治、历史等社会导向因

---

① ［德］叔本华：《作为意志和表象的世界》，石冲白译，商务印书馆1982年版，第721页。
② ［德］汉斯-格奥尔格·加达默尔：《真理与方法——哲学诠释学的基本特征》上卷，洪汉鼎译，上海译文出版社2004年版，第21页。
③ Jacques Derrida, *The Truth in Painting*, Translated by Geoff Bennington and Ian McLeod, Chicago and London: The University of Chicago Press, 1987, p. 44.

素，最终剩下作为附属的装饰性的"框"（frame），德里达的目的就是要解构这种康德设定的"框"，以达到批判的目的。韦尔施对康德趣味判断理论的批判也集中在这点上，他认为康德发展出的美学类型是"观照的"美学，排除了趣味判断中的气氛、吸引力、形形色色的愉悦感等生动的部分，因此，"康德的判断就取消了与生活美学任何可能的关联性"①。

此外，德国现象学哲学家莫里茨·盖格尔对康德关于审美判断具有普遍有效性的设定提出疑义，认为这种阐述"充满了无法解决的矛盾"。盖格尔指出，康德是第一个将审美判断和关于令人愉悦的事物的判断相区别的人，同时第一个将审美判断的普遍有效性与关于令人愉悦的事物判断所具有的主观特殊性进行区别，然而康德所说的这两种判断都是"反思性判断"，与对于客观对象的判断不同，但康德又将这两种与主观情感相关的判断做了最为关键的区分，即一个是有普遍有效性，另一个则不具有，盖格尔认为这种区分根本不可能，因为这两者都是诉诸于人的快乐的情感。康德关于审美判断的论述最大的创见恰恰是康德面临的困境，康德解决这一困境的方法是"借助于那些主观武断的方法"，即假定审美判断具有"普遍有效性"，显然在盖格尔看来，这种假定缺乏令人信服的依据。尽管盖格尔对康德关于审美判断与普通的令人愉悦的判断两者在"反思性判断"基础上进行的区分并不认同，但他并非否认审美判断本身具有普遍有效性这一基本观点，而是认为康德的观察是正确的，但阐释环节出了问题。他提出一种具有客观性的"价值"概念，认为审美判断之所以存在"客观的辩护理由"，而关于令人愉快的东西的判断却不存在这种客观理由，原因就是审美判断包含了对客观价值的感受与体验，他举例说："这幅绘画是美的"这个审美

---

① ［德］沃尔夫冈·韦尔施：《美学与对世界的当代思考》，熊腾等译，商务印书馆2018年版，第158页。

第一章 审美趣味理论权力维度的伸张与遮蔽：从休谟、康德到布尔迪厄

判断并非一个反思性判断，而是"关于人们通过快乐体验到的价值的判断"①。盖格尔将所谓的"价值"横亘在两种判断之间，沿袭康德的基本结论却对其中的逻辑进行了重新演绎，他的艺术分析和评论相关理论都是基于这种关于"价值"的逻辑展开的。另一方面，即便是盖格尔将审美判断引入了客观的辩护理由，但他仍然认为审美判断诉诸于主观精神的体验，对艺术作品整体价值是否完满地体验出来了，这一点事实上任何人都无法确证，因此，即便是对艺术作品作最透彻的分析，也只是"说明了这种价值倾向"，而不能断言把握了价值全部。基于此，盖格尔最后得出一个结论："审美判断完全可以拥有各种根据，但是却不具有证据。"也就是说，审美判断虽然拥有艺术的客观价值作为依据，但终究无法像科学判断那样拥有确凿证据。

法国哲学家布尔迪厄也致力于找寻康德趣味判断所追求的纯粹普遍主义的真相，他说："康德在对鉴赏力判断的可能性条件的一个提问中为审美的普遍主义提供了最纯粹的表达，但他的提问却只字不提这种判断的可能性的社会条件。"布尔迪厄论述的重点在于揭示掩藏在趣味判断纯粹愉快背后的非纯粹条件。从柏拉图到海德格尔以来的纯粹贵族传统，是通过对社会正义的诠释来使垄断道德和文化趣味话语权的阶层与受排斥的人群之间所存在的差异合法化。而康德所要构建的普遍主义精神哲学则以相对隐秘的方式来承认这种差别，即忽略掉差异存在所需要的社会条件，这样就会在另一个层面导致权力的结果。"这种美学不顾其自身的可能性历史条件也就是其自身局限性对特殊情况进行无意识的普遍化，其结果是将关于艺术作品（或世界）的一种特殊经验变成一切可能的审美经验的普遍法则，并且心照不宣地将那些有理解这种经验

---

① [德]莫里茨·盖格尔：《艺术的意味》，艾彦译，译林出版社2014年版，第132—133页。

的特权的人合法化。"① 按布尔迪厄的观点，那些所谓纯粹趣味判断的配置因素只有在康德所设定的条件下才能形成，因此，康德所说的获得纯粹的审美愉悦只是达到趣味判断条件的某些人的特权，而这种条件只有假想中的天才或者顺从教化体系才可能获得，从这个意义上看，康德的趣味判断理论看似是主观的、纯粹的，实际上处处暗藏着文化权力的逻辑，文化权力要么是理论前提，要么是逻辑结果，却始终无法真正悬隔于文化权力之外。

第三节 布尔迪厄的趣味社会学批判：区隔与支配的真相

20世纪法国哲学家布尔迪厄同时是一个社会学家，他常常将哲学和艺术话题通过社会学分析的方法呈现出来，又将社会学研究的现象问题置入哲学的思考语境中。布尔迪厄的社会理论存在三个中心概念："资本"（capital）、"习性"（habitus）和"场域"（field），同时也是他思考趣味问题的重要坐标，而他趣味理论所体现的社会批判思想，又深度地融入他的社会批判体系中。

一 布尔迪厄趣味社会学的理论基础

法国社会学具有深厚的传统，18世纪一批启蒙思想家如孟德斯鸠、卢梭等人对人类社会起源和政治制度的变迁做出开拓性的研究，孔德的实证哲学也是以维护和改良社会秩序为目的。法国现代社会学的重要奠基者涂尔干则试图用实证的方法来研究社会事实，将社会学从思辨性科学体系中独立出来，这深刻地影响了后来法国社会学的发展方向，包括布尔迪厄等社会学家都承续了这种实证传统。

18世纪末19世纪初，美国经济学家和社会学家凡勃伦的名作《有

---

① ［法］皮埃尔·布尔迪厄：《帕斯卡尔式的沉思》，刘晖译，生活·读书·新知三联书店2009年版，第79页。

第一章　审美趣味理论权力维度的伸张与遮蔽：从休谟、康德到布尔迪厄

闲阶级论》从社会经济的角度，探讨了社会中有闲阶级的存在历史及其政治影响、经济意义和文化特性。凡勃伦对审美趣味的社会性进行了细致探讨，他说："优雅的趣味、礼貌和生活习性有利于显示（有闲阶级）高贵的出身，因为良好的教养需要时间、勤勉和花费，因此不会和那些时间和精力被工作所占据的人群混淆。"[①] 在他看来，由于趣味养成存在时间和精力以及金钱消耗等方面的门槛，努力呈现优雅的趣味成为有闲阶级进行身份区分的有效方式。在很多方面，凡勃伦对有闲阶级的社会分析与批判和布尔迪厄是一致的，比如都是从社会分层来解读资本占有所造成的趣味分层和文化分层。

审美趣味理论在休谟与康德之后，逐渐集中于几个固定话题的探讨，尤其是康德将审美置放于无功利的框架之后，趣味就成了艺术与审美自律的一种展示方式。19世纪末到20世纪中前期，美学与艺术在康德影响下，形成"为艺术"以及纯粹审美的强烈诉求，趣味的标准在现代主义艺术创作和鉴赏过程中被大大强化，形成艺术界、知识界与普通大众审美划界的依据。

在20世纪，各种社会学批判理论也更多地介入审美文化领域的研究，比如法兰克福学派等，这些思想家们从卡尔·马克思、亚当·斯密、马克斯·韦伯等人那里汲取理论营养，糅合了对所处时代文化状况和发展趋势的思考，以反思和批判的立场对现代社会文化种种利弊得失进行探讨和总结。在美学方面，人们对审美趣味的关注除了传统的对于趣味本身来源以及共性与个性关系的研究，还强调把趣味问题探讨放在社会学发展基础之上，形成了以社会学为依托的审美趣味批判理论，为论述方便，姑且将其称为趣味社会学。

进入20世纪，随着资本主义社会深度转型，以及理论界对后工业时代资本运作的研究进一步深入，不少理论家倾向于围绕这一时期文化

---

① Thorstein Veblen, *The Theory of the Leisure Class*, edited by Martha Banta, Oxford: Oxford University Press, 2007, p. 36.

资本的架构模式和运作方式展开解读,着重研究趣味在权力结构中的影响和定位,在这方面影响最大的就包括法国哲学家布尔迪厄,他在其影响深远的著作《区隔:对趣味判断的社会批判》中,通过对文化资本权力运作的观察与研究,对康德的趣味理论进行分析批判,指出审美趣味实际上是一种文化分层,是社会区隔的力量。布尔迪厄对趣味现象与结构的阐释、批判建立在大量社会学实证分析基础上,以丰富的实证性材料、新颖的视角以及尖锐的批判性吸引了人们的关注,成为另一个关于审美趣味的经典性理论。

二 布尔迪厄的趣味"区隔"理论

布尔迪厄与文化相关的理论建构始终围绕着"权力"来展开,包括他的文化资本理论。他提出了权力场域(field of power)的概念,它起着一种类似"元场域"(meta-field)的作用,对所有场域中的斗争提供了基本原则。他具体解释说:"我所说的'权力场域'并不是指占据支配地位的阶级,后者是一个现实的概念,指一个占有着有形的我们称之为权力的具体人群。我认为权力场域意味着存在于社会地位中的力量关系,这种关系确保他们占据一定的社会权力或资本,以使他们能够进入权力垄断的博弈场中,其核心是争夺关于权力合法形式的定义权。"[①] 这就是说,"权力场域"体现了社会各阶级开展权力斗争的关系,占支配地位的阶级不仅要通过这种地位实质性地占据一定的权力高度,还意图将这种权力合法化。此外,权力场域原则的普遍性使其与文化理论的阐释高度贴合,布尔迪厄认为,文化领域大量存在各种权力的斗争和博弈,各类文化建构的主体也是在不同层面的权力场域中开展活动的。

场域之间存在某种程度的同构性,因而在布尔迪厄看来,一方面,

---

① Pierre Bourdieu and Loic J. D. Wacquant, *An Invitation to Reflexive Sociology*, Chicago: The University of Chicago Press, 1992, pp. 229-230.

第一章　审美趣味理论权力维度的伸张与遮蔽：从休谟、康德到布尔迪厄

审美趣味层级结构的区分以及社会场域中各阶级之间"维持或颠覆象征秩序"的斗争也是具有同构性的。另一方面，文化场域具有独立于经济和政治场域的自主性，文化场域和经济场域在同构结构中"内在地分化"，即文化场域中占统治地位的一级却可能在经济场域中处于被统治的位置，同样地，经济场域中占统治地位的却可能在文化场域中被支配。这种交叉结构"既是场域之间也是场域内部的组织原则"①。布尔迪厄曾以19世纪晚期法国社会为例，艺术家与资本家之间的对立造成审美趣味在权力场域中形成一种特殊的分野，艺术家与资本家开始划清界限，在艺术中对资本社会的堕落和资本家的贪婪进行严词批评，并且在趣味上力求自成品格，与资本家的拜金趣味形成对照。②

布尔迪厄从康德趣味判断先验论的根基开始批判，即认为趣味判断的能力并非来自于先天，而且并非是康德所描述的属于纯粹审美的、无功利的主观性命题，趣味判断能力本身以及判断的过程都受到文化权力的支配，受文化资本因素的影响。在布尔迪厄趣味社会学批判理论中，存在这样的逻辑推衍：审美趣味受文化资本占有的制约，而资本家、上层阶级占有大量文化资本，因此他们控制和掌握着审美趣味。文化资本的占有被作为审美趣味三段论的前提，这就是说，资本家意欲占有一切、控制一切的贪婪和霸气延伸到审美趣味领域，而文化资本的占有又为这种文化控制提供了可能性。

在布尔迪厄之前，就有理论家从人的"习惯""习性"方面对审美趣味的生成机制进行研究，18世纪法国博物学家布封从人与外界形成的信息反馈和交换来解释审美观念的形成过程，在他看来，每个民族、每个人都有独特的审美观念和审美偏好，这种偏好"可能更多地是由

---

① [美]戴维·斯沃茨：《文化与权力——布尔迪厄的社会学》，陶东风译，上海世纪出版集团2012年版，第160页。
② Loïc J. D. Wacquant, "From ruling class to field of power: An interview with Pierre Bourdieu on La noblesse d'Etat", *Theory, Culture & Society*, Vol. 10, 1993, pp. 19-44.

习惯和偶然而非感官所决定的"①。布封所说的这种习惯是指人的成长环境给人的印记，个人的经历或民族的发展历程不同，从根本上塑造了人的趣味形态，他是从人类学、博物学角度来谈论人的这种经历和习惯，并未从社会阶级的角度来分析审美偏好的形成问题。布尔迪厄则重点关注各阶层人群趣味养成的过程，在他看来，趣味是教育的产物，是阶级文化的特殊表达，上层阶级的现实经历、身体需求和生活需要将其趣味与劳动阶级区分开来。审美趣味成为了"习性"（habitus）的一部分，是与自身阶级身份息息相关的思考、选择、做事的方式。正如布尔迪厄所说："通过习性，我们获得了关于一个不证自明的世界的常识。"② 人的"习性"可以透露许多关于社会阶层的信息，正因如此，上层阶级小心翼翼地通过"习性"或审美趣味的培养，来维系自身区别于下层阶级的特征。

布尔迪厄对文化权力的深入探讨还在于用独特的角度来解释文化层面的统治关系，他提出了一个"象征统治"的概念，"象征统治的作用（无论这种统治来自人种、性别还是文化、语言等）不仅在认识知觉的纯粹逻辑中实施，还通过认识、评价和行动的模式实施，这些模式组成习性并在有意识的决定和意愿的支配之外建立了一种对自身异常模糊的认识关系"③。象征统治依靠的是一种"象征暴力"，即通过意义的和文化的系统对他者施加的具有表面合法性的暴力行为，这种暴力精神上的暴力统治，区别于肉体的折磨、禁锢等暴力行为，与传统暴力在施加方式和施加后果上都不尽相同，后者会引起施加者与被施加者的紧张关系乃至激烈对抗，而前者却建立在双方承认的基础上，由于象征暴力隐藏在"合法性"背后，通常不可辨识或者被人"误识"，被施加暴力的一

---

① ［法］布封：《自然史》，陈筱卿译，译林出版社2013年版，第56页。
② Pierre Bourdieu, "Social Space and Symbolic Power", *Sociological Theory*, Vol. 7, No. 1, Spring, 1989, pp. 14-25.
③ ［法］皮埃尔·布尔迪厄：《男性统治》，刘晖译，中国人民大学出版社2012年版，第53页。

第一章　审美趣味理论权力维度的伸张与遮蔽：从休谟、康德到布尔迪厄

方无法理解和领会，甚至从正面来认可这种暴力。布尔迪厄通过"象征暴力""象征统治"说明资本主义文化权力真正的运作机制，上层阶级是借由文化机制来间接形成支配，而不是直接的社会控制，审美趣味也是这种文化机制的重要元素。

这种象征暴力是占有文化资本的阶层在精神文化上以软性方式控制下层阶级的理想途径，因为这符合趣味进行精神控制的规律，更容易达到潜移默化的渗透效果，而且"象征统治"的方式通过一种模糊性的处理，很好地隐藏了事实上的权力施加与被施加的关系。审美趣味就是将差异和区隔真相模糊化的例子，就像他所说的："审美趣味是使事物蜕变为区隔性和差异化符号的实际操控者……它将差异化从人的自然规则嫁接到具有区分性暗示意义的象征性规则上。"①

三　布尔迪厄趣味理论的影响

布尔迪厄一直坚持认为他所从事的不是哲学研究，而是面向社会现实的社会科学研究，他试图通过自己的社会学分析以及对资本主义社会的文化批判，给民众提供一种批判性的武器，使他们可以参与到具有启蒙意义的讨论中来，正如曾与布尔迪厄合作过的美国学者罗伊克·瓦克昆特（Loic Wacquant）所评价的："我认为他是一场新启蒙运动的倡导者。"②

布尔迪厄的趣味理论将趣味命题的探究从美学领域引向了社会学领域，对相关的社会学理论和美学理论都产生了巨大的影响。首先是得到了思想界的回应，他的《区隔：对趣味判断的社会批判》一书为学者们所熟知，书中大量的统计图表体现了他重视社会实证研究的思路，通过图表数据的实证分析，揭示资本主义文化分层和文化资本控制的真

---

① Pierre Bourdieu, *Distinction: A Social Critique of the Judgement of Taste*, Translated by Richard Nice, London, Melbourne and Henley: Routledge & Kegan Paul, 1984, pp. 174–175.

② Scott McLemee, "Loic Wacquant Discusses the Influence of Pierre Bourdieu, Who Died on Wednesday, and His Last Projects", *The Chronicle of Higher Education*, Friday, January 25, 2002.

相，展示他鲜明的社会批判态度。在理论界，他的观点与方法都被许多人借鉴，他的几个关键词比如"区隔""权力场""象征统治"等在美学与艺术理论研究中都得到了广泛的应用。

很多理论家围绕布尔迪厄的趣味社会学理论，从不同角度进行了分析评述。英国哲学家特里·伊格尔顿同意布尔迪厄对康德的批判，同样是将审美趣味当作维持一个阶级凌驾于另一个阶级之上的助力，认为康德将审美趣味局限于审美和认知层面是不合适的，康德所谓"纯粹的、无功利的、超越性的"审美趣味其实是想掩盖这样的事实：将上层阶级的趣味普遍应用于所有的阶级之中。美国社会学家赫伯特·甘斯（Herbert J. Gans）也认同趣味是社会教育产物的观点，认为趣味是在一定文化群体中学习并分享的事物。因此他提出了"趣味文化"（taste cultures）的概念。他认为"与阶级的等级结构一样，审美趣味的等级结构也存在着斗争，但趣味在社会中的斗争与阶级斗争在某些部分存在差异，因为审美趣味的利益在政治性的利益群体中所起的影响常常比阶级利益要小"[①]。根据他的分析，审美趣味所体现的利害关系并没有阶级之间的利益冲突那样直接，也没有那么重要，尤其是大众媒介大行其道的时代更是如此。他以美国为例，认为中下阶层在趣味等级结构中还是保持一定力量的，至少是间接的力量，因为大众媒介需要广大中下阶层民众的支撑，但这归根结底是一种被利用的价值，就像他本人所承认的那样，趣味的等级真实地存在着，并且影响着人们的行为选择。法国哲学家雅克·朗西埃在《美学及其不满》一书中提出，布尔迪厄用社会学方法批判康德趣味判断无功利的观点，然而自身却存在过度政治化的风险。布尔迪厄以后的理论家纷纷指出，这种"社会式"的解释方式将美学批判变为针对作品所再现的事件的批判，并诉诸于纯粹政治的领域，这样就容易滑入集权主义的陷阱。朗西埃描述布尔迪厄时期的社

---

① Herbert J. Gans, *Popular Culture & High Culture: an Analysis and Evaluation of Taste*, Basic Books, 1999, pp. 141-142.

第一章　审美趣味理论权力维度的伸张与遮蔽：从休谟、康德到布尔迪厄

会学关注审美趣味与社会区隔问题的思考角度，这些学者虽已放弃重构社会的梦想，但由于自认是一种科学，为使社会区隔和诗学区隔相关的观点继续成立，他们仍追寻这样的问题：不同的阶级存在不同的感官。① 这样就将趣味差异这一美学问题变成映射现实社会政治的问题，对这种差异的追寻和解读也就失去了美学意义。

鉴于布尔迪厄对当代哲学、社会学、美学等学科领域的巨大影响力和卓越贡献，有人将其与法国哲学大师保罗·萨特相提并论，我们无法确定这种说法是否恰当，然而就他的趣味社会学批判理论而言，布尔迪厄毫无疑问开创了一个新的时代，他的相关观点启发人们走出康德趣味判断的美学框架，重新思考趣味在社会文化中的权力关系与演化过程。

---

① Jacques Rancière, *Aesthetics and Its Discontents*, Translated by Steven Corcoran, Polity Press, 2009, p. 13.

第二章　审美趣味与文化权力的纠结与缠绕

西方自18世纪启蒙时期开始，趣味的命题与现代性审美观念在真正意义上联系在了一起，趣味作为一种美学与社会学范畴而得到广泛的讨论，被纳入主体性思维体系构建和社会新价值理论创变的过程中，成为一个贯穿各时期美学理论的重要话题之一，随各种理论语境的自然演进而得到不同方式和角度的演绎。与此同时，很多理论家对审美趣味与文化权力的关系讳莫如深，一方面是受康德式审美自律观念的影响，试图将趣味相关概念体系关在审美的笼子里，却忽略了文化权力关系的内在推动与外部影响；另一方面，审美趣味与文化权力之间很多时候呈现的是间接性的、隐含的关系，权力结构的变化与趣味风尚的演进并非遵照一种即时的、直白的强对应性原理，而是在一种总体合拍的状态下，又体现出各自内在的变化节奏，所涉及的两种论域具有不同的知识背景，隶属于不同的学术体系，然而却又在某些方面产生交叉领域和相互推进关系，丰富了各自的论说视野，加强了概念话语辨析的深度。

联系美学史来看，审美趣味命题在不同社会文化背景下都有不同的阐释，人们对趣味的理解之所以变得如此具有分歧意味，甚至引发对立性思维，是因为在谈论趣味时站在不同的文化立场，这种立场是由错综复杂的文化权力构建起来的。在文化权力关系下，一切变得利益化和层级化，似乎远远超出了康德"审美无功利"的理解范畴，这也说明，

第二章　审美趣味与文化权力的纠结与缠绕

实践意义上的社会趣味构建与演变无法超越社会权力关系，无法悬隔于社会演进过程之外。权力与审美作为社会文化语境下趣味命题的一体两面，两者的关系体现在个体与群体、自律与他律、显性与隐性、即时性与延时性等多重特征的交互定位过程中，这其中包括从个体意识到群体精神的演化过程，从艺术自律自适到艺术体制关系的辩论过程、从审美趣味隐性区隔到文化权力显性支配之间的双向建构过程，从权力结构变化到趣味风尚转型的彼此印证过程，在这其中可以看出，审美趣味与文化权力之间产生了多个层面的纠结与缠绕态势。这种牵扯着各方话语、体现为各种动态过程与静态模式的并行与纠缠，必然包含着美学理论本身和社会权力博弈规律的诸多信息。从结构断面进行相对静态的分析，我们可以获得审美趣味所包含的权力结构平衡因素的相关信息；从美学史和文化史的纵向发展趋势分析，我们可以获知各种社会文化权力分配的过程、动因以及受此影响的审美趣味在历史文化变迁中的种种形态和面貌。

第一节　趣味与权力：从个体精神性到社会支配性

一　作为精神性范畴的审美趣味

审美趣味首先属于一种精神性范畴，历来理论家对审美趣味的审视与思考都没有脱出主观精神性范围之外。休谟的哲学是一种观念论怀疑主义，他的关于审美趣味的论述建立在对人主观观念的理解基础上，将趣味的一致性与人的内在心理结构的共通性联系起来。由于主体的共通感，他所说的"常识"成为一种可信赖的判断趣味高低的依据。而且在他看来，人与人之间趣味敏感性的差异取决于人内心的特殊结构，与人的主观意向、气质和知识水平等方面的差异相一致。因此，在休谟经验主义哲学理论中，审美趣味是遵循人的主观精神内在规律的一个范畴。

康德哲学也是一种主体性哲学，他的论述目标不指向于物，也就是说，客观事物的本质如何呈现并不是他所关心的话题。他的趣味判断围绕的是不依赖于客观存在的精神性反映，从趣味判断的过程以及依据来看，包括几种悖论的描述都是限定在纯粹主观的范围之内。美国哲学家乔治·迪基曾说："就像英国的思想家一样，对于康德来说，审美趣味的能力作为主体的一方面，是一种主观的判断力，但不像英国的思想家，康德认为触发趣味感知能力的客体也是主观的。"[1] 康德的趣味判断是从主观到主观，这与英国经验主义思想家论述趣味命题时从客观对象到感官经验的理路不同。

在美学史上，审美趣味一般被作为主体精神范畴而进行审视与观照，在这一过程中，审美趣味与人的主观认知能力、是非道德观念以及眼耳鼻舌等一般感官的敏感性等精神层面的命题产生不同程度的联系，从达成认知所需的共识、强化情感所期待的共鸣到坚守道德所依托的共通，都是建立在某种共性的基础上，体现了普遍性和可通约性的特征，从这些联系中，我们可以更具体并清晰地了解审美趣味理论中个体与群体关系的演进路径和模式，进一步厘清其中所反映的个体之间、个体与群体之间以及群体与群体之间的文化权力因素及其运作规律。

（一）趣味与认知：审美与理性

人类走向文明，首先就是认知的发展与知识的积累，人们渴望挣脱锁链，走出柏拉图所描述的"洞穴"，接触来自真实世界的阳光。自启蒙时期开始，一方面，人的认知成为欧洲思想家关注的基本话题，认知过程被认为是理性得以彰显的过程，启蒙思想家将人类认知向外扩展作为脱除蒙昧状态的手段和目的；另一方面，趣味作为审美文化范畴，某种程度上与人的情感和非理性因素相关，而人的审美趣味与知识掌握的

---

[1] George Dichie, *Art and the Aesthetic: An Institutional Analysis*, Ithaca and London: Cornell University Press, 1974, p. 71.

第二章　审美趣味与文化权力的纠结与缠绕

程度究竟存在多大的关联，历来存在诸多争议。总体来说，人的知识状态和知识结构对审美的影响归结在几个方面：审美对象的选择问题、审美偏好的形成问题、审美愉悦的获得方式及其表现程度问题等；而关于审美趣味与理性认知两者关系的争议集中于以下几点：是否知识掌握越多趣味就越高雅？是否知识越丰富就越容易获取更多更好的审美愉悦？知识精英的趣味权威性在美学意义上是否合理？

对于认知与趣味之间的联系，启蒙时期不少思想家从自己的角度进行了论述。哈奇森将人的感官分为"内部感官"和"外部感官"，将知识的产生归结为外部感官的作用，而将趣味归结为内部感官的作用。哈奇森将他的审美理论建立在"内部感官"与"外部感官"功能的相互区分上，他认为"内部感官"是直接用来感知美的，并不具有认知功能（cognitive function），同样地，"外部感官"一般不负责审美功能，"外部感官所产生的精确的知识大多不能提供美或和谐的愉悦，而其中一个好的趣味会立即带来愉悦而不需要很多的知识"[①]。很显然，哈奇森区分"内部感官"与"外部感官"的同时，也将审美和认知进行了区分，对于他而言，掌握更多知识与养成好的趣味之间并无太大关联。然而，稍后的托马斯·里德却对此得出截然相反的结论，里德分析了当时哲学中的一种倾向，即将所有对美的感知都仅仅归因于人内部的情感与感官能力，却与对外部其他事物的感知无关。那些能体现出良好趣味的品质被很多人认作是较为神秘的特性，我们能够感受这些品质在审美中的作用，但是却与知识无关。里德认为事实并不完全如此，尽管美的愉悦几乎对所有人都有效，即便是一个孩子，同样能感受一件艺术品的美。但问题是，对缺乏相关知识积累的人来说，所感受到的美是神秘的，他们能够感受到愉悦，却不知为何会愉悦。里德描述了既有的知识在人的审美过程中所发挥的重要作用："对于能很好地理解其中奥妙的

[①] Francis Hutcheson, "Of Beauty Order, Harmony, Design", in James O. Young, ed., *Aesthetics: Critical Concepts in Philosophy*, London and New York: Routledge, 2005, p.48.

人来说，他确切地知道每个部分对应着哪些判断，美就并不神秘了，它们变得可理解，而且他知道美在何处，美是如何感动他的。"[①] 里德并不否认审美趣味在每个人身上都存在，然而掌握相关知识能使人走出对审美理解的蒙昧，从而更好地、更精致地体验审美的愉悦。除了体验层面，知识积累对于审美趣味的意义还在于批评层面，即向外传达自身的趣味倾向和观念，这一点同样与知识储存的丰富程度密切相关。埃德蒙·伯克将趣味批评与知识联系起来，他认为："趣味的批评并不依赖于人类天赋的更高原则，而是依赖于更多的知识。"[②] 这些理论家所谓的知识一般包括了间接得来所有艺术知识与生活审美认知，也包括所有直接的审美经验，这些经验通过自身的知识体系和概括能力得以知识化，成为关于审美的知识的一部分，为下一次审美活动提供潜在的经验和理解的基础。因此，伯克等人所提的与审美相关的知识是被大大扩展了的，不仅包括理性的部分，也包括感性的经验，只不过这种经验被概念化、知识化了，沟通联结了人们认知能力和审美能力的提升。

在康德那里，感官与理性彼此之间并不冲突，他所谓的"反思性趣味"其实是感性与理性的综合，理性以隐性的方式参与了趣味判断过程，也就是说，趣味处于感官与理智之间的位置。[③] 康德认为趣味判断本身并不能直接提供一种认识，因为它不是要成为一种具有客观适用性的法规，而是成为仅服务于自身的法规。然而，康德无意将趣味判断与认识切割，相反，他认为趣味判断的过程离不开认识能力："因为即使这些评判自身单独不能对于事物的认识有丝毫的贡献，它们毕竟只是隶属于认识能力的，并证明这种认识能力按照某条先天原则而与愉快或

[①] Thomas Reid, *Essays on the Intellectual Powers of Man*, edited by James Walker, D. D., Cambridge: Metcalf and Company, 1850, p. 430.

[②] ［爱尔兰］埃德蒙·伯克：《关于我们崇高和美观念之根源的哲学探讨》，郭飞译，大象出版社 2010 年版，第 22 页。

[③] Tamar Japaridze, *The Kantian Subject: Sensus Communis*, *Mimesis*, *Work of Mourning*, State University of New York Press, 2000, p. 123.

第二章 审美趣味与文化权力的纠结与缠绕

不愉快的情感有一种直接的联系。"① 在康德看来，趣味虽然不具有任何认知意义，但却遵循着认识能力的某些规律，在自身法则内产生类似于认知的效果。康德用人类知性准则来说明趣味判断诸种原理，他列举了三条准则：1."自己的思维"，即人类"摆脱成见的思维方式"，永远坚持自己的理性，为自己立法而不要求他律；2."在每个别人的地位上思维"，这是一条扩展性思维方式，即打破个人认识能力的局限，从一个普遍的立场（置身于他人的立场）来反思自己的判断；3."任何时候都与自己一致地思维"，即保持思考方式首尾一贯。② 康德将这三种原则分别定义为知性的准则、判断力的准则和理性的准则，也即鉴赏力（趣味）判断同时具有的原理，其中体现了由个体到他人、由个别到普遍的延伸性，从普遍认知的可能性推衍出普遍趣味的可能性。但正像德国哲学家韦尔施所批判的，康德以认识判断的结构与形式来涵盖趣味判断，却弱化了审美愉悦本身的特殊性，这使得康德理论中"审美领域被认识领域所垄断。是认识的一般条件在支配审美运作的框架，这里完全没有美学自律的空间"③。韦尔施将此视为康德美学的一大缺陷，即康德的极端主观主义使其痴迷于主体精神范式的建构，在思考趣味判断普遍有效性时忽略了现实审美活动的某些特性，也忽略了趣味判断的现实动机。加达默尔认为"趣味概念无疑也包含认知方式"④。加达默尔的诠释学理论就是要以一种合适的态度与方法达到对事物的认知与理解，显然，趣味问题也包含在他的理论体系中，他认为趣味内涵的本身包含了认知方式，如果说趣味是一种分辨选择和判断，虽然不依赖于已有的知识，但却知道为何如此判断，这是因为趣味判断在认知方式

---

① [德]康德:《判断力批判》，邓晓芒译，人民出版社2002年版，第3页。
② [德]康德:《判断力批判》，邓晓芒译，人民出版社2002年版，第136页。
③ [德]沃尔夫冈·韦尔施:《美学与对世界的当代思考》，熊腾等译，商务印书馆2018年版，第155页。
④ [德]汉斯-格奥尔格·加达默尔:《真理与方法——哲学诠释学的基本特征》上卷，洪汉鼎译，上海译文出版社2004年版，第46页。

审美趣味与文化权力

上是可遵循的，以回避那些伤害趣味的事物。德国哲学家阿多诺对趣味和有意识的认知行为进行了区分，并且认为艺术的评判标准应更多地依赖理解和认知，而不是显得随性的趣味："趣味的观念已经过时了，摆在有担当的艺术面前的标准是如何寻求知解，比如和谐与不和谐，真与假。"① 阿多诺的观点其实是为表达一种对大众审美趣味的批判性姿态，在他看来，负责任的、可信的艺术并不依赖于观众的审美趣味而存在，相反，艺术需要与大众审美趣味保持距离，只有这样，才能维持其批判价值。

由此可见，尽管理性认知与审美趣味分属不同的理论领域，但两者都属于人的意识和精神层面，都统一于人的整体精神世界，认知能力训练与趣味养成两种过程虽然并行发展，彼此看似无关联，但精神的能力与境界往往是相通的，我们难以否认其中所具有的相互联系与相互影响的关系。美国艺术批评家格林伯格将审美判断中的趣味与属于理性范畴的推理看作是可以殊途同归的，即都需要尽可能做到客观，与主观的自我保持距离，他说："无论是推理还是审美判断，客观性程度取决于你保持距离的程度。保持距离的幅度越大或者说越纯粹，你的趣味或推理就会越严谨，也就是说越精确。"② 格林伯格在区分自我主体性与外界客观化的层面上将趣味与推理统一了起来，提出一种不带贬义的"去人性化"概念，认为趣味判断过程与推理过程一样，越能与自我保持距离，结果就越精确，就越能代表人类而不是仅仅代表自己来做审美判断或推理。从审美实践来看，一个知识丰富、认知能力强的人，在审美活动中有更宽广的视界和更丰富的体验，在格局上就不会局促偏狭，在趣味上就有更好的范本可以选择，就像格林伯格所说："智慧能影响趣

---

① Theodor W. Adorno, "On the Fetish-Character of Music and the Regression of Listening", in Andrew Arato and Eike Gebhart, eds., *The Essential Frankfurt School Reader*, New York: Continuum, 1982, p.270.

② [美] 克莱门特·格林伯格：《自制美学：关于艺术与趣味的观察》，陈毅平译，重庆大学出版社 2017 年版，第 19 页。

第二章 审美趣味与文化权力的纠结与缠绕

味，拓展趣味。"① 相反，我们很难想象一个拥有良好趣味的人，会对审美活动中诸多常识一窍不通，或者对他人的审美经验缺乏基本的理解能力和评判能力。尽管趣味判断带有很强的主观性，但有意义的判断必然带有理性分析的内容，否则就成为纯粹的个人呓语，这种情况下所谓的个人趣味，就完全不具有社会价值，且随情绪而多变，无法用任何标准来衡量也无法使自身成为他人效法的标准。在许多启蒙思想家看来，如果说认知所带来的理性光辉可以使人走出蒙昧，趣味实现的则是社会文化关系的重塑，这其中的逻辑就是：认知使人变得理性，而知识的获取使人脱离低级趣味，人与人之间审美趣味的可沟通性为打破封建等级制度中的文化分割创造了条件，现代性就是要彰显理性的力量和知识精英的力量，知识精英的趣味理应成为一种审美文化的典范，这是审美现代性的一个关键性的理论设定，当然，现代性并没有解决各阶层文化区隔的问题，只是用一种标准代替另一种标准，打破一种文化权力结构的同时，又建构并强化了另一种。当西方后现代思潮涌现时，现代性所强调的理性光辉得到祛魅化的处理，逻各斯中心主义被批判和解构，原有的趣味观念遭遇到大众文化的冲击，知识和趣味之间的种种关系也被置于新的语境下进行重新审视和考察。

（二）趣味与情感：同情与共感

情感体验是审美活动的重要表征，没有情感参与的活动也难以被称作审美活动，美学体验也难以产生并持续下去。审美活动中一次次具体的情感体验是趣味养成的重要环节，而审美趣味又决定着人们面对审美对象时处于何种情感反应。如果说趣味是一种心灵状态，那么趣味在很多时候就具体表征着一个人的情感状态，审美活动中情感浓与淡、粗疏与细腻等不同的表现都呈现出不同人的气质和趣味特征，尤其是在艺术创作和艺术欣赏中，情感的投入至关重要，就如美国学者苏珊·朗格所

---

① ［美］克莱门特·格林伯格：《自制美学：关于艺术与趣味的观察》，陈毅平译，重庆大学出版社 2017 年版，第 24 页。

言:"艺术是人的情感符号的创造。"① 艺术就是靠情感符号堆积构建而来,艺术欣赏和体验自然也离不开情感的深度融入。

在启蒙时期,人们通常愿意辩证地思考一些相互矛盾的概念关系,包括理性与直觉、理性与情感,都是启蒙学者希望能够辨明的矛盾对立关系。② 当然,理性作为基本的模式、标准和隐喻,其重要性毋庸讳言,但在理性光辉的照耀之下,人的感性如何寻求得以完善的途径,就涉及感觉层面乃至更宽泛的情感命题,这也是启蒙语境下重建人类认知结构与审美理念诸多尝试的一部分。

古希腊亚里士多德的悲剧理论就涉及人情感改造的问题,他提出一个鉴赏过程中情感处理方式的概念:卡塔西斯(katharsis),这个词的意义学界争议很多,其中有情感宣泄、情感净化等意思,都与人在艺术鉴赏中的情感体验有关。而在启蒙主义理论家看来,人的趣味培养和趣味价值观革新就牵涉到人的情感改造,优雅趣味带给人的是一种理智的情感,一种能导向道德自守与理性选择的情感倾向,英国修辞学家休·布莱尔认为趣味和人的性情气质各个方面都存在着密切联系,"经过培养的趣味通过经常的练习,增加了人对所有温柔和慈悲情感的敏感性,同时它将削弱暴力与残忍的情感"③。此外,一些启蒙学者还将情感共通性与趣味共通性结合起来考察,在很多情况下,两者甚至被等同起来。伯克在论述人类审美趣味的一致性时,从视觉与味觉等感官带给人的情感反应进行考察,指出愉悦和恐惧、厌恶等情感在不同人之间具有相通的基础。④ 他将这种情感反应的一致性移植到趣味的一致性上,试

---

① 苏珊·朗格:《情感与形式》,刘大基、傅志强、周发祥译,中国社会科学出版社1986年版,第54页。

② [美]彼得·赖尔、艾伦·威尔逊:《启蒙运动百科全书》,刘北成、王皖强编译,上海人民出版社2004年版,第12页。

③ Hugh Blair, *Lectures on Rhetoric and Belles Lettres*, Vol. 1, printed by I. Thomas and E. T. Andrews, 1802, p. 9.

④ Edmund Burke, "On taste", in James O. Young, ed., *Aesthetics: Critical Concepts in Philosophy*, Vol. Ⅰ, London and New York: Routledge, 2005, p. 183.

第二章　审美趣味与文化权力的纠结与缠绕

图从中探寻人类精神所具有的共通性基础。苏格兰思想家亚当·斯密在《道德情操论》中谈论情感一致性问题时指出，我们面对审美对象或许会产生情感上的差异，但这并不妨碍我们赞赏他人的趣味："有些对象被认为既与我们自己，也与我们要评价其情感的人没有特殊的关系，就那些对象而言，无论他的情感是否与我们自己完全符合，我们都会认为他拥有高雅的趣味和良好的鉴赏力。"[①] 斯密认为，我们能够理解情感的不同首先是由于每个人天生敏锐性的差异造成的，我们会对别人的情感所体现出的非凡的理解力和敏锐性表示钦佩与赞赏。亚当·斯密提到审美鉴赏中情感产生差异性的情况，但他认为，人们心中对情感背后所隐藏的趣味标准有共同认识，因此在他人与自己的情感具有差异的情况下还能够赞赏别人、认同别人，相对而言，这是一种更深层次的共通性。

从精神反应的特征来看，趣味带有长期涵蕴的品质，并不是完全应激性的情感反应，后者是即时性的，往往表现非常强烈的情绪状态，近现代哲学和心理学将这种情绪状态称为激情。激情在近现代思想家对人性的探索中具有特殊的意义，休谟在《人性论》中论及人的情感，提出自豪、谦卑、爱慕、仇恨四种激情及其产生机制，同时谈到人们对赞美的喜爱以及对权贵的尊崇心理，其中存在一种同情机制，由于这种同情机制的作用，我们才能观察并理解别人的言行，并从中生发出与被观察者类似的激情。休谟认为，理性是情感的奴隶，理性在道德判断中应效忠和服从于情感，除了道德领域，这种服从性也体现在人的经验各个方面，包括审美经验。休谟认为一方面情感、激情在趣味判断中发挥了推动性的作用，另一方面，在回应对我们所做审美判断的质疑时，我们

[①] Adam Smith, *The Theory of Moral Sentiments*, edited by D. D. Raphael and A. L. Macfie, Indianapolis: Liberty Fund, 1984, p. 19.

往往又用理性观点来捍卫这种趣味判断的合理性。① 他在《论趣味的敏感与激情的敏感》一文中认为，趣味的敏感性与情感的敏感与敏锐是相似的，敏感的趣味和敏锐的情感对人的心灵具有相同的影响，良好的趣味拓宽了快乐与悲伤的范围，使人能够较为敏锐地体验到他人感受不到的愉快和痛苦。休谟同时又指出，尽管两者之间存在相似之处，但就价值而言敏感的趣味显然要高于敏锐的激情，趣味所带来的快感要大于欲望带来的快感，这种判断其实是从审美的高度出发，将趣味从一般欲望式激情中升华出来，趣味因此从与快感、欲望联系起来的激情升格到与更深层次的审美心灵相联系的高贵品格。根据这种思路，他又转向了一种趣味的精英主义论点："我相信，要矫正激情的敏感，最合适的方法无过于培养更高级、更优雅的趣味，这种趣味可以让我们判断一个人的性格、鉴赏天才性的作品，以及鉴别那些更为高贵的艺术作品。"② 休谟相信人的审美判断力会在这种趣味的培养与训练中得以提升，形成更为合理的、更符合审美规律和规范的生活观念。此外，休谟尽管将情感尤其是激情与趣味的特性以及发生机制联系起来，但终究还是因趣味标准问题而与情感进行了区分。与艺术鉴赏的"情感主义"不同，休谟认为鉴赏作品产生愉悦、不愉悦的情感取决于趣味客观的标准，而不是个体的情感状态。美国学者大卫·E.W.芬纳指出，"情感主义"作为判断依据的是个体的情感反映，而这种情感反映具有不确定性，这就使鉴赏判断无法走出个体，"情感主义者根本就不能解释判断之间为什么具有共同性"。因此他认为："休谟的理论可能是有些瑕疵，不过对批判家来说确实具有指导意义。"③

---

① Alexander Broadie, "Art and Aesthetic Theory", in Alexander Broadie, ed., *The Cambridge Companion to the Scottish Enlightenment*, Cambridge: Cambridge University Press, 2003, p. 287.

② David Hume, "Essays and Treatises on Several Subjects", Vol. 1, *Essays, moral, political, and literary*, Edinburgh: Printed by James Walker, 1825, p. 5.

③ [美] 大卫·E.W.芬纳：《美学导论》，汪宏译，重庆大学出版社2018年版，第144—145页。

第二章　审美趣味与文化权力的纠结与缠绕

康德将人的悟性（知性）摆脱概念束缚后的自由状态表述为一种情感作用自由却合目的的形态，"所以鉴赏力就是对（不借助于概念而）与给予表象结合在一起的那些情感的可传达性作先天评判的能力"①。康德将鉴赏中判断的机能用情感的可传达性进行解释，事实上，个别情感自人的内心自然溢出，只有具备可传达性，才能体现影响和感染他人的力量，审美趣味是同样沿着这种精神共通的机制来达到普遍性的。从这个意义上看，情感的沟通渠道与传达途径和趣味是一致的，如果将其扩大到整个社会精神文化影响的层面，趣味与情感都是通过人的同情共感影响社会，在人群中达到某种一致性认同，才能在社会领域产生较为广泛的意义和作用，这种影响的力量虽非强制却又时刻能被人们真切地体会到。宗白华论述审美情感时曾说："情绪感觉，不是争辩的问题，乃是直觉自觉的问题。但是，一个社会中感情完全不一致，却又是社会的缺憾与危机。"② 宗白华用了"同情"这一概念，认为人的情感虽难以一致，却能达到谐和，社会的情感如果可做调和，社会就能够得以稳固。审美趣味只有达到人与人之间的共通，形成相互之间谐和的关系形态，社会精神层面才能构成凝聚力。然而这其中包含着未能回答的问题：这种"同情"与"共通感"的获得，如果掺杂着审美之外的权力因素，那么所谓的稳固与一致性就并非是一种自然的谐和状态，而是各方角力而达于平衡的结果。事实上，趣味与情感的谐和多数情况下是一种理想化的状态，而在现实社会发展中，我们往往发现权力介入审美如此之深，这种所谓的谐和或许仅仅是一种乌托邦幻想，无论是趣味，还是情感，共通感的作用以及由共通感形成的具有一致性的判断，都不会脱离各类人群潜在的文化身份意识，也不会脱离权力和意识形态的语境。

---

① ［德］康德：《判断力批判》，邓晓芒译，人民出版社 2002 年版，第 138 页。
② 《宗白华全集》第一卷，安徽教育出版社 1994 年版，第 318 页。

（三）趣味与道德：价值与沟通

加达默尔曾说："趣味概念最早是道德性的概念，而不是审美性的概念。趣味的概念描述一种真正的人性理想……只是到了后来，这一概念的用法才被限制到'美的精神性东西'上。"① 这段话意在说明趣味与道德在概念源头上的联系，趣味的提出是为"社会理想教化"服务的，在这一点上，趣味更像是一种道德性概念。然而加达默尔似乎忽视了审美性概念本身的权力属性与教化目的，社会教化的目标也并非是道德所独有的。在西方，趣味概念的源起确实不是指向审美，而是指向人的味觉这一自然生理反应，加达默尔以道德作为趣味概念最早的指称方向显然是不符合事实的。然而，趣味与道德之间确实也存在紧密的联系，审美趣味在倾向性和沟通性两方面与道德伦理存在某种一致性，而且在思想史上，思想家对审美趣味和道德伦理的研究，采用了双向借鉴和互释的模式，探讨人们在构建社会性的精神体系和价值标准过程中所采用的普遍模式。

在趣味与道德的研究阐释中，有不少相互交叉、彼此关联的概念，夏夫茨伯里和哈奇森所说的"内在的感官"是指直接感知、识别美丑善恶的特殊感官能力，这既是一种"道德感官"，也是一种"审美感官"，这种存于人类的心理结构同时在道德和审美判断中起到至关重要的作用，"道德感官"的功能接近或等同于获得良好审美趣味的能力，就像朱光潜在《西方美学史》中所说的："有人认为夏夫茨伯里的伦理观点以美学观点为基础，这是不错的。"② 18世纪英国哲学家亚历山大·杰拉德吸收了哈奇森的"内在感官"说，也将审美趣味等同于人的道德心，他认为优雅的趣味让一个人在每种场合下都容易受到感染，这也增强了道德意识的敏感性，让感知力更强更细腻。正因为如此，具

---

① ［德］汉斯-格奥尔格·加达默尔：《真理与方法——哲学诠释学的基本特征》上卷，洪汉鼎译，上海译文出版社2004年版，第44页。
② 朱光潜：《西方美学史》，人民文学出版社1979年版，第209页。

第二章 审美趣味与文化权力的纠结与缠绕

有良好审美趣味的人会比趣味上较为迟钝的人更加疾恶如仇。他将审美趣味在文明社会中的道德功用与未开化的社会进行对照，认为趣味在某种程度上给一个文明的社会提供了区分善恶的手段，这或许就是人们将文明归因于优雅的趣味并且为社会所推崇的缘由。基于这种分析，他寄望于通过审美趣味的养成来提升人类的善恶感，他说："因此审美趣味的培养给道德官能的敏感性提供了一种新的推动力量，通过这种方式更强有力地支撑善良品性，对抗邪恶欲望。"[1] 杰拉德将趣味的培养与道德感的形成紧密联系起来，很容易形成一种精英至善的观念，因为按照这样的思路我们可以推导：一个具有优雅趣味的精英理所当然地具有高尚的道德，然而事实证明这种因果关系是靠不住的，趣味与道德或许在某些方面存在关联，但将这种关联演绎成强关系形态，就会走入以道德判断代替趣味判断的误区，取消了趣味作为审美意识形态的独特性。

休谟论述趣味的标准时，首先也从伦理道德方面说起，他列出存在已久的一个争论，即道德的基础取决于情感（sentiment）还是理智（reason），如果取决于情感，就会因情感的不确定性，使道德风尚在不同人那里产生很大的歧义，然而实际上并不存在这种情况，无论何时何地，人们都遵循着高尚、正义、诚实、谨慎等道德信条，而谴责一些相反的品质。这种道德认同上的一致性说明道德伦理是与人的理智相关的。休谟将人类道德基础的争论与审美趣味的标准问题联系起来，认为审美趣味也存在同样的思辨路径和精神属性，而且趣味的问题似乎更为复杂。他列举一种观点：审美趣味是依据一种情感感受，由于它只指向个体的内心，因而会得出"趣味无争辩"的结论，如果是理智上的判断，则需以外物为准，只有这样才可能产生标准的问题。休谟是希望在趣味的探讨中能存在一个定论的，但他不愿就此将趣味问题简单地用情感感受和理智判断来进行非此即彼的选择，事实上，尽管休谟从道德伦

---

[1] Alexander Gerard, *An Essay on Taste*, London, printed for A. Mlar in the strand, A. Kincaid and Bell, in Edinburge, Mdcclix, 1759, p. 206.

理的标准问题引出审美趣味的标准问题,但并非将这两个问题完全等同起来。

尽管康德在《判断力批判》中所表现的兴趣是演绎纯粹的趣味判断,然而,就像加达默尔所分析的:"康德还保留了趣味和社交性(Geselligkeit)之间古老的内在联系。"① 在康德那里,虽然关注的是趣味判断自身的原则,然而这仅仅是方法上的抽象,其研究内容包含了人在趣味判断中交往的规则,将趣味和道德一样视为沟通人类精神的途径。康德以"共通感"统一阐释道德判断和趣味判断,将"审美共通感"与"道德共通感"进行相互印证,从主观精神层面上说,这两者也是根本相通的。康德认为鉴赏判断(趣味判断)所包含的情感共通性使自我的愉快情感与他人情感沟通起来,这样就产生了某种"义务原则",即悦己悦人(娱己娱人)的义务,使主体的情感与他人情感相协调。这种义务和责任就形成了与道德原则相类似的关系伦理,因此,康德提出,"理想的鉴赏具有一种从外部促进道德的倾向",比如督促人们在社交场合举止文雅,按具有普遍性的趣味原则规范人们的审美行为,影响人们的审美选择。康德认为鉴赏判断(趣味判断)对自身和他人审美行为的影响和支配,某种程度上符合道德规训的原则,"虽然不能说就完全等同于对他进行精神完善的(道德的)教育,但却通过在这场合下努力取得人家的欢心(成为可爱的或是可赞赏的),而为此作了准备"②。尽管康德也认为趣味的影响和支配主要靠情感这一柔性因素来维系,但确实与道德教育在某些原则上产生了相关性。

道德感与审美趣味的培育在人的精神成长与完善过程中往往是同步发生的,受共同的原则影响和支配,同时有不少学者相信,作为精神特质和状态,道德感与审美趣味统一于人的所谓教养中。人的教养不仅包

---

① [德]汉斯-格奥尔格·加达默尔:《真理与方法——哲学诠释学的基本特征》上卷,洪汉鼎译,上海译文出版社2004年版,第56页。
② [德]伊曼努尔·康德:《实用人类学》,邓晓芒译,上海人民出版社2005年版,第155页。

第二章 审美趣味与文化权力的纠结与缠绕

括善良品行、温婉性格以及正义感等道德品格范畴,而且包括趣味等审美范畴。19世纪初法国画家安格尔认为:"一种好的趣味和善良的性格之间的关系,比人们通常想象的要密切得多。"① 美与善的关系是一个古老命题,安格尔所描述的良好趣味与善良品性的关系,是从人的整体精神状态与涵养而言的,两者共同构成人良好的教养,这其实代表了许多人的意见,认为趣味与品性不可分,然而这种关联似乎只适用于理想化的状态。实际上,一方面,趣味的养成过程不仅取决于禀赋,而且受教育机会和资源的影响很大,而道德培育则不易显出文化阶层的差异;另一方面,趣味的培育过程很难以固定标准来设定目标,而道德培育在社会教化体系中常常得到刚性标准的约束,也就是说,前者更偏于私人的领域,后者更适应公共的语境。

总的来说,审美趣味与道德都被认为是人精神价值的体现,在一般观念中,一个人整体显现良好的精神面貌包含了优雅的趣味和高尚的道德,在人素质养成的过程中,趣味和道德是最为人们所关注的方面,正因为如此,历来对审美趣味的价值评判和培育思路很容易被道德评价与道德培育所混淆甚至取代,对于两者的关系,我们既要考虑精神一体性,也要充分关注各自的特征和关联域,对于审美趣味的研究来说,可以从道德理论那里获取相关的社会意识形态信息,此外也要坚守美学的视野、品格和美学的研究方法。

二 审美趣味能力与感官优劣论

就像从夏夫茨伯里到休谟一直延续下来的思路那样,与审美趣味相关联的是一种特殊的感官,康德受鲍姆嘉通的影响,同样赋予趣味判断以感性的特征,因而审美趣味就与感性官能在心理层面上联系在了一起。审美感官在个体上存在差异,首先这被解读为一种自然事实,和其他感官一样,存在听觉、视觉和嗅觉能力等基于生理的天然差异。另

---

① [法]安格尔:《安格尔论艺术》,朱伯雄译,辽宁美术出版社1980年版,第29页。

外,审美感官所具有的价值特殊性又赋予其区别于其他感官类型的社会意义,在这种情况下,对审美感官差异的认知就超越了自然伦理,而演变为带有强烈价值歧视色彩的优劣观念,被用于强化某种阶层分化意识和社会优越感,并由此推动权力在审美领域内的干预和布局。

从自然感官角度出发,这些理论家将审美趣味能力归结为趣味的敏感性,并在效果上用审美愉悦性进行衡量,其中的关联逻辑就是:趣味感官越敏锐,就说明审美趣味所具有的鉴别能力越强,给人带来的审美愉悦就越多,这就最终导向一种基于感官能力比较的趣味优劣论。要分析此类逻辑是否能站得住脚,首先需考察的是审美愉悦性和趣味敏感性这两方面的问题,其次是两者之间存在何种关系的问题,从而进一步反思这样的论点:是否趣味越敏感自然就可以获得更高的审美愉悦?是否能就此说明趣味具有优劣之分?

由于审美趣味的敏感性是通过比照普通感官的敏感性而来的,因此它具备某些个人感官的特性;同时由于它和社会审美文化整体语境的关联,趣味敏感性又体现了审美主体的文化背景。美国学者杰罗尔德·莱文森(Jerrold Levinson)将人的敏感性分为感知敏感性与态度敏感性,他解释说:"感知敏感性是从一系列可感知的非审美特征中接收关于现象印象的一种倾向,而态度敏感性则是对某种现象印象喜欢或不喜欢的态度做出反应的一种倾向。"[1] 他认为态度敏感性并不是固有的、内在的,而是根据文化自然形成的,并且随文化环境的改变而不断地进行自我修正。这也就是说,态度敏感性的程度并不取决于个人特殊的心理特征,而是由所处的文化背景与环境所决定。如果以此来观照和判断人在趣味敏感性上的差异,它既体现类似于感知的敏感与敏锐的生理差别,又体现为处于不同趣味层级结构中的人群在审美文化方面的差异。

---

[1] Jerrold Levinson, "Aesthetic Properties, Evaluative Force, and Differences of Sensibility", in Robert Stecker and Ted Gracyk, eds., *Aesthetics Today: A Reader*, Rowman & Littlefield Publishers, inc., 2010, p. 104.

第二章　审美趣味与文化权力的纠结与缠绕

如前所述，既然审美趣味被当作一种特殊感官的能力，那么它与一般的感官一样，在敏感性上存在个体的差别。我们可以结合这种观念，回到趣味感官与普通感官比如味觉的最原始联系之中，以此来分析趣味敏感性作为判定审美趣味优越与否的依据是从何而来，以及这种依据是否真的成立。亚当·斯密认为："只有那些具有敏锐的、细致的趣味鉴赏能力的人，才能分辨美丑之间那些细微的、几乎不被察觉的差异……只有在科学和趣味方面伟大的领导者，那些引导我们情感的人，那些见多识广、公正无私，其才能让我们赞叹与称奇的人，他们能激起我们的钦佩之情，也值得我们赞赏。"① 亚当·斯密赋予那些具备敏锐鉴赏力的人以趣味领导者的地位，认为趣味的优劣就在于是否拥有敏锐的鉴赏能力，在他看来，如果趣味判断能够合宜且精确地符合审美对象，那么就理应得到普遍的赞同。英国哲学家弗兰克·西布利（Frank Sibley）认为趣味表现为对客体审美的识别力，而这种识别力具有个体的差异，精妙的识别力是少数人所独有的，"对其他人来说，趣味和敏锐感官是稀有物"②。因此，表现为敏锐感官和敏锐识别力的趣味自然具有高下之分。基于同样的精英化意识，休谟也将高超的识别力视为高级趣味的标志，他在《论趣味的标准》中将趣味的缺乏部分地归因于辨别不够敏感，他转述了《堂·吉诃德》中关于品酒的例子③，并且将饮食方面的口味与精神层面的趣味进行类比，以此说明趣味敏感性的差异真实地存在着。而且，要证明趣味分高低，首先得让人相信不同人对美丑感受的差异其实是由趣味敏感性差异造成的，趣味敏感性是衡量趣味高低的

---

① Adam Smith, *The Theory of Moral Sentiments*, edited by D. D. Raphael and A. L. Macfie, Indianapolis: Liberty Fund, 1984, p. 20.

② Frank Sibley, "Aesthetic Concepts", in Joseph Margolis, ed., *Philosophy Looks at the Arts: Contemporary Readings in Aesthetics* II, Philadelphia: Temple University Press, 1987, p. 31.

③ 这个故事大致描述了桑丘的两个亲戚品酒，其中一个尝过后认为是好酒，只是有股皮革味；另一个品尝后也承认对酒有好感，除了有股铁味让他受不了。他们因此遭到嘲笑，结果酒桶倒空后，在桶底发现了一把拴着皮带的旧钥匙。休谟通过这个例子将味觉延伸到审美领域，来论述趣味问题——笔者注。

重要标准。因此他说:"对美和残缺快速而敏锐的感知必然是我们完美的趣味的标志。"① 另外,他给趣味敏感性加上了非常耀眼的光环,如果说口味的敏感性并不一定意味着美好的品质,在他看来趣味敏感性则代表了人类天性最高尚的一面。按照这样的逻辑,权力自然地按敏感性的高低来进行排列和布局,部分趣味敏感度高的人也就拥有了趣味判断的权威性,趣味敏感度低的那部分人就理应受敏感度高的人指导和教育,从而改变所谓趣味判断过程中的迟钝状态。正因为审美感知的感官能力成为人文化品性高低判定的依据,那么这种敏感性对于社会阶层划分和个人文化权益的重要性也就不言而喻,哈奇森考察人们对美的感官能力的区别,他看到敏感性的不同给人们带来不同的审美愉悦,而这得到人们尤其是上层阶级的认同,"这些更加敏感的感官的快乐在人生中并不是只有较小的重要性",相反,那些崇拜财富和权力的人"为了他们自己的利益(他们人生未来某些时期的利益),或者是为了他们后代的利益,一般而言,他们特别重视这些快乐。至于具有更加高雅品味的那些人,这些快乐是他们大部分劳动的目的"。这种认同甚至影响到社会各阶层,即便是芸芸众生,"也表现出对于这些快乐的兴趣"②。受到这种社会普遍存在的趣味认同氛围的影响,趣味敏感性处于劣势的人进入上流社会的奋斗历程又增加了一重障碍,而且这种障碍较难通过经济甚至政治条件的改善而得到遽然改变,必须持续深入其中的文化环境,长期浸润其中,才能获得越来越语境化的所谓敏感性。

随着社会分层越来越严密,越来越体系化,趣味敏感性也逐渐丧失人性自然的意义,在文化权力构成的场域中被严格界定,相应地,审美愉悦也被人为地附加上孰优孰劣的判定,这背后暗含的是审美趣味存在优劣之分的假定。也就是说,良好的审美趣味带来的审美愉悦更高级,

---

① David Hume, "Of the Standard of Taste", in George Dickie, R. J. Sclafani, eds., *Aesthetics: A Critical Anthology*, New York: St. Martin's Press, 1977, p. 598.
② [英] 弗兰西斯·哈奇森:《道德哲学体系》,浙江大学出版社 2010 年版,第 19—20 页。

第二章 审美趣味与文化权力的纠结与缠绕

而劣等的审美愉悦则是由低级的趣味造成的。20世纪初的美国批评家保尔·摩尔根据获取的难易程度将审美愉悦进行划分,并赋予它们不同的精神价值,他认为高尚的趣味体验来自于艰辛的追求,这样,就产生了某种矛盾:"人的天性易于抓住最近的和最容易得到的愉快,逃避得到较高尚较持久的愉快所必须付出的劳动。他们甚至要怀疑这种较高尚较持久的愉快的真实性,直到别人的经验迫使他们不得不承认它为止。"在他看来,人的天然惰性使人宁可放弃从高尚趣味那里获取更自由、更持久的愉悦体验,而不愿意付出更多的努力去持之以恒地追求。但是摩尔似乎有更充分的理由坚信,高级的趣味所带来的愉悦是值得人们耗费心力去追求的,"在这种享受的能力中,他将会感觉从自己渺小的局限里解放出来"①。他以带有道德色彩的"高尚"一词来为受过教育的精英阶层的趣味附上一层耀眼光环,在这种基本判断下,底层民众失去了为自己个人化的审美愉悦进行辩护的权力,因为按这种逻辑,所谓高级的审美愉悦以及高尚趣味来自人对惰性的克服和自觉接受教育的过程,是人们努力的一种回报。许多思想家利用这种报偿机制为人性预设动机,为了解释人为何会牺牲眼前利益和舒适感,而费尽艰辛地追求长远的目标和利益。亚当·斯密在《道德情操论》中就以此解释人们(包括那些富人)在行为实践中长期追求节俭、勤劳以及坚忍不拔等美德品质的深层次动因,斯密认为,这些道德品质因其具有"合宜性",而得到旁观者的赞同和尊敬,而这正是为自觉抵制眼前利益和欲望提供了最重要的精神支撑。② 亚当·斯密其实将社会道德中的"利他"动机高度理想化了。这种报偿机制常出现于资本主义经济行为的描述中,演变为资本家对其财富来源的一套说辞,"不努力者不得食"这种说法看似有理,其实掩盖了某种条件关系,即底层努力所需要的途径与资本已

---

① [美]保尔·摩尔:《论批评的标准》,文美惠译,载《文学研究所学术汇刊》第一辑,知识产权出版社2006年版,第36—37页。

② [英]亚当·斯密:《道德情操论》,蒋自强等译,商务印书馆1997年版,第238页。

被剥夺的情况下,劳动所获根本难以和努力程度相匹配。放在审美活动中,底层民众受教育的机会远远不如资本家和知识精英,而且,按照布尔迪厄的说法,他们所掌握的文化资本非常有限,不仅在趣味的社会文化属性上被区隔,而且在审美愉悦这种私人精神领域也被强行渗入,使底层民众无法坦然地面对自身趣味,以自己喜欢的方式参与审美活动。

与趣味优劣论相关,所谓容易获得的审美愉悦在价值上是否低人一等,同样是一个容易引起争议的话题。美国学者特德·科恩针对休谟关于趣味的相关理论,提出了一个比较尖锐的话题:既然休谟认为人们都有一种要使自己的趣味更精准、更精致的追求,使趣味往"好"的方向发展,这势必要耗费大量的时间精力,而且其效果还取决于意志力的支持程度,那么人们在这一苦苦追求的过程中又谈何快感呢?从审美愉悦所满足的效果方面看,人们找不到希冀所谓更"好"趣味的理由,正像科恩所说:"就审美趣味而言,在'精准'趣味的识别与拥有它的渴望之间就有存在着一道鸿沟。"按他的说法,道德上的圣人总是做最正确的事情,审美上的圣人则喜爱更为美好的事物,而普通人的审美只是寻求感受愉悦的一种过程。事实上,在试图使趣味得以提升的艰难过程中,人们并没有获得与付出相一致的、作为酬劳的愉悦感。此外,科恩还指出,人们在趣味得以"提升"——科恩本人对这个词保持较为谨慎的态度——之后,原先所处的那种趣味层次能够获得的愉悦就消失了,而在这一过程中,这种精神上的损失是否可以由"改善"趣味所获得的快感得到补偿呢?科恩对此持一种否定态度:"我想最终人会得出一个蛮横的主张,即从那种可能会更好的音乐中可获取的审美愉悦(或无论什么东西)就是比从那种被认为较差的音乐中得来的愉悦要好。但我看不出赞同这种主张的理由。"① 总结科恩的意见就是,他承认人们对趣味的感知能力有某些差距,但他不认为所谓"好"的趣味

---

① Ted Cohen, "The Philosophy of Taste: Thoughts on the Idea", in Peter Kivy, ed., *The Blackwell Guide to Aesthetics*, Blackwell Publishing, 2004, p. 172.

第二章　审美趣味与文化权力的纠结与缠绕

对所有人来说都更重要。

审美愉悦是属于主观的情感，如果从最初的状态来考量，它首先是一种带有个人色彩的情感，但是在特定的文化环境及社会关系中，审美愉悦的产生与价值估定都必然会受到既定规范的制约，个人化的审美愉悦就变成一种社会公共文化问题。然而如果将审美愉悦按上层精英的意志粗暴地划定优劣，并作为趣味优劣的标准，这种因果推断所带来的必定是简单化的歧视性思维，因为在不同个体那里审美愉悦的表现是千差万别的，如果简单地以优劣高低来划分，难免会出现以偏概全、以偏见代替事实的情况；同时，从探究问题的角度看，这也是一种独断式思维，其中省略了大量具体的实证性研究，忽略了下层或底层民众的审美价值观念与审美需求，因此这是需要进行深入批判和反思的思维方式。

三　审美趣味：走出精神个体性的过程

当我们从文明史中探寻人类精神的发展轨迹时，看到的只是思想大碰撞的结果以及文明兴起与衰落的过程，而每个历史片段里属于个体的精神历程，往往只能从断简残章里看到一些轮廓粗疏的幻影，很难从留下来的记述中得到真切而细致的体验。即时性的、转瞬即逝的个体精神被埋在历史烟尘中，但并非毫无意义，人类文明宏大体系的建立，社会文化思想的延续与传承，离不开个体精神的张扬和个体行为的表现，就像美国学者露丝·本尼迪克特所说："没有个体所参与的文化，个体就根本不可能去接近他的潜在的那些东西。相反，文明的任何成分却归根结底都是个体的贡献。"① 德国哲学家倭铿提出个体自身的精神建构是人类精神生活的价值起点，他说："凡是在精神事物方面的伟大建树总是源于自身本质内在的必然性……唯有人仅仅立于自身并为自己创造

---

① [美]露丝·本尼迪克特：《文化模式》，王炜等译，生活·读书·新知三联书店1988年版，第232—233页。

时，才可能实现对他人充满价值的目的。"① 倭铿的意思是，一方面，只有致力于彰显自身的精神价值，才能提升整个社会的文化水准；另一方面，个体的价值与力量终究是建立在社会群体基础上的。在资本主义启蒙语境中，对个体精神的彰显是内含在新型社会关系的诠释中的，卢梭从社会公约角度提出个人权力与个人价值的本质："我们每一个人都把我们自身和我们的全部力量置于公意的最高指导之下，而且把共同体中的每个成员都接纳为全体不可分割的一部分。"② 卢梭认为，处于缔约状态下的个人就不再是完全意义上单个的人，而是共同体价值前提下、具有公共人格的公民，在这种设定下，个人就走出了自然状态的个体，而被赋予社会共同体一部分的身份，同时拥有责任和权力。卢梭所论述的是法权与政治权力，他所说的个体与社会群体的关系也是政治层面上的，如何从人类精神层面尤其是审美文化角度来理解个人与群体的关系、理解权力的运作关系，则既需要考虑启蒙思想的共同语境，也需要充分考察个体审美趣味进入社会群体的特殊过程，以及趣味在观念史中的特殊语境。

　　就审美趣味话题而言，西方一直存在个体差异性与群体规范性两种属性之间的争议。近现代许多哲学家在谈到这一问题时，常常会引用一句古老的拉丁谚语："趣味无争辩"（De gustibus non est disputandum），不少理论都以此作为起点，探讨审美趣味的社会功能与美学特征。"趣味无争辩"其实是从个体精神层面来审视审美趣味，其视点首先集中于人作为个体的特殊性，由此出发考察趣味的养成过程及其功能与价值，为人与人之间的趣味差异问题提供了一种直接的结论，比如18世纪法国思想家狄德罗谈及人的内心包括道德与趣味，强调人与人之间的异质性，人们在内在精神方面保持"同心"非常少见，这是自然界事

---

① [德] 倭铿：《人生的意义与价值》，周新建、周洁译，译林出版社2013年版，第27页。

② [法] 卢梭：《社会契约论》，李平沤译，商务印书馆2011年版，第20页。

第二章　审美趣味与文化权力的纠结与缠绕

物普遍的规律使然，即自然界事物完全保持同质几乎是不可能的，但狄德罗并不认为个体之间的异质性是取消道德和趣味评判的理由，他指出："趣味是不能争论的，如果把这话了解为不应该对一个人争论他的趣味怎样，这是幼稚。如果对这话的了解是说在趣味中没有好坏，这是错误。"① 狄德罗认为"趣味无争辩"作为古老格言的通俗智慧，需要哲学家严格地考察，一方面，"趣味无争辩"可以理解成基于个人趣味的异质性，但不意味着趣味在现实中不能争论评判，也不意味着趣味没有好坏的标准；另一方面，认为趣味可以争辩的理论家一般则将重点放在论述每个人内在精神结构具有一致性上，而且从趣味的社会功能和趣味所连接的美学理论普遍有效性方面进行论证，比如克莱夫·贝尔，他承认"趣味无争辩"的古老观点具有合理性，但同时敏锐地认识到如果无条件地接受趣味无须争论的论调，等于无形中否定了美学理论的有效性，从而自动消解了理论家指导或引导审美活动的价值，他说："尽管一切美学理论必须建立在审美判断的基础之上，而且一切审美判断最终必定是个人品味的问题，可是要断言所有的美学理论都不可能具有一般有效性，这也未免流于草率。"② 趣味可否争辩，这两种观点来自不同的立论基础和依据，然而对趣味个体差异的最初探讨都存在摒除客观世界尺度的倾向，将关于趣味标准的论争限定在主观精神层面。

审美趣味走出精神个体性，就不可避免地要关联社会群体，如果要深入探讨审美趣味和文化权力的联系，首先就需要思考这样的问题：审美趣味作为个体精神方面的倾向性，是如何对他人以及群体产生影响力的？是通过何种形态与何种途径来实现其社会影响的？在康德与休谟的理论中，审美趣味都属于主观精神的一种范畴，从人的个别主观精神倾向开始分析，最终的路径是走出精神个体性，趋向社会群体共同接受的

---

① ［法］狄德罗：《狄德罗哲学选集》，江天骥、陈修斋、王太庆译，商务印书馆1959年版，第117页。
② ［英］贝尔：《艺术》，薛华译，江苏教育出版社2005年版，第5页。

某种普遍性，这在休谟那里体现为经验普遍性，在康德那里则是一种先验普遍性。尽管康德认为趣味是个人偏好，但趣味判断的阐释结果却超脱了个体性，正如加达默尔在评述时所说："一当问题涉及到审美判断时，在趣味中不是个别的偏爱被断定了，而是一种超经验的规范被把握了。"① 偏爱有可能是个体的行为，而由偏爱自赏转为审美判断，就会被外部种种规范所控制，简单来说，偏爱是个体的、自发的，而趣味则是受到规范、经过塑造的，偏爱是趣味体现出来的情绪基础，但并非趣味的全部，从这个意义上说，趣味和偏爱不同，它是连接个体性与群体性的审美概念，既体现个体的喜好与倾向，也体现人所处阶层群体的审美认同与观念。实际上，这里其实也给趣味留下了一道难题，即趣味如何实现个体性和群体性的统一，这就要从趣味判断所关联的精神属性来分析。维特根斯坦提出人的审美力与创造力无关，"审美力是感受力的精练。但是，感受性并不能产生任何东西，它纯粹是一种接受"②。维特根斯坦将审美力看作是完全被动的接受能力，那么审美力似乎不具有改变他人、改造世界的力量。维特根斯坦所说的审美力与趣味判断力在内涵上有相似的地方，但前者更侧重于和创造力的比较，将审美力视为被动的，而将创造力视为主动的，而这种界定并未说明审美力本身是如何产生的。我们在考察个体趣味时，有一个重要的方面就是其成长演变的过程，在这一过程中，个体实际上是深度嵌入社会环境，受他人影响的。康德试图用"共通感"来打通精神个体性与精神普遍性之间的关系，他说："人们必须把 sensus communis［共通感］理解为一种共同的感觉的理念，也就是一种评判能力的理念，这种评判能力在自己的反思中（先天地）考虑到每个别人在思维中的表象方式，以便把自己的判

---

① ［德］汉斯-格奥尔格·加达默尔：《真理与方法——哲学诠释学的基本特征》上卷，洪汉鼎译，上海译文出版社 2004 年版，第 55 页。

② ［英］路德维希·维特根斯坦：《文化和价值》，黄正东、唐少杰译，译林出版社 2014 年版，第 84 页。

第二章 审美趣味与文化权力的纠结与缠绕

断仿佛依凭着全部人类理性。"① 康德的意思是,作为个体性的趣味虽是出自个别的感觉,做出个别的评判,但这种感觉、评判和反思方式在其他人的感觉、思维中都有,康德相信这是人类所共通的,因此可推而广之到全部人类,如前所述,这种共通感在康德那里即是来自某种"先验的"预设,是人类产生沟通可能性的基础。汉娜·阿伦特通过分析认为,康德是通过举出"想象"与"常识"这两种能力来解决趣味是否可以争辩这一问题的。② 在康德看来,一方面,审美想象使得人们的审美可以不借助实际存在的事物,从而摒除了趣味判断中客观物体存在的价值意义,在此基础上,趣味判断获得了无功利这一特性存在的条件;另一方面,人们对常识的认可使得人们因为自身趣味与他人格格不入而感到羞愧和不安,康德认为审美趣味应该超越自我中心观念,我们时刻处在人与人的关系中,不可能生活于社会之外,因此交流是不可或缺的,而针对审美趣味判断彼此差异的探究和修正,是人与人之间一种重要的审美交流方式。

涂尔干在谈到品位(趣味)问题时,从心理到作品两方面谈到多样丰富与普遍统一之间的关系。他说:"在对美的判断中,既有很大程度上的多样性,也有显而易见的普遍性。"他从人的本性来解释这一问题,既然美符合我们的本性,那么我们对美的理解为何兼具多重性与统一性的特征?涂尔干认为这必须先考察人的本性,这种本性包括三种能力,每种能力都包含两个方面,即在人的感性、知性和意志领域都存在多重性与统一性两方面,"在感性中,我们一方面是多重的(倾向和情绪),另一方面则是统一的(激情)。在知性中,感觉,即各种各样的意识形态,所有的知识材料,会提供给我们多重性,而理性则会给我们带来统一性。最后,我们的活动也是由众多的行动和本能构成的,即多

---

① [德]康德:《判断力批判》,邓晓芒译,人民出版社2002年版,第135页。
② Hannah Arendt, *Lectures on Kant's Political Philosophy*, edited by Ronald Beiner, Chicago: The University of Chicago Press, 1992, p. 66.

重性，而当自我通过意志介入到这种混沌的状况中，就会引导我们的活动，施加给我们统一性"。涂尔干将人类本性的多重性与统一性与美的原则联系起来，即理想化的美就是兼具多重性与统一性，而这与审美情绪既是普遍的又是个别的相对应，每个人的感受力和性情不同，有人喜欢美的多重性的一面，有人则喜欢美的统一性的一面，前者体现丰富，后者体现力量，这类似于一般而言的艺术风格，通过这两种风格对立的描述，涂尔干将多重性与统一性的关系从主体延伸到对象，并通过审美心理将两者进行沟通，尽管他认为每个人根据自己的秉性在两者中取其一，但又提出"不偏不倚的心灵将在这两者中发现具有同等意义的审美价值"①。这里所谓"不偏不倚的心灵"就是一种理想的设定，与休谟的"完美批评家"类似，又将多样性纳入了某种统一的标准。

  无论是从休谟、康德，还是后来的许多理论家，都试图在趣味方面建立人与人沟通的机制，更进一步地，则是尝试预设一种趣味判断的标准，这都体现趣味走向社会性的趋势。然而，审美趣味社会性与个体性之间始终是交互式建构的关系，具有某种普遍性的社会趣味观念，对个体趣味的成长演变起到非常重要的作用。我们在考察个体趣味时，有一个重要的方面就是其成长演变的过程，在这一过程中，个体实际上是深度嵌入社会环境，受他人影响的。然而这其中还存在一个问题，即人类精神个体与群体之间的关系其实是一个首尾相接的环形结构，严格来讲并没有一个确定的起点，审美趣味同样如此。这里的逻辑链条是：个体趣味形成的过程受社会影响，而社会整体的审美趣味价值主导结构又是依据具体的个体趣味而形成的。苏联美学家布罗夫对社会趣味与个人趣味的关系做了如下表述："社会趣味是在集成个人趣味的基础上形成的（即不是简单的综合，而是个人趣味的矛盾斗争中产生的一种新的质）。"一方面他认为个人趣味的成长受社会环境的影响；另一方面，

---

① ［法］爱弥儿·涂尔干：《哲学讲稿》，渠敬东、杜月译，商务印书馆2012年版，第124—125页。

第二章　审美趣味与文化权力的纠结与缠绕

个人的趣味成长起来以后，"成为一种积极的改造的力量，最后彻底改变社会趣味"①。如果我们愿意走出康德趣味判断超越社会现实的纯粹结构，就会将审美趣味在个人与群体的关系发展看作一个与社会语境紧密相联系的、积极动态的过程，这一过程永不会走向完结，只要权力场一直存在，就会在各种权力的作用下，呈现审美趣味从个人到社会群体、从群体到个人这种动态的双向影响与发展。

从上文分析可以看出，个体对社会的影响受制于交往范围内的趣味话语语境，另外还因个体所处文化身份的不同而存在巨大的话语权差异。联系趣味的涵养过程来看，社会对个体审美趣味的影响则几乎是决定性的，法国学者奥利维耶·阿苏利直接指出审美体验是集体性的，而非人们理解的"一种纯粹的个人的模式"，原因就在于"主体因为各种原因，从来不能掌控自己的感觉"。人们的审美体验受到长期所处文化环境的暗示和影响，个性化的感受不可避免地受控于"集体感受性"。②另外，个体对社会趣味衡量标准的影响首先取决于社会给予他的教育背景与身份定位等。露丝·本尼迪克特认为个人的艺术兴趣和审美趣味与其所处社会的文化传统积淀息息相关，"最丰富的音乐感受力也只有在这种感受所生其间的传统的资质和水准中才能表现出来"③。社会对个体趣味的形塑力量是非常强大的，以至于我们常常在社会文化的影响和社会身份的限定下，失去了趣味自我选择以及认知的意志和能力，在所谓"优雅趣味"代表的典范性标准面前，审美行为变得缺乏独立性，人们自动放弃了个体对审美对象的倾向性选择，放弃了审美价值的个性化追求，而变成盲目的追随，内心的喜好让位给了公共的趣味标准，努

---

① [苏联] 亚·伊·布罗夫：《美学：问题和争论——美学论争的方法论原则》，张捷译，文化艺术出版社1988年版，第124—125页。
② [法] 奥利维耶·阿苏利：《审美资本主义——品味的工业化》，黄琰译，华东师范大学出版社2013年版，第90页。
③ [美] 露丝·本尼迪克特：《文化模式》，王炜等译，生活·读书·新知三联书店1988年版，第231页。

力让自身的审美行为合乎社会审美共同的轨道。

康德趣味判断理论所涉及的个人和群体的关系是抽象的,并没有真正关联现实的社会样本,而布尔迪厄最大的转变是将审美趣味中类似的关系直接引向社会批判,使其变为存在于社会各权力场域中斗争与冲突的最直接的演绎。仔细考察审美趣味的养成过程,我们会发现其不断地经历一种"自我反馈效应"[①],审美主体通过趣味的提升看到了自身,加强了自我认同,这进一步成为其涵养自身趣味的动力。这种动力看似是内生的,但还有一个很难忽略的事实,即主体的自我认同通常只有在一定的社会文化环境下才显得有效,一切价值来自社会关系,审美趣味的认同同样与社会环境相关联,因此,主体对个人趣味的自我评判其实是社会认同的表现。布尔迪厄将趣味养成的第一要义归于出身的文化环境,认为一个人的出身决定他的"习性",甚至比经济地位的影响更为深刻,人的趣味成长其实就是不断融入环境,形成固定"习性"的过程。

另外,哈贝马斯从欧洲社会文化史中理出一条"公共领域"形成与发展的线索,并赋予其革命性的功能,资产阶级的"公共领域"凭借新的力量转变,敢于反抗当时的贵族传统与君主权威,体现了政治和文化权力转移、颠覆、重新建立的过程。在向市民社会的转型过程中,公众将原先上层阶级所控制的"公共领域"变成了更广大的公众公共权力参与和批判的领域,"以文学公共领域为中介,与公众相关的私人性的经验关系也进入了政治公共领域"[②]。这种私人性的经验关系体现了局限于狭小的内心世界对人性、道德与审美趣味等各种观念的省视,以及在私人与家庭间对于类似话题的探讨,在文学公共领域中,这种私

---

① 这是心理学的一个概念,用以说明学习者通过了解自己学习成果强化了自我认知,反过来促进学习者更加努力学习,从而提高学习效率。这一心理现象被称作"反馈效应"——笔者注。

② [德]哈贝马斯:《公共领域的结构转型》,曹卫东等译,学林出版社1999年版,第55页。

第二章　审美趣味与文化权力的纠结与缠绕

人经验以观念倾向和审美结论的形式进入舆论视野，形成公开的主张，进而影响政治公共领域中与此相关的权力关系，这恰好体现了审美趣味由个体精神层面向社会公共领域延伸的过程，在这一过程中，审美趣味由"私人性"的精神形态转变为具有普遍性的公共意识，而这通常伴随着文化权力的运作，另外也不断产生着新的权力关系，因为一旦某种趣味成为公共的价值观念和价值追求，就意味着对社会"公共领域"审美活动产生规约，而且存在将其推进到各个角落的天然欲望。同样，按加达默尔的观点，趣味"不是单纯的个人特性，因为它要不断地成为好的趣味"①。趣味通常不会满足于个体自适，而是具有社会普遍化的诉求，希望能够成为良好趣味的典范而被周围群体所承认，而这一诉求是通过审美沟通这一方式来实现的。个人趣味的选择、个体精神的高蹈，在走出个人精神之外而依附一种兼具交往内容与交往手段的群体性规则之时，就进入了社会趣味文化大的圈套中。审美趣味要走出个体精神之外，就必然面临与他人趣味的冲突、磨合与交流，其实这一过程走不出其所处社交圈的文化氛围，其中所包含的融合与共通特性提供了交往的动力与可能性，而出现的异质性内容又使得趣味获得了可供改善的条件和契机。然而不管在趣味方面显示出多么强烈的个人风格，在审美沟通中往往同样面临诠释的诸般困境。康德在趣味判断中提出"天才"这一概念，其目的并不是要制造一个遗世独立、脱离可沟通性的主体样本，而是要标举一种理想的具有引领世人能力的趣味人格。因此，康德所谓"趣味判断力"从根基上是经过社会共通原则塑型，然后再具化为一个"天才"式的个体趣味样本，这种"天才"的趣味以个体性面貌出现，指向的又是趣味的社会性功能。

在此命题探讨的最后，我们还需追问这样一个问题：达成和实现趣味的普遍性何以成为一种普遍追求？这大致有两个方面的原因，一种是

---

① ［德］汉斯-格奥尔格·加达默尔：《真理与方法——哲学诠释学的基本特征》上卷，洪汉鼎译，上海译文出版社 2004 年版，第 46 页。

审美趣味与文化权力

为去除个体心灵的寂寞感，曲高和寡并不是趣味所应有的，所谓"知音"则是一种寻求认同的结果，在群体共情中实现心灵的慰藉。人们走出精神个体性的过程，首先体现为寻找群体认同，个体向内面向自身的精神时，会产生无法排解的孤独感，抽象的个体如果能够在具体的趣味文化关系中寻求个体之外的契合，就会为个体趣味找寻到可供沟通的方式，这很大程度上消除了人对自身趣味认知的不确定感和不安全感，在群体认同中实现对自我精神的确证。除此之外，还有一层缘由就是为满足人的支配欲，希望借由趣味的普遍性将自己的审美倾向和法则推行到他人的审美活动中，实现在更大范围内的精神支配。总之，趣味具有社会沟通功能，我们的审美行为不仅仅是个体性的，趣味倾向于走出精神个体性，寻求群体共识与共适的社会化和类道德化的过程，这一过程除了解释为人审美认同的需要，很大程度上也应该是有意无意的人类权力欲望的体现。然而，在审美趣味通过隐性和软性的方式对社会审美活动形成控制和规训的同时，始终存在一种反规训与反控制的力量，人们对于趣味的诉求一直也有着一个相反的过程，即回到个体，回到趣味的个体自适和个体主张，这是个体自由意识的持存或觉醒，体现了对现行审美权力结构的反抗与超越。实际上，透析审美趣味的演化逻辑和变迁史，这种控制与反控制的权力博弈无处不在，无时不在。无论从逻辑维度还是从历史维度看，权力结构所产生的力量关系从来不是单向的，福柯指出："只要存在着权力关系，就会存在反抗的可能性。"[①] 审美权力产生的支配力和影响力一方面体现为上层向下层传递，中心向外围扩散，另一方面也并行着一种反向演化、颠覆与重构的过程，这是权力妥协和斗争的一种显现。审美权力的博弈体现在社会文化各个阶层之间复杂的力量关系上，在不同的历史时期，权力的争夺是文化变革的原动力之一，而以趣味的颠覆与重构为博弈结果的一种显现。

---

① [法]福柯：《权力的眼睛——福柯访谈录》，严锋译，上海人民出版社1997年版，第47页。

第二章　审美趣味与文化权力的纠结与缠绕

第二节　隐性"区隔"与显性支配：审美趣味与审美权力的双向建构

审美趣味作为一种隐性的"区隔"力量，形成文化资本占有者对其他阶层审美活动的软性控制和引导，这与通过对审美资源的硬性占有而呈现出显性支配力的审美权力形成对应关系。一方面，在审美权力到审美趣味领域的延伸过程中，呈现了一种由硬到软、由显性到隐性的向度；另一方面，审美趣味的层级结构又反哺并巩固已有的审美权力结构，两者形成一种相互指向对方的双向建构关系。

一　审美趣味：作为一种隐性影响力

法律是通过强制来除奸惩凶，道德是通过规范来趋善避恶，趣味则是通过影响来倡雅斥俗，审美趣味与法律和道德一样，自身具有某种制约的力量，影响了人的现实行为的因果链。不同的是，审美趣味的这种制约性是非强制的、隐性的，通过一种相对缓慢的渗透和影响作用于人的内在精神世界，最终仍然体现着权力关系和支配的效果。

18 世纪英国经验主义的审美趣味理论一般倾向于认为需要借助客体来激发主体的审美感官，乔治·迪基比较了其与审美态度理论（Aesthetic-attitude theories）的联系与区别，认为虽然两者都是指向主体的，但前者比后者更强调在审美过程中对客观物的凭附。[①] 在英国哲学家弗兰克·西布利看来，审美趣味不仅指个人主观上的偏好和倾向，而且指一种"发现、观察或识别事物具有某种特质的能力"[②]。这就是说，审美趣味也是一种对客体的识别能力，所谓"趣味无争辩"是针对个人

[①] George Dickie, *Art and the Aesthetic: An Institutional Analysis*, Ithaca and London: Cornell University Press, 1974, p. 57.

[②] Frank Sibley, "Aesthetic Concepts", in Joseph Margolis, ed., *Philosophy Looks at the Arts: Contemporary Readings in Aesthetics* Ⅱ, Philadelphia: Temple University Press, 1987, p. 31.

偏好来说的，而涉及对客体的判断能力，自然就应该拥有一套相对客观的标准，来判定对于客体的描绘和判断谁更接近事实真相。强调趣味面向客体的一面，实际上绕开了"趣味无争辩"命题争论中一直所坚持的主观偏好自由这一似乎无解的话题，让趣味标准的建构逻辑落在相对牢固且摸得着的审美实践和美学现象基础上。而且正因为这样，审美趣味就越过最初的个人审美心理层面，具有了社会性的维度，形成力量支配型的层级结构。法国学者阿尔贝·博蒂代在分析审美趣味的权威时指出，权威首先来自于自身的审美能力，又向外形成影响力，这两者是同一个过程，"它同他这个人混同在一起，实际上只不过是他的趣味辐射的力量"①。然而就像康德所指出的那样，审美趣味的范本虽然具有某种特权功能，但不是用效仿的方式，而是以追随的方式获得这种特权功能的。按照康德的理论，审美的逻辑是无功利的、能够在不同人群中和谐沟通并共享，而权力的逻辑则是能够产生强制性服从的能力。可以设想一种介于两者之间的软性的、非强制性的逻辑，然而又具有实质性的引导力量，这就是审美趣味的自有的独特逻辑，它以渗透和影响的方式呈现，以人们自觉追随的方式来获得自然的、隐性的控制。

德勒兹认为，"我们正在进入控制社会，这样的社会已不再通过禁锢运作，而是通过持续的控制和即时的信息传播来运作"。我们所置身的社会已不再是福柯所描述的惩戒社会，通过人身禁锢来显示权力的运作方式，而是通过"新型的惩罚、新型的教育"等，实现"持续而不间断的控制"②。德勒兹所提到的"新型的"惩罚和教育，是属于精神上的控制方式，而且带有当下社会种种文化权力关系的特征，借"提升审美趣味"为名开展的教育无疑也涵盖其中，只不过审美信息的沟通和交流过程中所体现的惩戒、控制行为更为隐蔽，惩戒者（控制者）

---

① ［法］阿尔贝·蒂博代：《批评生理学》，赵坚译，商务印书馆 2015 年版，第 139 页。
② ［法］吉尔·德勒兹：《哲学与权力的谈判》，刘汉全译，译林出版社 2014 年版，第 191 页。

第二章　审美趣味与文化权力的纠结与缠绕

与被惩戒者（被控制者）没有福柯所描述的那样直接。另外，在布尔迪厄看来，审美趣味通过层级结构，体现了一种隐性的"区隔"效果，他在其名著《区隔：趣味判断的社会批判》中指出："趣味进行区分的同时也区分了区分者。社会主体根据其类别而被区分，因自己制造的美与丑、雅与俗的区隔而区分了自身。在这些区隔中，他们在客观区分中所处的位置被显性表达或隐性泄露出来。"① 与权力通过契约关系和规训、惩戒体制等直接显现不同，趣味在区分社会文化阶层的时候更具有隐蔽性和弹性，它并不是强制性地运用体制力量和资源垄断来达到支配效果，而是利用趣味的人为区分形成所谓不同阶层的审美趣味，并且利用软性的宣传教化来取得社会的普遍赞同。这种"隐性"的区隔常常掩盖了审美背后存在的权力关系，使得人们相信所谓趣味高下之分仅仅是个人美学素养问题，而不是一个社会问题。

对于这种趣味影响的隐性的与表征性的特征，布尔迪厄提出"象征暴力"的概念，而英国学者斯图尔特·霍尔则提出"表征中的权力""符号的权力"，所谓"表征"即通过语言符号的意指作用来表述这个世界，当然霍尔在此基础上又进行了补充，他认为这种表征是文化中各个成员间意义产生并进行交换的过程，除了语言符号之外，还有"各种记号的以及代表和表述事物的诸形象的使用"②，在此基础上，他分析了在表征体系中权力的运作："权力在此似乎不仅必须根据经济利用和物质压迫来加以理解，而且也应根据更广泛的文化或符号，包括以特定方式在特定的'表征体系'内表征某人某事的权力，来加以理解。它包括了通过表征实践符号的权力。"③ 霍尔将权力从经济利用和物质

---

① Pierre Bourdieu, *Distinction: A Social Critique of the Judgement of Taste*, Translated by Richard Nice, London, Melbourne and Henley: Routledge & Kegan Paul, 1984, p. 6.
② ［英］斯图尔特·霍尔：《表征的运作》，载斯图尔特·霍尔编《表征——文化表现与意指实践》，徐亮、陆兴华译，商务印书馆2003年版，第15页。
③ ［英］斯图尔特·霍尔：《"他者"的景观》，载斯图尔特·霍尔编《表征——文化表现与意指实践》，徐亮、陆兴华译，商务印书馆2003年版，第262页。

压迫扩大到文化符号的表征体系,这种表征体系中的权力是通过一种相对隐性的方式来运作的,在文化符号的占有和表述中体现为某种权力。按我们的理解,审美趣味某种程度上也是一种文化表征,特定的文化语境对应着特定的趣味范式,也就是给所谓"优雅的趣味"一种文化上的合理性。

这种合理性很多时候是通过社会舆论来实现的,英国哲学家罗素曾说:"舆论是万能的,其他一切权力形态皆导源于舆论。"① 舆论是一种社会集合意见,是某种态度、意见和价值的言语表现,暗含着在一定社会范围内消除个人意见差异的意思。审美趣味包含着价值,又类似于某种态度而具有倾向性,因此,审美趣味可以通过舆论来实现自己,因此精英趣味的一个重要的隐性输出方式就是依靠舆论,伪装成民意来形成似乎不言自明的合法性,利用舆论的力量达到控制的目的,同时消除或压制其他趣味形态。值得注意的是,虽然大众文化的兴起总体上呈现着消解精英趣味的趋势,然而精英趣味却也在某种程度上渗透到大众对于文化的舆论中,将其包装成时尚元素和商业文化符号进行推广。

二 审美权力:作为一种显性支配力

尼采曾说:"我们所有有意识的动机都是表面现象;背后隐藏着我们本能和状态的斗争,争夺强力的斗争。"② 权力的获取是基于社会群体之间的斗争关系,形成一种维持统治秩序的支撑结构,它的产生过程是具有斗争性的,它的实施形态是强制性的。在这里,为了更好地理解权力的特性,我们需要辨析权力和权利这一对概念。权力是基于人的社会关系结构中的支配力量,而权利则是人所具有的生存及自由选择权益的可能性。在启蒙主义思想家看来,权利首先是天赋的,卢梭认为国家

---

① [英]伯特兰·罗素:《权力论——新社会分析》,吴友三译,商务印书馆2011年版,第97页。
② [德]尼采:《权力意志》,孙周兴译,商务印书馆2007年版,第10页。

第二章　审美趣味与文化权力的纠结与缠绕

权力的形成是公民让渡部分个人的权利的过程，社会由于权力的保障而形成一种适于民众生存的空间，使得民众在此基础上获得一定的社会权利，因此权力与权利是相互依存的。而按照马克思主义的观点，权利并非一种天赋属性，而是社会发展到一定历史阶段，私有制出现以后，阶级之间通过斗争形成国家政权，以政治和法律等形式固定了统治、被统治的关系，各阶级的权利通过社会权力结构被体现出来。纵观中国和西方的历史发展，在前现代社会，权力总是被摆在政治、经济架构与精神文化控制的首要位置，如何有效地实现权力，是统治者维系社会统治最为关心的问题，有人说，"整个前资本主义时代的文明史，几乎可称为'权力'史"[①]。而在这漫长的历史过程中，权利一般是处于被忽视、被压制的地位，直到启蒙主义时期，追求人的自由平等与解放成为一种社会思潮，权利被作为对抗封建专制的一种武器而被思想家提出来。这似乎可以归结为这样一个规律：权力指向他人，而权利首先指向自身。上层阶级的统治地位是由权力来保障的，对权力的迷恋使得他们倾向于利用一切手段来消除被统治民众对权利的诉求；而被支配的一方要打破社会权力结构，首先需要诉诸于自身权利的合法性，因此他们对作为障碍的现行权力结构不抱好感。

"权力"如福柯所说，它比纯粹政治性的国家机器和法律"更具有渗透性"[②]，散布于社会生活的各个角落，不仅体现在政治、经济上，同样体现在审美文化上。审美首先是具有个体情感性的，却并非自闭于社会之外而达到纯然的"无功利"状态，正如有学者所说，"权力结构总是要进入情感结构"[③]，这种权力结构进入审美的情感层面，就使得审美问题具有了社会性和政治性。因此，审美权力是政治性介入审美的一个维度，或许从审美权力的维度进行考察，我们就能"具备对当代

[①] 袁祖社：《权力与自由》，中国社会科学出版社2003年版，第179页。
[②] [法]福柯：《权力的眼睛——福柯访谈录》，严锋译，上海人民出版社1997年版，第161页。
[③] 骆冬青：《论政治美学》，《南京师大学报》2003年第3期。

各种审美文化现象以至更其广泛的社会生活领域的独特阐释能力"①。

首先,从权力的力量属性来看,我们要关注审美权力的自然属性,然而我们更应该看到它的社会性与精神性特征。西班牙学者桑塔耶纳曾辨析过力量(power)和支配(domination)之间的关系,认为任何支配都存在力量的施加,而力量未必都是支配力,比如大气压和重力等所产生的都不是社会学意义上的支配结果,而是人类生存所必需的条件。"换句话说,力量和支配之间的关系是精神上的,而不是物理上的。"②审美权力作为审美精神性力量的施加与被施加关系,具有力量本身的压迫性和抵抗性这种天然的属性,另外由于其所处的社会文化语境,因此也具有属于人类的精神性特征和社会学意义。

其次,从权力的关系属性来看,我们对审美权力的分析应该强调支配与被支配、控制与被控制双方的关系以及相互的影响。法国哲学家德勒兹曾说:"权力是力量的特异反应体质,统治力量进入被统治力量时发生了转变,被统治力量在进入统治力量时也发生了转变:这是转变的中心。"③ 这就是说,权力作为一个维系在关系结构中的张力结构,存在一种双向的向度,在权力的施与者和受与者之间形成互为主体的关系。在权力所关联的各方,每种力量在权力结构中同其他力量建立联系时,都会产生一种反作用,同时又获得了新的意义。福柯也将权力定义为一种力量关系,在关系状态中,权力所连接的主体从来都不曾是单数的,社会权力结构不仅取决于掌握权力的主体运用权力的意志和能力,而且受制于权力压制下的人群的服从程度。就像福柯所说,权力图式提供了社会规训模型,使社会阶级或阶层分野合法化。

---

① 杨小清、何风雨:《审美权力假设与"国家美学"问题》,《文学评论》2007年第3期。
② George Santayana, *Dominations and Powers: Reflections on Liberty, Society, and Government*, New Brunswick: Transaction Publishers, 1995, p. 1.
③ [法]吉尔·德勒兹:《批判与临床》,刘云虹、曹丹红译,南京大学出版社2012年版,第295页。

第二章　审美趣味与文化权力的纠结与缠绕

就如权力所体现的一般特性那样，审美权力所显现的是一种显性支配力。关于"支配"，马克斯·韦伯曾描述道："'支配'乃是共同体行动（Gemein-schaftshandeln）中最重要的环节之一。"① 掌控审美资源和话语权的阶层作为一个利益共同体，通过文化资源的占有和垄断形成对普通民众文化生活的支配。这种支配也是整个社会统治秩序的一环，具有与政治、经济支配类型相一致的特征，即都是支配与被支配的二元结构关系；同时审美权力作为审美文化领域的范畴，也具有自身独有的特征。韦伯在论述封建贵族心态时说："因其为具有'美'之意义的无用之物——的追求，主要乃是基于一种封建身份的威信欲，同时也是个重要的权力手段——通过对大的暗示以维持自己的支配地位。"② 这种威权的暗示相对于赤裸裸的政治手段来说，具有某种隐性的特征，然而最终落实的也是显性的支配结构，其手段明确，目的单一，就是实现一方对另一方的剥夺和控制。

审美的选择似乎更多的是和个人趣味联系在一起的人类活动，这就是"趣味无争辩"所立论的土壤，也是将趣味关进审美独白这个精致牢笼的理论依据。这种情况本身就是一种表面上合理的辩证法的实践，通过历史语境所形成的趣味准则的转义和自阐释，来遮蔽、扩展和升华其中所包含的权力游戏真相。也就是说，独白式的理想满足于一种自闭型的关于自身系谱的建构和叙述，其实某种程度上掩盖了对话和获得承认的重要性，也掩盖了审美趣味与社会认同嵌套结构中形成的权力生态，从而有意无意地将走出个体的趣味形态所存在的差异与分歧安置在一个与政治与权力无关的领域里。实际上，在权力模式的牵扯下，审美趣味不可能单独作为一种文化语境存在，从长远来看，任何人也不能单独维持一种封闭性以及完整性的趣味自我表征和自我欣赏。在审美权力的意

---

① ［德］马克斯·韦伯：《支配社会学》，载《韦伯作品集》Ⅲ，康乐、简惠美译，广西师范大学出版社2004年版，第2页。
② ［德］马克斯·韦伯：《支配社会学》，载《韦伯作品集》Ⅲ，康乐、简惠美译，广西师范大学出版社2004年版，第257页。

指实践里,审美趣味不可避免地成为一种权力生态的症候而被一遍遍地拉出"无功利"的美学自适范畴。

此外,审美权力其实不仅具有福柯所谓纯粹的规训功能,而且具有社会文化阶层的定位功能。随着社会转型而带来的思想体系的解构、重构过程,常常会出现的情况是,一种杂乱无章与过渡性的动态激情式的趣味反叛代替了稳定社会中审美权力结构的相对平衡,文化阶层在这种急剧的变化中产生撕裂与错位现象,当然,这种撕裂与错位最终要实现新的稳定结构,这就是因为,审美趣味与审美权力之间存在双向建构关系。

三 审美趣味与审美权力的双向建构

审美权力和审美趣味的生发和存续是互为条件、互为因果并且互相支撑的,审美权力大致处在美学与社会学的交叉点上,而审美趣味则直接触及美学的核心和实质,这两者的互动关系存在两种向度,形成相互指向对方的特殊张力关系。

(一)从审美权力到审美趣味:软化与隐化的过程

墨西哥学者阿道夫·桑切斯·瓦斯奎斯说:"如果一个既定的社会特殊的(人群)支配着一般的(人群),某个阶级将其特殊利益强加于整个社会的普遍利益之上,这个社会就会试图将这种支配延伸到艺术本身。"[1] 这就是说,特殊阶级通过艺术和审美趣味的表达来延伸其社会支配力量。从审美权力到审美趣味的延伸,呈现了一种由硬到软、由显性到隐性的向度,其实是权力强势支配弱势并且对其施加持续影响力过程的一种策略性转换。美国学者赫伯特·甘斯曾说:"文化上的不平等似乎没有比其他类型的不平等更少招致怨恨。"因此,在趣味上遭遇到不平等所造成的冲突也比经济收入和政治地位不平等引起的冲突要温和

---

[1] Adolfo Sánchez Vázquez, *Art and Society: Essays in Marxist Aesthetic*, Translated by Maro Riofrancos, Monthly Review Press, 1973, p.115.

第二章 审美趣味与文化权力的纠结与缠绕

得多。然而他接下来也说："就权威上来说，审美趣味的等级和身份等级一样，高级文化处在上层而低级文化处于底端。"[①] 一方面，审美趣味因为其影响的间接性和隐性特征，减小了直接冲突的可能性；另一方面，由于审美趣味的弹性和持久性，其结构性变化和颠覆相对于社会政治、经济来说较缓慢与温和，在历史转变中预留了相对充裕的空间，力量被逐步消化，在社会中一般不会造成剑拔弩张的剧烈对抗。但这并不代表趣味文化就是游离于权力斗争之外的，存在于趣味中的各种立场和价值的博弈只不过是潜在冰层下面的暗流，虽然有时候很难被发现，但从来都没有消失。

康德美学中关于审美非功利性的观点受到布尔迪厄的批判，他指出这种自洽的、无功利的审美趣味"代表了特殊阶层的利益，所以并不具有超越的价值"[②]。认为审美趣味其实是受到社会权力结构的影响的。布尔迪厄在此引入了"场"的概念，认为权力场是各种因素和机制的力量关系，共同点是都拥有在场域中"占据统治地位的必要资本"。审美权力的场域结构决定了社会群体和个人所接触的审美对象、审美知识储备和审美心态等等，如布尔迪厄所言："资本生成了一种权力来控制场"[③]，精英阶层掌控着大量的文化资本和审美资源，接受系统的审美教育，因此拥有超越普通民众的审美权力，在审美对象的选择上拥有更大的弹性空间。一方面，这些硬性的权力使得拥有者在审美活动发生之前就已经形成了物质优势和心理优势，同时也无形中框定了审美的对象范围和价值标准，而审美趣味就在这种看似随意，实则提前附加了许多规定性的审美活动中逐渐地成型；而另一方面，民众作为文化弱势一

[①] Herbert J. Gans, *Popular Culture & High Culture: an Analysis and Evaluation of Taste*, Basic Books, 1999, p. 142.

[②] Jonathan Loesberg, *A Return to Aesthetics: Autonomy, Indifference, and Postmodernism*, Stanford, California: Stanford University Press, 2005, p. 2.

[③] [法]布尔迪厄：《文化资本与社会炼金术——布尔迪厄访谈录》，包亚明译，上海人民出版社1997年版，第147页。

方，大多数情况下只能被动接受审美趣味的这种分层结构，如舒斯特曼所说："对于那些缺乏必要的前期教育、闲暇时间和文化条件，而实际上被拒绝接近高级文化作品以及对其正确欣赏的人们来说，他们没有真正挑战享有特权者的上流趣味的选择自由。"① 布尔迪厄在分析趣味的形成过程时曾说："某种风格的艺术作品的反复感知，也就控制这些产品生产的那些规则的无意识内化。"② 就是说，趣味是在一次次的"自由"的审美感知中，形成植根于人们潜意识的一种"习性"，这种"习性"经过强化巩固，就形成了更为稳定的审美趣味。因此，审美权力从客观条件和主观心理上都给审美趣味的形成预设了某种条件和标准，由于权力带来的差异性，这种权力的分层也就塑造了一种趣味的分层。权力通过隐性标准的设定和"习性"的暗示形成趣味的层级结构，实现其对审美文化领域的控制和支配。

审美权力不仅是趣味层级结构形成的原动力之一，而且通过权力的干预给趣味之间的相互沟通转化设置了门槛。文化精英所拥有的审美权力首先体现为一种选择和建构的优先权，对其有利的趣味结构一旦形成，他们又利用手中掌握的资本和话语权建立标准，通过阐释和教化，把精英趣味树立为一种坚固而不可动摇的标杆，让全社会都来尊崇和服从。在审美文化领域，权力通过趣味的建构和维护来实现自身的存在，这一过程是隐性的，其实也可看成是权力软化的过程，却可形成更为坚固而持久的控制与支配效果。也就是说，趣味在审美自由的名义下对社会支配的真相仅仅是掩盖或换一种面目出现，但其中的权益问题和由此导致的紧张关系并没有得到冰释。

---

① Richard Shusterman, "Of the Scandal of Taste", in Paul Mattick, ed., *Eighteenth-Century Aesthetics and the Reconstruction of Art*, Cambridge: Cambridge University Press, 2008, p. 110.

② Pierre Bourdieu, "Artistic Taste and Cultural Capital", in Jeffrey C. Alexander, Steven Seidman, eds., *Culture and Society: Contemporary Debates*, Cambridge: Cambridge University Press, 1990, p. 206.

第二章　审美趣味与文化权力的纠结与缠绕

（二）从审美趣味到审美权力：反哺、巩固与合谋

审美趣味其实是一种隐性的影响力，社会各个阶层的趣味虽具有差异性，然而都具有或多或少的影响力。从现实来看，这基本是与审美权力的多寡成正比的，在某种程度上，权力结构影响着趣味层级结构的形成和面貌。然而，审美趣味形成以后又会反哺并巩固已有的审美权力结构，权力通过趣味形成持续的影响力，这样，冷冰冰的权力关系就以审美的名义被牢固地树立起来。

审美趣味的层级结构一旦形成，由于其隐性的力量平衡关系而具有了相对的稳定性，而从这种层级结构中所抽绎出的所谓审美趣味的标准，为这种稳定性提供了某种保障。社会对于审美趣味进行综合判断的标准，在颇具弹性的空间里常常呈现出某种惰性甚而是保守的倾向。休谟承认趣味具有多样性的客观事实，然而这只是他论述的起点，面对龃龉纷纭的审美趣味，休谟坚持认为趣味是有高低的："趣味的不同层次仍然是存在的，一个人的鉴赏也要比另一个人更好。"[①] 他认为人们常常用"趣味无争辩"来掩饰自身对艺术感受能力的不足，而趣味的标准将人的艺术鉴赏与感受能力作出了高下的区分。休谟认为标准的趣味既具有与生俱来的自然性，又是后天教化的结果，这种趣味教化的原则就给权力的施加提供了空间和某种合法性。舒斯特曼分析了休谟的理论，认为休谟试图将趣味标准的设定打扮成是人主体心灵自由选择的结果，"这种建议非常显明，即顺从享有特权的少数人的这种普遍共识，是每个人自由、自愿的感觉和倾向，因为很显然它不是强迫的"[②]。事实是，这种趣味的标准是基于某种价值论之上的，事先预设了文化精英主义的立场，就使得趣味问题与社会权力结构产生了某种隐性的牵扯，趣味通过这种标准的制定和维护巩固了享有文化特权的阶层对审美文化

---

① David Hume, "Of the Standard of Taste", in George Dickie, R. J. Sclafani, eds., *Aesthetics: A Critical Anthology*, New York: St. Martin's Press, 1977, p. 598.

② Richard Shusterman, "Of the Scandal of Taste", in Paul Mattick, ed., *Eighteenth-Century Aesthetics and the Reconstruction of Art*, Cambridge: Cambridge University Press, 2008, p. 110.

的支配权。

德国哲学家阿多诺曾说："审美趣味是历史经验最精确的测震器。"① 权力结构由于和社会政治、经济、文化格局相联系，因而具有不稳定性，在由现代向后现代的过渡中，社会的权力基础常常发生动摇，而审美趣味代表着一种文化认同，这种认同是一种惯性思维，能够在相当长的时期内维持一种稳定的结构。因此趣味层级结构比权力结构具有更大的弹性空间，它往往并非敏感地、即时地反映社会权力的滑移、交接或颠覆态势，而是具有相当程度的延时性特征，因此趣味常常在社会急剧变革或缓慢改良时充当了审美权力游移的减震器。这也是为什么资产阶级在掌握政治、经济权力，有能力占有更多社会审美资源之后，在审美趣味上还是努力攀附没落的旧式贵族的所谓"高雅趣味"，这其实说明了趣味作为一种文化资本的支配方式与政治、经济资本的不同之处。

当然，对于审美趣味变革激进与保守的态度本身也反映了权力的斗争，是社会各个阶层内在矛盾与外在冲突在文化趣味上的体现。在工业时代，资产阶级登上历史舞台，首先获取的是财富的优势，他们需要一种途径将财富优势转化为权势，这最为显明地体现在社会生活和文化关系上。贵族尽管在政治、经济上逐渐没落，然而贵族的趣味却可以通过附魅的手段以塑造高雅的形象，以一种隐性和软性的方式来吸引资产阶级"附庸风雅"，在这方面，贵族和资产阶级形成一种合谋关系，利用手中的资本对整个社会实现全面的控制，不仅在政治、经济上，还在文化上建立一种有利的秩序。对于那些成功的资产阶级而言，模仿贵族的生活方式是一种体现权势以及更好地满足欲望的捷径，英国历史学家霍布斯鲍姆分析了19世纪资产阶级的特性，"因为他们有钱可花，而且挥金如土，遂不可避免地使他们的生活方式逐渐向放荡不羁的贵族靠

---

① Theodor Adorno, *Minima moralia: reflections from damaged life*, translated by E. F. N. Jephcott, London and New York: Verso, 2005, p. 145.

第二章 审美趣味与文化权力的纠结与缠绕

拢"。19世纪中叶以后,逐渐"成为整个阶级的问题"。① 斯图尔特·霍尔从种族文化区分角度提出在文化表征实践中,有一种作为意指实践的定型化过程,就是将各种文化和权力关系进行精炼的、本质化的定型,它应用一种"分裂"的策略来确定边界,将自我与他者区分开。这种定型过程是尽可能朝向有利于掌控话语权力的群体的,他说:"定型化倾向于在权力明显不平衡处出现。权力通常被用来对付此等的和被排斥的群体。"② 霍尔是为了批判种族中心主义而描述这种权力表现的,但这似乎可以扩大到文化趣味层级区分的所有权力关系中,特权阶层希望把权力向自身倾斜的局面固定下来,并通过各种手段维护这种不平衡的结构。从权力结构维持的原始动机出发,特权阶层处心积虑地要把"趣味"作为一种隐性的"区隔"的方式,以保证其对于文化资本的支配地位和持续影响力,这种软化的力量和隐性的结构很难被克服和打破。而对于民众来说,趣味并不是简单地通过个人的努力勤奋,提高审美感受能力就可以被认同的。因此,在权力结构的支配下,要想逾越趣味的鸿沟,其难度可想而知。

第三节 社会权力结构转型中的审美趣味:历史的维度

相对于静止的社会,一个不断变迁甚至不断震荡的社会往往会经历更多权力结构的变化,权力结构转型不仅是社会变迁的推动因素,也是其表现和结果。社会变迁将社会中的各种意识形态以及各种关系都抛入一种散乱且无序的状态中,审美所体现的某些权力关系在社会整体环境的牵扯下,也会经历一系列比较复杂的变化。前面所述审美趣味的惰性

---

① [英]艾瑞克·霍布斯鲍姆:《资本的年代——1848—1875》,张晓华等译,中信出版社2014年版,第276页。
② [英]斯图尔特·霍尔:《"他者"的景观》,载斯图尔特·霍尔编《表征——文化表现与意指实践》,徐亮、陆兴华译,商务印书馆2003年版,第261页。

特征以及弹性制约机制大致能够反映社会权力转型的总体方向，但这种反映需拉开一段较长的历史跨度以及较广的社会领域，这种机制模型才能确保其准确性。实际上在很多情况下，文化趣味的变迁与社会转型的步调并不一致，从历史的维度来考察，社会变迁绘制了政治、经济和文化等社会各方面的历史，审美趣味作为精神文化范畴又具有自身的变迁轨迹，它自然地含纳在文化史之中，同时又受整个社会其他方面的变迁影响。社会就像一架包含有无数齿轮的机器，趣味的变化拥有自己的半径，又不断地受其他齿轮的拨动，形成有规律可循而又难以简单勾画的复杂轨迹。

从社会历史角度来看，人们习惯于将历史上不同的社会形态按生产力、社会制度和文化形态等方面进行各种类型的分期，最常见的分法是所谓"前现代""现代""后现代"的分期，如果我们将文化当作社会系统的重要部分来审视，将社会转型同时看成是一种文化的转型，并将转型出现的一些现象和规律合理地嵌套进审美文化发展历史进程的认识中，那么文化艺术和相关审美理论的发展似乎也可以分成"前现代""现代"与"后现代"这三个时期。

一 前现代——趣味与政教的合谋

在前现代社会，由于自由观念和人文主义还没有深入人们的意识，一方面，对于社会的主要人群来说，审美要求本身还处于自发的阶段，对于人性的认识也还处在一种蒙昧状态。一般而言，审美趣味在拥有文化资源和政治资源的上层阶级才真正成为他们生活方式的一部分，对于范围广泛的一般社会民众而言，由于审美活动各方面的选择不多，对于自身趣味的自觉性意识不够清晰，也缺乏对于审美趣味的自觉主动的追求。另外，前现代社会中审美趣味具体的培养过程以及相应的具体形态受政教体系的影响很大，从中国的历史语境来看，一般是受到文人士大夫和皇权的文化领导权严格的控制，体现为道统观念与大一统意识对审

第二章 审美趣味与文化权力的纠结与缠绕

美文化深入而持久的控制与渗透；在欧洲，一般是受到教权和王权的控制，体现为教会文化和世俗贵族文化的绝对影响力，综合起来看，前现代时期政教与趣味所代表的审美形态形成合谋关系，一方面趣味本身处在政教控制与影响之下，另一方面趣味成为政教权威渗入社会文化生活的某种核心的手段，用以加强政教权力的控制效果和影响的范围。

这种合谋关系首先体现在国家意识形态对审美趣味的直接控制，也就是说，审美趣味的权力属性经常会通过政令和法律的形式来实现，包括饮食、服饰、建筑、言语修辞等都根据阶层属性进行强制或半强制性的规定，下层不得僭越上层所享用的各项标准，这种严格的审美规制在政治权力的保护下建立起来，上层阶级将其经济控制力与政治性权力延伸至审美领域，因此在这种情况下，趣味形成过程其本身就并非是一种自由意志参与的选择，而是体现着政治对人们日常审美文化生活深刻的干预。

在中国传统的封建礼制下，这种对于审美的规约影响到文化生活和政治的各个方面，就从穿着服饰来看，历朝历代对于不同阶层身份人群的服装颜色、款式和纹饰都有严格规定，比如西汉时期就严令"贾人不得衣丝乘车"，这就使商人阶层的生活趣味和品质受到了来自政治层面的挤压，与他们所占有的大量财富和文化需求产生较大的错位。除了商人之外，封建礼制往往对社会各种阶层的人的服饰都进行了详细规定，这种对服饰的规制在政局平稳的朝代都有体现，宋代文人孟元老的《东京梦华录·民俗》记载了北宋都市中各类人群的穿衣着装："其士农工商诸行百户衣装，各有本色，不敢越外。"除了服饰之外，居家的各类生活用品的形制、建筑甚至说话的方式等都受到各种限制，这就说明，掌握政治权力的统治者通过礼制规范，形成了对社会各个阶层私人化审美生活的有效控制，在审美层面，下层民众对于趣味的各种偏好很大程度上也是受礼制规约，民俗、民间审美文化在一个相对狭小的空间进行有限的发展，这种缺乏自由度和缺失自主性的发展方式使得下层百

审美趣味与文化权力

姓的审美趣味在封建社会整个审美意识形态架构体系中处于绝对的弱势地位。与之相对应的是，拥有政治权力的上层阶级在审美生活中占有许多由政治特权溢出的文化特权。在审美形式上，上层阶级拥有更多的形式选择权，比如被允许使用更加丰富和明亮的色彩来装饰生活器物；在审美生活的价值内涵方面，上层阶级将自身的惯习和生活方式刻意打造成带有浓厚威权性色彩的美学规范，形成一种高高在上的趣味形态和标准，通过社会政教体系的强制推行将其示范化和神圣化，从而在封建礼制的硬性规范之外，获得一种文化上的隐性和软性控制。

此外，在中国传统社会里，还存在一个相对较为特殊的群体：士大夫阶层。自春秋战国以后，随着中央集权制国家的建立，原先游走于民间和统治权力中心之间的知识阶层（如诸子百家），与封建皇权体系产生更为密切的结合，逐渐形成了兼有官僚与文人双重身份的士大夫阶层，与原先世袭贵族阶层相比，他们在政治身份与文化身份方面都有差异，尤其是科举制度确立之后，士大夫阶层在出入仕途的理解与文化认同和归属上都受到儒家思想的强化和固化，既依附于皇权体系，又以儒家道统为最高宗旨，相应地，士大夫阶层审美趣味的面貌既带有贵族趣味的色彩，又体现儒家知识分子和文人趣味独特的一面。在与下层民间精神趣味的关系上，士大夫阶层在很大程度上体现了支配的力量，但又不完全是单向的审美灌输，他们也乐于接受民间鲜活的艺术，汲取有益的文化营养，一方面契合他们的入世精神，另一方面使他们的审美更为丰富、生动、多元。李泽厚对此有较为精当的描述：

> 自秦汉以来，由于早熟的文官制度建立，士大夫知识分子成为社会结构中的骨干力量，是文学艺术和哲学的主要创作者和享受者。他们在构成统治社会的文艺风尚和审美趣味上，经常起着决定性作用，同时他们又与民间文艺、下层趣味保持着或多或少的联系和沟通（如乐府、词曲、戏剧、书法、绘画均来自于民间或工

第二章 审美趣味与文化权力的纠结与缠绕

匠)。中国大小传统并不是那么隔绝。①

此外需要提出的是，在士大夫阶层之外，还有一重概念的表述：文人阶层，很多时候人们混同了两者之间存在的差异，实际上在中国历史文化发展中，这两个概念的关系非常复杂，如果笼统地说，士大夫阶层一般具有较强政治属性，具有"官"的身份，相对而言，文人概念的外延则更为广泛，其中包括那些游离于政治体系之外的独立文人，实际上在中国古代，文人阶层的独立意识由来已久，如果说士大夫趣味存在印证道统、讲求礼教的一面，文人趣味则显得更为自由，更加包罗万象，在很多情形下更坚定地主张私人情趣的表达与个人审美的追求。② 总体而言，士大夫趣味与封建政教道统的结合更为紧密，而文人趣味虽讲究个人心性自由的伸张，但实际上也脱不开政教的束缚与影响，这或许也体现了中国传统文人的某种宿命。总之，在中国古代社会，趣味所呈现的面貌是与政教体系和道统思想紧密联系的，具体包含了哲理思想、道德秩序、伦理观念以及等级关系等，在许多时候，审美趣味与道统思想一样，成为规训人的行为方式和行为伦理的一种途径。

而在欧洲文明史中，"优雅"趣味这种意识最初是伴随贵族阶层的身份认知变化而产生的，阿兰·德波顿分析了身份的历史，发现人们区分身份的标准在不同社会、不同历史阶段都存在很大差异，"身份的理想标准长期以来都是，将来也一定会处于不断的变化当中。我们可以用一个词来形容这一变化过程，这个词就是政治"③。德波顿这里的"政

---

① 李泽厚：《美学三书》，安徽文艺出版社 1999 年版，第 424 页。

② 国内李春青教授多年从事中国古代"文人趣味"的研究，关于中国古代"文人趣味"的特性及其与"贵族趣味""士大夫趣味"之间的联系和区别，可参阅李春青发表于《北京师范大学学报》（社会科学版）2011 年第 3 期的《论士大夫趣味与儒家文道关系说之形成》、发表于《思想战线》2011 年第 1 期的《论雅俗——对中国古代审美趣味历史演变的一种考察》、发表于《江苏行政学院学报》2011 年第 4 期的《在讽谏与娱乐之间："文人趣味"生成的历史轨迹》三篇文章。

③ ［法］阿兰·德波顿：《身份的焦虑》，陈广兴、南治国译，上海译文出版社 2009 年版，第 178 页。

治"类似福柯所言的"政治",在政治斗争表象下隐藏无处不在的权力逻辑,这种权力逻辑在前现代时期更为直白,人的身份意识直接与政治权力和政治身份匹配,而现代、后现代时期逐渐转变为财富的支配方式和文化的支配方式。法国历史学家马克·布洛赫将欧洲封建社会按文化身份意识的变化分为几个阶段,在第一阶段,贵族地位的标志在于拥有庄园、土地、显赫的门第等显在的荣誉和财富,承担武士的特殊职责,其贵族意识并未在文化生活方式上自觉明显地体现出来;在第二个阶段,"这个阶段无论是在哪个方面都是自我意识觉醒的时代。大约从1100年起,通常用来描绘贵族品行要义的,是一个独特的词汇:'优雅'(courtoisie)"①。贵族开始有意识地用一种更富于精神内蕴的形式、更具有精确性的日常文化标识来获得更优雅的特性,"优雅"被频繁地用于指称代表精神高尚的事物,包括区别于下层民众、体现高雅趣味的举止谈吐、日常用度器物、文化艺术品等,这种以趣味、品味来区分阶层、强化身份认同的意识出现,在欧洲文化史中是一个标志性的事件,对文化层级结构的形成和艺术的发展产生了最直接的影响。

相对而言,贵族阶层的身份意识向文化趣味方面转型似乎发生于更早的时期,而知识阶层和艺术家群体的身份价值得到社会普遍尊重与自我认同则直到较为晚近的时期才得以实现。在欧洲直到18世纪,艺术家所创作的艺术,无论是绘画、雕刻、文学、音乐,都只有在"恩主"和"雇主"的支持下才能存在,意大利文艺复兴时期艺术家拉斐尔在给朋友的信中曾表达对这种情况的不满:"你自己也曾经几次被剥夺了自由,尝过在恩主重轭下生活的那种滋味。"② 这些"恩主"就是位高权重的教会领袖和公侯贵族们,他们牢牢占据经济和政治资源,并通过这种硬性资源的占有而获取对艺术以及艺术家本人的掌控。在这种历史

---

① [法]马克·布洛赫:《封建社会》下卷,李增洪等译,商务印书馆2007年版,第504页。
② [荷兰]彼得·李伯庚:《欧洲文化史》(下),赵复三译,江苏人民出版社2012年版,第363页。

第二章　审美趣味与文化权力的纠结与缠绕

背景下，艺术将很难获得独立性，也未得到应有的尊重，艺术家的定位和处境类似于掌握某种技艺的工匠，为教堂作画以装饰墙面，为贵族画肖像以延续家族荣誉，为上流社会沙龙读诗以增添娱乐气氛，为过着闲适生活的贵妇们提供可供阅读的爱情或传奇故事。此外，对文化艺术资源本身的占有也体现着艺术话语权，这种占有背后还关联着艺术教育的机会和艺术消费与体验的权力，哈奇森提到"内在感官"所感知的审美对象时说："还是有与这些内在感官有关的其他对象，它们需要财富与权力，如我们所欲求的那样，频繁地实现它们的用途，就像建筑、音乐、园艺、绘画、服装、用具和家具所显现的那样，没有所有权，我们就无法拥有充分的享受。"① 哈奇森的意思是，虽然我们都拥有"内在感官"，但掌握财富和权力的人拥有更多的文化艺术品和更好的艺术鉴赏条件，同时也就拥有更多的审美机会，能够充分调动"内在感官"的功能，从而形成更好的趣味。哈奇森虽然从审美活动本身进行描述，却也揭示了艺术与社会权力关系的真相，而对文化艺术资源的全面占有在封建教会和贵族统治条件下更为突出。

无论在前现代时期的中国还是欧洲，审美趣味其实都没能成为一种真正自由的表达，趣味的养成过程也受整个政教体系的严格控制，个人化的趣味倾向和观念无法在前现代的社会政治语境中得到彰显，而且对于趣味这一命题而言，处在权力笼罩下的审美趣味在整个社会文化中仅有比较微弱的能见度，人们或许可以通过审视趣味来建立自身文化身份的模糊认知，但这种认知首先要取决于个人的宗族身份和政治身份，不同身份的人很难就趣味问题进行沟通，趣味的标准问题更是无法突破阶级的屏障。总之，前现代时期尚未展开关于人性的启蒙，尚未对人类精神进行基于价值自由和人格平等的充分审视，在人性意识尚未觉醒的时代，在审美尚未进入真正自由、自觉、自律的时代，趣味也就难以获得

---

① ［英］弗朗西斯·哈奇森：《论美与德性观念的根源》，高乐田等译，浙江大学出版社2009年版，第72页。

其独立的价值，关于趣味标准的讨论也就失去了基本前提。

二 现代——趣味的分化与独立

现代转型在西方意味着社会全方位的变革，现代性不仅体现为资本主义工业化生产方式和财富分配体系的建立，也体现为与生产方式相适应的现代社会制度体系，更体现为民主、自由、平等、人权等现代人文观念的确立和相应的文化体系建立。只有将审美趣味的演变过程置放于现代性转型的整体历史背景中进行考察，才能更深刻地理解趣味何以成为一个启蒙问题，理解趣味如何脱离政教的影响而逐渐产生意义分化，并跟随艺术观念与生活方式的变化而走向独立的。审美趣味在现代性思潮中出现种种变化，并且在思想家那里被加入现代性理念进行了全新阐释，从内涵到外在表现上都超越了前现代的特征，这种变化与现代性思潮的变革是对应的，且与西方由神性走向人性、从宫廷政治走向普罗政治、从贵族社会走向公民社会的现代性变迁暗中相合，然而这或许并不是一种历史的巧合，而是关于趣味的种种结构变迁原本就是现代性演化过程的题中应有之义，甚至从某种意义上说，审美趣味是被社会启蒙思潮有意识地作为一种思想武器，其功用是为颠覆旧的社会形态的。

回顾西方中世纪以后社会趣味演化的过程，我们发现趣味的形态在新旧思想与新旧阶层的交织碰撞中，形成了种种断裂和错位，却又在持续的发展变迁过程中，常常在这种断裂和错位的状态下形成暂时的平衡，这种情况的出现一方面显现出现代性启蒙进程中新旧思想的反复，另一方面体现了审美趣味独特的弹性与张力，它不像其他的社会意识形态，如政治思想等，在历史发展过程中呈现新旧分明的阵线，审美趣味理论的演变总体而言受平等自由、个性解放等现代思潮的影响和推动，但趣味的新旧认同与分化过程却不是一个简单的线性过程，它始终呈现多线交织、新旧并存的格局。比如在法国，新古典主义强调对古典宫廷趣味的追求，即便是法国大革命扫荡了封建贵族的势力之后，贵族的文

第二章　审美趣味与文化权力的纠结与缠绕

化趣味与生活方式依旧未失去其光彩和荣耀。

随着欧洲各国资本主义社会的持续发展，贵族阶级在经济、政治上的统治权力逐渐黯淡，然而贵族的文化趣味却始终维持着典范性的地位，英国哲学家培根曾说："看到一个饱经风雨沧桑的古老贵族之家，则更加令人起敬，因为新兴贵族只是权力的产物，而古代贵族则是时代的产物。"[①] 贵族文化趣味在欧洲的影响根深蒂固，死死纠缠住人们的灵魂。古老家族享有文化上的尊荣，即便经历社会变迁以及一轮一轮现代革命和战争的洗礼，旧式贵族在政治和财富上的荣光早已不在，但其生活方式和文化趣味已泛化为上层社会的文化区隔符号，成为受人尊崇的文化标识，虽也曾随着社会和时代的变化载浮载沉，但始终无法撼动其在人们精神生活中的地位。在资本主义启蒙时期贵族阶层虽然成为集中攻击的标靶，但实际上贵族趣味在欧洲从来没有得到彻底的文化清算，从当时历史出发进行分析，资产阶级作为新兴力量逐渐崛起，更多地在经济、政治舞台上展示其力量，而在文化趣味上则是另一番态度和景象，美国学者丹尼尔·贝尔在分析现代主义精神形成过程时曾说："资产阶级企业家在经济上积极进取，却不妨碍它成为道德与文化趣味方面的保守派。"[②] 资产阶级在政治、经济上逐渐取得统治权力之后，在文化趣味上一时还难以形成具有社会普遍认同价值的模式，来取代贵族的文化范式。如果要获取文化上的领导权，就需要将自身趣味与普通民众区别开来，与当时和第三等级、普通市民阶层、自耕农等民众结盟，从贵族那里争夺政治权力不同，资产阶级在文化趣味上并未打算向普通民众靠拢，而更多的是向具备历史传承性的贵族趣味看齐，正如高建平教授所指出的："资产阶级在占据了统治地位以后，在趣味上就把封建贵族的一套接了过来。甚至可以说，在欧洲，贵族的高雅化与资本

[①] [英] 弗·培根：《培根论文集》，张造勋译，中国社会科学出版社2011年版，第44页。
[②] [美] 丹尼尔·贝尔：《资本主义文化矛盾》，赵一凡、蒲隆、任晓晋译，生活·读书·新知三联书店1989年版，第63页。

家财富的积累是同时发生的。"① 不可否认,资产阶级倾力打造自身趣味的认同模式,很大程度上是以贵族趣味为范例的,比如利用手中积累的财富来购买没落贵族的藏画等艺术品乃至庄园,努力模仿贵族的生活方式与礼仪,以融入贵族的社交圈为荣,这些都体现了新兴资产阶级对自身文化趣味缺乏自信,对贵族趣味骨子里尊崇的深层文化心理。对这种现象的理解,其实涉及趣味进入历史维度一种隐含的意义,似乎只可意会,却难以言明,大体上说,趣味可以在某种程度上超越短期内政治观念和社会思潮的演变,却很难跨越整个完整的文明体系在精神文化方面顽固的延续性所产生的障碍。

然而任何社会都存在种种复杂因素,让许多看似牢不可破的社会定律生出各种变数,很难使一种逻辑能够统一社会文化的演进过程。我们在分析欧洲近几个世纪以来社会文化趣味的变迁历史过程中,应充分考虑每个国家民族的、宗教的、艺术的观念及其演进过程,深度地进入当时的历史文化语境,才能更好地理解文化趣味变迁的轨迹及其规律,而不是笼统地将欧洲的审美文化史简单地以现代性进程的一般性逻辑进行解读。即便是在一个大范围的启蒙思潮中,欧洲各国因不同的社会文化发展特征,其启蒙思想生发的时间节点、释放强度都有较大区别,新兴资产阶级与贵族的权力斗争与和解方式也大相径庭,这许多方面的因素交错在一起,使得欧洲这些国家在现代性进程中展现不同的文化面貌,文化趣味的新旧交替过程也因不同的应力与张力而呈现节奏上的差异。本书无法对各国审美文化史进行精细深入的还原分析,仅能从几个方面大致阐述社会文化的一些特殊因素对文化趣味变迁历史的影响。首先是宗教因素,欧洲乃至北美新大陆资本主义精神的发展演变很大程度上受到宗教价值观的影响,这在马克斯·韦伯《新教伦理与资本主义精神》一书中得到较为精辟的阐释。英国、荷兰、德国和北美新大陆受新教影

---

① 高建平:《发展中的艺术观与马克思主义美学的当代意义》,《文学评论》2011年第3期。

第二章　审美趣味与文化权力的纠结与缠绕

响的国家和地区，对资本主义财富积累以及对奢侈生活追求的观念受制于新教禁欲主义，在新教影响下形成了一种独特的资产阶级经济伦理和生活伦理，他们视财富的积累为上帝的荣耀，而财富分配不均是上帝的意愿，但同时在使用钱财上又要求克制，表现在生活中就是穿合适的衣服，饮食居所等都避免过度奢侈，在生活情调和艺术趣味上强调适度，避免过度享乐，并且刻意压制世俗的激情，"在上帝的意志与俗世的虚荣之间，清教徒只能选择一种"①。英国文艺批评家乔治·斯坦纳分析莎士比亚戏剧的流行过程，认为莎士比亚生逢其时，在16世纪中后期到17世纪初伊丽莎白时期的英国，剧作家拥有高水准的剧院和观众，但是到詹姆斯一世晚期氛围发生了变化，"当剧场迁入室内成为烛光下高贵娱乐的载体，当清教日渐盛行使得城市的中产阶级羞于现身剧场时，戏剧就失去了以往的广泛性"②。当时戏剧的发展遭遇双重困境，一方面是戏剧由莎士比亚时期的市井娱乐变成精英贵族的奢侈品，自行抬高了看戏的门槛，另一方面就是清教盛行改变了中产阶级的精神生活观念，从而失去了戏剧最基本的观众基础。由此可见，当资产阶级、市民阶层与新教徒身份重合时，宗教情怀对其精神文化生活的影响不容忽视，一方面，清教徒致力于赞颂上帝的荣光，对上帝的作品进行验证和研究，另一方面清教徒精神又体现出特殊的功利主义，包含着对科学的热情和对理性的赞许，这种精神倾向同"无理性"的信仰奇妙地结合在一起，不仅构成社会财富孕育和积累的文化土壤，而且深刻影响了人们的思想情感、精神气质，乃至教育观念、职业选择、日常生活方式等，就像默顿对17世纪英格兰社会的描述那样："我们将会看到，带着加尔文主义的印记的生活方式，与其说是遵从着一个神学系统的逻辑含义，不如说是受到一组特殊的思想感情的支配。这些学说中所隐含的价

---

① ［德］马克斯·韦伯：《新教伦理与资本主义精神》，刘作宾译，作家出版社2017年版，第322页。
② ［美］乔治·斯坦纳：《语言与沉默——论语言、文学与非人道》，李小均译，上海人民出版社2013年版，第233页。

值深深地植根在英格兰人的生活中，它们是一些与在其他文化部门中独立发展着的倾向结成整体。"①

民族文化建构意识的觉醒，对德国、俄国等国艺术观念与文化思想影响深刻，甚至直接塑造了文化艺术的精神面貌与气质。这些民族要么处于长期分裂状态，要么社会经济相对落后，文化尤其是上层阶级的文化对本民族的语言、习俗、趣味等进行了隔绝，直到18世纪，欧洲从宫廷到整个贵族阶层，直至普通市民的上层，都以说法语、拉丁语为荣，以法国宫廷礼仪和文化趣味为模仿对象，这成为上流社会的身份标志，代表"有教养""受人尊敬"。即便是普鲁士腓特烈大帝与俄国彼得大帝、叶卡捷琳娜女王这些著名的统治者，他们在政治上的雄心与趣味上的追求存在矛盾，尤其是腓特烈大帝蔑视德语和德国文化，因此招致无数批评，德国学者埃利亚斯分析当时德国的社会文化状况，对腓特烈大帝及其所代表的统治阶层文化和政治观念有深刻的理解。对于腓特烈大帝来说，"他的政策是普鲁士式的，而他的趣味则是法国式的"，尽管他也曾意识到普鲁士的利益无法总是与崇尚法国的风尚保持和谐，但这种矛盾性却无法改变，因为他和他所代表的统治阶层无法跳脱特定社会的种种现状法则，"这个社会在政治结构和嗜好兴趣方面虽然很不一致，但其社会等级、审美趣味、风格和语言在整个欧洲却大致相同"②。这其实也带来了另一层意义，即审美趣味及其背后的一套话语能够在欧洲各国各民族精英阶层间形成互通，因此当我们今天探讨17、18世纪的趣味理论时，可以某种程度跨过语言和民族文化障碍，可以将各国思想家和艺术家关于"趣味"的观点和表述视为共同语境下的对话，也就是说，大家谈到"趣味"，都是在谈论同一个东西，某些贵族式的趣味及其观念能在欧洲精英阶层得到广泛认同，并形成清晰的脉

---

① ［美］罗伯特·金·默顿：《十七世纪英格兰的科学、技术与社会》，范岱年等译，商务印书馆2000年版，第93页。
② ［德］诺贝特·埃利亚斯：《文明的进程》，王佩莉、袁志英译，上海译文出版社2013年版，第13页。

第二章 审美趣味与文化权力的纠结与缠绕

络。进入现代社会之后，这种观念的整一性被打破，关于趣味的认知与认同也就越来越分化。

此外，如果按哈贝马斯关于公共领域历史发展的分析，在现代性的进程中，原先完全遵从和效仿宫廷文化的贵族社交机制也在发生变化，即"不断地摆脱宫廷，在城市里构成了一种平衡势力"①。它搭建起逐渐走向没落的宫廷公共领域向新兴资产阶级主导的公共领域过渡的桥梁。在这一过程中，贵族从宫廷社交中所沿袭而来的上层趣味，在文学公共领域大的范围内与资产阶级知识分子相遇，形成了可以向市民社会进行输出与交往的贵族趣味范型，其社交方式与审美文化观念得到资产阶级公共领域建构的接纳和依附，形成社会变革时期审美趣味独特的演进模式。由这一过程可以看出，虽然资产阶级对贵族趣味存在某种程度的依附，但在现代性进程中，原先贵族趣味至高无上的尊崇地位毕竟是被瓦解了，对社会文化的影响力和控制力也在逐渐减弱，社会公共领域的发展使得更多的人群参与社会趣味的构建，尤其是知识阶层和艺术家群体的崛起，更深刻地改变了社会趣味的结构。

艺术的现代性演变是一个较为漫长的过程，首要的契机是艺术消费者身份的变化，使得艺术家逐渐脱离对传统"恩主"的依赖而获得某种独立性，能更多地以自身的主观趣味进行自由创作。文艺复兴早期的艺术创作还是一种"任务式"的，当时存在一种艺术赞助机制，诸如为贵族画肖像、为教堂画壁画等，都受到非常多的教条束缚，这些教条来自委托者的各种要求。荷兰学者布拉姆·克姆佩斯说："赞助机制的核心特征是：做出委托的客户具有突出地位——明确区别于针对市场或者为了津贴而创作艺术的情况。"② 也就是说，委托者对艺术创作起到了主导性的作用，艺术生产的出发点并非艺术家的创造性冲动，而是为

---

① [德] 哈贝马斯：《公共领域的结构转型》，曹卫东等译，学林出版社1999年版，第34页。
② [荷] 布拉姆·克姆佩斯：《绘画权力与赞助体制——文艺复兴时期意大利职业艺术家的兴起》，杨震译，北京大学出版社2018年版，第5页。

宫廷、贵族和教会服务，艺术被限制在较小的圈子内，其关键性因素就是这些艺术服务的对象太过单一，而且所反映的也是浮在云端的内容，正如克姆佩斯所描述的："它们所唤起的世界主要由各种理想化的成就所构成，这些成就一般归功于年长的、富有的、教育良好的人的公共生活。"① 艺术赞助机制中，艺术受"金主""恩主"委托而创作出来，必然是反映这些阶层的艺术趣味和生活趣味，艺术家本身的艺术理想、审美理念、趣味价值观念很难得到自由的体现和发挥。

然而，现代性进程中艺术赞助（资助）主体发生了转变，美国文学批评家莱斯利·菲德勒从文学发展史角度描绘了资助人的变化过程，诗人和剧作家的资助人"先是贵族恩主，然后随着进入民主和商业社会，变成了在公开市场上购买他们商品的消费者"②。除了文学，在绘画、音乐等其他艺术领域也是如此。匈牙利艺术史学家豪泽尔在其著作《艺术社会史》中指出，现代消费者的出现，才为艺术家跳脱出传统生存方式提供了机会，他说："这种情况只有当纯粹的艺术品消费者所占据的位置被业余爱好者、鉴赏家和收藏家所取代时才会发生，这些现代类型的消费者不再是订购所需要的，而是购买所提供的。现代类型消费者在市场中出现，意味着艺术受到消费者和买家特定限制的时代已经过去，并为自由和独立的艺术家创造了前所未闻的新机会。"③ 这一变化的意义是深远的，艺术成为一种可供自由销售的商品，艺术家的创作才从宫廷、贵族和教会的管制下解放出来，有了更多的选择，不再仅仅依靠传统的"恩主"而获得生存机会，艺术家的社会地位以及在艺术自身链条中的地位都得到提升，艺术家的趣味得到解放并得以彰显，替代

---

① ［荷］布拉姆·克姆佩斯：《绘画权力与赞助体制——文艺复兴时期意大利职业艺术家的兴起》，杨震译，北京大学出版社2018年版，第6页。
② ［美］莱斯利·菲德勒：《文学是什么——高雅文化与大众社会》，陆扬译，译林出版社2011年版，第131页。
③ Arnold Hauser, *Social History of Art*, Volume 2, *Renaissance, Mannerism, Baroque*, Taylor & Francis Routledge, 1999, p. 36.

第二章 审美趣味与文化权力的纠结与缠绕

了原先由教会和宫廷贵族等赞助人所建立起来的法则，这就预示着艺术自由时代的来临，同时也预示艺术向现代性迈进了重要一步。

然而这种转变也是一种痛苦的过程，对于艺术家来说这并非是轻松而直接的，贵族赞助人制度一旦瓦解崩塌，"艺术家和作家就会猝不及防地接近市场的力量，进而感到他们作品的合法性受到威胁"①。贡布里希在《艺术的故事》中描述了艺术家面临的困境，首先意味着他们失去了安全感，虽然新的生存方式给他们提供了无限的选择，但也因此失去了可靠的职业支持，相比而言，最大的问题还在于艺术趣味方面的分裂及紧随其后的抉择，由于艺术要开始面向公众，而公众则是难以捉摸的群体，艺术家的趣味很难做到与公众趣味相吻合。这样，艺术家就存在两种选择，一种是做出让步，使艺术创作满足公众需求，另一种是拒绝公众而使自己孤立起来，贡布里希说："这样，性格或信条允许他们去循规蹈矩、满足公众需要的艺术家跟以自我孤立为荣的艺术家之间的分裂，就在19世纪发展成鸿沟。"②虽然当时的艺术家在现实生存与审美尊严两者之间难以获得平衡，但艺术家选择的范围越来越大，这本身无疑是审美地位提升的表现。当艺术家可以将生存从之前狭小的"恩主"赞助机制中摆脱出来，获得更大的选择余地，那么即便如贡布里希所担忧的那样，艺术家为生存由原先的趋附贵族趣味转而为迎合公众喜好，但这种所谓公众自身也在现代性变革的洗礼中不断重塑，而不像教会和宫廷贵族那样保守、一成不变，这样，艺术家就可以通过艺术创作参与社会公众文化趣味的改造，无论是社会趣味的领航人，还是做一个孤独的水手，艺术家都能得到之前被豢养状态下无法想象的尊崇地位。英国哲学家弗格森曾描述艺术家获得较高地位的种种因素："需要更丰富的学识，需要以发挥想象力、热爱完美为动力，可以名利双收的

---

① [美] 薇拉·佐尔伯格：《审美不确定：新标准?》，载[美] 雅各布斯、汉拉恩编《文化社会学指南》，刘佳林译，南京大学出版社2012年版，第100页。
② [英] 贡布里希：《艺术的故事》，范景中译，广西美术出版社2008年版，第501页。

专业将艺术家置身于一个高层阶级，而且使它的地位接近于那些被认为是最高阶层的人。"① 艺术家的地位来自于专业能力，这不同于其他"高层阶级"凭借政治、经济资源的占有而获取地位与身份，只有在真正意义上的现代社会条件下才可能实现。

现代性进程中，艺术家群体和知识阶层对社会文化趣味建构拥有不可忽视的影响力，这是一群具备独立意识的文化群体，致力于维护思想的独立性和艺术的自律性，其中的某个阶段，艺术家们标举唯美主义，讲求"为艺术而艺术"，主张艺术拥有独立的批判力量，此外，在艺术趣味追求方面，现代艺术家群体本身又表现了一种定位的矛盾，即他们在社会文化批判上采取十分激进的态度，但他们所努力维系的文化身份以及所呈现的社会定位却是非常精英化的和保守的，正如周宪所分析的那样："现代艺术家一方面是社会民主化和公共领域的倡导者，关注对公众的教养和趣味的提升，他们是教育者。另一方面，他们又是传统社会等级制的贵族优越传统的继承者。"② 这种矛盾和暧昧的现象在法兰克福学派早期的代表人物阿多诺等人那里体现得尤为明显。现代主义思想家和艺术家普遍追求独立人格以及独立趣味的建构，知识阶层似乎与生俱来的精英意识也被当作维持其社会批判功能的标准及思想来源之一。通过他们的趣味理论可以看出，他们一方面与大众趣味、大众文化格格不入，另一方面又不屑于和上层统治者同流合污；一方面批判大众文化的低俗和商品化，另一方面也批判上层统治阶层的腐朽与堕落，这批知识和文化精英为了维护人格的尊严和艺术的尊严，为了维护自身面对社会的批判性人格，强调了审美趣味的独立性、纯粹的艺术追求以及自身审美权力的伸张，刻意与上层统治者和下层民众的趣味区分开来，努力构建自身精神贵族的形象。从某种意义上说，正是这种自律性主张

---

① [英] 弗格森：《文明社会史论》，林本椿、王绍祥译，辽宁教育出版社1999年版，第203页。

② 周宪：《审美现代性批判》，商务印书馆2005年版，第256页。

第二章 审美趣味与文化权力的纠结与缠绕

和批判性人格的追求,推动了现代艺术及其理论体系的发展,形成独立于社会审美的先锋性力量。

然而,艺术家和知识群体为凸显其独立地位和社会身份,在文化趣味方面进行的刻意区分与隔离,却事实上加剧了整个社会趣味分化的趋势,形成另一种层面的不平等,这是现代性进程给社会趣味结构带来的最深刻变化。涂尔干在其名作《社会分工论》中,关注社会分工过程中形成的社会失范、失衡等种种反常的现象,在社会分工的情况下,某些阶层从事与艺术与审美相关的工作,而流水线上的工人则普遍被工具化,不仅造成审美趣味的分化、审美观念的分野,而且导致了从事不同工作的阶层在社会趣味话语权上存在极大的不平等。此外,艺术家在精神趣味方面营造的独立王国以及艺术自律的法则,其社会基础并非想象的那样牢固。比格尔揭示了艺术自律背后的社会本质问题:"艺术在资产阶级社会中的自律地位,绝不是无可争议的,而是社会整体发展中的不稳固的产物。当对艺术进行控制似乎再次变得有用时,这一地位随时都可能被社会(更准确地说,社会的统治者)所动摇。"① 艺术自律并未能脱开权力的控制范围,当统治者有意愿有能力加强管控时,风筝的线又会往回收,自律就成了审美现代性发展最大的肥皂泡,虽华美无比却也脆弱不堪,艺术现代性的幻象也会就此破灭,这也是后现代思潮所要重点应对的问题之一。

三 后现代——趣味的颠覆与碎片化

法国学者阿兰·巴迪欧分析 20 世纪前卫艺术的发展历程,认为很多时候都伴随着打破审美规则和趣味共识的行为,"前卫经常采用极富暴力色彩的字眼,来拒斥那些关于是否符合一种品位的判断共识,并通过艺术'客体'的流通来宣布在平常规则之外的例外"②。前卫艺术总

---

① [德] 彼得·比格尔:《先锋派理论》,高建平译,商务印书馆 2002 年版,第 91 页。
② [法] 阿兰·巴迪欧:《世纪》,蓝江译,南京大学出版社 2011 年版,第 147 页。

是摆出战斗的姿态，介入社会，介入大众，在趣味观念方面也是如此。此外，法国学者让·克莱尔强调了现代性与先锋派的区分，认为现代性是与时间和时代相关联的，而先锋派一方面"企图作为现代性的试验场"，在艺术实践与观念领域冲锋陷阵，另一方面又沉溺于浪漫主义世界观无法自拔①，在趣味上过于强调天资趣味，恰恰将自己隔绝与封闭起来。因此一种观点认为，先锋派艺术家激进的艺术追求最终埋葬了艺术，美国哲学家阿瑟·丹托曾这样描述现代主义艺术："现代主义艺术是由趣味定义的艺术，它本质上是为有趣味的个人创作的，特别是为批评家创作的。"他以艺术终结的思路描述这种关系："现代主义的终结意味着趣味专制的终结。"② 在丹托那里，现代主义意味着趣味的专制，而这种专制在一些思想家看来就是艺术终结与死亡的内在动因之一。马歇尔·伯曼就批评那种主张"背向社会"、指向艺术自身的现代主义艺术及其理论，虽然现代主义为艺术家和批评家"建立了职业的自主和尊严"，然而一旦使艺术完全切断了与社会的联系以及原先所注重的个人情感表现，就会失去生命力，"它所给予的自由只是那种形式美丽、密封的坟墓的自由"③。伯曼认为这种现代主义观念会将艺术带向死亡。意大利思想家 G. 瓦蒂莫谈到艺术的死亡，认为其中一个重要原因是现代主义发展到高级阶段，追求形式化，拒绝大众风格，这无疑是一种自杀行为。

随着现代主义的逐渐式微，后现代主义思潮席卷而来，它是在解构现代性文化模式的基础上兴起的，将原本基本保持整齐和平衡的社会阶层瓦解成带有不同文化观念和审美趣味的分崩离析的群体。后现代思潮

---

① ［法］让·克莱尔：《艺术家的责任——恐怖与理性之间的先锋派》，赵苓岑、曹丹红译，华东师范大学出版社 2015 年版，第 14 页。
② ［美］阿瑟·C. 丹托：《艺术的终结之后——当代艺术与历史的界限》，王春辰译，江苏人民出版社 2007 年版，第 122 页。
③ ［美］马歇尔·伯曼：《一切坚固的东西都烟消云散了——现代性体验》，徐大建、张辑译，商务印书馆 2003 年版，第 36 页。

第二章 审美趣味与文化权力的纠结与缠绕

的核心是打破规制,如果按保罗·费耶阿本德"怎么都行"的方案,那么过去现代主义辛辛苦苦建立起来的艺术规则和美学秩序都将受到极大的冲击,变得极具不确定性和随意性。美国文学评论家伊哈布·哈桑认为后现代主义的一种核心倾向就是不确定性,他用一系列概念描述了这种不确定性,"这些概念是:含混、不连续性、异端、多元性、随意性、叛逆、变态、变形……上述符号中活动着一种要解体的强大意志,影响着政体、认知体、爱欲体和个人心理,影响着西方整个的话语领域"①。

后现代的这种方案"带有美学及方法论上的无政府主义的解放潜能,同时也带有随意性及折中主义的危险"②。这种随意性对于艺术的危险来自于标准的丧失,按彼得·科斯诺夫斯基的观点,随意性导致艺术的主题和表达方式之间对立和界限被撤销,而正是这种对立使艺术主体创造性得以体现。就艺术而言,现代主义讲究趣味有序性,而后现代思想家则承认审美趣味各自分立的无序状态,哈桑所说的后现代主义另一种核心倾向"内在性"似乎说明了这种无序状态的形成,即人内在的心灵的能力构建了属于自己的符号世界,在后现代世界中,不同个体心灵的需要造成了社会整体的涣散和无序。

现代主义所内孕的后现代思潮就是要打破丹托所说的稳定的专制结构,颠覆和消解高级艺术和低级艺术、不同风格的艺术,以及艺术与观众,艺术与生活之间的边界,而这些正是现代主义艺术所恪守的核心理念,因此许多人倾向于把后现代视为对所谓"高级趣味"和"低级趣味"等级秩序的一种解放,是对大众趣味和日常生活趣味的彰显。

后现代信仰不再坚持中心,不承认存在一个处于支配地位的贯通社会整体的思想体系,而且,在后现代语境下,文化权力本身的内涵以及

---

① [美]伊哈布·哈桑:《后现代转向:后现代理论与文化论文集》,刘象愚译,上海人民出版社2015年版,第186页。

② [德]彼得·科斯洛夫斯基:《后现代文化——技术发展的社会文化后果》,毛怡红译,中央编译出版社2011年版,第27页。

对其研究关注的角度也产生了变化，英国学者史蒂文·康纳对后现代状况下文化权力的特性进行了描述，他认为后现代主义对于文化权力的理解更为直接和本质化，不再将文化形式与原先被看作更具决定意义的、更"基本的"政治、经济紧密联系起来，而是将文化自身视为一种更具实践意义的生产、生活方式。后现代文化政治学将文化与现实生活的权力关系直接联系起来，将文化话语本身视为权力而非与现实相隔离的表征领域，而且从演变过程来看，文化权力渗透入社会微观领域，权力关系的演变成为一种"轻松但已经消散的领域化过程"[①]。即权力由原来的集中控制变得逐渐消散，在文化领域，权力关系表现为松散而又无处不在，从这个意义上说，后现代语境下审美趣味命题的探讨更为普遍而自然地进入文化政治学框架内，审美趣味的内涵与形态变迁与社会文化权力演变之间的联系也更为凸显。对于艺术观念和审美趣味的形态和结构而言，来自后现代的解构直接导致了原先所维持的稳定性结构的崩塌、解体，变成一种碎片化和非连续性的存在。审美趣味的权力结构在后现代思潮的解构之下，形成了一种各自分立、零散化的状态，如果说权力造成话语的集中，那么权力被消解之后就成了各种话语的爆炸性生长，趣味在这种情况下不再具有原先的凝聚力量。其实这也就形成了一个悖论，话语的集中造成了趣味专制，而后现代的杂语丛生的局面又形成了趣味无法在更深、更广的时间和空间中持存的情况，后现代的不断解构如果无休无止，那么趣味不仅失去社会认同和行为约束的功能，而且真正审美的价值也不断地被弱化。

西方20世纪的社会变化是现代走向后现代的典型路径，时间节点也较为清晰，按杰姆逊的观点，西方自1960年左右由现代转向后现代社会，而中国的情况比较复杂，尤其是作为半殖民社会，中国的后发性发展使得社会文化包括审美文化无法用同时期西方的社会文化状况来同

[①] ［英］史蒂夫·康纳：《后现代主义文化——当代理论导引》，商务印书馆2002年版，第345—348页。

第二章　审美趣味与文化权力的纠结与缠绕

步对照。中国当代许多学者对中国现代到后现代的历史分期争议颇多，不过比较统一的一点是，基本都承认中国属于现代到后现代社会发展的非典型样态。如果考察中国后现代社会的历史状况，首先需上溯现代性的发展历程，按李欧梵的分析，中国的现代性是从20世纪初期开始的，关于现代性的历史叙事可以一直延续到革命成功，甚至到"四个现代化"的计划实施过程，所走的都是所谓"现代性的延展"的历程，在西方步入后现代社会的很长一段时期内，中国的现代性仍处于未完成的状态。不过自20世纪90年代以来，随着历史潮流的积淀，社会文化发生了很大改变，加之全球化浪潮的影响，现代性已很难涵盖社会文化的种种现象，"这种情况之下，只有后现代适于描述中国所处的状态，因为后现代标榜的是一种世界'大杂烩'的状态，各种现象平平地摆放在这里，其整个空间的构想又是全球性的"[①]。中国因其地域广大，历史悠久，人口众多，社会复杂，在社会发展进程中处于极度不平衡的状态，以至于我们很难以一种统一的模式来描述发展的阶段，就社会文化而言，无论从文化氛围、社会趣味、艺术精神等总体风貌，还是从意识观念、审美趣味、生活境界等个体精神文化状态，都呈现着多层并置的局面，其中又包含了地域、城乡、代际、两性、贫富等多重维度的差异，更凸显了社会文化的复杂与多元，我们常常能够从中同时找到前现代、现代、后现代的文化特征，在这样一个动态的社会中，对于审美现象的解读和趣味形态的分析就需要更为谨慎和全面，而不能简单套用西方关于社会文化发展的分期模式。

[①] 李欧梵：《未完成的现代性》，北京大学出版社2005年版，第93页。

第三章　权力关系域下趣味的几种二元对立模式

按照德里达的观点，西方自古希腊以来的形而上学传统都是遵循和奉行"逻各斯中心主义"的，正是"逻各斯中心主义"使得二元对立成为西方传统形而上学的一种基本思维方法。由于中心—边缘的基本设定，对立的二元项并非是平等并立的，而是有权重差异和优先次序，形成支配与被支配、从属与被从属、衍生与被衍生等关系，乔约森·卡勒引述德里达的话说："在传统哲学对立中各种术语不是和平共处的，而处于一种激烈的等级秩序之中。一术语支配另一术语（从公理上、逻辑上）便占首要地位。"① 二元对立中的支配关系体现简单明确的权力逻辑，在近代理性彰显光辉的时代特征中，这种明晰性和明确性正契合构建新的精神秩序的需要。近代笛卡尔建构属于他的理性主义架构体系的心物区分二元理念，认为世界是由物质和心灵两种相互独立的实体构成的，将物质与精神、身体与心灵的二元对立推向了极致，塑造了人对科学理性的崇拜，在自然物质世界之外塑造了人类的身份认同，树立了在排斥他者的理念基础上的极度自信。古希腊时期、笛卡尔乃至笛卡尔之后的现代哲学中的二元论，在所涉及的心身"实体"、心身关系等方面的理解有很大区别，罗蒂在《哲学和自然之镜》中对此有较为详细

---

① 乔约森·卡勒：《解构主义》，载胡经之、张首映编《西方二十世纪文论选》（第二卷），中国社会科学出版社 1989 年版，第 487 页。

第三章　权力关系域下趣味的几种二元对立模式

的说明和分析①，在这里我们并不纠缠于心物、心身关系的哲学思辨，而是以近现代思想史中存在的几种主要的二元思维模式以及二元理念关系模型来进行美学上的梳理，从而在权力的种种张力关系中对审美趣味进行社会文化多角度的分析和批判。

同样地，审美趣味所关涉的各种自然与人文范畴，在现代性营构的权力关系域上也呈现出不同形式和不同程度的二元对立，如人与自然、男人与女人、西方与东方等相互对应的关系形态。这些二元对立思维经由后现代的解构，形成了生态主义、后殖民主义、女性主义等理论，人们很自然地通过二元思维来审视这些领域内趣味的权力关系和社会分层现象，审美趣味的权力属性在新的阐释场域下被重新理解和定位。在新的阐释和定位过程中，始终存在一个绕不过去的现实难题，即各种理论自我预设一个语境，相应地，对社会的划分维度和阐释场域也呈现多元化的特征，各自在某个关注的角落对人、对社会的种种关系进行解读。然而事实上，许多社会人文概念存在错综复杂的交叉性特征，比如作为人，他有多重身份，同时存在于阶级、性别、种族等语境中，作为人的身份标识的审美趣味往往在不同语境中得到某个角度的阐释，如果将单独个体不同的身份依序置放于一个散落的垂直轴上进行综合分析，将失去与其他个体对照的意义，难以体现审美趣味在不同人群中的差异；如果从社会群体着眼进行水平模式的研究，又会忽略个体的多重身份和多重意义，难以准确地理解审美趣味在个人身上所体现的复杂特征。

实际上，人类中心主义、种族中心论、男性中心论等二元论内含的就是一种他者化的常见逻辑，这种逻辑与人文主义建立在理性基础上的逻辑理念一脉相承，意大利女性主义哲学家罗西·布拉伊多蒂对他者化进行了一番评论："这个过程本质上是人类中心论的，性恋化和种族化的，其原因在于它秉持了建立在白人、男性的异性恋欧洲文明基础之上

---

① ［美］理查德·罗蒂：《哲学和自然之镜》，李幼蒸译，商务印书馆2003年版，第48—53页。

的审美与道德理念。"① 二元论的一个重要推理方式和论述策略就是他者性的辩证法，罗西认为这种辩证法是"人的权力的内在发动机"，致力于找出人的差异并进行简单的"我"和"他者"归类。在这种二元分类模式下，一连串的标签两两相对被贴在两边，白人、男性、理性动物、阳刚之气、健康年轻等身份凸显出来，相对应的是用相反的词给所谓的"他者"画像：非白色人种、女性、非理性动物、非阳刚之气、衰弱病态等，这其中自然也包括"趣味高雅"与"趣味低俗"的强行对应。因此，当后现代诸多派别从不同角度对各领域的二元论思维进行清理和解构时，所面对的是相似的理论模型，采用了类似的解构策略和反思方式，可以看到，无论是后殖民主义、女性主义，还是生态主义，它们在大的解构语境下其基本的思路是相通的。不同领域的理论家在社会分析中分享了相似的思维方式与研究样本，比如一些后殖民主义理论家在分析西方对于东方的文化偏见时，也将西方女性和东方女性的文化趣味差异问题同时代入，从而与某些女性主义的研究领域形成交叉；生态主义研究在走向深入的过程中，更是融入了阶级、性别、代际等社会关系的思考，增加了生态主义视角对整个社会的阐释力度与范围。由此可见，在后殖民主义、女性主义以及生态主义等相关论域内审视审美趣味的权力关系与层级结构问题时，我们理应同时容纳社会文化大的语境，既要考虑审美趣味和文化权力在一个固定理论框架内具体的关系模型，也要分析彼此间啮合模式形成的大的社会背景以及与其他论域的关联性。只有将这些多重勾连又时时交错的关系脉络理顺，最终使得文化的纵深与历史的断面研究深度结合，群体身份认同与个人身份差异的分析结合，多重话题与具体论域的探讨结合，才能从审美趣味这个角度获取社会文化的深度文本和全息影像。

---

① ［意］罗西·布拉伊多蒂：《后人类》，宋根成译，河南大学出版社 2016 年版，第 99 页。

第三章 权力关系域下趣味的几种二元对立模式

第一节 东方与西方：趣味差异与地域差异

人类社会的风俗习惯和文化形态根据地域不同而具有很大差异，地域是文化划分过程中最具自然性的因素，但地域的划分标准本身包含着多重层次，不同层次的划分都标示了某些文化上的区分，比如国与国之间文化的差异，各省之间同样存在不同的文化风俗，甚至各地区、各市都具有自身文化的独特性。如果我们将地域划分的考察范围延伸至世界每个区域，同时容纳地域划分的各种层次和角度，再联系历史的维度来分析，就可以更好地透视和理解整个人类各种文明之间的差异。就思想史对人类文明地域性的观照而言，最有代表性且最具广泛阐释价值的莫过于东方文明与西方文明的划分。

一 东方概念的历史与价值演变

在欧洲，东方和西方的概念可以追溯到很早的时期，古希腊将小亚细亚地区称为东方，欧洲人对小亚细亚和中东地区最早的认知即源自古希腊时期。从古希腊时期的商业接触和断续的征服战争到罗马帝国的扩张，从中世纪持续近两百年的十字军东征到阿拉伯帝国、奥斯曼帝国、蒙古帝国等东方势力对欧洲部分地区的征服与控制，几千年来欧洲人一直与他们的东方邻居打交道，通过各种途径实现了文明之间的相互借鉴与融通，而且更为重要的是，欧洲文明另一个源头"希伯来文明"就是起源于东方地区。伴随基督教《圣经》故事的广泛传布，欧洲人对欧亚交界这块所谓的"东方"地带留下了各种复杂的文化记忆，融入了欧洲数千年来文化艺术的血液和基因。

然而近代航海大冒险时代开启了新时代的大门，随着向外探索的脚步不断延伸，欧洲人地理知识和文化视野得到前所未有的丰富与拓展。东方概念的外延一直不断地扩大，欧洲人以自己所处地域作为中心与起点，按距离远近分别将欧洲以外的地域（主要是亚欧大陆）分为远东、中东和近东，欧洲对亚欧大陆遥远的另一端的文明充满好奇，渴望拥有了解与交流的渠道，但由于地理距离相隔太远，交通技术欠发达，其间又有各种王朝势力阻隔，除了沿丝绸之路而来的商人提供的有限信息，还有少数欧洲商人、旅行家和传教士的游历记述，并无太多直接的语言文化方面的交流与沟通。欧洲在很长时间内对所谓远东的印象实际上十分模糊，仅仅停留在拼凑起来的一些破碎信息以及主观的臆想和猜测上，因此对东方文化尤其是审美文化是非常局限甚至扭曲的。

在丝绸之路断续连接欧亚大陆的两千年时间里，来自东方的丝绸与瓷器等商品陆续进入欧洲，成为了欧洲人所珍爱的奢侈品，作为华夏文化的表征，这些器物的纹饰、形貌等外观形式所体现出的东方趣味也被欧洲人的审美观所接受。公元12世纪至13世纪，欧洲商人马可·波罗记述东方见闻的《马可·波罗游记》问世，在西方流传颇广，激起欧洲人对于陌生东方的热切向往，其中很大程度上是出于对东方财富的巨大兴趣，但也包括对东方文化的渴慕，欧洲人心中神秘迷人的"天方夜谭"式中国形象扎下了根，逐渐形成延续几个世纪的东方情结。自那以后，随着大航海时代的到来，欧洲人越来越多地踏足东方的土地，对东方尤其是中国了解也逐渐增多。一批在东西方往来的传教士和商人充当文化交流的使者，东方的审美思想与文化趣味逐渐为欧洲人所认知和理解。

在这一过程中，需要特别说明的是，宗教的因素至关重要，牵涉到17世纪末至18世纪初欧洲基督教教派的权力之争，甚至影响了欧洲人对中国政治制度、历史、伦理观、审美观等一切文化形态的整体判断，这使得文化的接受过程变得不那么纯粹，而是受宗教教派拉锯战的影响变得错综复杂。自13—14世纪以来，欧洲得到关于中国的信息大多都来自教会，其中耶稣会士作为17世纪来华最为活跃的一批传教士，不仅肩负教廷向中国传教的任务，而且几乎垄断了向欧洲上层传递关于中

第三章　权力关系域下趣味的几种二元对立模式

国信息的渠道，在两方面左右着中国和欧洲对于彼此的认识。出于教派利益以及传教策略的考虑，耶稣会士在面对欧洲传递信息时，对中国政治制度和文化采取了包容与肯定的态度，在相关的著作中含有大量赞美甚至吹捧的内容，他们致力于让教廷和广大欧洲人相信，中国是尊崇上帝的国度，在世界所有民族中，中国是最受上帝宠爱眷顾的。而在面对中国统治者时，他们又对基督教教义的阐释采取了灵活的方式，一方面传授天文学和数学等实用技巧，将欧洲的钟表等新奇事物带到中国宫廷，另一方面服从皇权的管控，努力融入中国的礼仪，甚至接纳中国的政治、伦理和道德观念，隐去其中与基督教义格格不入的部分，极力将中国人的道德信仰和价值观念等思想文化体系解释为与基督教义是严榫合铆的关系，耶稣会士的这些努力其实还是为达成一个最终的目的：使中国彻底归化为一个基督的国度。对此，法国学者维吉尔·毕诺解释说："为了实现这项伟大计划，则必须迎合当时在中国占突出地位的情趣，旅行家和耶稣会士已经广泛传播了一个博学的、崇尚科学的、特别精通数学和天文学的中国之历史或传说。"① 狄德罗也看到了耶稣会士的传教策略，基督三位一体的统治依附了真善美的阐释话语，"真是父，它产生了善，便是子，从此出现了美，那就是圣灵，这个统治渐渐地建立起来了"。狄德罗所说"统治的建立"即基督教义占据统治地位的过程，他形象地描述了耶稣会士在东方传教的过程："新来的神谦卑地把自己安置在祭坛上，在当地的偶像旁边；他的地位逐渐地更加稳固起来，有一天，他用胳膊肘推了他的同僚一下；于是砰的一声，那偶像就倒下来了。人们说耶稣会士们把基督教移植到中国和印度的情形就是这样。"② 狄德罗看到耶稣会士在中国传教采用了一种灵活的办法，甚至借用了中国本地的思维方式和文化逻辑，基督教的美学和艺术也被用

---

① ［法］维吉尔·毕诺：《中国对法国哲学思想形成的影响》，耿昇译，商务印书馆2013年版，第488页。

② ［法］狄德罗：《狄德罗哲学选集》，江天骥、陈修斋、王太庆译，商务印书馆1959年版，第293页。

来作为传教的手段。由此,耶稣会士在明清之际上百年的政治穿梭中游刃有余,屡屡获得中国统治者的青睐,从利玛窦到汤若望,这些耶稣会士活跃于明代官场乃至清初康熙的宫廷中,并且将来自中国的文化信息传回欧洲,为中国和欧洲文化的双向传递作出了贡献,尤其是中国的审美风貌与审美生活由耶稣会士传递至欧洲宗教界和知识界,引起欧洲对自身美学视野和美学价值的反思。法国思想家伏尔泰曾记录耶稣会修士阿提来神甫写给欧洲友人的信,信中描述他作为康熙皇帝行宫中充当御画师的见闻:"这所离宫别馆比第戎城还大,宫室千院,鳞次栉比;风光旖旎、气象万千;殿宇间雕梁画栋、金碧辉煌……皇帝设宴的日子,但见万室灯火,一片光明,各院庭前,烟花齐放。"与在中国的见闻感受对应,这位神甫对欧洲的宫室建筑风景则是另一番观感:"阿提莱神甫从中国回到凡尔赛,就觉得凡尔赛太小太暗淡无光了。"① 鉴于耶稣会修士对中国的描述,伏尔泰甚至表示"这又是一种理由叫我根本不再想写一部美学概论。"由于欧洲知识界当时大多是从耶稣会士那里获取关于中国的信息,因此这些神甫的描述直接影响了狄德罗、伏尔泰等思想家对中国的认知,不可避免地将中国的风物人情、审美观念等进行理想化演绎。此外,由于耶稣会士在中国连接欧洲过程中的特殊地位,使得中国话题被深深地裹进欧洲17—18世纪耶稣会士与其他教派的宗教之争中,比如在法国,巴黎外方传教会等教派就中国的历史宗教、思想文化与社会制度等各方面与耶稣会士提出了针锋相对的意见,这就是所谓的"中国礼仪之争",根据维吉尔·毕诺的相关研究,当时在法国爆发的这场攻击耶稣会士的风暴中,耶稣会对中国的宗教特征、礼仪方式等方面的描述受到了论敌的全面质疑,其中的核心是将中国描述成无神论者和不信教者,进而否定中国有崇高的美德和值得艳羡的风俗礼仪。然而即便如此,也不意味着这些耶稣会的论敌对中国的态度是完全一边倒且毫无余地的,比如雷诺多,这个抨击中国言辞最为激烈的教

---

① [法]伏尔泰:《哲学辞典》上册,商务印书馆2011年版,第220页。

第三章　权力关系域下趣味的几种二元对立模式

士,也对中国持有一种颇为微妙的心理,毕诺分析说:"雷诺多指责中国人……但这种思想状态是受特殊观点支配的。"为进一步论证,他引述了雷诺多本人的话:"虽然他们(中国人)与欧洲人的思想丝毫不相似,但它仍不失为一种重要思想。我们只需要决定法国人的思想是否应成为全世界的准则。这种原则提出后,大家就可以为中国人的风俗习惯辩护了,无论他们与我们有多大的差距。"① 显然,在这一时期,无论是耶稣会士还是他们的论敌,对中国文化赞美也好,抨击也好,都对中国这个遥远国度的文明抱有起码的敬意。耶稣会与其他教派关于中国的礼仪之争,宗教之外的最大影响是极大地增加了中国文化和思想在欧洲的能见度,使得关于中国的话题在17—18世纪风靡一时,中西文化交流借此获得快速发展的机会。

　　这种文化的传输不断累积,在17世纪末至18世纪中期形成一股崇尚中国文化的浪潮,在文化史中被称为18世纪欧洲"中国风"。当时,"中国学"炙手可热,中国文化与丝绸、瓷器、家具等产品成为欧洲上流阶层竞相追捧的对象,带有"中国风"的艺术风格和趣味对欧洲美学与艺术形成影响。在德国,哲学家莱布尼茨首先表现出对中国文化的极大兴趣,以一种较为客观的姿态对中国和欧洲文明的长短进行一番比较,对中国的政治制度与文化生活等产生了较高的评价,在《中国近事》一书中,他这样写道:"然而昔日有谁会相信,地球上还有这样一个民族存在着,它比我们这个自以为在各方面都有教养的民族过着更具有道德的公民生活呢?但从我们对中国人的了解加深以后,我们却在他们身上发现了这一点。如果说我们在手工技能上与他们不分上下,在理论科学方面超过他们的话,那么,在实践哲学方面,即在人类生活及日常风俗的伦理道德和政治学说方面,我不得不汗颜地承认他们远胜于我

---

① [法]维吉尔·毕诺:《中国对法国哲学思想形成的影响》,耿昇译,商务印书馆2013年版,第478页。

们。"① 从这段文字可以明显看出，莱布尼茨对中国的道德伦理与生活情趣非常推崇，并将其与自己民族的生存方式与生活状态进行比较，显然带有一种启蒙的目的，融合自身的想象构建中国的政治与文化光谱，以期照亮所处的时代，驱除社会积弊和蒙昧状态，这也是当时欧洲启蒙思想家较为普遍的想法。除了莱布尼茨和沃尔夫等德国哲学家关注来自中国的思想文化，还有歌德等文学艺术巨匠同样深受"中国风"的影响，对中国社会文化极度赞赏，由于广泛涉猎关于中国的文学艺术，歌德的文学视野得以拓展，联系欧洲英国、法国和德国等国文学与中国文学，他提出了"世界文学"概念，对世界文学时代的到来保持乐观的态度，同时希望德意志民族文学能够除弊革新，铸造新的文学精神。法国启蒙运动时期，百科全书学派思想家伏尔泰、霍尔巴哈等人将中国政治制度和文化为典范进行引介，并以此揭示欧洲文明存在的诸多弊端，推进思想启蒙和文化革新，将中国作为参照样本来构建欧洲文明的未来。除了制度与思想层面，伏尔泰等人对中国艺术和艺术趣味也非常推崇，他改编了中国杂剧《赵氏孤儿》，在法国上演并轰动一时，对当时已形成气候的"中国热"起到推波助澜的作用。英国文化艺术在当时也受到中国文化某种程度的影响，尤其是园林设计上，接受了中国的园林趣味和造园理论，大量采用中国式园林设计方式，体现出浓浓的"中国风"。18世纪中叶，英国皇家建筑师威廉·钱伯斯就大力推崇中国的家具、衣饰、建筑等设计，他将在中国亲身研究与测绘的结果汇集起来，于1757年出版了一部名为《中国建筑、家具、服饰、机械和生活用具的设计》的小册子，在当时影响很大。此外，他最受关注的还在于对中国园林艺术的引介，他在《东方造园论》（1773）等著作中对中国园林进行了较为具体的介绍，并将中国园林的艺术风格与设计方式应用于造园实践，建造了著名的皇家植物园——邱园，融合了不少中国

---

① [德] G. G. 莱布尼茨：《中国近事——为了照亮我们这个时代的历史》，杨保筠译，大象出版社2005年版，第2页。

第三章　权力关系域下趣味的几种二元对立模式

式园林的布景方式，体现带有东方特色的绘画式园林意趣。钱伯斯的园林建筑理论与实践都被后来人纷纷效仿，英国诗人蒲伯、作家艾迪生等人都曾建造呈现浓厚东方神韵的中国式花园，这体现当时艺术界对中国建筑风格和中国园林意趣的高度认可与推崇。为描述中国造园艺术中的美学趣味和原则，英国曾专门出现了"Sharawadgi"一词，钱钟书在其博士论文《十七十八世纪英国文学中的中国》("China in the English Literature of the Seventeenth and Eighteenth Centuries")中考察了"Sharawadgi"一词的来历，认为是"散乱、疏落""位置"的汉语音译。① 由于英国人对自然风景的独特理解，加之融合来自东方的造园理念，最终形成英国式园林风格，与代表欧洲大陆园林风格的法国式园林旨趣相异，以至法国人将这种风格的园林称为"英中花园"（Le jardin Anglo-Chinois）。中国的生活趣味与艺术趣味在18世纪风靡欧洲的这段历史，不仅包含了启蒙语境下欧洲审美文化思想发展的内在逻辑，而且体现东西方审美文化交流的一段轨迹，对于我们解读东方文化趣味尤其是中国趣味在欧洲价值评判的演变具有非常大的启发意义。

18世纪欧洲人对中国审美文化的美好想象是由地理隔离造成的，随着欧洲人向东方探索并殖民的步伐越踏越远，对于中国的认知也越来越清晰，正如英国艺术史家休·昂纳所说："中国的隔离状态一旦被打破，那么神州的幻象也就开始消散了。"② 欧洲人基于大航海时代积累的经验与自信，对古老中国认知的更新是非常迅速的，只要有机会深入内陆，面对异质文明的陌生感以及与欧洲文明对比产生的不适，很快就会产生对风俗品性的美学判断，这种判断虽基于一定的客观事实，但也难免带有偏见。1793年，英国派遣以马戛尔尼为首的使团出使中国，

---

① Ch'ien Chung-Shu, "China in the English Literature of the Seventeenth Century", in Adrian Hsia, ed., *The Vision of China in the English Literature of the Seventeenth and Eighteen Centuries*, Hong Kong: the Chinese University Press, 1998, pp. 52-53.

② ［英］休·昂纳：《中国风：遗失在西方800年的中国元素》，刘爱英、秦红译，北京大学出版社2017年版，第30页。

审美趣味与文化权力

尽管并未取得任何外交成就,但这使得马戛尔尼等人以使团身份在中国广大地区旅行,有机会亲身观察这个神秘国度,留下了对当时中国风俗、制度、人物等方方面面的记录,其中专门有关于风俗和品性的观察,带有较强的美学色彩。当时处于乾隆统治时期,尽管东方帝国仍然维持表面的繁盛,但实际上社会的腐败与衰朽已随处可见,在马戛尔尼的纪行日志中,上层社会生活奢华但趣味低俗,底层生活困苦无法维持基本尊严,从品貌、衣饰到家居都晦暗不堪,这些记录不少带有较强偏见和夸张成分,但也能基本反映当时社会风貌。与后来西方旅行者的恶毒歪曲不同,马戛尔尼使团所代表的当时欧洲人对中国还存有基本的尊重与平等的态度,马戛尔尼在描述中国妇女缠足陋习时,还自觉反省了英伦妇女中流行的细腰、丰臀、隆胸等畸形审美。此外,虽然他自诩公正,但也能主动提及自身或许存在的偏见,他说:"我愿意对中国的一些事表达公正的评论,从我们自负和偏见的角度看,这些事都是可怕或不可信的。我也不懊悔趁此机会指出,我们无权仅因生活方式和服饰与我们略有不同就轻视和嘲笑别的民族,因为我们能够轻易地将他们的和我们自己的愚蠢和荒谬相比较。"① 这种自省的态度是后来欧美人观察中国所缺乏的。

到 19 世纪中期,中国紧闭的国门被西方以武力强行打开,这片遥远东方大陆的神秘面纱被一种粗暴的方式撕得千疮百孔,欧洲人对中华文明的心态产生了剧烈的变化,对中国文化和东方趣味的尊重和推崇逐渐终止,曾经风靡一时的"中国风"逐渐式微,取而代之的是以落后、野蛮、丑陋、低劣等夸张式描绘,中国人更多地被描绘成狡诈、邪恶、丑陋的模样,如果我们翻阅这一时期欧洲思想界与文化艺术界文字与画像的记录,可以基本清晰地探寻到欧洲人心迹的这种演变,16、17 世纪,欧洲人对中国人的画像和描述普遍比较正面,样貌漂亮,形态自

---

① [英]乔治·马戛尔尼、约翰·巴罗:《马戛尔尼使团使华观感》,何高济、何毓宁译,商务印书馆 2019 年版,第 16 页。

第三章 权力关系域下趣味的几种二元对立模式

然,且与白种人的肤色相似,比如1687年英国宫廷画家纳尔勒(Sir Godfrey Kneller)所画的肖像画《中国皈依者》,容光焕发,姿势挺拔,这与后来欧洲人所描绘的黄皮肤、细斜眼、猥琐局促的形象构成鲜明对照。18世纪到19世纪中前期,欧洲出现了一些中国风景和风俗画,比较有代表性的法国宫廷画师弗朗索瓦·布歇的《中国园林》《中国集市》等画作,其中的场景和人物大多出自他的想象,是美化了的中国形象。另一位代表性人物是1793年马戛尔尼访问中国的随团画师威廉·亚历山大,与当时欧洲一些画师未曾来过中国不同,亚历山大根据所见所闻创作了一系列描绘中国风土人情的画作,由于揭开了神秘的面纱,见到了中国人生活更为真实的一面,在画作中不再刻意美化,但对中国人形象也没有刻意丑化。

西方对中国人形象和中国文化的审美转变在19世纪中后期趋于明显,1875年,英国小说家萨克斯·罗默(Sax Rohmer)在《福尔摩斯遭遇傅满洲博士》一书中塑造了傅满洲这个中国人形象,反映了西方对中国人的印象进行脸谱化和丑化的过程。作为黄祸的象征,傅满洲成为一种经典性的邪恶角色,加强了西方对中国人扭曲的审美认知,背后隐藏的是自身文化的优越感以及对东方文化恐惧而又不屑的心态,自此,曾经对中国的美好的审美想象逐渐褪去色彩,一个苍白的中国形象出现在近代西方的文化艺术视野中,被肆意地拉伸、扭曲、变形,中国的文化趣味随之被忽视、被贬低、受嘲弄,成为近代中国沉沦历史的一段缩影。

英国艺术史家休·昂纳研究欧美世界中国风的演变历史时,曾提到19世纪早期中国风短暂的复兴,他说:"19世纪早期,西方对远东的当代中国贴近真实的了解逐渐淡去,取而代之的是仍然残存的欧洲人心目中那个繁华帝国的幻象,在时间和空间上同样遥远。"[①] 昂纳其实揭示

---

① [英]休·昂纳:《中国风:遗失在西方800年的中国元素》,刘爱英、秦红译,北京大学出版社2017年版,第280页。

了一个至关重要的问题,即支撑中国风流行的始终是幻象,18世纪中前期是如此,19世纪早期所谓的中国风复兴也是如此,但这两个时期的幻象产生的文化心态和立场并不相同,18世纪中国风的幻象是基于对一个遥远的、古老的灿烂文明的真诚想象而形成的,19世纪早期,如果说中国风复兴确实存在,也仅仅是短时间的和特定文化情境下的文化现象,以描述一种旧时贵族休闲生活的场景,就如昂纳所描述的:"在那里,生活中最重要的事不过是在静谧的湖岸,带露的柳枝下,坐在凉亭的围栏边品一杯清茶,细赏管弦丝竹的乐声,在瓷塔之间起舞,永久地起舞。"① 这种文化复兴并非中国文化复兴,而是欧洲贵族式文化和休闲生活方式的复兴和回归。

二 东方趣味的被侮辱、被损害与被忽视

如上所述,欧洲近现代历史中对东方趣味的接受状态与评判观念存在较大的变迁,欧洲人对东方文化趣味曾有一段极力推崇的历史,但随着欧洲率先跨入现代社会的大门,在政治、经济等许多方面超越东方,利用军事手段征服东方,欧洲人对东方趣味的认知与接受心态发生了倾覆,东方趣味成为被侮辱与被损害的对象,成为宣扬欧洲文化趣味优越论调的反面样本。

从这变化的过程我们可以清晰地看出,欧洲人所谓的东方文化落后论以及对东方趣味的各种偏见其实是经济、政治全面超越东方以及军事征服后的一种优越感的体现,而并非是文化本身反思与美学史意义上的价值分析结果。就审美趣味的原初意义而言,其本身带有很强的情感性因素,趣味认同是与趣味所依附的文化认同情感是分不开的,而这背后又横亘着政治与经济等硬实力的因素,因此,东方文化趣味在西方某种语境中被贬低,首先并不是基于美学本身的因素,也并不能说明东西方

---

① [英]休·昂纳:《中国风:遗失在西方800年的中国元素》,刘爱英、秦红译,北京大学出版社2017年版,第281页。

第三章　权力关系域下趣味的几种二元对立模式

趣味孰优孰劣，最终也并非单纯指向审美价值的评判。我们所应该看清的是这背后隐藏的各种事实，即随着历史向前的脚步，东西方在硬实力方面如跷跷板一起一落，文化的价值评判也随之被扭曲，这中间虽未必有直接的联系，但间接的因果还是比较明显的，这种关联最终也传导至趣味价值领域，形成高度语境化的泛政治化命题。

当然，除了恶意的贬低和侮辱，西方艺术界和思想界对东方趣味更多地采取忽视的态度，客观地看，这很大程度上源自多数西方思想家、艺术家对东方人的生活和艺术趣味缺乏了解，但或许也隐藏了一种欧洲中心、欧洲优越的心态，使得他们缺乏获取东方精神资源的主动意愿。即便是面对文化政治研究的本身，尽管西方许多学者始终保持自觉而强烈的批判意识，意图构建十分严谨的理论体系，但他们在面对相对陌生的异质性文化时，往往会有意无意地选择忽略与搁置，批判与反思的触角较少触及欧洲以外的其他文化趣味形态，如中国文化、印度文化、阿拉伯文化等，这些异质性审美文化并不在其文化视野中，对审美趣味这种一般性命题的阐释，所对照的社会模型多限于欧洲文化圈层内，涉及的人性和心理分析也是体现欧洲人的文化精神特征。伏尔泰在思考"是否有某些种类的审美趣味使一切民族都喜爱"这一问题时，思考的范围也是欧洲各民族，历代文学典范使欧洲各民族"组成一个单一的文艺共和国"。① 伏尔泰是属于非常关注东方民族和东方文化的思想家，但在谈及具体的趣味问题时，也是很自然地以欧洲作为思考对象，所提及的"一切民族"似乎只是欧洲民族。英国学者约翰·格莱德希尔曾批评福柯与布尔迪厄，指出他们关于权力的理论研究存在一种欧洲中心主义倾向。福柯的研究首先是假定存在一种发端于希腊和罗马的被称之为"西方文明"的演进实体，缺少对现代性进程中欧洲帝国殖民角色的反思，布尔迪厄则将主要注意力集中于法国社会文化分析上，这导致

---

① 朱光潜：《西方美学史》，人民文学出版社 1963 年版，第 250 页。

他的权力功用与形态研究对存在于异质文化间的背景差异认识不足。①

如果我们回溯近几个世纪的文化史，尽可能还原当时欧洲社会的审美文化一些微妙的张力关系，或许更容易以较为客观的态度来看这段审美接受史。对于18世纪乃至19世纪中前期的欧洲思想界而言，东方的概念在文化上展示的更多的是一种神秘陌生的异域风情，而就欧洲上层阶级的流行趋势来看，对来自遥远中国的服装、器物以及园林设计理念的追捧，很大程度上带有自身文化语境的因素，就如整个欧洲上层对法语和法国宫廷文化的迷恋和追捧一样，中国的文化趣味由于附着在当时被视为奢侈品的事物上，仅可供上层阶级消费和体验，这某种程度上限制了趣味在文化层面的传布广度和深度，没能真正深植于欧洲人的思想文化中，在思想史层面唯一有意义的是，伏尔泰等启蒙思想家将遥远的中国作为一个半理想化的对照，形成启蒙运动的一种叙事策略，批判现实，开启新世界。总之，联系历史文化的具体语境来分析17—18世纪欧洲思想文化上的"中国风"，可以让我们正确认知中西文化趣味的本源价值以及观念转变的真相，在这个意义上，我们不能让这段文化史湮没不闻，也无必要无限夸大其对欧洲近代美学与艺术思想的影响价值。

从历史事实中我们可以得出较为明确的结论，即东西方审美文化的交流一直是双向的，在欧洲思想界东方文化并非一开始就是原始、落后、蛮荒的代名词，从欧洲的文化视角来看，对东方文化包括审美趣味的理解虽然一直存在许多主观想象的成分，但欧洲人基于文化上的种族优越感并非一开始就存在，而是跟随殖民历史的发展，欧洲列强建立了相对东方的军事、经济等优势后，逐渐形成的对异质文化的普遍性偏见。在迈向大规模对外殖民的步伐之前，欧洲人的文化中心意识或许不同形式、不同程度地存在，但并非刻意建立在贬斥东方文明的基础上，在与欧洲人自身审美文化的对照过程中，并未附着更多关于高低优劣的

---

① [英]约翰·格莱德希尔：《权力及其伪装——关于政治的人类学视角》，赵旭东译，商务印书馆2011年版，第205页。

第三章　权力关系域下趣味的几种二元对立模式

价值内涵，即便是黑格尔等思想家对中国文化艺术评价不高，但多数是就其自身的学理逻辑进行推衍，而且很大程度上是因为对中国艺术精神理解有限，似乎也没有太多主观恶意。尤其是中华文化，作为一种神秘的存在，经过想象而一度成为欧洲人艳羡和效仿的典范，尽管这一过程也并非是经过充分交流与了解之后的客观评价，但丰富了我们对东西方尤其是中西文化交流史的认知。联系后来被殖民的历史来看，中西文化包括审美趣味的优劣论调从原初意义来看就站不住脚，前殖民时代的文化史至少说明一点，即中西审美趣味就其本身的价值而言是对等的，中华审美文化自身存在强大的吸引力，我们的生活方式和艺术品格所内蕴的审美趣味自有其迷人的魅力，这一事实并不因近代一百年来积贫积弱的殖民历史而改变。

　　西方步入现代社会的过程同时也是东方逐渐衰落的过程，近代以来，东方尤其是中国在经济、政治、军事上全面落后于西方，西方对中国审美文化趣味的价值评判也经历一种过山车式的起落，由珍视到忽视，由赞赏到贬低，这留下了一个中国思想界曾反思上百年的命题：中国形象在近代跌落谷底，真的是中国文化、中国趣味本身就是劣等的、落后的缘故吗？我们是否要抛弃自古传承下来的审美观念与文化艺术趣味，去拥抱西式的文化和生活？近代以来，"全盘西化"的声音不绝于耳，其基本的逻辑就是拙劣的文化优劣论，将自身传统文化的价值与成就置于西方之下，接受西方文化更高级、更先进的观念，更有逆向的种族论者认为中华文化的基因就是劣等的、低下的，应该接受西方的改造。就审美趣味来说，它对文化碰撞的触觉更为灵敏，对观念落差的痛感更为明显，西方的趣味逐渐渗入我们的生活，在很多方面主导着我们的艺术批评观念，从中西文化融通的角度来看，中西趣味如果能在平等的位置上进行对话和碰撞，在审美的领域进行较为纯粹的美学分析，这对当下的艺术批评与审美生活无疑是有很大价值的，但这一般只是最为理想化的状态。涉及中西趣味命题，往往会掺入美学之外的因素，难以避免政治、经济、生活水平和文化背景等方面的比较，这种比较很容易就陷入高低优劣的争论漩涡，先在的立场总是遮蔽文化的价值，类政治的话语总是操纵辩论的过程，由审美文化差异联系到种族优劣，从而失去美学本身的价值和意义，这也是近现代以来东西方审美文化比较中普遍存在的问题。

近代以来，中国积贫积弱已经数百年，新的时期有望改变经济上的落后局面，但经济方面能够崛起不意味着文化崛起之路就是一片坦途，如前所述，文化认同包括审美趣味的认同存在很大的张力与黏性，中国的趣味价值观在国际文化舞台上并没有占据话语的主流，要提升中华文化趣味在世界上的地位与认可度，还需遵从文化发展的规律，首先在审美理论上深度参与国际对话，使中华文化趣味融入国际美学理论的发展进程，此外，文艺作品是呈现一个国家、一个民族文化趣味最直观的方式，至少在某一个时期，我们一提俄罗斯人的趣味，就会想到普希金、托尔斯泰；提到法国人的趣味，就想到雨果、巴尔扎克；提到英国人的趣味，就想到莎士比亚、狄更斯；提到德国人的趣味，就想到歌德；提到美国人的趣味，就想到海明威，这些作家及其作品，成为植根于一个民族的文化符号，通过这些最显明的符号所透出的信息，我们感受到这个民族的精神气质，以及几个世纪以来所追求的价值观和趣味理念。

以今天的文化现象来看，视觉化的符号显示出超越语言障碍的趋势，通过大量视觉文化产品，使得一个民族的趣味更直观地显现在全世界人们的面前，日本的动漫，印度的宝莱坞歌舞电影、美国的好莱坞大片、欧洲的旅游美景图片，这些视觉符号产品每天都在冲击我们的眼球，填满我们的休闲时间。与阅读时代不同，视觉文化时代体验不同趣味的门槛较低，且渗入日常生活，关联每时每刻，对人的文化趣味的影响更为细密和直接，尤其是容易拉开代际文化差异，国际化的浅层文化图景代替了民族化的深度文化传承，原先趣味传承的规律和法则被打破，年轻人为追求叛逆而向外寻找精神依托，西方流行文化被打上

第三章　权力关系域下趣味的几种二元对立模式

"酷""炫"标签大行其道，传统文化在这种混杂性的、平面化的文化消费面前很容易失语，而自中华传统文化内核生长起来的流行文化却并未成为社会文化消费主流，本土的文化趣味也无法由流行文化传导至社会文化表层。

在当下经济与政治全球化趋势之下，消费文化的盛行使得西方趣味价值观以更加快捷和更为便利的方式占据了东方的文化消费市场，比如美国利用游戏动漫、好莱坞电影、时尚消费产品等将美国的文化趣味观推向全球，正如波兰学者彼得·什托姆普卡所说："随着对地方本土文化传统的压制与腐蚀，西方型的大众消费文化成为一个遍布全球的'文化统一体'。"[①] 这种说法虽然带有夸张成分，但基本趋势正是如此，西方正在利用其强大的政治、经济影响力，逐步将文化价值与生活方式（包括文化趣味）推向全球，进而寻求成为一种普遍的、统一的范式，最终牢牢控制全球文化话语权，控制全球文化市场，以新殖民的方式获取新的垄断利益。

三　文明的冲突与趣味的冲突

美国学者塞缪尔·亨廷顿将权力作为文化和文明的基本属性，他说："文化在世界上的分布反映了权力的分布……历史上，一个文明权力的扩张通常总是同样伴随着其文化的繁荣，而且这一文明几乎总是运用它的这种权力向其他社会推行其价值观、实践和体制。"[②] 亨廷顿将基督教文明、儒教文明以及伊斯兰文明列为世界三大文明范式，同时认为这三种文明之间的矛盾难以调和，未来世界诸多冲突发生的根源将是文明的冲突。在关于文化和文明的各种理论中，人们习惯于将欧美所谓的发达世界称为西方文明，而将地理上位于东方、发展相对落后的非欧

[①] [波] 彼得·什托姆普卡：《社会变迁的社会学》，林聚任等译，北京大学出版社2011年版，第83页。

[②] [美] 塞缪尔·亨廷顿：《文明的冲突与世界秩序的重建》，周琪等译，新华出版社2010年版，第72页。

美世界统称为东方文明，东西方的文明冲突不仅体现为政治体制、军事力量等实体的对抗，还体现为意识形态和文化的竞争。就审美而言，我们在谈趣味的共同法则或者趣味共通感时，一般总是立足于共同的文化和文明环境中，但一涉及两种文明，这种联系和一致性就会被隔断，法国文艺理论家阿尔贝·蒂博代认为："所谓全人类共有的审美趣味的想法是一种不切实际的想法。西方趣味和东方趣味……组成了人性的许多不可克服的对立以及批评永远无法解决的美学矛盾。"① 审美趣味的衡量标准在同一文化语境或文明体系中都很难调和，在跨文化交流中趣味的对话无疑更为困难，如果其中掺杂了非美学的因素，就会演变成话语权力的争夺，陷入东西方文化冲突和文明竞争的漩涡之中。

在现代性进程中，随着东西方往来接触的急剧增加，两种文化的竞争与对抗日趋激烈。按吉登斯的说法，现代性制度基础是民族国家架构与系统的资本主义生产体系，这两者密切结合，使现代性风潮得以席卷世界，而这一过程的推动因素"首先是因为它们所创造出来的权力"。现代性在向全球蔓延的过程中，不仅体现为西方制度的强行推广，而且体现为西方文化的强势推进，"在这种蔓延过程中其他的文化遭到了毁灭性的破坏"。② 近代以来，西方对东方的控制和支配一直是重要的历史图景，东方的审美文化作为失落的一级，往往在西方文化中成为"他者"的景观。萨义德在其著作《东方学》中指出："如果不同时研究其力量关系，或更准确地说，其权力结构，观念、文化和历史这类东西就不可能得到认真的研究和理解。"他提出的人的观念与文化应该包括人类的审美趣味，按他的说法，我们很容易就可以做出如下推定：如果不研究审美趣味背后所附着的力量关系，就不可能做出一种有效的研究，得出有价值的结论。萨义德是从西方对东方形象的塑造与支配这一后殖民主义角度来论述的，认为"西方与东方之间存在着一种权力关系，

---

① ［法］阿尔贝·蒂博代：《批评生理学》，赵坚译，商务印书馆2015年版，第129页。
② ［英］安东尼·吉登斯：《现代性的后果》，田禾译，译林出版社2011年版，第152页。

第三章 权力关系域下趣味的几种二元对立模式

支配关系,霸权关系"①,因此就趣味而言,在西方对东方的殖民进程中,西方的审美趣味通过文化的单向输出,对东方形成一种不对称的影响关系,这种关系就形成了西方趣味的霸权地位。

东方国家及其民族文化遭遇摧残,被西方文化所支配和取代,很多情况下是被强迫的,被殖民的民族无法决定自身传统文化的命运,但也有许多是主动选择的结果,长期被压制导致一些东方殖民地的人们逐渐对本土文化失去自信,很自然地认为西方文化是先进文化,出于学习和融入西方的目的,东方的许多国家和民族都不同程度地出现了西化的过程,在中国也一度出现"全盘西化"的呼声,而这一观念是与救亡图存的意识相联系的,从历史语境来分析,提出学习和借鉴西方文化是革除旧社会积弊的有效途径,但以此全盘否定中华本土的文化,在现代转型过程中也留下了巨大的隐忧,以至于我们在民族文化沉沦一个世纪以后,因文化根系薄弱遭遇发展的瓶颈,从而不得不重新回头寻求传统文化的滋养。

在殖民时期,西方利用军事、政治等方面的硬性控制能力,在文化上对东方保持着长期的强势压制状态,而在后殖民时代,东方国家与东方各种族在政治上获得了独立,尽管如此,西方文化的强势地位并未得到根本改变,西方的文化危机意识却已经在逐步蔓延,最典型的体现就是在西方思想界,不少人开始强调"文明冲突论""中国威胁论"等渲染和夸大文化冲突的论调,这是以西方为中心观照文化之间关系的结果,很自然地选择"冲突论"而非"合作论",选择"文化优越论"而非"文化和谐论"。学者李亦园分析各民族文化差异,主张用一种"文化相对性"的观念来衡量差异,在面对别的文化时不应该"以己度人",而应"以人度人",他说:"对待别的民族文化时,不应以自己的标准来衡量别人,这种态度就是来自文化相对性。所谓文化相对性的意

---

① [美]爱德华·W. 萨义德:《东方学》,王宇根译,生活·读书·新知三联书店 2007 年版,第 8 页。

义，就是说文化的高低、好坏、风俗习惯的鄙陋与否，应该从该民族的内在文化去评量，而不能用其他民族的标准、好恶去判断。"① 这其中的"相对性"，其实说的是标准的相对性，在这种前提下，任何跨越不同文化进行的趣味评判都隐藏着冲突的可能，弥合这种冲突，一方面需要尊重的态度，另一方面需要对审美本身的理解和文化表述方面的智慧，比如面对不同文化背景的人谈论审美趣味和相关的文化问题，很难仅仅依靠言辞说服甚至通过硬性力量强压，而是将审美体验的权力交给对方，以更为融通的美学形式和话语来达到彼此理解的可能。

四 对立思维还是对话思维

法国学者列维-斯特劳斯曾说："没有任何一部分人掌握着适用于全体人类的方法；而且，生活方式清一色的人类是无法想象的，因为那样将是一种冷漠无情的人类。"② 在东方和西方趣味沟通过程中，应该保持什么样的一种心态，是确保沟通能够顺利进行并达成良好效果的基础。从我们这方面来说，坚持对话思维还是对立思维，这是自鸦片战争以来西方文化以强势姿态进入中国那时候起，就成为一个存于中国文化界、知识界的重大命题，因此可以说这个问题是由来已久的，然而回顾过去一百多年与西方文化交流的历史，我们在这个问题上并没有取得实质性的突破。

首先，在部分艺术家和学者看来，西方趣味闯入中国文化的视野是一种不折不扣的入侵，在中国文化知识界还在沉湎于过去的传统时，突然刺穿了审美精神层，很大程度上颠覆了我们传统的趣味价值观，受某种失落的情绪感染和维护传统的心态驱使，这些人对涌进来的西方艺术模式和西方趣味观念抱有极大的敌意，产生不是东风压倒西风，便是西

---

① 李亦园：《文化与修养》，九州出版社2013年版，第16页。
② [法] 克洛德·列维-斯特劳斯：《结构人类学》，张祖建译，中国人民大学出版社2006年版，第861—862页。

第三章　权力关系域下趣味的几种二元对立模式

风压倒东风的对立性思维。这些人比较容易沉迷在过去文人士大夫趣味的幻梦里，对西方审美趣味中有价值的东西缺乏起码的了解，也并不打算去了解，这就是最为直白的对立性思维甚至对抗性思维。

此外，还有相当一部分人承认彼此对话的重要性，对西方趣味文化也或多或少有所了解，然而他们并没有进行主动对话的意愿，也没有去寻求一种有效沟通的途径，姑且可以将其称之为"弱对话主义"，对这部分人而言，保持对话并不是必然以及必需的选项，他们认为源自中国传统的文化趣味可以满足艺术审美和生活审美的需要，来自外部的西方趣味仅仅起一种调节作用，呈现锦上添花的效果。然而，我们在这个时代所处的再也不是关起门来的小世界，而是全球各种文化和艺术形式每时每刻都在相互融通的大世界，如果在与西方趣味的对话中采取消极态度，结果就是自身趣味越来越单调苍白，越来越缺乏吸引力。

另一种现实情况是，不少人渴望达到西方发达国家的社会发展程度，进而在审美趣味和文化方式上向西方靠拢，这成为非西方世界政治、经济和文化教育精英的一种极其典型的态度。然而事情常常很容易往极端方向发展，自天朝上国的迷梦破灭以来，中国就有许多知识分子提出"全盘西化"的主张，而且他们认为，既然是全盘接受，不光包括经济制度和政治制度等，还应包括审美趣味价值观。这部分人起到与西方对话开路先锋的作用，但往往发展到最后，对话变成了传话，双向流动演变成单向灌输，西方趣味价值观就像大水漫堤一样，没有经过本土文化水流的对冲与融汇，直接地倾泻而下，常常会造成灾难性后果。这种所谓对话主义可称之为"激进对话主义"，放弃自身的文化传统和文化身份，而将文化的未来寄希望于外部，说到底，这其实是一种"伪对话主义"，并不能有效促进双方充分的沟通和理解。

对社会发展的渴求以及提升自身文明程度的愿望并不能成为照搬西方趣味价值观的合理依据，我们对任何事物的认知态度，都不能仅仅因其强大而崇拜，而是要因其合理而信服。首先，西方审美趣味在全球文化中形成支配力量,更多地是其经济、政治处于强势地位的结果,而不是原因;其次,审美趣味作为社会文化背景而存在,体现了一个社会和一个时代的风貌,然而它对西方工业化进程和现代化演进并不具有直接的作用;再次,文明的强弱不代表文明的优劣,审美趣味的影响力也不等同于趣味活力与生命力。文明的冲突理论和文化优劣论其实包含着很多政治偏见,并不完全是学理意义上的探讨。在照搬西方世界观与价值观乃至审美趣味理论观念的潮流中,我们最需要反思的是:是否脱去了这层逆向种族主义的理障以及纯粹的文化弱者心态,回归到真正的美学分析与价值思索中来。

另外一个值得关注的现象是各国学者对"文化全球化"的质疑,这种质疑不仅在东方学者那里存在,许多西方学者也在担心各个民族和地域不同的文化趣味体系正在被同一化,包括西方文化趣味自身都会在全球化过程中失去其原有的特色。正如美国学者哈姆林克分析的那样:"给人印象深刻的各种世界文化体系正在削弱,这归因于史无前例的'文化同步化'过程。"[①] 哈姆林克作为西方学者,显然是认为"文化同步化"的过程也使得西方文化逐渐失去自我。实际上,"文化全球化"历来就是一个非常可疑的提法,不少理论家质疑"文化全球化"实质上是变相的美国化,因此甚至遭到法国、德国等西方国家学者的激烈反对,不少理论家由此倾向于用"文化多样化"来取代"文化全球化"这一说法。[②] 所以说,东西方趣味价值观的交流最终并非要达到同质化乃至同一化,而是互为参照系,将不同文化形态中存在的趣味理念保存下来,同时吸收各自有益于身心和谐和社会交往的部分,达到和而不同的良性互动与健康发展。

目前,东西方文化趣味需要对话空间而不是对立氛围,这已成为当

[①] Cees J. Hamelink, *cultural autonomy in global communications*, New York: Longman, 1983, p. 3.

[②] 参见高建平《全球与地方——比较视野下的美学与艺术》,北京大学出版社2009年版,第4页。

第三章　权力关系域下趣味的几种二元对立模式

下东西方思想界的主流共识。然而如何对话，应采取何种方式、以何种态度进行对话，还是一个争议颇多、悬而未决的话题。以东西方相互参照的问题来看，后殖民理论家赛义德曾提出："理论的旅行"并非想象的那样顺利，常常导致西方理论在东方水土不服，或许同样可以认为，"趣味的旅行"如果意味着全盘套用来自异质文化的趣味观念和标准，没有经过适度的消化、改造，也会形成梗阻，制造出不中不西的文化怪胎。就中国来说，在东西方审美文化的参照过程中，还要不要坚持自身的特色？以前我们坚持"民族的就是世界的"原则，对民族特色、民族风格的强调与文化走向世界的呼声结合起来，然而对民族性念念不忘难免会在对话交往中产生尴尬的自恋情结，也会弱化人们对人类文化趣味共性一面的认识，并且降低对共同秩序建构的欲求。国内学者金惠敏教授反思了这种思维模式，认为在中西交往中对中国特色的过分坚持，实际上是给自己套上了枷锁，他说："不砸开这个枷锁，我们将永远自囚于世界之外，永远是东方异类，即便不被轻视，也是被作为猎奇的对象；我们对'世界'没有意义，因为我们仅仅是'民族'的。"[①] 金惠敏教授因此提出"全球对话主义"理念，提出要以更积极的姿态参与到国际文化共建中去，在这一背景下，他坚持要同时摒除民族自卑意识和民族自恋意识。这种思路值得我们深思，首先还是需要坚持、坚守民族性，不然我们会在文化被动或主动交往中失去自己，在"全球对话"过程中失去必要的落脚点，但从另一个角度看，金惠敏教授的担忧也是对的，那就是我们不能以坚持民族性为名自缚手脚，浮于表面的自恋情结其实说到底是一种弱者心态，最终会在参与全球文化对话的过程中削弱我们的话语力量，也会影响我们对其他民族的文化趣味做出公正评判。总之，就文化趣味的东西方对话而言，应坚持的原则是：既要有宽广的全球视野，也要坚持自身特色；既要有审美文化的自信，又要克服盲目的自恋。对话本身是一种权力博弈的过程，也是一种观念融合的过

[①]　金惠敏：《全球对话主义——21世纪的文化政治学》，新星出版社2013年版，第91页。

程，对话的结果不是彼此替代，而是相互融汇，通过接触，通过适度的妥协而达到文化生态的张力平衡，这样，才能使对话顺畅地进行，并能达到更好的效果。同时，基于民族文化土壤创作出大量世界水准的文艺作品和文化创意产品，体现浓郁的中国风味和中国气派。

第二节 自身与他者：趣味差异与种族差异

除了东西方这种文化地理意义上的划分，趣味差异还牵涉一个更为错综复杂的领域，即种族差异，对这种差异的研究和分析由生理到文化往前铺开，在近现代思想史中形成争议最多、政治性最强的话题之一。关于趣味种族差异的话语论争与权力博弈，与前一节所述的东西方趣味论争存在相互交叉的地方，但这里所要关注的重点是西方基于自身文化的立场，而对被树立的"他者"进行的观察和判定，这其中包含了类似于对东方文化趣味的偏见和想象，也包含以自身为中心的观念和由此引发的辨异思维和权力意识。

关于"自我"与"他者"的概念，保罗·利科在解释学意义上分析"自我"，并在正义伦理的角度描述两者关系，自我"与他者一道，并为了他者在各种公正制度中过上真正的生活为目的"①。然而本节所界定的"自我""他者"与利科所说的并不一致，立论的角度也不同。这里所说的"自身"并非个人意义上自我精神与身体的概念，而是一种文化意义上的"自身"，是将种族意识中所归属的族群人格化，以区别于异质的"他者"族群，但其中所包含的正义原则与利科的理论相通，即在自我意识和自我利益的前提下，如何避免以"他者"为地狱，制造情感沟壑和理念偏见，最终在文化交往实践中形成种种不平等现象。

---

① [法]保罗·利科：《作为一个他者的自身》，余碧平译，商务印书馆2013年版，第267页。

第三章　权力关系域下趣味的几种二元对立模式

西方近现代思想史中，对于人类种族差异研究、划分以及相应价值观念的形成和演变有一个大致的脉络可循。在这一思想演变与价值传递过程中，人种学、人类学与历史学以及审美文化理论等交叉纠缠起来，形成既关涉审美、又外化为政治的种族理论和观念体系，由最初的启蒙性质转为极端保守倾向，由思想解放的目的发端，却逐渐走向偏执与危险的种族主义，这一过程值得通过美学棱镜进行透视，从人类审美文化发展角度进行反思与批判。

一　现代性进程中种族知识谱系的形成与演化

种族主义很大程度上伴随现代性的进程而逐步演化，法国思想家塔基耶夫认为种族主义是"源自欧洲的现代现象"，他说："'种族主义'一词的使用只是为了说明现代时期在欧洲和美洲出现的一种意识形态和社会政治现象。这就意味着种族主义在严格意义上构成了一种具有一定复杂性的西方的和现代的现象。"[①] 尽管有学者从人类学角度认为种族意识是原始本性，是人出于群体自我保护而产生的一种原发意识，但种族主义毫无疑问是现代性的产物，无论种族意识起于何时，其原始形态是何种面貌，却只有在现代性日趋严密的知识体系中，才逐渐上升为系统性、社会性的普遍观念。

在人类的生存和发展法则中，竞争几乎无处不在，人最初与自然争夺生存权，在社会架构形成之后还体现为人与人的竞争、文明与文明的竞争。大航海时代之前，人类各文明之间接触有限，有些文明社会比邻而居，相互交流而又相互征伐，文化上相互学习而又相互仇视鄙弃，但放在当时尚未明晰的全球视野来看，前现代的文明竞争和文化交流仅在限定的流域、地域内小范围进行，而同一地域文化很大程度上带有同质性，文化上的交流与竞争不会带来观念的根本性转变，这包括审美趣味

[①] ［法］皮埃尔-安德烈·塔基耶夫：《种族主义源流》，高凌瀚译，生活·读书·新知三联书店2005年版，第7页。

观念。欧洲漫长的中世纪时期，各国往来不断，在文化艺术趣味和生活方式上相互学习与融通借鉴，形成西方近现代文明发展的基础。而在工业化以后，社会竞争又延伸到其他文明，主要体现为国家、种族之间的多方位、多层次的竞争，竞争的方式扩展为文化渗透、军事战争和殖民控制等。在这其中，最常见的是弱肉强食的丛林法则，并在现代性进程中得以体系化。英国哲学家赫伯特·斯宾塞的社会达尔文主义将进化论从生物学领域引入社会学领域，受此影响，在文化趣味上也产生一种最为直白的控制论思维。

启蒙运动的一批哲学家对自然科学与道德、人性的研究形成了一整套相关联的体系，他们对自然物种和人类种族进行精细的划分，尤其是现代性启蒙打破"上帝子民"的禁忌，将人的生理特征纳入理性研究范围，试图从科学角度来解释人性差异，探求这种差异的所谓"物质基础"，这就给种族主义提供了现代性层面的知识源头，英国学者安东尼·帕戈登分析说："当代种族主义将人类种族按照文化、行为以及基因等进行区分，这在很大程度上是19世纪生物学发展的产物。"① 与此同时，欧洲启蒙运动伴随向外殖民探险的过程，大量来自异域的文化信息和知识冲击原有的知识体系，又不断修补欧洲人在人性探索过程中产生的种种理论。欧洲探险家根据自身殖民冒险实践，记载各殖民地不同种族的相貌等生理特征及生活习俗、审美趣味观念等文化特征，并自觉不自觉地以自身的习俗和观念进行对照。法国博物学家布封在《自然史》中对黑人的体型样貌、塔希提人的审美观念进行详细摹写，穿插着欧洲殖民者对这些种族的经验判断，比如描述塔希提人的审美习俗，就引述了英国航海家沃利斯与法国航海家布干维尔的相关描述。② 殖民实践与种族理论相互印证，将种族主义的所谓科学体系推向前进。种族

---

① ［英］安东尼·帕戈登：《启蒙运动为什么依然重要》，王丽慧等译，上海交通大学出版社2017年版，第176页。
② ［法］布封：《自然史》，陈筱卿译，译林出版社2013年版，第108—109页。

第三章　权力关系域下趣味的几种二元对立模式

论者将殖民地见闻与当时流行的"颅相学""进化论"等自然科学理论结合，使关于种族文化的种种臆断披上科学的外衣，进入了合法化的现代性知识体系，并打上现代性严谨理性的标签，正如鲍曼所分析的，启蒙运动带来新科学时代的自信和野心，使得人的身体和心灵也变成可科学观察与衡量的对象，"人的气质、个性、智力、美学天赋甚至政治倾向都被认为是由大自然决定的；至于具体决定的方式，则可以通过细心地观察和比较甚至是最难懂、最隐蔽的精神品质的有形物质'基础'来弄清楚。"① 随着哲学整体转向认识论，人的心灵、智性、道德和审美等主体精神被纳入科学的范畴，带来了研究方法的深刻变革，开始以现代自然科学的操作流程来对精神现象进行定量、定性分析。最具典型的是，追求科学性的精神分析理论逐渐形成，以解剖学式的精准与细致分析人的内在精神反应，并将种族比较纳入分析视野。种族主义将不同种族内在精神差别的相关分析理论化，蚀刻在人类学、心理学等现代学科体系中，所谓的科学种族主义就此登堂入室，在思想和实践双重层面上产生了破坏性的力量，这不仅体现于早期欧洲殖民者对殖民地文化的蔑视和肆意摧毁，而且建构并强化了带有浓厚实践色彩的极端种族主义，最终形成规模化的国家种族隔离与灭绝政策。纳粹主义的种族神话也自我展现为科学，为了确保其奴役和灭绝的目标，它甚至诉诸于一种自18世纪以降，同欧洲的帝国扩张相伴随的种族主义人类学口号。② 从这个意义上说，纳粹所造成的种族灾难，既是时代种种因素汇聚的结果，也是种族主义理论自身长期演化的一种因果选项。

联合国教科文组织于1978年发布《种族与种族偏见问题宣言》，对种族主义进行描述与界定："种族主义系指由种族不平等以及道德与科学上论证群体之间的歧视关系的错误观念造成的种族主义思想、有偏

---

① ［英］鲍曼：《现代性与大屠杀》，杨渝东、史建华译，译林出版社2002年版，第93页。
② ［法］阿兰·巴迪欧：《世纪》，蓝江译，南京大学出版社2011年版，第115页。

见的态度、歧视行为、结构安排和制度化的习俗。"① 也就是说，种族主义一直都以科学的论证相标榜，以自己的错误观念劫持科学，以科学理性的光环为种族主义提供信仰支持，这在种族主义尚未臭名昭著的时代，无疑具有相当的迷惑力量。种族理论科学化的认知惯性同样给种族主义的清算造成障碍，以至于到今天，种族偏见仍相当程度地影响着各国各族之间的审美文化交流，种族歧视仍广泛存在于人们的审美活动中。

二 种族偏见向文化趣味的传递

欧洲在现代性进程中，思想文化的进步是在不断的身份反思与建构过程中完成的，这其中包含文化身份的建构。这段历史时期也正是欧洲大规模向外殖民的时期，直接接触来自异域的各种文化，必然会在比较的过程中形成重新建构自身文化身份的强烈意识。美国哲学家大卫·利文斯顿·史密斯指出："种族这个概念正是非人化心理的、文化的以及生物的维度的交汇。"② 种族命题研究中的"非人化"，离科学越近，相对地离人文就越远。在科学理性思潮影响下，审美趣味这种原本与科学思维距离较远的精神形态，也逐渐进入科学分析的视野，而且更容易延伸到美学之外，联系到其他更强调理性思维与科学方法的人文领域，如建基于田野调查的人类学、讲究社会实证分析的伦理学、强调实物与文献证据的历史考古学等，笼罩着科学光环的种族理论，就是在这些学科的交叉汇集中逐渐壮大成形的，这样，趣味理论就和种族理论在科学名义下形成某种统一，形成可以相互交叉的阐释空间。

欧洲人以自身种族的生理与审美文化特征为中心，以二元视角观照

---

① 参见张国忠主编《世纪宣言：世界通用法则国际文献精华》，华夏出版社1998年版，第189页。
② ［美］大卫·利文斯顿·史密斯：《非人——为何我们会贬低、奴役、伤害他人》，冯伟译，重庆出版社2012年版，第138页。

第三章　权力关系域下趣味的几种二元对立模式

"他者",很容易由单纯的科学考察滑向文化歧视。所谓"科学种族主义"借科学为名,又为美学上的种族主义者所用,在审美趣味上结合了"趣味无争辩"等老话题,将种族之间审美趣味的争议变成了种族主义的另一个战场,同时成为近代以来东西方文化话语权争夺的另一种表征。正如塔基耶夫所说:"从18世纪末起,美学上的论据已经是家常便饭了。"① 他举出德国历史学家克里斯朵夫·梅纳尔斯(Christoph Meiners)、荷兰人类学家彼特鲁斯·坎贝尔(Peterus Camper)和英国外科医生查尔斯·怀特(Charles White)的例子,他们都提出了区分人类种族的美学标准,无一例外地将白人置于审美标准的顶端,与其他人种进行严格区分。显现在欧洲文明与其他种族文化之间的趣味沟壑被解读成文明与原始、先进与落后、优雅与野蛮等二元对立的关系,这首先是掌握文化话语权的殖民者对他者文化的主观印象,继而将审美偏见嵌套进科学论的体系以寻求合法性,制造以科学与理性为外壳的理论大厦,然而其核心的运行规则仍然是主观的倾向与选择,对他者异质文化的评判取决于西方维护自身文化价值体系的需要。根据康拉德小说《黑暗的心》的描述,对于陌生的非洲大陆的恐惧以及对于所谓"史前人"居高临下的优越感造成了殖民者复杂的心态,而最初的将文明与进步带到非洲的理想主义很难在这种心态下得以维系。在这里,文明的高低与趣味的优劣都是基于殖民者单方面的心态,最终成为掩盖贪婪和偏见的说辞,经受不起真正历史的拷问与美学的诘究。列维-斯特劳斯从一个人类学家的角度,分析批判了西方社会惯常的以文明种族自居,观照所谓野蛮种族所具有的复杂态度,他说:"这些野蛮民族……我们的社会在快要毁灭他们的时候就假装他们具有高贵性质,可是如果他们真的有能力成为对手的时候,却又对他们充满恐惧与厌恶。"② 齐泽克

---

① [法]皮埃尔-安德烈·塔基耶夫:《种族主义源流》,高凌瀚译,生活·读书·新知三联书店2005年版,第14页。
② [法]克洛德·列维-斯特劳斯:《忧郁的热带》,王志明译,中国人民大学出版社2009年版,第35页。

认为,种族主义即便对其他种族表现出某种"贵族化的包容",也是在确认威胁可控的前提下,"他们的最终问题是,如何'容纳'威胁性的内在,并使之不'溢出'和压倒我们"①。西方这种关于种族的文化判断,与趣味判断的方法和理论如出一辙,既讲求某种理性的标准,又为主观选择性留下极大的空间。

如果说西方种族观念渗入审美领域,产生了趣味上的偏见,那么这种趣味观念是如何被编码、又如何被传递的?西方种族主义学说借助各种标准对人种进行等级分类,而长相的不同是最为显在的信息,因此对于样貌的美学判断便成为人种等级划分的首要依据,戈宾诺曾直言不讳地说:"白种人占据了美丽、智慧和力量的垄断位置。"② 他认为只有纯正的白人血统才同时集美丽、智慧、力量于一身,而美丽的外表则是纯正白人血统最直观的标志。此外,艺术符号是传递种族主义趣味观念的重要媒介,如果说知识构建和哲学思辨提供了关于种族的认知观念,那么艺术镜像则是将这种观念以符号方式情感性地表达出来。现代性进程中知识体系与艺术体系都经历了从内容到形式的转变,种族观念与趣味偏见融合起来的形态,则同时体现了两者在现代转型过程中的问题和弊端。具体而言,种族观念在现代性知识网格中被解读并且被持续演绎,形成对某个种族的固定印象和趣味偏见,并借助"合适的叙事"将这种印象场景化,形象化、艺术化。

艺术领域自身始终存在反思与对抗西方趣味中心论的力量,19世纪后半叶,欧洲艺术在现代性迈进过程中,呈现一种反叛姿态,向古典的、传统的文化趣味、艺术风格提出挑战,其中面向欧洲以外的世界、向陌生的文明汲取艺术养分,是现代派艺术的反叛路径之一。特异的、新奇的非西方艺术被贴上原始的、野蛮的标签,是当时欧洲主流趣味嘲

---

① [斯诺文尼亚] 斯拉沃热·齐泽克:《自由的深渊》,王俊译,上海译文出版社 2013 年版,第 38 页。
② Arthur de Gobineau, *The Inequality of the Human Races*, Ostara Publications, 2016, p. 208.

第三章 权力关系域下趣味的几种二元对立模式

弄的对象,法国后印象派画家保罗·高更认为当时欧洲艺术已经落入华而不实的窠臼,对感情的表现却非常虚弱和苍白。高更认为应从欧洲以外的文明中发掘已经失落的直率性与纯粹性,于是他离开巴黎,到南太平洋岛屿寻求另一种生活,寻找创作灵感和另一种截然不同的审美趣味。当他带着新的作品回到欧洲的时候,遭到"巴黎文明人"的嘲弄,在他们看来,高更带着浓浓塔希提岛风格的绘画作品是粗野的、野蛮的、原始的,与欧洲主流审美趣味格格不入,"他觉得自己在欧洲没有被人理解,决心回到南太平洋诸岛,永远住在那里"①。高更的孤独境遇表明当时欧洲主流艺术趣味对域外种族的审美偏见,除他之外,也有其他艺术家尝试理解与沟通异域的艺术趣味,比如稍后的马蒂斯,谈及自己的艺术教育经历,认识到应该"放弃老一辈艺术大师的手法",寻找自己的艺术理解和表达方式,"在这之后,我才去认识对我的绘画发生过影响的东方艺术"②。马蒂斯将东方艺术趣味作为寻求自身独创性的源泉,他的画作大量借鉴东方装饰艺术和黑人雕塑艺术元素,形成了不同于流俗的风格。

在艺术理论建构方面同样存在许多反思的声音,德国艺术史家格罗塞将康德的"趣味判断共通感"具体到不同种族之间,从艺术的宽度和深度上证明美感在种族之间具有普遍有效性,对法国哲学家丹纳(Taine)艺术是种族性的表现这一理论的适用性提出质疑。③ 涉及艺术发展和种族文化特性之间的关系,在西方一个重要的解读方式就是移用达尔文的"进化论"观点。就达尔文本人而言,他承认不同种族的审美趣味之间存在各自的标准。他从人类学的角度分析了各个种族和文明对于审美趣味判断的不同标准之后,得出这样的推论:"有可能的是,在漫长的时间过程里,某些鉴赏的能力或许会变得能够遗传,尽管现在

---

① [英]贡布里希:《艺术的故事》,范景中译,广西美术出版社2008年版,第551页。
② [法]亨利·马蒂斯:《画家笔记——马蒂斯论创作》,钱琮平译,广西师范大学出版社2002年版,第111页。
③ [德]格罗塞:《艺术的起源》,蔡慕晖译,商务印书馆2008年版,第237页。

还没有有利于这样一个信念的证据,而如果真可以遗传的话,每一个族就会有自己内在而固有的美的理想标准。"① 但事实上,这些趣味的价值和标准在文化碰撞与竞争中并未得到平等的对待和尊重,相反,占据强势的一方以竞争为名往往肆意地剥夺和压制占据弱势的一方,并且以"物竞天择"的理念将其合理化。

三 现代性之"恶"与种族观念的批判

现代科技与生产方式的进步、社会制度以及思想的进步被认为是人类脱离蒙昧与野蛮的标志,然而现代文明并不能消除人类的野蛮,反而像鲍曼所说的那样隔绝了道德,加剧了野蛮。马克斯·韦伯将现代性进程中一直强调的理性分为工具理性和价值理性,认为现代性的后果就是让工具理性盖过了价值理性,社会发展越来越脱离启蒙主义探索人性和彰显人文精神的原初轨道。伊格尔顿反思现代思想对人性本质的探索,发现所谓理性探索就是将自身关于人性的认知标准普遍化,抹杀人性在不同文化中的特质,他说:"在人的自己的文化偏见应该统治全球这个糟糕的意义上说,普遍人性的观念,是历史已经提供了的践踏他者之他性的最粗暴的方法之一。"② 人性探索的结果并不是解放人性,而是变成了控制和践踏他人的手段,这是现代性进程中一个颇具讽刺性的注脚。怀特海也对这一问题进行了同样的反思,他认为从纯粹人性出发产生人的基本权利的观念,是"文明晚近阶段的一个胜利",然而,近现代启蒙运动所带来的理性、科学、人权等一系列观念的进步,其代价也很大,怀特海提出一个相反的辩词是:"那种既可以消除罪恶又不会引

---

① [英]达尔文:《人类的由来》(下册),潘光旦、胡寿文译,商务印书馆1986年版,第880页。

② [英]特里·伊格尔顿:《后现代主义的幻象》,华明译,商务印书馆2014年版,第59页。

第三章　权力关系域下趣味的几种二元对立模式

起另外的更大罪恶的现成方法是不存在的。"① 怀特海的本意并非是为过去的制度和观念辩护，现代性变革的进步性是无可置疑的，但理性、科学等现代性思潮所带来的恶的种子也在一开始就悄悄埋下，最终随着观念的膨胀，发展为更具组织性和执行力的恶。

二战以后，许多思想家都对纳粹的种族屠杀进行了深刻的反思，其中的一个聚焦点是：为何这些文化趣味上看似优雅的人，能够变换身份而成为屠夫？美国文艺批评家乔治·斯坦纳为我们描述了一副令人震惊的场景："我们是大屠杀时代的产物。我们现在知道，一个人晚上可以读歌德和里尔克，可以弹巴赫和舒伯特，早上他会去奥斯维辛集中营上班。要说他读了这些书而不知其意，弹了这些曲而不通其音，这是矫饰之词。"② 汉娜·阿伦特受康德"根本恶"概念的启发，在剖析纳粹种族主义罪行时，提出一种制度性的"彻底的恶"，在人类全部哲学传统中，我们无法相信这种"彻底的恶"，它超越了我们正常的理解范围。③ 伯恩斯坦认为，康德的"根本恶"并非阿伦特所说的是某种恶的特殊类型，而是命名了一种品性，"这种品性植根于人性，特别是植根于意力的败坏"④。虽然康德和阿伦特都没有从审美角度来谈，但对人性的解剖无疑可以延伸到审美领域尤其是趣味命题。康德提出"根本恶"，即设想人具有趋恶的自然倾向，是一种自然的品性和禀赋，而康德在论述趣味判断时，也将趣味判断的能力设定为先验的，都来自人根本的自然本性。阿伦特指出"彻底的恶"毁灭人性，并付诸毁灭的集体行为，将其他种族的人当动物一样摧毁。如果从人性的整一性理解，所毁灭的

---

① ［英］阿尔弗雷德·诺思·怀特海：《观念的冒险》，周邦宪译，译林出版社 2014 年版，第 26 页。
② ［美］乔治·斯坦纳：《语言与沉默——论语言、文学与非人道》，李小均译，上海人民出版社 2013 年版，第 3 页。
③ ［美］汉娜·阿伦特：《极权主义的起源》，林骧华译，生活·读书·新知三联书店 2014 年版，第 572 页。
④ ［美］理查德·J. 伯恩斯坦：《根本恶》，王钦、朱康译，译林出版社 2015 年版，第 33 页。

人性除了阿伦特所说的道德人格、法律/政治人格等，其实也应包括审美人格，在人性毁灭过程中，其他种族的审美趣味也就被彻底忽略了。阿伦特后来又提出"平庸之恶"的概念，对之前关于"恶"的论述进行修正，她观察战后受审的纳粹屠夫艾希曼，发现他是一个极其普通的人，甚至在品位和教养方面都有欠缺，相比他的罪行，更让人触目惊心的是他的平庸，"他们都太正常了，正常得可怕"①。那么从一个看起来极其平庸的人到种族主义屠夫，中间究竟有多大的距离？现代性进程中演化形成的高度组织化的集体体制，将这一距离轻易地抹平。从这个角度来看，现代性很大程度上推动了人自然本性的体制化，个体的行为倾向包括趋恶倾向与趣味倾向都被严密地纳入社会体系之中。

随着知识科层化趋势加剧，审美的体验过程逐渐被更接近理性的标准化判断代替，逐渐走向体制化、政治化、同一化，许多所谓的理性法则无限拓展其阐释边界，尤其是挤占艺术审美的体验空间，压缩人文精神的想象空间。比如，斯宾塞的社会达尔文主义打开了一个危险的豁口，将"适者生存"的自然法则延伸为社会信条，这一存在于自然竞争中的冷冰冰的法则一旦被不加选择地代入社会、国家、种族文化的竞争中，不光会产生政治、经济的支配以及国家、民族间的军事侵伐，甚至可能发生如二战中的种族灭绝惨剧。事实证明，将审美趣味差异与人类生理区别挂钩，会产生一种危险的思想与理论演化链条，由纯粹的科学研究和知识探索转变成笼统的他我划分，并产生排他性思维，由异类恐惧症演变成种族排斥和种族歧视，逐步上升至成系统的种族主义理论，种族主义失控进入国家政治空间，如果缺乏多元化的理论反思和相应的制度制衡，而是任由种族主义与国家集权制度联姻，就导致了极端的人类惨剧——种族大屠杀。种族主义预先设定的一种惩罚逻辑是将其他种族审美文化认定为是丑的和恶的，关于种族认知和认同偏颇引发的

---

① ［美］汉娜·阿伦特：《艾希曼在耶路撒冷：一份关于平庸的恶的报告》，安尼译，译林出版社2017年版，第294页。

第三章　权力关系域下趣味的几种二元对立模式

思想灾难，直接或间接导致审美走向歧路，最终演变成人类之间血淋淋的屠刀相向，这是互为因果的关系，种族仇恨的一个缘起就是因审美趣味不同或不通而导致的相互排斥，反过来，种族之间的排斥或许最初就来自审美方面的相互厌恶，趣味观念的排斥与厌恶导致人在面对其他种族时产生情感失衡，继而以偏见取代反思，以主观判断代替客观分析。这种对其他种族的情感排斥很容易通过社会舆论氛围甚至系统的仇恨教育得到强化与普及，最后形成一种社会的基本观念。汉娜·阿伦特指出，种族观念虽具有更直接的政治目的和作用，但其社会舆论基础至为关键，尤其是纳粹的反犹主义，"其成功大多归因于真正地构成舆论赞同的社会现象和社会信念"①。种族主义的最终形态是理论化且谱系化，通过建构一整套理论体系将主观偏见和情感倾向固定下来并流传下去。鲍曼在分析纳粹种族屠杀时，就从科学属性到审美文化属性到最终的物质属性这一演变轨迹追溯其理论源头，认定其所具有的遗传性特征："留给种族主义做的则是去假定对人的性格、道德、审美或政治特质负责的人类有机体的物质属性系统地，并且也是遗传性地再生产式的分布。"②

文明与野蛮的辩证法在现代性语境下自然延展，却并未得到预想的结果。循着进步逻辑演进的思想，以及以精致面貌示人的审美趣味和理念，却都成了促使文明崩塌的"那片雪花"，这一切的累积也预示着危机的来临，直到一场雪崩的到来。一直以来，人们都相信，西方社会自启蒙时期循着一种观念进步和思想解放的方向演进，人种学、优生学等都被赋予正面的、科学的价值和意义，形成另一种价值观堡垒，这种堡垒在知识文化的内在演进中很难被遽然攻破，往往只有在历史剧变后的彻底反思中，才能得到修正的可能。二战以后，哲学家对种族大屠杀进

---

① ［美］汉娜·阿伦特：《极权主义的起源》，林骧华译，生活·读书·新知三联书店2014年版，第138页。
② ［英］鲍曼：《现代性与大屠杀》，杨渝东、史建华译，译林出版社2002年版，第93页。

行了深切反思，阿多诺有句后来被人们反复引用的话："奥斯维辛之后，写诗是野蛮的。"① 阿多诺认为，文化批评的最后阶段要面临的是文化与野蛮之间的辩证法，发生了大屠杀的惨剧，我们无法再坦然地用文艺的语言来描述人类曾经历的文明和所创造的文化，因为这无异于对极致的野蛮与邪恶的漠视。许多哲学家探寻大屠杀事件的因果关系，由此而对现代文明进行了颠覆性的反思，鲍曼甚至断言："没有现代文明及其最核心本质的成就，就不会有大屠杀。"② 此外，关于海德格尔加入纳粹党等事件的种种联想，让哲学背上了沉重的负担，一些哲学家甚至认为许多个世纪以来建立的代表文明的哲学架构已经坍塌，哲学由此终结，这使得解构主义思潮风靡一时。阿兰·巴迪欧认为让哲学家单独背负这种负担并不公平："科学家们（他们也被多次送上审判席）、战士们、政治家们都不会认为这个世纪的大屠杀会影响他们整体。社会学家、历史学家、心理学家在毫无罪责之下走向繁荣。只有哲学家内化了这种观念，即他们的思想让他们遭遇了这个世纪历史上和政治上的罪行，在之前的世纪都如此运行的哲学，在这个世纪，既成为前进的障碍，与此同时也被判决为在理智上有集体的和历史的失职之罪。"③

理论的"恶"往往并非来自思想家的初衷，而是因为理论为偏执的观念所劫持，成为现实权力伸出爪牙的借口，可以说，这种"恶"来自外部的权力支配意识而非思想本身，如果种族之间审美趣味的差异能够限定在美学的框架内进行研究探讨，那么完全可以通过思辨和对话形成相互的理解与融合。对于包括趣味在内的文化观念反思与重建也会继续受到社会权力结构的影响，美国学者杰弗里·亚历山大分析西方社会二战后对纳粹种族屠杀的报道和反思过程，指出对于屠杀事件的报道最终都要纳入一定的表征方式中，这是一个编码、加权和叙事的文化建

---

① Theodor W. Adorno, *Prisms*, Translated by Samuel and Shierry Weber, MIT Press, 1981, p. 34.
② ［英］鲍曼：《现代性与大屠杀》，杨渝东、史建华译，译林出版社 2002 年版，第 118 页。
③ ［法］阿兰·巴迪欧：《哲学宣言》，蓝江译，南京大学出版社 2014 年版，第 5 页。

第三章　权力关系域下趣味的几种二元对立模式

构过程,"这些变化着的文化建构注定要受到权力和参与建构的社会行动者心理认同的影响,也注定要受到符号控制竞争以及作为竞争条件的权力结构和资源配置的影响"①。也就是说,对种族问题包括趣味偏见的任何反思,都需要对"恶"本身做历史的与社会的解读,而在反思基础上的任何文化建构,都无法脱离特定的社会语境及文化权力关系。

四　反思趣味偏见,重建审美对话

从历史的观念来看,种族主义应该从知识体系中得以溯源,而种族大屠杀的真相则应联系政治和文化语境进行还原。然而从人类思想的改造和未来发展角度来看,历史事件的许多前因后果逐渐被时间抹平,能够被记住的只有历史记录中明显的罪恶与最为痛苦的印迹,而来源于人类审美意识包括社会趣味形态所形成的非直接、非显性的种种症候,贴合当时情境的还原却更难以做到。只有从人类审美思维和文化意识发展的过程、规律着眼,结合社会历史资料尤其是关于趣味问题争论的文章记录来追寻和想象,并在此基础上结合当下的审美实践进行反思与重建。

尽管战后对所谓"科学种族主义"进行了较为深刻的反思和清算,促使人们对种族主义重新定义,对于之前的种族知识体系进行重新审视,但这并不表明种族主义在人文研究领域就此绝迹,基于文化尤其是美学上的种族意识也没有得到深入反思和批判,种族中心主义仍然在美学中大行其道,种族意识更多地从审美文化的角度得到重新阐释和推进,西方艺术、时尚、创意等仍然不同程度地存在西方趣味中心的基本立场,缺少认真体验异质审美文化的意愿和耐心,对异质文化趣味采取贬抑甚至否定的态度。这一过程往往采用弱化的语言和不那么直接的角度,传递对于不同种族高下之分的深层意思,从自然科学领域转向文化

---

① [美]杰弗里·亚历山大:《社会生活的意义——一种文化社会学的视角》,周怡等译,北京大学出版社2011年版,第31页。

领域，通过诸如维护"文化多样性"、尊重文化身份认同等天然政治正确的命题来巧妙地嫁接种族主义，实现"意义上的迂回"，法国学者达波洛尼亚说："一种普通种族主义的新形式因而诞生了，这就是文化种族主义的形式，由于它具有'反极权'性（所有否认差别的人都是持'极权观的'）和基于保持民族身份的主张，所以它获得了一定的市场。"① 由于"文化多样性"已成为共识，种族意识通过一套关于"文化水平"的隐晦话语找到出口，实际上隐藏了一层不变的价值判断硬核，这种判断通常不是基于事实，而是基于立场和姿态。因此，对种族主义反思的成果不应仅仅表现为形成政治正确的话语氛围，让人不敢触碰相关的话题，在实际的文化交往中绕道而行。真正应该做到的是心理层面的文化认同和情感尊重，人文重建真正的突破口在于审美意识形态，而审美趣味又是关涉性最强的命题之一，如果没有彻底的审美批判和文化清算，就很难能在审美趣味上达到真正平等的对话和交流。

当前社会种族之间审美文化交流的内容与形式都发生了变化，随着现代社会信息传播方式的转变，种族偏见所带来的种种后果被图片、影像等通过直观的形式表现出来，冲击人们的眼球，带来震撼的效果，也给种族主义审美观念带来最大的反思可能。而且，现代传媒尤其是网络的发展，为种族审美文化提供普遍而深入探讨的机会；此外，青年亚文化的广泛传布也为种族观念和种族意识的颠覆创造了条件，如同性恋群体、女权群体等，在抵抗过程中寻求政治同盟和文化共同体，尽可能回避或弱化种族元素，这些都是当下文化交流一些积极的转变。然而，横亘在种族之间的文化冲突和矛盾并未消除，种族文化和解远未完成，就趣味沟通而言，有几种现象和规律不可忽视：第一，经济发展和财富增长并不必然带来审美趣味的认同。尽管不少东方国家和种族在经济上取得了突出的成就，积累了大量财富，但欧美在审美文化上的优势并未减

---

① ［法］阿里亚娜·舍贝尔·达波洛尼亚：《种族主义的边界——身份认同、族群性与公民权》，钟震宇译，社会科学文献出版社2015年版，第29页。

第三章　权力关系域下趣味的几种二元对立模式

弱,相反,他们的文化趣味借助全球文化消费市场发展和信息流动,得到全球资本和财富的青睐,被包装成所谓优雅生活和时尚文化的典型标志。如果说先前欧美凭借财富和经济优势而在生活方式和文化趣味上成功树立了标杆,那么在经济格局已然发生变化的今天,他们在文化趣味上仍保持相当程度的吸引力,这就需要寻找经济之外的因素。一方面是因为审美文化具有一定的惯性,并非与经济发展同步,另一方面是新兴国家缺乏打破全球文化秩序的强烈意愿。而且,财富增长促使新贵阶层追求区隔化的生活和艺术趣味,在文化趣味选择上阶层认同大于种族认同,西方的文化和艺术产品成为他们追捧的对象,这就形成了经济发展与审美文化自信之间的错位。第二,政治的对话不能代替美学的对话。在西方,即便如今种族歧视已被列为政治禁区,相对隐秘的种族审美偏见却很难通过政治途径来解决。在东西方文化交流过程中,要改变西方根深蒂固的趣味文化偏见,还是要从审美文化领域着手,在美学理论层面获取话语权,加入国际美学对话,在美学实践方面建构有吸引力的审美模式和趣味范式,参与美学竞争,在平等交流的氛围中,使我们民族的美学观念和审美韵味成为全人类的共同文化财富。第三,文化消费层面的交流与艺术交流同等重要。艺术交流是国家、民族间相对高层次的文化交流,通常受官方或精英阶层推动,但真正大规模的文化交流还是存在于市场层面,在文化消费层面接受外来文化的影响。因此在艺术交流之外,还需从文化消费这一基础层面上寻求突破,将大量消费级文化产品推向海外,在实质上增加中华文化趣味的能见度,培养其他国家人民对我们文化真正的理解和兴趣。第四,在审美文化输出中,传统元素与流行元素的输出并行不悖。不可否认,流行文化在世界文化交流中占据非常显要和活跃的位置,年轻一代的趣味养成受韩剧、日漫、美国好莱坞电影等流行文化影响很深,要使中华民族审美趣味和文化价值深入人心,需能出入传统,积极将传统融入现代审美文化语境,生产出融合传统元素的流行文化产品,将这些产品推向海外,让世界其他民族见识到既富传统魅力、又具现代活力的中华文化形象。

重建审美对话，消除西方审美偏见，不能寄望于西方观念的自动更新和主动转变，应把握主动权，以我们传统审美文化为基础，构建既带有中华民族鲜明美学特色，又在人类精神文化共同体中具有阐释力和包容性的审美趣味话语体系。在这种趣味话语体系以及美学范式中，既要有硬质的文化内核，又要通过软性的美学触须，深入文化生活的细部交流，渗透到人们的审美潜意识里，才能使我们的文化趣味形成持久的影响力。在具体的策略上，未必一定要面向欧美以获取对方认同，一方面是要在民族内部树立自身趣味价值观和话语体系的强大范式，树立审美文化的自信，以中华民族文明的巨大体量，所持守的趣味价值无论体现在生活方式还是在艺术形态方面，都会成为人类审美文化无法忽视的存在；另一方面还需面向第三世界国家加强审美文化交流，使欧美以外的其他种族群体了解我们的审美观念，逐渐接受和认同中华文化的精神趣味，让世界真正在审美文化方面读懂中国，从而亲近中华文明。

第三节 男性和女性：趣味差异与性别差异

男性与女性是广泛存在于不同文化中、被探讨的历史跨度最长、话题延伸度也最广的一对二元概念，人类文明伊始，两性关系就塑造了人类社会文化的基本面貌，对包括审美观念在内的文化形态形成与发展产生重要影响，就如英国学者苏珊·弗兰克·帕森斯所说："思考性别是人性自我反思的一种方式，它特别存在于关注我们完全抛入世界的人文科学中。"① 反过来，社会文化的面貌也时刻决定着两性之间的审美关系，尤其是审美背后所关联的文化权力。审美趣味的性别差异作为重要的美学命题，与社会文化对两性关系的认知与界定密切相

---

① [英] 苏珊·弗兰克·帕森斯：《性别伦理学》，史军译，北京大学出版社 2009 年版，第 17 页。

第三章　权力关系域下趣味的几种二元对立模式

关,而在充斥着种种权力关系的社会文化领域,审美趣味性别差异不仅体现文化权力的支配关系,而且也推动社会文化权力结构的形成与演化,同时在某个历史时期成为消解这种权力结构的重要因素。

随着现代学科体系的完善与相关理论话语的建构,我们可以从多个层面和角度为两性审美差异以及文化权力支配关系进行较为细致的描画,比如要深入分析理解男性支配女性的权力关系和历史演化图谱,可以从多个学科角度进行考察。也就是说,男性对女性审美上的支配权经历了从自然法则出发到受性别政治影响的过程,而且随着审美理论的发展,关于趣味标准等原则的确立,都被用来解释和界定男女之间的审美趣味关系,在审美心理的领域为这种关系寻找某种合法性基础。从社会文化发展的现实来看,女性的审美形象在男性中心的审美理论话语之下,被建构为颇具权力意味的艺术表现模式,以诸如"女性气质""女性魅力"等文化形象打造超越时代的关于女性的"审美常识"。女性趣味作为一种审美文化主张在现代到后现代的转型中受到女权理论的激烈反映和坚决的解构,她们标举出女性的审美趣味,并赋予其全新的审美价值与社会价值,强调这些价值独立的意义,以此对抗男性在趣味判断上的话语权;此外,她们还用激烈的言辞批判男性对女性的"欲望式"审美,在她们看来,将男女性别吸引力和审美欣赏物化、生理化,不仅违背伦理,且违反审美真正的意义。

一　男性支配权:从自然法则到性别政治

现代性知识体系与价值理念打破前现代对于性别关系的固定认知,从性别差异角度对人的自然性与社会性进行了深度解读,这符合现代启蒙思潮所标榜的科学理性精神,为人和人性的研究寻找看似客观的证据,对男女气质和趣味判断能力的描述也是如此。

男性和女性各自承担的政治与审美角色不仅是权力的后果,也是性别权力最显明的特征。现代性知识体系中,男性对女性的支配权力获得自然与社会两种角度的阐释,从学科上看,生物学、心理学层面上的自然权力(所谓的男性在体力体质和精神心理上的天然优越)、政治、伦理学层面上的契约权力(如夫妻预设的伦理观念),以及社会文化层面上的文化权力(如男性文化趣味导向及相应的裁判权)共同构成了男性中心主义的理论基础,随着学科理论和观念话语日趋严密,为男性社会权力的实施和维持提供了一系列理论依据及合法性保障。

首先,男女生理差异赋予了性别权力以天然的合法性。英国哲学家伯纳德·威廉斯指出,尽管古代和现代对于女性的偏见各不相同,但有一件事,"现代的偏见和古代的如出一辙",即"认为社会角色(gender roles)由自然设定这样的想法仍然活在它的'现代'的、科学的形态中"①。对于古代的理论家来说,从男女生理这一自然差异来对社会权力进行匹配似乎是显而易见的逻辑结果。从亚里士多德开始,男女之间的关系就从生物本能延伸到人类政治,即统治与被统治的关系②,近现代科学理性思维则给了男女生理差异以人类学、生物学等学科的全新视野,在社会人文领域普遍受到自然科学研究范式渗透的大趋势下,自然科学分析思维和研究成果更为直接地进入性别权力所涉的伦理政治、审美文化等领域,亚里士多德式的解释模式得到巩固。比如,达尔文如此描述女性的精神特质:"女子在直觉,在辨认事物的敏捷、以及也许在模仿或模拟等方面,能力要比男子的更为显著。"③ 意思是女性辨识力和直觉能力天然优越,向前延伸即女性趣味辨别能力更强,然而达尔文的真正立场并非如此,接下来他指出,这些能力属于文明中较低的层次,男性在更高的理智能力层次更为优越,决定了男性具有无可置疑的性别支配力。后来社会达尔文主义则倾向于直接将存在于自然界的物种法则应用于人类两性关系,有学者指出:"用现代行为生物学的术语来

---

① [英]伯纳德·威廉斯:《羞耻与必然性》,吴天岳译,北京大学出版社2014年版,第139页。
② [古希腊]亚里士多德:《政治学》,吴寿彭译,商务印书馆1996年版,第15页。
③ [英]达尔文:《人类的由来》,潘光旦、胡寿文译,商务印书馆1986年版,第854页。

第三章　权力关系域下趣味的几种二元对立模式

说，很明显，物种的普遍属性只是受父权社会体系控制的具有弹性的显性形态。"① 这就是说，人类两性关系虽包含自然物种共同具有的自然属性，但同时体现父权制社会男性对女性的控制关系，在自然属性之外又增加一层更趋人类本质的社会属性。另外值得一提的是，作为"社会达尔文主义之父"，英国哲学家斯宾塞却并不主张将冷冰冰的自然法则加诸两性关系上，他认为男性在身体机能上的优势并不能作为压迫女性的理由，也就是不能将衡量自然能力的标准作为衡量权利的标准。两性间应有高尚的感情来维系，而不是单方面的权威，他采用一种诗性的方式来解释这一观点："在把两性结合起来的激情中，无论是多么美的东西，无论是多么有诗意的东西，在权威的寒冷气氛中都会枯萎、死去。"② 包括审美活动和趣味的沟通，情感都是其中重要的因素，它是否能够支配两性间的关系，是与社会野蛮、文明程度成比例的。

近现代哲学中，理性与感性二元区分让性别差异分析有了对应模式和标准，最直接的设定即男人偏于理性，女性则是感性的动物，在理性光芒照耀下男性趣味自然掌握了主导权，而与直觉、感性相联系的女性趣味被认为则是善变的、情绪化的，无法形成恒常的标准，也不具有向较高层次发展的空间。近现代哲学和道德理论对性别审美差异的研究基本是循着上述思路展开，在这方面，黑格尔似乎说得最为明确和直接："女人可能拥有愉快的灵感、优雅的趣味，但她们缺乏理想。男人和女人之间的差异就像动物和植物的差异一样。"③ 在这种表述中，黑格尔尽管承认女性有优雅的趣味，但这种观点的前提是将女性排除在理性以

---

① Sarah Blaffer Hrdy, "Raising Darwin's Consciousness: Sexual Selection and the Prehominid Origins of Patriarchy", in Colin Blakemore and Susan Iversen, eds., *Gender and Society: Essays Based on Herbert Spencer Lectures Given in the University of Oxford*, Oxford: Oxford University Press, 2000, p.187.
② [英] 赫伯特·斯宾塞：《社会静力学》，张雄武译，商务印书馆1996年版，第72页。
③ G. W. F. Hegel, *Philosophy of Right*, Translated by S. W. Dyde, Kitchener, Ontario: Batoche Books, 2001, p.144.

及他所认为的较高等级思想之外，相比之下，灵感和趣味体现的都是瞬时的、浅层的价值，对女性来说，拥有这些能力丝毫不能改变男女地位的差异。与黑格尔观点相似，康德也承认女性相比男性具有天然的艺术才能和洞察力，然而男性却拥有更强的思辨能力与道德原则①，在康德的哲学体系中，后者毫无疑问占据更为重要的位置，因而女性受男性支配的观念也就不言而喻。康德将道德和趣味的关系与男性和女性的关系联系起来，对他来说，趣味与女性气质一样都不具有充分的原则性，趣味和女性对文化的贡献只有在其具有一定的原则性前提的情况下才有可能，正如美国女性主义理论家简·内勒分析的那样："尽管康德认为趣味和女性对文化发展来说都是必要的，但这两者在系统性的对照之下，最终都分别从属于个人的道德观和男性。"② 福柯批判了将男性与理性、"逻各斯"强行关联的预设，基于这种预设，要体现男人的德性，体现男子气概，就是要"控制自己的各种快感并让它们服从'逻各斯'"③。福柯认为这种设定是社会权力的体现，是试图塑造男性"认识主体"的优势，进而成为"道德主体"，最终在"审美主体"上获得对女性的支配权。

相对于哲学与道德理论从道德体系等外部圈层定位女性趣味的价值，心理学的描述方式则更为直接。关于性别的各种理论一般都承认男女心理方面存在不同特征，性别审美区分的理论也往往从心理基础寻求合法性，为彰显科学性，对男女气质和趣味差异的描述常借鉴现代心理学研究成果。男权中心论使男女心理差异的描述掺杂许多预设的观念干扰，如"男性优于女性"这一简单粗暴的判断，使相关分析偏离了客

---

① ［德］康德：《论优美感和崇高感》，何兆武译，商务印书馆 2001 年版，第 29—33 页。

② Jane Kneller, "Discipline and Silence: Women and Imagination in Kant's Theory of Taste", in Hilde Hein and Carolyn Korsmeyer, eds., *Aesthetics in Feminist perspective*, Indianapolis: Indiana University Press, 1993, p. 181.

③ ［法］米歇尔·福柯：《性经验史》，佘碧平译，上海世纪出版集团 2005 年版，第 164 页。

第三章　权力关系域下趣味的几种二元对立模式

观性。女性气质常被认定是建立于性别赋予的身体与心理独特性基础上的，呈现出一系列被称为女性化的特征，比如感受力更敏感、情感更细腻、审美偏好更倾向于优美而非崇高等，这些对女性气质的常见描述是在与男性相互比照的前提下完成的，与关于女性其他特性的描述一样，似乎永远摆脱不了两性对比这一亘古不变的模式。弗洛伊德就将男性性别的自我认知建立在与女性心理特征比较的基础上，他将人们关于性别的元意识归根于男性的性器官崇拜，使男性"处于'阉割情结'（the castration complex）的控制之下"①，相应地产生女性的阳具羡慕情结，并使女性产生了想成为男人的欲望。弗洛伊德将关于性的身份定位于一种纯粹的生理性功能，试图以"力比多"来覆盖人类精神活动的各种动机差异。他从女性生理功能出发对女性气质进行分析，认为女性"缺乏使自己的各种本能得到升华的能力"②，女性在通往女性气质的培养和发育过程中，早早地便消耗了精神升华的空间，因此女性相对男性而言，更容易显现出心理上的僵化和不变性。弗洛伊德完全从性功能的角度解读女性气质，并未考虑女性气质成长过程中社会审美环境的影响，对此，法国女权主义理论家伊利格瑞批判说："弗洛伊德因女性的能力——性的、心理上的、文化上的等等——的缺乏而责备她，正如我们将之视为先验。这样的厌女癖（misogyny）只能被理解为一种准许保证当前所有制（property）统治的意识形态契约。"③ 按伊利格瑞的说法，即便是弗洛伊德讨论社会维度中的两性关系，也脱不开"女性/力比多"的精神生理设定，这造成后者对两性审美关系的论述出现种种含混不明的情况。

---

① ［奥］弗洛伊德：《精神分析引论》，高觉敷译，商务印书馆1986年版，第251页。
② ［奥］弗洛伊德：《弗洛伊德文集·文明与缺憾》，傅雅芳译，安徽文艺出版社1996年版，第268页。
③ ［法］露西·伊利格瑞：《他者女人的窥镜》，屈雅君译，河南大学出版社2013年版，第150页。

二　被建构的客体：女性气质的政治化和伦理化

男女对于自身和彼此的美学定位不仅是生理上的，更是文化和政治上的。所谓男女气质的不同，是针对性别之间天然的生理差异所做的文化延伸，女性气质是对女性一般形象所做的美学概括，与时代的文化习俗和主流审美观念密切相关。

达尔文的自然物种研究涉及两性审美选择的话题，他对动物的性选择进行了分析，动物在求偶过程中展示漂亮的身体花纹或鲜艳的羽毛等，某种程度上是在展示良好的生育能力和健康、强壮的生存能力，这样更容易吸引异性动物，从而获得交配权。人原始的性选择延续了动物的一些法则，这体现在对异性的审美上。基于自然实用原则，女性对男性的性选择会偏向那些肌肉强壮的、看起来有力的，这些是生存能力的暗示，而男性对女性的性选择则是那些身材匀称、女性特征明显的，也就是说，在男人眼中，女人美丽的标准是生育能力的暗示。然而，达尔文还注意到人的社会属性影响了人的性选择，财富和社会地位等影响和干扰了自然的法则，"原因是这种社会里的男子看重社会等级"①。男性对女性魅力的审美判断严重受制于其所属的社会等级，社会财富占有越多、文化发展程度越高，针对异性的趣味法则距离自然状态的性选择原则越远，比如，在中国和西方都曾流行过所谓"病态美"，在欧洲古代宫廷，贵族妇女脸色苍白、腰部纤细被认为是优雅的，中国古代上层阶级也在审美上刻意追求女性柔弱的形象，"楚王好细腰""西施捧心"等都是这种趣味追求的典型表现。林语堂在其著作《吾国与吾民》中，曾对中西女性着装进行了分析："妇女的服装可以变迁，其实只要穿在妇女身上，男人家便会有美感而爱悦的可能，而女人呢，只要男人家觉得这个式样美，她便会穿着在身上。"② 林语堂认为虽然中西女性服装

---

① [英]达尔文：《人类的由来》，潘光旦、胡寿文译，商务印书馆1986年版，第889页。
② 林语堂：《吾国与吾民》，陕西师范大学出版社2002年版，第133—134页。

第三章　权力关系域下趣味的几种二元对立模式

式样有差异，流行趋势也不一样，但女性着装选择受男性趣味左右，中西概莫能外。也就是说，放到人类社会的大背景下，女性着装非为悦己，而为取悦男性，这一点似乎是不同社会、不同时代的文化共性。在这方面，历史上还有一些较极端的例子，为迎合某种扭曲的审美趣味而对女性身体进行残害，比如18—19世纪欧洲贵族女性中流行束腰这种"虚伪的人造时尚"，许多历史学家认为，这种紧身内衣"扮演了一个压迫工具的角色，即男性社会用它来控制女性，并通过它最大程度地展现女性性感的身体"[①]。中国明清时期流行女性缠足的陋习，同样与生育原则和生存原则背道而驰，完全是趣味在社会权力干扰之下的病态产物。为表现缠足女性的所谓小脚仪态之美，京剧等传统戏剧中花旦表演形成一种特殊的技法："踩跷"，即在脚上绑木质小脚，以模拟缠足行走。五四运动以后，这种表演技法受到许多开明人士的抨击，认为这不仅是封建思想的体现，也不符合新时代的审美趣味，京剧表演艺术家梅兰芳虽自小练习过"跷工"，但他始终未在台上表演过"踩跷"，赴美演出时，就曾拒绝在舞台上使用"跷工"的建议，他在回忆录中说，"跷工"存废之争，有待将来得出适当的结论。[②] 究竟是要保存这种戏曲传统，还是因时代观念和审美趣味变化而废止，至今仍是一个颇具争议的话题。然而以现代的审美观念来看，盲目的复古主义往往会扭曲我们的趣味观念，当趣味明显悖离当下的审美正义时，没有必要再将这种传统复活，使其重新融入当下的审美文化生活，一种稍显折中的方法是：不妨将这种技法作为戏剧艺术史料进行挖掘、整理，但不必再将其搬至现实的舞台，这对现代观众尤其是女性观众都不失为一种值得尊重的做法。

西方审美文化史中，面对女性气质和魅力，相关理论无论是贬斥还

[①] [美] 瓦莱里·斯蒂尔：《内衣：一部文化史》，师英译，百花文艺出版社2004年版，第1页。

[②] 梅兰芳述、许姬传记：《舞台生活四十年》，中国戏剧出版社1957年版，第34页。

是神化，都依循着男权中心的论述需要。尼采曾公开表达对女性魅力的贬斥，"对女人的兴趣乃是一种也许更渺小的而细腻轻盈的种类的兴趣……她们叫所有如饥似渴深沉强烈的男性灵魂着迷，而后者是肩负大任的人"①。在尼采看来，女性魅力相比男性历史使命来说，在价值上不值一提，因此男性迷恋女性是不足取的，这是比较直露的男权观念。从历史维度来看，两希文明是目前公认西方文明的源头，史诗性叙事体系中存在大量女性诱惑、女性恶毒等主题描写，《圣经》中夏娃摘下伊甸园苹果引诱亚当的一刹那，女性因此就背负祸乱根源原罪，人类审美意识和趣味也由此开端。希腊神话中海上女妖塞壬的歌声、海伦的美貌都是一种审美诱惑，即便是美，也是致命的美，美狄亚的悲剧则刻画女性恶毒的一面。希腊神话以女性形象表征诱惑、复仇等主题，这些都在后来成为西方文化影响深远的原型意象。希腊神话故事中还有一系列掌握强力的女性，但带来的结果都是灾难，英国学者玛丽·比尔德分析了这些希腊女性形象，她们被描述为用不正当方式获取权力，并滥用权力，由此带来死亡和毁灭，故事背后的内在逻辑是女性应被剥夺权力，回到传统设定的角色中去，"事实上，正是女性在传说中行使权力造成的混乱，才为在现实中将她们排除出权力领域之外，由男性进行统治提供了合理性基础"②。

在亚里士多德悲剧理论中，男女戏剧人物性格应该适宜，彼此表现出的气概是不同的："让女人表现男子般的勇敢或机敏是不合适的。"③这就将戏剧中女性的气质形象牢牢地圈定起来。在欧洲古典时期，贵族文化沙龙和骑士小说中却存在许多对女性优雅气质和趣味的附魅，不少男性小说家笔下集中展现一种理想的贵妇形象，将贵族女性的气质当作

---

① [德]尼采：《权力意志》，张念东、凌素心译，中央编译出版社2000年版，第30页。
② [英]玛丽·比尔德：《女性与权力》，刘漪译，天津人民出版社2018年版，第57页。
③ [古希腊]亚里士多德：《诗学》，陈中梅译，商务印书馆2005年版，第112页。

第三章　权力关系域下趣味的几种二元对立模式

高雅趣味的化身，在文艺中渲染"女神"情结，具有极强的仪式感和理想色彩。这种表达表面是将女性形象推向神坛，其实是为彰显骑士精神和绅士风度。女性的理想形象经过某种观念和趣味的塑造，成为集宗教、道德乃至审美为一体的带有某种光晕的固定符号，如天使、女神等，然而就像美国哲学家内尔·诺丁斯所说："他们素描了一幅好女人的肖像，不过这不是一幅自画像。"① 也就是说，对优雅女性的赞赏和追求，其实是按男性欣赏习惯进行选择的结果，恰恰表明女性审美气质的建构过程被男性趣味牢牢掌控。在这种情况下，女性在外貌上修饰自己（比如化妆）的行为必然受男性趣味的控制，化妆的动机和化妆的效果对应的都是男性的审美判断，17世纪法国作家拉布吕耶尔在谈论这个问题时说："如果女人的美丽只是想给自己看和让自己喜欢，那么她们完全可以按照自己的口味和爱好来装扮自己和选择饰物和首饰，可是如果她们想要讨男人的喜欢，如果她们是为了男人而梳妆打扮……男人强烈反对她们为了使自己变得丑陋所使用的一切化妆。"② 拉布吕耶尔毫不避讳地从男性审美需求的角度来观照女性的美，将干预和纠正女性审美选择（包括如何化妆）的权力看作是上帝的安排。拉布吕耶尔的《品格论》严格来说是一部散文作品，文中的描述带有文学色彩，但对女性美的审视体现了作家对男女审美关系的基本认知，乃至反映了那个时代关于两性审美的普遍观念。

在现代性进程中，发生在女性身上一个重要的改变就是由家庭步入社会，参与到工业生产和经济活动中，使女性传统审美形象得以改变。本雅明在分析波德莱尔诗歌时指出，在波德莱尔所在的19世纪，妇女从家庭被赶进工厂，"它的结果是，随着时间进程，男子气的特征必须

---

① ［美］内尔·诺丁斯：《女性与恶》，路文彬译，教育科学出版社2013年版，第85页。
② ［法］拉布吕耶尔：《品格论》，梁守锵译，花城出版社2013年版，第129页。

借助于这些妇女来表现了"①。尽管这种女性男性化的趋势是现代资本主义对女性剥削和戕害的结果,但波德莱尔赞赏这种变化,根据本雅明的分析,波德莱尔是看到妇女由此获得了力量,并由此参与到社会革命中去。在这里,女性气质形象是与经济、政治高度相关的,波德莱尔希望女性既能在形象气质上获得改变,又能在经济上打破枷锁,然而这是很难实现的。正如波德莱尔对现代性所呈现种种景象的复杂态度一样,他对女性审美形象的判定也是捉摸不定的,本雅明引述作家儒尔·勒美特尔的话:"这种独特的波德莱尔主义是两种对立的反应方式不断结合的产物。"②

如上所述,以男性为中心的审美权力格局决定了女性气质形象长期受制于男权文化的影响,法国启蒙思想家孟德斯鸠在《论趣味》中曾专门界定女性魅力在两性关系中的意义:"在文明的和野蛮的民族中间,有关两性的法律都规定,男子是要求的一方面,而女子则仅仅是适应要求的一方面:因此魅力毋宁说是专属于女人的东西。"③ 在完全处于被支配的状态下,女性魅力与其说是女性自我认知与建构能力的展示,不如说是男性将女性审美对象化时趣味的集中体现。西蒙·波伏娃对此分析得更为透彻:"正是因为女性气质这个概念是习俗和时尚人为制造的,它才从外部硬加到每个女人的头上;她可以得到逐步的改造,直到她的礼仪规范接近男性所采纳的礼仪规范。"④ 因此,所谓女性气质和魅力,像一个超越时代的文化枷锁,固定了社会对女性的审美评判标准以及女性自身的文化选择,在文化源流体系的演进中不断强化男女在审美角色上阐释与被阐释、支配与被支配的关系。

---

① [德]本雅明:《发达资本主义时代的抒情诗人》,生活·读书·新知三联书店 1989 年版,第 114 页。
② [德]本雅明:《发达资本主义时代的抒情诗人》,生活·读书·新知三联书店 1989 年版,第 115 页。
③ [法]孟德斯鸠:《罗马盛衰原因论》,婉玲译,商务印书馆 2009 年版,第 173 页。
④ [法]波伏娃:《第二性》,陶铁柱译,中国书籍出版社 1998 年版,第 774 页。

第三章 权力关系域下趣味的几种二元对立模式

三 被影响的审美主体：女性趣味的自我确认

一直以来，人们在分析男女气质的美学特征时，往往会回溯到两性审美趣味所呈现的主体特质差异，而且将这种主体差异与作为审美对象的气质联系起来，即男女趣味主体差异是气质差异的内在原因，而气质差异则是趣味差异的外在表现。如果将女性审美气质看成是被社会文化权力建构的客体，那么女性审美趣味作为主体精神形态，其生成、维系与阐释确认同样受两性权力关系的深刻影响，即女性对自身审美形象的确认受男性趣味影响，进而左右着女性的趣味选择。

从历史角度看，跟随父权传统的漫长演变过程，建立于政治和伦理话语基础上的文化权力，成为男性支配权的重要标志，审美趣味即是两性间文化权力争夺的焦点，这不仅有男性趣味对照下对女性审美趣味特性的审视，而且包括男性对女性审美气质所产生的趣味倾向，即男性追求所谓女性特殊魅力的趣味，在女性主义理论家看来，也同时体现了一种性别支配的思维。英国哲学家洛克对社会与家庭环境中男性与女性关系进行分析，认为人类两性关系比动物界更加持久与稳固，这是因为社会和家庭给男女附加了超越先天自然的责任意识与契约关系，比如丈夫和妻子之间就存在某种义务，努力形成一个最小的社会联合体。然而在家庭生活中，当对事物出现不同的理解方式和解决意志时，则需要根据情况确定一个最终的法则，也就是决定权"自然地落到更有才干、更强力的男人身上"[①]。作为深具启蒙意识的思想家，洛克对两性关系状况的分析带有批判的意义，反对男性对女性生命与财产的支配，但他从竞争优势出发，主张给男性提供有限的支配权，其中应该也包含精神意志方面的支配权，由此可以看出，即便是在现代启蒙语境下，女性在审美角色上也未获得平等的对待，在审美趣味的选择与自我确认上也不得

---

① John Locke, *Two Treatises of Government*, edited by Mark Goldie, London: Everyman Paperback, 1993, p. 154.

不依附于男性。

在西方近现代哲学传统中,理性被置于感性之上,与理性相关的知解、理解能力和推理、逻辑思维等符合一种相对刚性的准则,被标记为男性阳刚的象征;而与感性相关的想象能力与敏感性被描述成一种相对柔性的精神特质,必须像妻子服从和忠于丈夫一样,受理性力量的支配,并为证明理性的价值服务。具体到美学和艺术理论时,男女心灵特征和趣味倾向的不同也可归结为现实主义与理想主义、逻各斯与罗曼蒂克的区分。比如,荣格从心理学角度分析男性与女性心理特征的不同:"女性的心理是建立在爱神的原则之上,爱神是伟大的绑定者和松绑者;而自远古以来,男性所认定的统治原则却是逻各斯(理性)。"[①] 荣格的意思是,女性社会行为的心理基础是柏拉图式的爱神信仰,它所产生的理想化和情绪性很容易使得女性在爱情和婚姻中成为被侮辱与被损害的对象,而男性则相信逻各斯(理性)的力量,在女性面前扮演一种深思熟虑且充满威权的角色。荣格对于逻各斯加之于人类心灵的损害是抱有批判态度的,他认为女性对爱的柏拉图式的信仰有效缝合了逻各斯所造成的心灵撕裂,回应着人心灵深处的饥馑。结合荣格的分析话语,可以看出他对男女心理差异如何解读这一命题非常敏感,他在联系艺术审美话题时,其实就是关于两性趣味的历史解读。在历史语境中,罗曼蒂克往往被认为代表了女性趣味,逻各斯则体现了男性趣味的特征,这种分析和归类可以部分地解释文学艺术中的一些现象。现实生活中,审美气质的两性对照产生了两种风格的比附,即阳刚与阴柔,阳刚被认为是男性所倾向的气质特征,而阴柔则是女性气质的重要属性,而这又直接影响了男女各自的趣味认知。关于性别审美形象的刻板印象在人类千百年文化发展中几乎从未改变过,至少在社会主流审美中是如此。前现代时期男女阳刚与阴柔的美学属性通过家庭关系、职业分工和

[①] [瑞士]卡尔·古斯塔夫·荣格:《文明的变迁》,周朗、石小竹译,国际文化出版公司2011年版,第93页。

第三章　权力关系域下趣味的几种二元对立模式

军事、政治乃至艺术等领域的发展不断固化,如果在行为举止上违反社会对男女气质的不同界定,就是福柯所言的"性倒错者","根据我们的性经验,男性与女性是根本不同的,人们认为男人的娘娘腔就是确实地或潜在地违反了自己的性角色"①。一方面,福柯是从心理结构分析性别文化差异中的社会权力关系,另一方面,社会文化关系也同时塑造了男性和女性的审美趣味。进入商品消费时代,又通过铺天盖地的消费符号(比如广告业)不断得到强化,以围绕身体相关的消费而言,医学美容业、化妆品业和服装业等对于身体的美学趣味最为敏感,一直以来,商业广告所青睐的多数集中于女性群体,所采用的符号元素大多用于彰显女性阴柔娇美的气质,而面向男性的美容和化妆品广告则很小心地避免这种印象,因为隐藏的社会趣味观念认为热衷美容和化妆品的男人是同性恋者或性别错乱者,即便是男性洗发水的宣传,也要"克服男人们的顾虑,即这会让他们显得不男不女"②。在这种文化背景下,商业社会出于利益需求,很自然地遵从大众关于两性形象的审美趣味观念。

可以说,现代性知识体系针对女性的任何分析与定义,都离不开性别二元关系所设定的力场。即便后现代社会中女性通过政治和法权斗争,控制了自己的身体,却无法完全掌控自己的精神(包括审美趣味)不受男性影响。女权主义对女性精神依附的解放往往只到道德和伦理层面,而趣味依附则隐藏在许多所谓的"审美常识"之中,比如对自身身体的审美,女性着装和生活趣味等,自然而然地遵循看起来"天经地义"的审美观念。由此观之,女性气质实为社会气质,英国艺术评论家约翰·伯格指出:"女性将自己一分为二,作为换取这份气质的代价……女性把内在于她的'观察者'(surveyor)与'被观察者'(sur-

---

① [法]米歇尔·福柯:《性经验史》,佘碧平译,上海世纪出版集团2005年版,第164页。
② Wolfgang Fritz Haug, *Critique of Commodity Aesthetic: Appearance, Sexuality and Advertising in Capitalist Society*, Translated by Robert Bock, Cambridge: Polity Press, 1986, p. 79.

veyed），看作构成其女性身份的两个既有联系又是截然不同的因素。"①这就是说，在自身审美趣味和形象方面，女性不仅是被观察者，也是观察者，她们所表现出来的审美气质被外界观察、审视、评判，同时女性也在进行自我观察，以社会对女性气质的评判标准来审视自身，并不断进行修正。如果完全脱开现有社会对于女性的审美标准，会被视为异类，比如女权主义者常被攻击丧失女性魅力，目的是使其性别的魔力减色，发声效果也会大打折扣。

女性自身的审美趣味建立在性别经验和性别特征的基础上，不仅包括身体感官等先天生理条件，更具有社会文化的各种粘连性因素。在二元论思维模式中，女性群体是被笼统地以一种性别概念归类的，似乎"女性"概念其主干与旁枝脉络唯一的连接就是性别特征和属性，而女性审美趣味在性别属性下其阐释范围和效度只能统一限定在与男性趣味文化的比较视野中。在传统观念体系中，女性审美很难发展出相对独立的、不借助男性审美的趣味形态和价值实现方式。在这种历史语境下，女性对自我趣味的认知被限定在个人的穿衣打扮、家庭的室内布置等封闭性领域，其社会影响力只局限于广泛传布的言情小说以及贵妇会客室的沙龙等场域，这与男权中心论是同一种话语体系，并没有妨碍男性在文化公共领域的权威。美国社会评论家凯特·米利特说："在男权制社会里，妇女始终被限制在劣等文化圈内。为了保持这种状况，眼下鼓励她们学习人文科学以培养'艺术'兴趣，但这只不过是她们曾经为进入婚姻市场取得过的'才艺'的延伸而已。"② 女性走向社会寻求职业发展，却被各种文化歧视所包围，这从之前的教育环节就种下了因果，在米利特看来，女性被排挤出商业与科技圈之后，即便是在人文艺术方面，同样也处于从属地位，女性的艺术趣味与艺术才能只是依附在男性的欣赏这一目的之上，女性并未因此而获得基于自身价值的肯定。流行

---

① ［英］约翰·伯格：《观看之道》，戴行钺译，广西师范大学出版社 2015 年版，第 63 页。
② ［美］凯特·米利特：《性政治》，宋文伟译，江苏人民出版社 2000 年版，第 51 页。

第三章　权力关系域下趣味的几种二元对立模式

于社会的一个既定规则是,艺术和人文科学的诸多成就是为男性保留的,因此从根本上说,无论是社会哪个领域,女人都不在"权力的""政治的"范畴中心位置。

四　现代性之后:女性气质与趣味的反思与解构

从20世纪中期开始,女性主义面向现代性进程中的男权理论进行批判,对社会文化中无所不在的男性中心主义进行历史性和全景式的描画,意在给包括美学在内的女性主义研究维度提供必要的话语氛围和有效的阐释路径。女性主义理论家对现代性理论持批判立场,"是因为对妇女的压迫一直受到现代理论及其本质主义、基础主义以及普遍主义哲学的支持和辩护"。人本主义话语用大写的"人"(Man)昭示人的价值,但这一颇具启蒙深意的概念变革却同时暗合着男权意识,"直接掩盖了男女之间的差别,暗中支持了男性对女性的统治"①。因此,在后现代思潮中,女性主义对现代性知识体系的反思与批判也最为主动,最为激烈。

审美趣味理论中的男权中心论集中受到两方面的解构,其一是将女性审美趣味标举出来,赋予其全新的审美价值与社会价值,而且强调这些价值独立的意义,以此对抗男性在趣味判断上的话语权;其二是解构表现为用激烈的言辞来批判男性对女性气质的"欲望式"审美,这种审美趣味刻意凸显女人性方面的诱惑,以满足男人性幻想为目的,在批判的一方看来,将男女性别吸引力和审美欣赏物化、生理化,不仅违背伦理,且违反审美真正的意义。

在审美文化领域,一些女权主义理论家认为男性在审美趣味方面的优越感和支配欲源自所谓的"性别本体论",西蒙·波伏娃将其定义为男性自我中心的权力化产物。此外,法国哲学家拉康也曾将阳具作为

---

① [美]道格拉斯·凯尔纳、斯蒂文·贝斯特:《后现代理论——批判性的质疑》,张志斌译,中央编译出版社2011年版,第231页。

"主导能指"(master signifier),就是伊利格瑞等女性主义批评家所严辞批判的"阳具逻各斯中心主义"①。这样就很容易产生延伸性的思维,即从男性性器官相对女性的天然优越延伸到男性趣味感官的优越,为男性主导审美趣味判断的观念寻找一种先验的本体论基础。女性主义对男性趣味支配的批判,其中重要一点就是尝试将弗洛伊德式的"力比多"关进牢笼,使它不再以审美名义行使对女性肉体与灵魂的支配。然而,除了对性别区分的物质性基础或生物性特征进行批驳,女权主义理论家还更多地将性别批判与解构建立在社会文化的演进基础上。米歇尔·福柯在他的《性经验史》中将性别区分观念、性快感以及同性恋等意识倾向看作是超越生物性本源的、由于特定的社会历史条件而产生的精神现象;朱迪斯·巴特勒也将两性区分看作是一种社会实践,认为身体的物质特性只有放在社会语境下解读才有意义,这种思路和倾向与20世纪中后期艺术和美学理论政治化、社会化趋势是一致的。沿这种思路分析,区别于男性趣味的女性或第三性趣味得到更多政治化的阐释,成为超越身体的一种身份政治表征,直接进入社会权力的漩涡中心。

　　随着女权主义理论在社会政治和文化领域的声浪越来越大,性别审美相关理论的力场不断增强,许多处于末端的问题领域也得到充分渗透,特别是自性别政治和文化斗争产生的亚群体,如底层女性劳工、性工作者、同性恋者、第三性人群等,在进行身份认同、争取社会权利的活动中,其审美状况和趣味倾向也得到较为透彻的分析阐释。就像荣格所谈到的,到19世纪末,男性和女性在各自的心理特征上相互妥协,在气质和趣味上产生了男性女性化以及女性男性化的倾向。② 这种倾向在后现代社会文化语境中表现得更为明显,传统的男性与女性区分标准常常被打破,人们的审美也一度向中性美靠拢,形成兼具男性和女性特

---

　　① [英]伊丽莎白·赖特:《拉康与后女性主义》,王文华译,北京大学出版社2005年版,第59页。
　　② [瑞士]卡尔·古斯塔夫·荣格:《文明的变迁》,周朗、石小竹译,国际文化出版公司2011年版,第98页。

第三章　权力关系域下趣味的几种二元对立模式

质的所谓"第三性",这一审美现象的出现也是和同性恋、变性人等性别审美观念相关联的,也契合了社会文化多元化的趋势。然而目前来看,这暂时还未成为社会趣味的主流,传统的两性区分依然是男女趣味权力结构形成和维持的基础。

由于女权主义自身的颠覆性,女权视角下的许多理论天然地带有解构意味,比如20世纪80年代开始兴起的"酷儿理论",就属于性别解构思潮的代表性理论,反抗传统对性、性别、性取向的定义和归类,质疑相关研究知识框架的合理性,在颠覆传统的男权中心及异性恋霸权方面更激进也更具解构特征。由于"酷儿理论"的核心观念是反对归类和标准,因此涉及两性审美差异就更明显带有政治批判的意味。从另一个角度看,由于性别理论与自二战后的左翼运动及反殖民运动等政治风潮密切勾连,许多理论家甚至直接参与各种政治运动,因此审美趣味命题在性别批判的历史语境下,阐释范围也就远远超出纯粹审美的范畴,同时成为权力斗争的武器与标靶,将美学与社会政治的关联又推进了一步。

五　女性身份的多元化与趣味重构的复杂性

女性主义对男性审美支配权的反思与解构受到来自内部和外部的双重压力,一方面是趣味的惯性导致女性很难改变自身形象的定位,另一方面则是外部偏见根深蒂固。在男性趣味对女性气质形象的塑造下,女性美貌执行的是一种残酷的区分功能,人为地将女性群体割裂,那些与美貌无缘的女性被集体忽视,被隔绝在男性趣味所制造的镜子之后。而且,男性趣味的主导地位也在某种程度上导致女性趣味的自我失控,女性对自身的美学观照和审视受到男性趣味的严重干扰,甚至完全迷失其中,自发或被迫卷入一场重塑或保持完美容貌的绝望竞赛中,只求在迎合男性趣味的游戏中占得先机,这种由审美引发的心理风暴如此强烈,以至于女性不惜自残身体,打乱生活节奏,只为换取身体的某种"完美",这就严重消解了女性在审美反思上的力量。

此外,随着社会的变迁发展,各类群体的划分和界定彼此错综复杂,女性主义理论在现代向后现代转型过程中曾深陷论述立场和理论划界的难题。女性作为审美文化主体兼具多重身份,如阶级、种族、年龄等,如果将女性文化认作一种亚文化,那么白人女性文化则是次一级的文化,年轻白人女性文化是更次一级的文化,这样似乎可以再根据受教育程度、职业、宗教等进行无限细分,尤其值得注意的是女性身份同时具有主宰和从属双重身份,在女性这一群体的审美趣味中形成一种内在的影响与支配关系。"只要这种双重身份的结合还存在,批判性重构涉及到的就不仅是对从属身份的纠正和重构,而且对双重身份中的另一种身份——主宰身份也要进行重构。"① 意思是说,存在于女性群体内部的双重身份或多重身份不仅标识了女性个体的坐标,而且暗喻了一种群体范围内解构与重构的力量和动机。

女性主义者将后现代对异质性和差异性的强调视为一种彰显女性特征、实现女性诉求的理论武器,而且,后现代思想家如福柯、利奥塔的认识论可以引起人们对不同种族、阶级、地域等妇女之间差异的关注,"从而能够维护并阐明种种妇女的独特性,避免将这些特殊性还原为普遍的概念图示——在某些版本的女性主义中,这些图式往往给第一世界受过高等教育的白人妇女的经验赋予了特殊的优越地位"②。后现代思想不仅强调了男性与女性的差异,而且凸显了女性之间的区分,体现女性多重身份下的特殊性,然而如此一来,女性主义理论越往前推进,其内部的分界就越细微,阐释的立场就越纠结。女性主义理论所依据的女性这一概念本身看起来就是四分五裂的,有人针对这种难题对女性主义批评的有效性和适用性进行反思,有些人更因此对女性主义立场和方向

---

① [澳大利亚]薇尔·普鲁姆德:《女性主义与对自然的主宰》,马天杰、李丽丽译,重庆出版社2007年版,第61页。
② [美]道格拉斯·凯尔纳、斯蒂文·贝斯特:《后现代理论——批判性的质疑》,张志斌译,中央编译出版社2011年版,第235页。

第三章 权力关系域下趣味的几种二元对立模式

提出了质疑。在这种情况下，女性审美趣味是否可以作为一个统一的整体来应对男性趣味中心观念，成为女性主义突破理论瓶颈的关键命题。

美国女权主义批评家朱迪丝·巴特勒认为，妇女的身份范畴在理论交锋中被无穷解构，内部所具有的排他性使其成为一种充满差异和内在纠缠的领域，然而这并不代表妇女这一概念所指称和表述的内容是无意义的，她说："妇女之间关于这个词内容上的不同意见应该受到保护和珍视，的确，这种长久不断的歧义应该作为女权主义没有根基的根基来加以肯定。"① 也就是说，可以事先将妇女设定为可重塑的和永远开放的概念，承认其多重意义，使之从阶级、种族等维度中解放出来，由此使女性的概念空间成为可以承载一个宽泛的共同体意义与价值的场所。在承认差异的基础上有效地统合女性的审美趣味，凸显其在性别本体基础上而不是其他维度的特质，或许这样会使女性审美趣味的论域更加清晰，理论本身也比较有针对性，避免了无休止且无意义的枝节性争议。

美国学者杰奎琳·厄拉艾伦·C. 斯韦伦德以芭比娃娃为对象，分析这种玩具由原先金发碧眼的形象到种族多元化转变过程，以此来分析西方主流社会趣味对女性美的判断方式及标准的固化。她发现，虽然芭比娃娃的设计思路在种族多元化语境影响下，不再以金发碧眼的白人女性形象作为唯一蓝本，但当不同种族、不同肤色的玩具娃娃摆放在一起时，她们看上去几乎没什么区别。"文化差异被弱化到了浅表层面，仅停留在肤色和可以随意调换的服饰上面。像同时期时装模特朝向种族多元化变化的趋势一样，'差异'被明显地转化成同一性，民族性不得不屈从于女性美的狭窄范围。"② 这说明在很多时候，女性性别的共同属性往往会抹平种族等其他方面的差异，至少在性的诱惑方面，男性趣味是高

---

① [美]朱迪丝·巴特勒：《暂时的基础：女权主义与"后现代主义"问题》，朱荣杰译，载王逢振主编《性别政治》，天津社会科学院出版社 2001 年版，第 88 页。
② [美]杰奎琳·厄拉艾伦·C. 斯韦伦德：《芭比与人体测量学：通俗文化中令人不安的女性身体理想》，林斌译，载汪民安编《后身体——文化、权力和生命政治学》，吉林人民出版社 2003 年版，第 296 页。

度一致的，无论属于什么种族、处于何种文化，女性展现出的所谓气质之美都有被男性消费的潜在可能，变成受男性趣味控制的一个领域。

男性中心论在不同文化背景中已存在了数千年，男性的趣味也在塑造着每个时代的女性生活。女性主义从肉体与灵魂解放的角度，对男性趣味控制的格局提出挑战，从人性发展的角度来说，人在精神生活中平等地赋权且享有充分自主权，是现代文明给予人类发展的基本承诺。男女在审美活动中互相欣赏、平等对话，这符合现代文明要求建构男女之间健康伦理的趋势。从美学的角度来说，有利于打破传统意识形态模式对审美活动人为的禁锢与扭曲，使审美趣味真正获得解放并得以和谐地发展。

第四节　亲代与子代：趣味差异与代际差异

代际文化传递是人类维持社会文化稳定性的基础，代际文化差异和冲突也是文化向前演进的重要因素。在审美文化层面，趣味作为个体或群体的精神特质，其养成过程映射出特定的代际文化关系，因此，对审美趣味的考察不能缺少代际视野，对代际文化的分析也不能缺少审美维度。代际间审美趣味的传递传承体现两代人或多代人之间的文化张力，其中的权力逻辑不仅贯穿传承过程，而且这种传承本身也是推动文化权力关系向前演进的重要因素，结合这两方面来分析，将有助于我们理解代际关系视野下审美趣味变迁与文化权力演变的历史与现实联系，为社会审美文化发展路径的选择提供参考。

一　趣味代际传承与文化权力时代语境

涂尔干在谈论审美趣味的个体差异时，将其延伸到时代差异，"一个时代的美的理想必不同于另一个时代"①。由于教育背景不同产生的

---

① ［法］爱弥儿·涂尔干：《哲学讲稿》，渠敬东、杜月译，商务印书馆 2012 年版，第 121 页。

第三章　权力关系域下趣味的几种二元对立模式

代际知识水平和文化素养的差距,会直接导致审美趣味在两代人之间产生巨大的代沟。美国社会学家玛格丽特·米德提出前喻文化、并喻文化和后喻文化来说明不同时代、不同社会发展阶段下文化代际传承的路径,前喻文化即典型的传统社会文化传递模式,后辈不折不扣地向前辈学习;并喻文化"肇始于前喻文化的崩溃之际"[①],先前的文化因为种种原因中断,无论是前辈还是后辈,都被抛离了原先熟悉的文化环境,后辈失去了现成的学习样本,前辈也丧失了继续传递文化的意义与可能,两代人都只能在新的环境中、在共同起点上起步创造;后喻文化发生自二战以后飞速发展的社会,前辈的生活方式与文化经验已全面落后于时代,跟不上文化变迁的步伐,需要向后辈学习以避免被时代进一步抛离。显然,在米德那里,文化代际传承的典型模式是随时代变化的,时代所形成的文化传承条件和审美文化氛围决定了趣味代际传承的特征与面貌。

前现代时期,家族血缘是决定个人成长的关键因素,中国传统"长幼有序"的家族伦理形成了宗法制社会的超稳定结构,家族文化传承对于文化生态的影响甚至超越了朝代的更迭。费孝通给中国传统血缘社会的代际关系做出如下描述:"缺乏变动的文化里,长幼之间发生了社会的差次,年长的对年幼的具有强制的权力。这是血缘社会的基础。"[②] 李亦园认为中国社会结构范型为"父子轴"文化,其中的一个重要特性就是权威性[③],宗法社会的长幼伦理关系和权力逻辑,维系了文化趣味代际传承最初的基础。在家长制、宗族制文化环境相对稳定的时代,由于缺乏社会外力的挤压,趣味的代际传承通常由稳定的家庭关系和阶层教育围合起来,这种内在秩序具有十分强大的聚合力量与排斥力量,掌握文化教育权力的上一代,会利用社会伦理体系、美育体系、

[①] [美]玛格丽特·米德:《文化与承诺——一项关于代沟问题的研究》,周晓虹、周怡译,河北人民出版社1987年版,第52页。
[②] 费孝通:《乡土中国》,人民出版社2008年版,第86页。
[③] 李亦园:《文化与修养》,九州出版社2013年版,第77页。

艺术传承体系等，将审美观念和趣味以家庭教养、家族荣誉和士族（贵族）精神等名义平稳地传递下去，审美文化基本的内核得以穿透多重历史空间，在代与代之间顺利地传承。相对于传统化且打上阶层标签的文化趣味在内部具有的可穿透性，前现代文化趣味在维持自身稳固形态与阶层区隔方面，又具有很强的不可穿透性，趣味传承中反叛的声音常常被维持传统的力量压倒，来自其他阶层的文化趣味观念被强制隔断，形成一道道密不透风的墙。由此，趣味成了区分阶层的重要表征，不仅在横向的阶层区隔界限上非常明朗，而且在纵向的历史传承脉络上同样十分清晰。

现代性进程中艺术家和理论家对艺术规律与审美本质的执着追求，使得趣味的体制性传承变得严丝合缝，每一世代都在努力编织和修补这张审美现代性的网，从知识谱系到价值体系不断向外延伸，形成"一种独特的自主性表意实践"，承担着反思社会现代化、为社会生活提供意义的功能。[①] 但追求趣味观念本质性与价值统一性的理念贯穿始终。这样，趣味的代际传承被笼罩在一张巨大而致密的现代性观念网络中，相比前现代政教体系从外部施加于审美的规约力量，审美现代性则是从自身知识体系和艺术价值体系建构中生出趣味代际传承的秩序，也就是说，在现代背景下文化趣味的代际传承，其秩序化、体系化和权力化的基本模式并没有发生根本改变。美国学者大卫·雷·格里芬甚至认为"现代性是父权制文化的极端表现"，与此相应，他对后现代精神打破固有的权力模式寄以希望，指出后现代"对现代精神的超越可能还会导致对父权制精神的超越，因而也是对过去数千年的主流的超越"[②]。在社会巨变和文化重要转型的时期，求新求变思维占据主流，年轻一代不必再背负历史重担，不需要面对前辈的权威做出艰难而痛苦的选择，

---

① 周宪：《审美现代性批判》，商务印书馆 2005 年版，第 71 页。
② [美] 大卫·雷·格里芬编：《后现代精神》，王成兵译，中央编译出版社 2011 年版，第 43 页。

第三章　权力关系域下趣味的几种二元对立模式

承受定轨约束的心理阈值大大降低，在价值观重构上更具创新勇气和开拓意愿。因此，文化观念的反叛就较为频繁地在代际裂缝之中呈现，形成典型的代际文化分野。文化进步逻辑和代际关系新伦理逐渐替代旧的文化秩序，从根本上打破了传统的文化传承链条，代际文化的传承面临更多的不确定性。新生代的反叛精神延伸到审美领域，他们自认为代表审美文化的趋势和潮流，与上一代刻意切割而呈现迥异特质的趣味倾向，甚至故意寻求"断裂"式的审美趣味观念，以满足强烈的审美革新冲动。年轻一代对传统代际传承秩序的反叛，给社会审美文化发展带来了种种不确定的影响，一方面，审美文化被强行注入了新的元素，使年轻一代的创造力量和审美主张充分显现，然而他们能否同时承担起破除旧的审美趣味观念并建立新审美范式的双重任务，这还是个未知的结果；另一方面，年轻一代的审美文化反叛，无论是对上一代人审美生活方式和趣味追求的本能超越，还是仅仅为彰显独立审美身份而采取的策略，事实上都在代际文化关系中形成了相互隔阂的氛围。尽管多数时候年轻一代以反叛的形象出现，但联系社会审美文化传承的结果来看，反叛的行为在达到两代人文化和解的前提下，最终会带来"文化反哺"的正面结果，学者周晓虹分析当下代际文化传承关系时指出："亲子之间的'反向社会化'或曰'文化反哺'现象不仅已经出现，而且成了与传统的文化传承（社会化）模式相对应的新型文化传承模式。"① 相对于社会文化关系，家庭内的代际文化传承得到亲情作为润滑剂，随着教育观念的转变以及在社会转型加快的现实映照下，亲代对子代文化反叛行为的反应不再那么激烈，亲代从心理上更容易突破障碍，愿意从子代那里获取新的文化信息，形成家庭单元内的"文化反哺"，不仅丰富了审美文化代际传承的关系和路径，而且加快了社会趣味整体面貌跟随文化发展而转变的步伐。

跟随时代文化语境以及文化权力关系的演变，审美趣味代际传承呈

---

① 周晓虹：《文化反哺：变迁社会中的亲子传承》，《社会学研究》2000年第2期。

现典型与非典型的模式，或顺文化的源流而下，或逆代际的权力关系而上，每代人置身的物质和精神环境不同，深刻地影响审美趣味传承的方式和路径，审美文化内在基因的保存与外在形态的不断变化，都在趣味代际传承与区隔的动态过程中得到清晰的体现。

二　趣味代际差异与权力关系的多重呈现

审美趣味的代际传承不仅高度依赖时代整体的文化语境，而且受社会文化关系（包括阶层关系、性别关系、种族关系等）影响很大，前者是历史的纵切面，后者是社会的横断面，共同塑造着趣味代际传承的规律与特征。此外，趣味自身美学演进逻辑与观念特征又增添了命题内在的一重维度，这三重主要的维度具有无限丰富的延伸性、发散性和多元性，在每一重维度下又可以细分成多段、多重和多面的特征，充分体现趣味代际传承的复杂性，这就是说，由于多重变量的影响，我们似乎很难给趣味代际传承总结出一套固定不变的关系模型，只能根据时代和社会的特征进行具体的描述。

代际趣味差异主要源自三种因素，即个体精神成长因素、社会环境演变因素和文化关系变迁因素，这三种因素里时代维度与社会维度相互交叉，形成了趣味代际传承的复杂性基础。从个体而言，趣味的分野首先建立在人心智、经验、情感等成长与成熟自然过程基础上，精神成长的逻辑不可能跨越人类本身自然属性的限制，这就使得代际趣味差异的存在难以消弭。青少年一代作为笼统的概念，通常会被社会统一画像，人们习惯于以一种综合的形态统一定义青少年的审美趣味。实际上，青少年一代的趣味有一个不可忽视的特征，即随着成长而呈现多变性，每个年龄段的群体审美趣味都存在较大差异，这与成年人相对稳定的趣味结构和倾向形成对比。因此要审视青少年审美趣味的特质，需要充分考虑每个成长阶段的个性特征以及个体所从属年龄段群体的共性特征，并将个体成长与同代人的成长过程结合起来。只有把握青少年精神成长的

第三章　权力关系域下趣味的几种二元对立模式

阶段性特征,才能更准确地把握他们与其父辈的趣味差异及传承关系。但遗憾的是,许多成年人习惯从一个年龄断面而不是从成长过程来理解青少年的趣味及其审美行为,常常将他们的趣味标准强加于下一代身上。西方早在 19 世纪就有不少理论家关注这方面问题,法国诗人、文艺理论家波德莱尔观察儿童玩玩具的过程,分析儿童与成年人审美想象和艺术精神的不同,他说:"这种满足他的想象力的能力证明了儿童在其艺术观念中的精神性。玩具是儿童对于艺术的启蒙,到了年纪成熟的时候,完善的创造反而不能给他的精神以同样的热烈、同样的激情和同样的信仰。"① 在波德莱尔看来,儿童的艺术精神通过另一种方式表现出来,与成年人相比并没有高下之分,因此反对成人对儿童的趣味成长进行过多干预。英国哲学家斯宾塞同样主张一种自主教育,成人应克制使用强制力,对儿童的感情给予"足够的洞察力"和"适当的同情心"②,从而确保教育的效果。这类观点本身虽值得再探讨,但至少可以给我们观照和评判青少年趣味提供一些启示,使青少年审美教育能够多一份尊重,少施加一些成人独断式的权威。

从社会断面来看,代际文化差异是每一个社会都存在的现象,每一代人都有属于同代人的共同文化标识,这主要是社会环境的演变造成的,两代人成长面对不同的社会环境,会导致代际显著的文化差异。德国社会学家埃利亚斯将每个人的成长历程与整个社会的文明进程联系起来,认为"社会所经历的几百年的文明进程,体现在文明社会中每一个正在成长的人身上"③。从某种意义上说,个体精神成长与整个社会的历史演变存在相通之处,荷兰学者布拉姆·克姆佩斯对此有更明确的

---

① [法]夏尔·波德莱尔:《浪漫派的艺术》,郭宏安译,上海译文出版社 2013 年版,第 321 页。
② [英]赫伯特·斯宾塞:《社会静力学》,张雄武译,商务印书馆 1996 年版,第 86 页。
③ [德]诺贝特·埃利亚斯:《文明的进程》,王佩莉、袁志英译,上海译文出版社 2013 年版,第 3 页。

阐述："文明化的过程是多维度的发展，不仅包括行为规范本身，而且包括了一整套分布在抚养、上学和社会控制过程中的价值体系的实现。"① 因此，审美教育对年轻一代趣味成长的作用不言而喻，趣味通过教育在代际间传承，而教育的内容与质量与经过区隔的生长环境息息相关，这在某种程度上维持了趣味的阶层固性和基于时代、民族等文化背景的稳定性，两代人教育环境的差异也塑造了不同的趣味特征。从代际文化关系来看，上代人对下一代文化控制的松紧程度，也很大程度上影响两代人趣味差异的程度。如上一节所述，前现代时期由于宗法观念严苛、社会交往有限和审美生活贫乏，审美趣味的代际差异受到抑制而不显明，而且代际传承受政教体系管控，由政治等级关系清理出单一的文化秩序，一切文化的关系包括趣味传承都必须顺流而行。后现代社会文化关系变得多元化与琐细化，各种场景并存于文化空间中，因而趣味代际传承的方式和范围都具有多重性，趣味的解读面临着并非整一的价值空间，使得趣味传承有多种进入的渠道，而在传承过程中又发散出无限可能的结果。

在现代社会，审美趣味的代际差异可以代入文化关系多重审视和思考的维度，比如审美城乡差异、阶层差异的维度，此外，由于人们的文化活动空间大大拓展，交往关系变得丰富，过去未曾出现或未曾受到重视的维度凸显出来，如跨文化交际越来越频繁，女性视角越来越受重视，职业和教育细分所形成的小众趣味群体越来越活跃，年轻一代在处理现代社会诸多文化关系时，与上一代无论在理念上，还是在现实策略上都产生巨大的差异，这种思想代沟与趣味代沟不仅是社会变革的产物，也是社会关系转变的动因。首先是外来文化的冲击，通常成为新生代绕过或越过老一代文化规训的契机，就如美国学者霍尔所说，人们在

---

① ［荷兰］布拉姆·克姆佩斯：《绘画权力与赞助体制——文艺复兴时期意大利职业艺术家的兴起》，杨震译，北京大学出版社2018年版，第10页。

第三章　权力关系域下趣味的几种二元对立模式

跨文化交流中看到自我，从而超越既有的文化身份①，年轻人接受传统的根基不深，更倾向于通过跨文化交流来超越文化局限，借助外来文化来确证自身在代际文化关系中的位置。其次，女性趣味在当下也呈现不同的形态，上一辈女性有时很难理解年轻新女性的生活方式和时尚选择，新时期男女之间审美趣味的张力关系也与上一代人不同，女性在面对男性的美学观照时更为自信和自我，审美趣味倾向由原先的依附型逐渐转向自主型。再次，代际间社会教育背景和职业选择的不同也会在审美趣味上形成错位，米德认为，职业决定了人们的气质结构，两代人职业的不同使他们在趣味方面无法做到相互认同，"当父母们为自己的孩子选择了新型的教育体制和新的职业目标以后，孩子们便由于教育而和双亲体系发生了最初的决裂"②。近二三十年来，中国社会处于快速发展和剧烈转型时期，职业的选择也在代际间形成明显而普遍的差异，而且与城乡趣味差异交叉在一起。从农民到城市白领的身份转变，往往也就在两代人之间完成，尤其是在大规模城镇化进程中，下一代大批涌入城市，他们的职业经验、生活方式以及由此产生的趣味追求都迥异于上一辈人，所谓"回不去的乡村"，暗含着城乡两代人趣味难以沟通的现实。此外，商品社会和现代消费观念也加剧了趣味代际之间的裂缝，许多商品的包装和广告都倾向于迎合年轻人趣味，以展示商品本身年轻、有活力的形象，德国哲学家沃尔夫冈·弗里兹·豪格描述了商品美学中年轻元素的广泛运用："年轻的魅力在商品美学中得到了广泛的应用，这种倾向从商品世界迂回辐射到公众那里，进而强化了以青年为性感范型的塑造。"③ 从时尚角度来说，年轻的魅力是一项核心元素，代表新

---

① [美]爱德华·霍尔:《超越文化》，何道宽译，北京大学出版社2010年版，第186页。
② [美]玛格丽特·米德:《文化与承诺——一项关于代沟问题的研究》，周晓虹、周怡译，河北人民出版社1987年版，第58页。
③ Wolfgang Fritz Haug, *Critique of Commodity Aesthetic: Appearance, Sexuality and Advertising in Capitalist Society*, Translated by Robert Bock, Cambridge: Polity Press, 1986, p. 89.

潮、活力与个性，年轻人的趣味在商品市场受到追捧，是因为有助于塑造品牌健康、性感、有活力的形象。然而市场通常会细分消费群体，成年人群体的趣味被塑造为经典、品质、有格调的形象，追求岁月沉淀的质感，从而与年轻人的消费审美倾向刻意区别开。这样，消费活动无形中强化了趣味代际差异，消费分层现象在代际间筑起了无形的美学藩篱。

三　文艺代际分野与趣味传承路径

一个时代文艺的面貌最能体现社会审美趣味的发展状况，文艺代际区分的标准一般是依据社会政治变迁轨迹和文艺思潮的演变方向而定，如果说按历史时期划分艺术，是给艺术的时代特征画像，那么按代际来区分艺术家，则是为艺术家赋予了时代属性，预设艺术家的创作会或隐或显地代入时代信息。在文艺批评中，对艺术家和艺术作品进行代际区分是常见的研究策略，其基本逻辑是：共同的时代背景赋予一代艺术家共同的成长环境，在知识背景、思维方式、审美趣味等方面具有某种一致性，且与另一世代的艺术家群体具有明显差异。正是这种整体相似性与整体差异性的预设，成为文艺代际区分的理论基础。

一直以来，人们认定文学艺术发展的规律是既继承前人又努力创新，这样才能保持持久的生命力。许多经典的文艺批评理论都论述了代际传承和创新的关系，艾略特主张融入传统的"非个性化"写作，在他看来，诗人的写作必须具有一种"历史意识"，这种"历史意识"不仅包括对诗人自己这一代充分了解，还需把握文学的传统，相应地，在评价一个诗人时，"不可能只就他本身来对他做出估价，你必须把他放在已故的人们当中来进行对照和比较"[①]。此外，还有乔治·迪基的"艺术惯例"、阿瑟·丹托的"艺术世界"等理论，在"艺术体制"中

---

① ［英］托·斯·艾略特：《艾略特文学论文集》，李赋宁译，百花洲文艺出版社1994年版，第3页。

第三章　权力关系域下趣味的几种二元对立模式

评价个人艺术成就,从文学传统和艺术惯例来解释艺术家的风格选择,在艺术风格矩阵中定位艺术作品的价值,"如果没有艺术世界的理论和历史,这些东西也不会是艺术品"①。从关于艺术的一些常见命题来看,包括基本的艺术定义,到艺术流派的延续、艺术传统的复归等,都体现着文艺发展中代际之间的深层血缘关系。批评家南帆指出:"抽象形态的传统如同一种隐蔽的文化结构,它将几代人共同安置于一个统一的框架之内。"② 在文艺代际区分的基础上,包含着前代与后代的几种关系形态,即米德所谓的前喻、并喻和后喻文化,文艺批评家李建军提出,文学发展既是"前喻文化"现象,又是一种"后喻文化"现象,即"后代作家摆脱前代作家的'影响'而另辟蹊径的过程"③。艺术家的代际审美趣味差异,成为影响艺术风格的重要因素,对于艺术家艺术身份的自我认知和艺术体制的维系都至关重要,而不同世代的艺术家对传统与上一代艺术精神的传承态度也不同,尤其是面临外界种种因素干扰时更是如此。自 20 世纪 80 年代起,国外的文学理论和创作手法被大量引入中国,对当时中青年作家影响很大,从王蒙的意识流小说,到马原、洪峰、苏童等先锋派作家的文体实验和思想实验,都借鉴了国外相关的文学理论和创作实践,这在文坛某种意义上算是补课,打开了原本封闭的视野,但也由此形成了新老作家创作的两重世界。批评家洪治纲考察当代作家的代际传承关系,得出的结论并不乐观,"一些特别注重向域外学习,却本能地抗拒本土意义上的代际交流"④。文学中关于民族性与世界性问题的讨论由来已久,这种关于文学发展的命题其内涵也包括文学代际传承中作家的成长期待和路径选择,对超越民族性的偏执理解使某些青年作家失去本土的语境支撑,进一步加深了文学代际沟通

---

① [美]阿瑟·丹托:《艺术世界》,王春辰译,载《外国美学(20 辑)》,江苏教育出版社 2012 年版,第 359 页。
② 《南帆文集 4·隐蔽的成规》,福建教育出版社 2016 年版,第 171 页。
③ 李建军:《论陕西文学的代际传承及其他》,《南方文坛》2008 年第 2 期。
④ 洪治纲:《新时期作家的代际差别与审美选择》,《中国社会科学》2008 年第 4 期。

的难度。不少青年作家自我阉割了民族审美文化属性，有意疏离传统书写方式，切割本土审美经验，否定本土环境下文学代际传承的价值和意义，其后果是无法持续获取传统的滋养，而域外的写作手法和创作经验往往无法直接对接现实创作，形成创作成长的瓶颈。除了接受与借鉴域外文学经验的差异造成作家群体的代际裂痕，媒介的力量也深深介入其中，媒介以及由此带来的文学消费模式变革助推了作家代际趣味的刻意区分，尤其是网络新媒体所带来的文学接受群体、接受方式乃至文学批评生态的改变，使不少年轻作家专门面向同代人书写青春生活和情感，倾向于脱离传统文学体制，学者邵燕君对此描述说，"青春写作"对传统的冲击是多方面的，"这里断裂的不仅是代际，更是以新媒体为依托的一整套文学生产、流通方式"①。此外，当代文学代际趣味的演变还与大众文化权力化过程交织在一起，而"这种兴起的大众文学在中国显示了其少年青春气息"②。精英文学圈子通常将所谓"80后""90后"青春写作视为大众文学的一部分，韩寒、春树、张悦然等作家拥有数量庞大的年轻读者，他们的创作和读者群体被笼统地纳入概念模糊的"大众文化"生产与消费链条中，与相对体制化、精英化的"纯文学"圈子形成强烈对比，就像面目严肃的家长审视顽劣不服管教的晚辈，现实生活的代际伦理被代入文学批评情境，形成一系列态度偏差和文化冲突，如"韩寒与白烨之争""80后作家加入作协之争"等，虽然这些冲突造成文学观念和艺术趣味传承的不稳定性，但这也维持了文学艺术本身的张力，使文艺发展方向与现实社会文化状况紧密联系起来，同时为文艺批评提供了更多思考的空间。

然而，代际划分过多、过频、过度，对文艺批评本身也造成了诸多困扰，如果这种代际划分平行于代际变迁所处的时代，或者两者距离过近，就会产生某些偏误，甚至干扰人们对文艺发展规律的正常判断，影

---

① 邵燕君：《新世纪文学脉象》，安徽教育出版社2011年版，第17页。
② 张永禄：《新世纪文学的变局与审美幻象》，法律出版社2017年版，第192页。

第三章 权力关系域下趣味的几种二元对立模式

响文艺发展的秩序，批评家雷达对当下代际划分的浮躁现象提出了批评："代际划分已经变成了话语操纵者套在一代代作家头上的紧箍咒。"① 以代际来划分作家群体，突出的矛盾体现在两个方面，一方面是强行将不同个性与写作风格的作家归为一类，强调共性而忽视作家的个性，另一方面又试图以设定的年龄界限将作家群体进行隔离，并强调其中的差异，而且这两方面都存在着许多牵强的元素，"一旦进入历史的淘洗和沉积阶段，问题就会变得越发明显"②。就裹挟在其中的单个作家而言，既被贴上某个代群的整体标签，又随着代际区隔而与其他作家沟壑相望，产生自我认知与外部批评定位的双重扭曲。而且，代际文学划分从创作层面影响作家潜在的创作心理，对于趣味、风格、题材内容等方面的自由选择都产生了无形的羁绊，不少作家因此被框定在某个以代际区分的群体中，不敢主动尝试新的创作手法和风格，不敢突破既有的创作模式。鉴于此，黄发有教授对年轻作家过于强调自己的代群属性表示忧虑，这些作家为了进入主流而主动趋向代群的共同特性，从而造成现当代作家"普遍未老先衰"③。即便一些年轻作家能够超越代群限制，但在批评领域却很难获得回应，而且批评界自身也存在代际更替问题的困扰。批评家白烨注意到文学批评领域与创作领域的代际传承并不同步，近年来涌现出来从事批评的新人关注的还是一些经典性的问题，对同代人的创作关注不够，"从目前看，还不能说以批评的方式，与同代人的创作一起前行"④。一般而言，相对于创作，批评界审美趣味与文学观念代际更新的过程更为保守和滞后，部分原因是批评领域更讲究学院派的师承关系与体制化生存技巧，言说空间、叙事模式、趣味形态等都受到文化权力更直接的影响。这似乎是一个较为普遍的问题，

---

① 雷达：《"代际划分"的误区和影响》，《文艺报》2015年6月17日。
② 张立群：《"代际"的出场与其存在的"焦虑"———关于新世纪一种文学现象的考察》，《南京社会科学》2012年第1期。
③ 黄发有：《代际关系与文学生态》，《中国社会科学报》2012年10月26日。
④ 白烨：《文学批评代际更迭的标志》，《文艺理论与批评》2014年第1期。

批评通常是跟在文艺创作之后,批评的代际不像创作那样随年龄呈均匀线性分布,而是与批评家个体的文化视野和艺术趣味敏锐度有关,许多老批评家长期保持敏锐的嗅觉,关注新锐作家和作品,而一些学院派的青年批评家却倾向于面向过去的作品,研究传统的艺术范式,这是文艺批评代际传承中值得关注的命题。

四 重建当下趣味代际沟通与文化传承模式

近二三十年来,随着经济的快速发展,我们的社会文化也发生巨变,由于这种变化超出一般的更替频率和振动幅度,在文化的接续轨迹上出现了多道裂缝,审美趣味的代际传承关系也呈现许多令人困惑的现象,原先的许多方法和模式已经不适应社会审美文化新的发展状况。如何重建审美趣味的代际沟通与传承模式,成为我们当下面临的重要命题,这需要在相关实践中突破既有的观念束缚,厘清和处理几种具体的问题。

在趣味代际沟通与文化传承的观念原则上,首先需要在代际传承过程中重拾传统的力量。美国学者希尔斯认为传统是"代代相传的事物",不仅包括物质实体,也包括信仰体系、惯例和制度等,审美趣味的代际传承形成的是精神传统,希尔斯回答了代际传承与传统形成的量变与质变关系,虽然现代知识传授方式已使世代的跨度大大缩短,然而这不影响对传统形成所经历的世代作一个基本判定,希尔斯给出的结论是:"信仰或行动范型要成为传统,至少需要三代人的两次延传。"[①] 显然,审美趣味如果从个人的审美判断能力与倾向来看,在父子、师生等一代之间传递尚可通过艺术、生活氛围的亲授和直接影响来达成,但如果要将这种个人精神质素与状态隔代传递甚至多代传递,其困难远远大于纯粹知识、技艺的传承。然而,如果将趣味融汇成一种文化,趣味代际传承最终形成一种传统的可能性将大大提升。

---

① [美] E. 希尔斯:《论传统》,傅铿、吕乐译,上海人民出版社1991年版,第20页。

第三章　权力关系域下趣味的几种二元对立模式

其次，需要考虑代际趣味传承中所体现的审美正义。如果借鉴伦理学、社会学等其他学科的研究视角和成果，我们往往能超越美学问题本身，对审美趣味代际传承问题作更广泛、更深入的理解分析，其中最核心的就涉及审美正义的问题，即需要考虑设计什么样的趣味传承与文化交往模式，才符合可持续性的社会正义原则。我们可以参照罗尔斯"代际正义"提供的类似基本原则，即公正对待各代人之间的利益诉求与价值倾向，正如罗尔斯所说："正义的储存原则可以被视为是代际之间的一种理解。"在罗尔斯所构建的正义储存原则里，不仅包括为后代储存财富资金等物质的东西，也包括"知识、文化及其技术和工艺"。①因此从代际正义角度看，在文化观念领域要给后代预留言说余地，对艺术实践中的大胆尝试要有容错空间，同时客观对待趣味的代际差异，不能因未来世代尚未具备完整的话语能力和足够的话语权，就试图设计出不可推翻的审美法则，提前为后代框定趣味价值观念。

此外，代际趣味传承还需综合考虑个人审美与社会教化动因。趣味在个体身上是一种审美精神特质，在社会又是重要的文化浮标，趣味的演变更是预示和表征时代变化的风向。一方面，文化趣味所体现的权力结构与政教体系有天然的联系，趣味传承从家庭到学校到社会，越来越政治化，越来越体系化；另一方面，年轻一代的审美选择通常都有逃离政治和教化体系的倾向，体现个体的自由意愿。如果上一代人在面对青年人的文艺消费时，过多地依赖过去的审美经验，就无法有效地应对当前的审美变化，而且两代人对未来的预期和认知不同，加剧了代际之间的紧张关系，使彼此之间产生荒谬感与疏离感。其实放在整个社会大的文化环境来看，生存其中的每个世代都是"剧中人"，无论是个人选择还是群体认同，都在某种程度上决定审美文化面貌及其发展方向。因此，文化趣味的传承不应仅仅是单一的线性过程，而是将后喻文化放在

---

① [美]约翰·罗尔斯：《正义论》，何怀宏等译，中国社会科学出版社1988年版，第289页。

与前喻文化同等重要的位置,米德就提出,要建立起后喻文化,"我们必须改变未来的取向"①。这就需要在代际观念和文化范式上尝试突破,形成丰富而多元的审美生活方式以及匹配社会文化发展状况的审美教育理念。

最后,在具体的美学实践方面,还须突破几种错误的预设观念,其一是将年轻一代文化趣味的叛逆等同于伦理上的叛逆。趣味更替是文化发展的自然结果,其实就是通过一代一代不断敢于叛逆、寻求突破而实现的,不能基于社会伦理不变的逻辑起点,将其粗暴解读为文化崩解与道德崩塌;其二是将年轻一代的趣味选择视作未来整体的文化趋向。未来的文化选择取决于社会各年龄层次人们的博弈,青少年趣味往往很快随着年龄增长而消散,并不能沉淀下来,而且后一代青少年往往不会追随当下青少年的趣味,如普遍存在的追星文化、二次元文化等,都带有典型的成长阶段性特征,并不具有全社会的文化普遍性;其三是将代际间趣味的强行弥合视作最好的结果。传统的趣味代际传承模式仅仅是提供一种文化样本,而非必然选择,正如前文所说,在文化日益多元化的今天,处理代际文化关系理应更为灵活,如果坚持后喻文化固定不变的模式,则会造成许多无法解决的矛盾,也很难说符合审美正义的原则。我们可以尝试更具弹性的后喻、并喻、前喻三种文化并置的模式,而且更为重要的是,在具体实践中并不追求两代人或几代人之间趣味最终走向统一,并不刻意寻求代际间趣味的弥合,这不仅符合人类精神自然成长的规律,也顺应我们时代文化发展的趋势。

总之,要基于代际正义的立场,结合美学实践中的具体问题,尽可能消解文化权力带来的不利影响,实现趣味代际沟通与文化传承模式的重构与重建。在审美文化方面既坚持文化传统,守住中华美学精神的根源本色,又能突破审美分层导致各代群趣味板结固化的现象,使个体的

---

① [美]玛格丽特·米德:《文化与承诺——一项关于代沟问题的研究》,周晓虹、周怡译,河北人民出版社1987年版,第100页。

第三章 权力关系域下趣味的几种二元对立模式

审美趣味能够满足心灵需求，使社会文化趣味随着时代的发展不断呈现新鲜的面貌。

第五节 人类与自然：人的尺度与自然尺度

一直以来，美学是以人的趣味作为审美尺度，评判各种审美活动和审美现象，从西方启蒙时期开始，一些思想家就开始思考动物的精神性问题及其与人类的联系。随着生态美学的发展，审美主体的概念开始从人类向自然界、向动物推移，出现了动物美学和动物趣味的概念，这些概念在美学的框架内是否有意义，需要结合美学的历史和实践，进行深入的辨析和检验。

千百年来，人们一直奉行人类为自然立法的原则，尤其是宗教，将人类置于神在这个世界代言人的地位，基督教的信仰基础便是上帝应许人类，世间万物皆归人类统属。因此，在基督教教义中，自然（主要是动物）被取消了思维和感觉的能力，也在上帝赋权的范围之外。在近代西方启蒙思想家那里，由天赋人权的观念拓展，开始关注讨论动物的权利以及感知、情感等精神性问题。主张动物权利的人首先着眼于动物是否拥有和人类相等同的生命权，一般来说，这是"天赋平等"思维由人向自然万物进行延伸的第一步，然而为增加立论的合理性与效果，有些就从动物的精神性出发，论证动物是否存在和人类相类似的感知能力和情感反应。一些启蒙思想家在对基督教神学的批判过程中，针对神学教义提出动物的感知与情感问题，如18世纪激进的无神论者霍尔巴赫就对神学家们的宗教偏见提出反驳，认为动物没有感觉的论断是虚妄的，仅仅是为满足人类的虚荣心而已。① 英国哲学家洛克在《关于教育的一些思考》中指出动物能感受痛苦，能够感觉到所受到的伤害，

---

① ［法］霍尔巴赫：《健全的思想——或和超自然观念对立的自然观念》，王荫庭译，商务印书馆1966年版，第98页。

因此对动物的伤害在道德上是错误的；边沁在讨论动物解放问题时曾思考动物是否具有基本的理性和语言能力，是否具有基本的情绪反应能力；英国诗人亚历山大·蒲伯用诗句来说明万物有灵论，为一种宽泛的伦理学奠定了基础；法国哲学家卢梭在《论人类不平等的起源和基础》一书的序言中论述动物也是具有知觉的，从而扩大其权利论的基础。然而这些论述即便是在早期最激进的动物保护主义者那里，都还只是一种小心翼翼的尝试，或许在很多时候仅仅是一种话语的策略，并不真正企望能从学理上论证动物在理性、道德乃至情感上能获得与人类等同的地位，比如洛克反对残害动物，着眼点在这种行为对于人类带来的恶劣影响，他在谈到如何教育孩子正确对待动物时说道："那些因低等动物的痛苦和毁灭而感觉乐趣的人，将不会对他们自己的同类具有怜悯与仁慈之心。"① 洛克的观点很有代表性，在启蒙思想家那里，对动物权利的关注其出发点和落脚点多数都在人类道德规范的维护以及人权的张扬，是从天赋权利观点和正义理念所自然派生出来的。到 20 世纪后半叶，生态主义哲学打破以人为中心的哲学体系，对人的主体性进行最后的消解，不少生态哲学家提出以生态正义替代人类的社会正义，以环境伦理突破传统的人的伦理，从尊重动物生命权和生存权推移到尊重动物的情感，但这种推移并非直接引向动物审美能力和审美情感的探讨上，而是循着生态哲学和美学自身的研究逻辑逐步向前。

美国哲学家罗尔斯顿曾说："也许在动物的欢愉或笼中鸟儿的审美经验中有一些征兆，但是为了自身目的，作为有价值经验的批判性的自然欣赏仅仅在人类的意识中才会出现。"② 按他的说法，真正的审美伴随着人类意识而产生，动物则无法达到人类的审美高度。他在《环境

---

① John Locke, *Some Thoughts Concerning Education, Posthumous Works, Familiar Letters*, in *The Works of John Locke*, Vol 8, London: Rivington, 1824, p. 116.
② ［美］霍尔姆斯·罗尔斯顿：《从美到责任：自然美学和环境伦理学》，载［美］阿诺德·柏林特主编《环境与艺术：环境美学的多维视角》，刘悦笛等译，重庆出版社 2007 年版，第 155 页。

第三章　权力关系域下趣味的几种二元对立模式

伦理学》中将人和动物的情感类型进行了区分:"虽然动物也像人那样拥有情感(二者都害怕死亡),但人却拥有许多以观念为基础的情感,甚至还拥有以观念为基础的痛苦。他们拥有以自我为基础(超越了仅仅以自身为基础)的情感。"但罗尔斯顿认为并不能因此就将损害动物的行为合理化,"我们从人的优越性中推导出来的不仅仅是特权,还有责任。说人体现了最高层次的价值,这也就是在高度评价文化之善"[①]。人们在对待非人类的动物时能体现人类文化的善,罗尔斯顿将这种善上升到宇宙正义的高度,这体现了人文精神和伦理观念向自然推移的倾向,将人类社会存在的精神权力和道德逻辑依附到动物身上,这是人类文明向前推进的必然结果。然而也应该看到,进一步推进这种尝试的结果就是将人类自认为更高级的精神功能扩展到动物范围,包括审美趣味等在人类之外的存在问题。这里又涉及两个命题需要辨析:首先是人类在改造自然的实践过程中所体现的人的审美趣味尺度是否合理,另一个命题是动物趣味的说法是否成立。

一　审美改造观念与人的趣味尺度

在原始的蒙昧时期,人们有限的审美趣味就体现为支配自然的力量展示欲望以及对自然中无法战胜的事物的崇拜,这些都是人与自然二元关系中所产生的情感倾向,进一步说,前者是在征服自然的过程中生存下来的愉悦和满足,后者是对超越人的力量的自然物的敬畏和拜服。

马克斯·韦伯曾认为科学的发展给人类带来了理智化的过程,也使得人自认为具有了掌握一切的力量,"这就意味着为世界除魅。人们不必再像相信这种神秘力量的存在的野蛮人那样,为了控制或祈求神灵而求助于魔法"[②]。人类对自身理性的自信与对外部世界认知的拓展产生

[①] [美]罗尔斯顿:《环境伦理学》,杨通进译,中国社会科学出版社2000年版,第100—104页。

[②] [德]马克斯·韦伯:《学术与政治》,冯克利译,生活·读书·新知三联书店1998年版,第29页。

了面向自然的自豪感与满足感，这种情感倾向在审美上就转化为一种趣味倾向，比如，在原始壁画中出现大量狩猎、渔牧、耕作的场面，在征服自然的过程中展现自己的审美愉悦。另外，原始人在自己身上画出类似虎豹的斑纹并以此为美，还有原始图腾中所包含的蛇、鸟等动物意象，就是对自然中具有特殊力量的事物进行审美符号化后的产物，体现的是人类对自然强力的崇拜，并希冀自身在这种崇高之美的接触与传达中获取类似的力量。在这些最初的艺术形式中包含着人类最早的审美倾向，这就是审美趣味的萌芽，而这种萌芽在人类与自然的关系展示中逐渐扎下根，成为艺术和审美永恒的主题。

过去人们习惯将人的尺度作为一种不证自明的原则，很少考虑这种人类中心观念在回溯到自然宇宙本体时是否合理与合法，是否是一种强者逻辑。在这种针对动物的强者逻辑面前，被支配的一方不仅在力量上无法抗衡，而且在道义上也无法发声，因为整个的话语体系完全掌控在人类手中，人类可以用无数种理由为所享有的支配权进行辩护。亚里士多德的哲学将整个世界分成三部分：心智世界（人类特有）、灵魂（主要是动物和部分植物所具有的）以及其余的无生命的世界。笛卡尔将理性主义建立在极度区分的等级化思维基础上，他在对"心智—自然""心智—身体"进行划分的过程中，试图消除人类与动物、心智与身体之间的重叠与延续性，实现一种不可调和的分离状态。这些论述很自然地给人类俯视万物提供了看似合理的依据，整个世界最终都服从于人类的需要，以人类的尺度为依据，这种目的论成了内在于自然界等级制的一部分。按这种思路延伸，人类的审美趣味也成了人改造自然界的合理依据，自然界其他万物都要按照人类的趣味尺度被甄别、被重塑外形，其审美价值也借由人类的审美标准被估定。

欧洲现代性启蒙伴随向外殖民探险的过程，大航海时代使欧洲人的足迹遍布各大洲，各种新奇的物种和地理环境给思想家以新的视野，原先人们局限于宗教所设定的人与自然万物的关系，局限于周边地理环境

第三章 权力关系域下趣味的几种二元对立模式

中的种种物象图景,而现代性的地理开拓彻底打开了通往新世界的大门,带给欧洲人前所未有的视野拓展和精神振奋,激发出强大的朝向科学理性的开拓意志和探索欲望,18世纪法国博物学家布封在他的巨著《自然史》中充满自信地说:"只要假以时日,人就能认识一切。人甚至通过扩大自己的观察范围,从因到果那样地直接推理,就能够真实而正确地看清和预见到大自然的所有现象、所有成果。"① 布封所传达的是当时欧洲思想界普遍存在的对人类认知能力的自信,其中也隐含了以人类理性来主宰万物的意识,在向自然宇宙探索过程中,以人的理智、情感、道德观等为中心,衡量世间其他物种的价值和美丑,评判其他大陆种族的文化优劣。比如,在布封的自然研究体系中,以人性情感分析和描述动物,以动物与人的关系远近为标准划分动物的等级,尤其是判定动物的美丑,明确地代入人的趣味尺度从人类对自由的向往和对天然的追求来类比动物的外形与精神之美,人类视角和人类尺度贯穿始终。自我意识,以"我"为中心,这是17、18世纪博物学家共同法则,对动物是基于"我"作为人类的认知来进行种属分类和价值评判,这其中审美判断是重要的部分,同样地,对人类进行分类和评判则是基于"我"作为白人、欧洲人的种族身份来代入研究,与人种范畴基础上的种族意识一样,在物种理论基础上的人类身份意识总是要设定一条将"我"与"它"分开的鸿沟,在认知领域需要不断地将异族、异域整合进"我"的知识体系,而在审美领域则不断地通过"我"与他者的区分区隔来加固"我"的世界的围墙。

在人与动物的划界与区分问题上,哲学的思辨总是指向最终极的关于人的本质这一问题上,但哲学始终无法回避来自生物学(动物学)的证据,生物学正是欧洲大航海时代迅猛发展起来的。笛卡尔认为动物是没有任何直觉的能力以及智慧的,动物的行为只不过是机械行为。笛卡尔基于唯理论对人和动物的区分影响了一些人,比如后来的马勒布朗

---

① [法]布封:《自然史》,陈筱卿译,译林出版社2013年版,第174页。

士（Malebranche）将笛卡尔的理论延伸一步，否定动物拥有任何直觉乃至情感。笛卡尔关于人与动物区分的观点同样受到很多哲学家的批评，正如意大利哲学家吉奥乔·阿甘本所质疑的，笛卡尔并没有解决困扰西方思想史中人与动物的关系问题。相对于笛卡尔的理论，阿甘本引介生物学家、现代分类学奠基者卡尔·林奈关于人和动物区分的标准，对两种标准都进行了评述，认为两种理论都存在缺陷。此外，阿甘本引述动物学家尤克斯考尔的话，分析人和动物面对环境的关系以及反馈的不同，后者努力纠正人们的一个误解，即认为包括人与动物等所有生物都生存于单一的、唯一的世界中，实际上，动物与其生存环境的关系，与人类在其生活世界中与客体的关系是互不关联的，彼此并不共有同一个时间和空间，"没有动物可以进入这样与客体的关系"①。然而，无论是动物还是人，都能够感受到环境中的一些符号（动物感受的是"标记"），从而做出反应，构建各自的生态圈，这其中虽然存在"双盲关系悖论"，但正是从这种符号感知中建立起生物圈之间的联系。

生态哲学于20世纪后半叶开始兴起，对过去哲学中人的尺度进行全面、彻底的清理，反对以人来衡量万物，坚持自然尺度和生态尺度，包括人的价值观在内，都要接受生态尺度的评判，目的是使人类的价值观念和行为符合最根本的生态正义。因此，传统美学按人的趣味建构出来的诸多观念，就需要进行重新审视，顺着这个思路更进一步，生态美学就开始将动物的审美情感纳入视野，小心翼翼地开始突破动物与人之间的审美鸿沟，但这一过程难以避免地会触碰到过去形成的哲学禁区。生态哲学要彻底突破人与自然的界限并不容易，而生态美学对动物审美情感的探讨则更为复杂，因为审美意识和情感一直以来被认为是人类最高级的精神形态，审美判断能力也是人与动物区别的最后屏障之一。

---

① ［意］吉奥乔·阿甘本：《敞开：人与物》，蓝江译，南京大学出版社2019年版，第47页。

第三章　权力关系域下趣味的几种二元对立模式

二　人的本质观与人类中心论批判

然而这里存在一个绕不过去的本质性概念：即人性（humanity），它是指在一定社会制度和一定历史条件下形成的人的本性，这是一直以来人们用以区别人与自然界其他生物最终极的标准。"人性"其实是一个复杂的概念，涵盖了人类精神的各个方面，一般来说，人们将"人性"与"动物性"或"物性"相对应。

笛卡尔将人视为理性的主体，然而这种理性并不是与生俱来的显性特征，人的成长过程是不断赋得理性的过程。由此他将儿童当作动物到人的过渡阶段，要得到作为人的资格，就必须接受成人世界不断的规训，最后得以拥有理性的力量，成长为高级阶段的人。按笛卡尔理性成长的逻辑，人身上动物性到人性是由低到高的发展过程，人的自然成长带有社会属性，是不断摆脱动物性的过程。与笛卡尔的思路不同，夏夫茨伯里将人直接分为动物性和理性两部分，人所具有的和其他动物一样的一般性感官是属于动物性的，而"内在的感官"则是属于理性的部分，是人所特有的。他将人的审美能力归于"内在的感官"，也即归于理性，人类借助于"内在的感官"这种高尚的途径来体会和欣赏美。"动物性"常常被理解为一种天生的"本能"，休谟就将动物所具有的生存能力和知识归于"本能"，他说："这些知识我们叫它们为'本能'（Instincts），我们对它们一向表示惊羡，认为它们是很特殊的一种东西，认它们为人类理解的一切探讨所不能解释的。"[①]"本能"是不具有选择性和倾向性的，因此如果判定动物仅仅具有"本能"，就等于否定了动物拥有美感和审美趣味的能力。与休谟同时期的苏格兰哲学家托马斯·里德也用"本能的"来区分另一种对于美的判断，即"理性的"判断，前者存在于兽类动物和不具备理性能力的儿童当中，相对于"理性的"判断，对于对象的美"本能的"判断缺乏任何反思。里德还提出对美

---

① ［英］休谟：《人类理解研究》，关文运译，商务印书馆1972年版，第96页。

的本能感官在不同动物的物种中存在差异，而这种差异恰与每个物种的自然生活方式密切相关，形成各自物种同类相聚集的现象，进而支配着物种择偶、养育后代等行为方式。伯克是从人类的情感来区分与动物的不同，他认为动物所有的只是属于生殖欲望的情绪，说到底就是一种情欲，这是人和动物所共有的，但人类还有另一层情感，"因为人不像兽类那样是野生的，人就适合将引起他的某种偏爱的东西作为选择对象"①。伯克将爱作为人进行选择的根据，人通过爱这种混合的热情来选择自己的偏好，而这是动物所不具备的。

休谟在他的《人性论》中全面承认动物的情感和理智是存在的，他认为动物和人类一样也被赋予了思想和理性，另外指出动物情感和人类情感是相应的，同样具有骄傲与谦卑、爱与恨的情感。他将人所具有的人性比照动物性，试图解释其中的同构性和一致性，借此反驳将人性孤立化和神圣化的观点，但休谟也并非完全将人类的情感和理性与动物等同，他也将动物分为高等和低等以区别对待，同时将人类的情感和知性放在更高的位置，比如他说："这些情感的原因，在动物方面也和人类方面一样，只要我们适当地估计到人类的较高的知识和知性。"② 同样地，在谈及理性方面时，虽然他认为动物的推理和人的推理并无差别，但后面紧接着又指出动物的推理是凭经验，而不能借任何论证来形成一般的结论，另外还指出动物缺乏足够的理性，这使得它们无法感知道德的责任和义务，因此可以看出，虽然休谟将动物看成拥有人性同样的某些特征和能力，但并不能说明休谟将动物性完全置于与人性同等的高度。

在关于"人性"的描述以及与"动物性"和"物性"的区分中，一个重要的论证方式是将艺术与审美纳入人的专属本质中。德国哲学家

---

① ［英］埃德蒙·伯克：《埃德蒙·伯克读本》，陈志瑞、石斌编，中央编译出版社2006年版，第10—11页。
② ［英］休谟：《人性论》下册，关文运译，商务印书馆2009年版，第358页。

第三章　权力关系域下趣味的几种二元对立模式

卡西尔将人的本质归因于符号化，他说："我们可以说动物具有实践的想象力和智慧，而只有人才发展了一种新的形式：符号化的想象力和智慧。"① 在现代哲学批判语境中，物性是"求我生存""求我存在"，而人性则是"求我幸福"，并推己及人，实现同类之间的共同幸福。这样，人性超出动物性的幸福原则使得审美趣味似乎只存在于人性之内，康德所谓的"趣味判断的共通感"是理智上的反应，因此仅限于人类之间，这种先验的"无功利的"主观精神属性并不存在于动物身上，康德通过这种精神划界自动将动物排斥在了趣味与道德体系之外。

然而艺术与审美理论的发展中的非理性诉求使得一部分学者将目光转向艺术中"非人性"的关注，尼采的"酒神精神"映射的就是人身上所具有的动物性快感和欲望，正是这种"动物性"的存在催生了人对外界事物的审美感知："当显示了光彩和丰盈的事物迎面而来，我们身上的动物性的存在就以上述那一切快感状态所寓的那些区域的兴奋来作答，而动物性的快感和欲望的这些极其精妙的细微差别的混合就是审美状态。"② 尼采美学中的"非理性"正是与人身上的动物性密切关联，通过动物性快感和欲望达成审美的生存方式。阿多诺认为艺术实际上已经脱离了为人类服务的理念，因此他提出另一种途径："艺术只有通过非人性的诉求才能真正忠实于人性。"③ 当然，这里的目的指向还是企图恢复艺术中的人性表达，而 20 世纪一些西方艺术家为了超越人类中心主义，则纯粹倾向于一种对非人性的追求，这起自一种与人性相抗衡的理念。对此，德国哲学家沃尔夫冈·韦尔施指出这种非人性的追求不过是对人性的逆向思维，"这些努力仍脱离不开人类中心论的整体——

---

① ［德］恩斯特·卡西尔：《人论》，甘阳译，上海译文出版社 2004 年版，第 46 页。
② ［德］尼采：《悲剧的诞生》，周国平译，生活·读书·新知三联书店 1986 年版，第 351 页。
③ Theodor W. Adorno, *Aesthetic Theory*, translated by Robert Hullot-Kentor, Minneapolis: University of Minnesota Press, 1996. p. 197.

而且还经常清楚明白的回归到人类中心论中去"①。韦尔施从进化论思维和东方式的"天人合一"思维中得到启发,提出以现世之人(homo mundanus)来取代人类之人(homo humanus)作为人类的定义,指出人与所生存的世界是是参与型而不是对立型的,要将注意力从人类自我中心转向人与世界的联系上来。基于这种理念,韦尔施明确提出反对人类学美学和艺术,认为现代性给艺术套上"人类学蚕茧",将人类作为理解和衡量世界(包括艺术)的尺度与基准。因此他主张美学和艺术应超越人类学的主调,形成美学表达新的范式。他甚至举出了一些当代艺术家的艺术实践,这些艺术家已经开始做出尝试,"他们期望揭示人类与其他物种和事物(既有有机体又有无机体)的共通性本质,期望在此基础上探索新的艺术可能"②。这些艺术的理念都是强调人性和非人性的连续性,这可以看作是对现代性进程中美学与艺术脱离自然、将艺术与自然对立起来这种理念的反思,试图突破人类学美学和艺术的二元论范式,从而建立一种人类与自然一元的理论范式。

艺术和美学上的人类中心主义突出"人性"与自然其他物种的区分,由此提出人类主宰的权力具有天然合法性。艺术是人的艺术,这一观念贯穿现代性进程始终,自然物料只不过是艺术表现的载体,艺术所要传达的是人的艺术情感和审美趣味观念,这使得人类宰制权在艺术和美学领域不断延伸。"人权"是针对于人类社会关系的概念,而人类权力则是相对于人类这一种属和自然之间的关系而言的。在权力意识的演进过程中,人类对于自然中其他物种的支配权是最初的也是最基本的意识。经过中世纪的神学改造,虽然在人之上有一个全能的"上帝"在支配一切,但实际上"上帝"是被虚置的,人类的种属优越性和价值

---

① [德]沃尔夫冈·韦尔施:《如何超越人类中心主义》,载高建平、王柯平主编《美学与文化·东方与西方》,安徽教育出版社2006年版,第487页。
② [德]沃尔夫冈·韦尔施:《美学与对世界的当代思考》,熊腾等译,商务印书馆2018年版,第35页。

第三章　权力关系域下趣味的几种二元对立模式

主导性在《圣经》创世纪的传说中被定格，被"上帝"赋予了统御世间万物的权力。人类迷信、乃至迷恋自己的权力，强调按自己的意志和审美理念来改造外部世界，来使自然万物符合自己生存需要，符合自身审美趣味的标准。人类中心主义的一个重要表现是审美改造主义，强调人的趣味的神圣性，缺乏对自然的尊重，因此遭到来自生态美学、环境美学理论家的严词批判。按生态美学的观念，人类将自身趣味作为审美改造实践的唯一依据，往往会产生权力的滥用，对自然产生难以修复的伤害，比如毁坏自然风貌来建设人工景点，强行迁移异域物种进行园林绿化，选育身体有缺陷的宠物来满足人的病态趣味，这些都是对人类权力的无节制的滥用，除了对自然造成伤害，也使得人类的趣味本身庸俗化与去人性化。

三　动物美学的趣味依据

达尔文在《物种起源》一书中对鸟类的审美现象进行了一番分析，他说："我实在没有充分的理由来怀疑雌鸟依照它们的审美标准，在成千上万的世代中，选择鸣声最好的或最美丽的雄鸟，由此而产生了显著的效果。"① 达尔文通过类似的大量实证分析，得出动物具有审美感觉和趣味的结论，他在描述动物的情感时说道："几乎不容置疑的是，许多动物能够欣赏美的色彩，甚至美的形式，例如，某一性别的动物个体会努力在异性面前展示它们的美，这就是一个明证。"② 在达尔文看来，动物和人一样，都具有一定的美感和对美的形式的选择倾向，但他接下来就指出动物的心理能力（包括审美感受能力）和人类是不对等的。美国学者理查德·桑内特评述说："达尔文想展示的是动物也有情感生活，动物和人类表达情感的方式是相同的，这种一致性的原因只能通过

---

① ［英］达尔文:《物种起源》，周建人、叶笃庄、方宗熙译，商务印书馆 2009 年版，第 104 页。
② ［英］达尔文:《物种起源》，周建人、叶笃庄、方宗熙译，商务印书馆 2009 年版，第 122 页。

进化得到解释。通过展示动物中人类情感的生理基础，达尔文希望将他的进行理论应用到'价值和宗教信仰'的进化领域。"① 达尔文在进化论的理论前提下，所要证明的只是动物有审美的能力与倾向，但并不认为已经达到人类的高度。达尔文并非专门的美学研究者，对他本人而言，也无意在这方面进行更深入的理论建构，然而由于他的论述具有科学实证精神，因此对相关美学命题的研究产生了一定的影响。

当代艺术和美学将人类中心主义押上美学批判的前台，把人的审美主体性放在与自然生态平等和谐的角度下考察，这往往产生两种倾向：一种是对人的审美主体性的消解，另一种则是审美活动的泛主体化，抹平了人对审美活动的独断地位。韦尔施提到当代艺术尝试弱化或消解人的主体性的一些探索实践，包括"生物艺术"这种实践方式，其中生物体"不单单是艺术的对象，而且还是活生生的生命"②，其本身具有讲述和生发意义的功能，强调了人性与非人性的连续性。此外，如果循着生态美学的发展思路，审美趣味的主体延伸到自然万物，尤其是动物群体，因此而产生动物趣味的概念。近些年有东西方学者提出动物美学的话题，意图打破人类对审美的垄断，为动物审美的存在寻找依据，这样就自然地牵涉到动物审美趣味的命题。在美学的框架下，动物趣味这一概念究竟是值得关注的命题，抑或是一个伪命题，需要结合美学史和审美实践进行辨析。

美国学者罗伯特·乔伊斯（Robert Joyce）20世纪中后期明确地提出了动物美学（Animal Esthetics）的概念，他认为将动物艺术作为背景纳入人类美学的思考范围是有必要的，"美学的彩虹跨越人类以及除人类之外的整个动物王国。我们能够欣赏一只画眉鸟的美妙歌声和一只蝴

---

① [美]理查德·桑内特：《公共人的衰落》，李继宏译，上海译文出版社2014年版，第237页。
② [德]沃尔夫冈·韦尔施：《美学与对世界的当代思考》，熊腾等译，商务印书馆2018年版，第37页。

第三章　权力关系域下趣味的几种二元对立模式

蝶的绚丽色彩，就像是人类艺术作品一样"[①]。他受到达尔文的启示，认为动物本能的应激反应相当于人类的情感反应，动物也具有一定的审美交流。同时，由于动物的审美交流多源自性选择和繁殖的动机，因此相对人类来说具有局限性。他认为现代科学和艺术的分离造成了人类和自然的疏远以及对自然资源的盲目开发与滥用，而艺术和美学能够沟通协调人类与其他生命的情感联系，这是他所认为的动物美学的意义所在。

动物美学命题的提出，这在扩大美学论域的方面还是具有一定开拓价值的，另外可以促进人类对自然界其他生命的剥夺与支配行为的反思。然而首要的问题是，审美趣味这一语词的所指仅仅涵盖人类的审美活动，其主体并不包含除人类之外的其他生物，所谓动物"审美趣味"的提法自然会遭到语言能指和所指方面的质疑。从语言的表达逻辑上来分析，动物趣味将人类的审美趣味在语言的纵坐标轴上进行了替换，但"趣味"一词本身就内在地含有人类属性的意义，这与"动物"一词的所指域产生龃龉，在语言的组合逻辑中并不匹配，很容易被当成一种伪命题。因此，动物趣味的提法是否成立，首先必须要解决概念本身的表述问题。

其次，要确立动物美学这一主题，就必须对整个的哲学和美学体系进行改造，因为之前几乎所有的哲学和美学理论都是建立在对人的关注基础上，其价值主体和精神旨归都体现在人的自然属性和社会属性上面。而动物美学的提倡者将动物置于趣味的主体位置，这本身对传统哲学和美学中人的主体性概念就是一种颠覆，这种颠覆所包含的不仅是要破除哲学、美学作为人学的旧体系，而且还要寻求动物作为审美主体的合理性。这对于当代生态美学的发展来说，都是一个需要进一步研究论证的话题。

[①] Robert Joyce, *The Esthetic Animal—Man, the Art-Created Art Creator*, Hicksville, New York: Exposition Press, 1975, p. 10.

最后，从精神活动本身看，动物是否具有人类审美活动所具有的智力水平和情感丰富性，本身就是一个存有疑问的问题。动物是否存在类似人类的审美活动和审美趣味，现在有学者从生物学和美学等不同角度进行了辨析和研究，其实早在18世纪，休谟在《人性论》中就通过动物和人的生理比较来佐证动物理性与情感的存在，现代许多学者则引入临床神经学、实验心理学、文化人类学等研究视角和研究方法来对动物的所谓审美活动进行考察，然而，自然科学的成果与方法是否能够有效且合理地解决审美问题，这也存在诸多争议。就目前来看，所有"动物美学"的提法其实还是"人"的美学，是人观察动物符合美的规律的种种行为，这种美的规律是人设定的，至于这一规律是否具有自然界的普泛性，这就涉及美本质问题的探讨。

颠覆人类作为趣味主体的地位，本身并不能带来人们对所谓的动物审美活动以更多的理解与关注，按照后现代消解一切的思路，一种体系的崩塌往往并不意味着另一种体系的建构，动物美学、动物趣味如果仅仅是概念的嫁接，如果仅仅是一种新奇的提法和一种意欲消解人类中心主义的手段，那么这种命题的提出和探讨就失去了更充足的价值与意义。至于动物美学和动物趣味命题是否能够在哲学和美学思辨中站得住脚，是否能够在价值观念和审美理念上成为一种新的思考路径，这都需要美学后续的研究实践来进行具体的分析和验证。

第六节 城市和乡村：乌托邦与反乌托邦

城市和乡村不仅在自然景观、生产方式、日常生活方式、社会组织形式等方面具有截然不同的特征，而且在精神生活尤其是文化趣味方面也存在很大的差异。审美趣味的权力结构所包含的二元关系，包括城市与乡村在趣味层面上的对立。自古以来，城乡环境都被赋予不同文化气质而成为审美比较的一个重要维度，这种城乡美学比较掺入了不少复杂

第三章　权力关系域下趣味的几种二元对立模式

因素，而且随社会时代的迁移而呈现不同的观念，其中最重要的因素是经济形态演变所带来的财富基础变化，对城乡审美面貌起到了至关重要的作用，这种关联在社会生产转型过程中体现得尤为显明。如果将城乡审美趣味差异的变迁过程放在一个广阔的历史发展语境下来分析，将会发现每一阶段城乡趣味的关系都打上了浓厚的时代印记，尤其是近代以来西方资本主义的兴起以及工业化进程，给城市和乡村的趣味结构以及价值观念带来了深刻的变化。

一　城市化兴起与城乡趣味关系演变

近代资本主义发展伴随着城乡精神文化生活方式和价值观念的巨大变化，这种变化打破了原有的审美文化格局，不仅消融了传统乡村审美价值，而且催动城市审美观念的快速变换。就像法国哲学家加布里埃尔·塔尔德所说："在民主政治时期，大城市取代贵族而成为模仿对象，其作用与贵族相仿。"① 近代工商业资本主义在城市膨胀过程中，民主政治也率先在城市中发展形成，新阶层也随着城市财富增加和民主政治运作而成为城市审美文化变革的中坚力量，巴黎等欧洲大城市的新兴阶层不仅在政治和经济上挑战贵族的影响力，在审美生活上也形成了足以令人艳羡的风尚。城市资产阶级在工业生产链条中获取源源不断的财富，这带来生活欲望的膨胀，在服饰打扮、居住装饰、艺术消费等方面试图打破仪轨，挑战封建时期以土地为物质基础、以乡村贵族生活为精神风尚的审美价值观念，一定程度上使原先的贵族审美黯然失色。然而，这一过程也必然会带来强烈的反弹，比如，近代欧洲资产阶级在审美文化上的兴起过程曾经遭到传统乡绅阶层及其利益群体的强烈抵制，他们恪守着古老的乡村贵族价值理念，批判与对抗城市工商业资本笼罩下的种种审美现象和审美观念。

---

① ［法］加布里埃尔·塔尔德：《模仿律》，何道宽译，中国人民大学出版社2008年版，第161页。

审美趣味与文化权力

随着金融和工商业资本主义的兴起，城市快速崛起和扩张，城市和乡村两级在政治、经济和文化上的对立日益凸显，许多现代性矛盾在城乡二元体制中体现得尤为明显，审美文化的现代性转变也在城乡变迁中得到集中的映射。由于英国是最早进行工业革命的国家，所遭遇的城乡审美对抗也就比较激烈，而且深度地融入了时代巨变种种力量错综复杂的博弈过程。从 17 世纪末到 18 世纪，英国在政治制度和社会产业上的变革逐渐向社会阶层关系传导，进而带动以近代工业化城市为核心的消费文化发展，对整个社会审美文化形成深刻影响。英国自 1688 年"光荣革命"之后，在社会政治层出现了乡村土地产业与城市金融资本之间的利益之争，其中一方为代表土地贵族和富裕自耕农利益的托利党人，另一方则为代表伦敦金融资本的辉格党人，正是这最初的党派利益之争形成了后来两党制的基础，放在特定历史背景下看，这种政治斗争与当时英国社会深刻的社会变化相关联，尤其是因土地之于乡村、工商业与金融之于城市的天然关联，将经济利益与政治地位之争延伸到城乡二元关系中，马克思在分析英国这段历史时说："1846 年废除谷物法，只是承认了一并既成的事实，承认英国市民社会的成分中早已发生的变化，这就是：土地占有的利益服从于金融集团的利益，地产服从于商业，农业服从于工业，乡村服从于城市。"① 在当时已然发生变化的社会环境下，秉持保守主义的托利党人倾向于阻碍城市中发生的某些变革，试图维持逐渐失去原有社会基础的政治、经济权力及文化权力，英国历史学家汤普森分析 19 世纪初英国社会时说，"老派的托利党乡绅"是维护旧习俗的重要力量，并用惩罚手段维护自身的生活方式，"他们住得离工业中心越近就越珍惜自己的隐居生活和特权"②。一方面，正如马克思所说，历史潮流难以阻挡，背道而行必然会以失败而告终，而

---

① ［德］卡尔·马克思：《英国的选举——托利党和辉格党》，载《马克思恩格斯全集》第八卷，人民出版社 1961 年版，第 382 页。
② ［英］E. P. 汤普森：《英国工人阶级的形成（上）》，钱乘旦等译，译林出版社 2013 年版，第 481 页。

第三章　权力关系域下趣味的几种二元对立模式

且还将导致社会发展的危机;然而另一方面,基于英国当时社会阶级的复杂状况,成分复杂的辉格党同样未能赢得全社会人民的好感与支持,"英国人民群众一向以富有健全的审美感著称……英国的人民群众,城市和农村的无产阶级,和托利党一样仇恨'大富商',也和资产阶级一样仇恨贵族"[①]。从民众视角来看,无论土地贵族还是金融资本家,他们争夺权力的行为都是有产者的游戏,并不代表最底层民众的利益。继承乡村土地产业的旧贵族和兴于城市的资本家,在乡村与城市这两级围绕政治权力以及文化权力展开争夺,但对于无论生活在乡村还是城市的底层人民来说,都同样难以摆脱被支配与被剥夺的命运。

这段社会变迁过程和政治斗争历史对于英国思想史的发展非常重要,一批深具影响的思想家参与其中,比如,夏夫茨伯里的祖父夏夫茨伯里一世就是当时辉格党的创始人之一,而洛克、伯克等人都是辉格党人。作为这段权力斗争的延续,至18世纪后半叶,随着重商主义思潮在英法等国占据上风,一批启蒙主义思想家如亚当·斯密、休谟、孟德斯鸠等人开始深入政治经济学领域,分析资本主义经济和社会发展动向,阐述商品贸易、货币信贷等商业资本运作模式及其对社会公共关系的导向效应,而正是这批思想家,敏锐地抓住资本主义社会发展的前端环节,形成深具启蒙意义的精神内核,对当时的哲学与审美文化产生了深远的影响。如果单从思想文化角度进行考量,辉格党与托利党在政治舞台上的长久博弈,仅在某个角度上折射出特定历史时期乡村社会与城市社会在人文价值和文明内蕴方面的冲突,这种冲突在英国近现代历史上其实是一个延续性的话题,与资本主义政治、经济以及文化发展相始终,不仅清晰地反映出社会各阶级、阶层在社会历史演进中的面貌角色,而且影响到不同时期文学艺术的多个层面,包括呈现于艺术作品中的乡村趣味的乌托邦幻想以及都市审美趣味的文化批判等,都在艺术家

---

① [德]卡尔·马克思:《英国的选举——托利党和辉格党》,载《马克思恩格斯全集》第八卷,人民出版社1961年版,第386页。

对人审美生活的描绘与表达之中显现出趣味的时代特征。此外，在其他欧洲国家，尤其是法国在18—19世纪现代性社会转型过程中，乡村文化和城市文化之间也形成一种突出的矛盾，乡村趣味与都市趣味的二元关系也变成社会批判与文化批判的话题之一，而且，对城市物欲化审美趣味的批判，也常常结合了乡村田园趣味的描写，两者的对照暗含着一种批判的态度。

城市文化的兴起是与现代性进程同步的，在城市生活中形成的审美趣味以及围绕城市主题的审美活动是审美现代性的重要表征。随着乡村的没落，城市文明以不可阻挡的势头成为现代性转型过程的重要注解，在欧洲，巴黎、伦敦、罗马等一批引领文化风尚的都市，吸引了艺术和文化向这些城市集中。人们在城市中举办各种类型的文化沙龙，开设剧院、画廊，建立艺术馆、博物馆，成立各种联盟组织与艺术家协会，开展艺术文化知识的教育，这些都构成了现代艺术文化体系的关键环节。这样，城市在场所设置、资金投入、人才集聚等方面所具有的优势使其占据了社会文化的高地。自18世纪开始，欧洲这一批都市在现代性进程中被不断地附魅，文化的光晕扩大吸引了大批人才，而文化人才的聚集又持续而有效地维持了这种光晕效应存在的基础，形成互为因果的关系。以巴黎来说，这座城市在中世纪乃至文艺复兴时期仅仅是一座重要城市，并没有被赋予现代神话式的文化意义，巴黎被神话的历史正是在"第一次现代性"过程中开始的，属于一种全新语境下的神话，就如法国学者帕特里斯·伊戈内（Patrice Higonnet）所说："巴黎——知识界之都，这就是最早的巴黎神话，是从一座普通城市变为新现代性城市的神话，是一个在旧废墟上建立起来的新意识形态的神话。"[①] 现代性进程中，巴黎开始时尚文化都市的华丽演变，尽管法国的一批重农主义者仍然将乡村的经济与文化价值放在首要位置，但现代性让城市的魅力变

[①] 帕特里斯·伊戈内：《巴黎神话——从启蒙运动到超现实主义》，喇卫国译，商务印书馆2013年版，第24页。

第三章　权力关系域下趣味的几种二元对立模式

得无法阻挡,尤其是巴黎这样被高度集中地作现代性想象和描述的城市,像磁石一样吸引着知识文化精英。当时一批启蒙思想家虽然对巴黎的罪恶和堕落大加鞭挞,但给他们提供思想生发与辩驳的舞台正是巴黎这座所谓的"罪恶之都",狄德罗在《大百科全书》中赞美人类"普罗米修斯式的纯朴",但他的作品实际上更多地描绘了城市人的生活场景;卢梭极度痛恨巴黎的种种堕落现象,但他在《新爱洛伊丝》《爱弥儿》等作品中传达的是对巴黎又爱又恨的复杂情感。在现代性语境下,巴黎、伦敦等城市形成巨大的文化虹吸效应,社会趣味观念被政治权贵和资本家、城市的文化精英操控,通过遍布城市的书报媒体、文化沙龙等途径加以放大,并扩散到城市以外的广大地区。而且,前现代时期艺术赞助机制的终结正是在具有现代性的城市中完成的,根据本雅明的描述,知识分子(艺术家)以"闲逛者"的身份走进市场,为自己的作品寻找买主,虽然没有完全脱离赞助人的掌控,但已然在试图熟悉城市中的市场,向市场靠拢[①],欧洲这些在现代性中实现文化转型的都市形成的一整套艺术和生活趣味观念,相对中世纪式的乡村占据了文化上的主导性,并随着城市文化地位的巩固而越来越显明地为现代性的逻各斯进行注解,最终成为现代性元叙事文本中的一部分。

二　城市趣味批判与乡村趣味乌托邦

随着工业化进程不断加速以及现代性持续推进,乡村贵族精神和趣味逐渐成为过去式,与此同时,城市逐渐成为各类美学观念生发的源头以及各种审美趣味争论的中心,形成整个社会文化关注的焦点,同时也成为艺术表现的对象和社会文化批判的标靶。

西方启蒙现代性伴随着对城市的批判,许多思想家和艺术家关注着城市对文化趣味发展的"几宗罪",所列举的都是资本主义常见的病

---

① [德]瓦尔特·本雅明:《巴黎——19世纪的首都》,刘北成译,上海人民出版社2006年版,第20页。

症，比如：城市会造成一种虚伪与浮华的风气，使人的个性不断泯灭，使生活在城市中群体的文化趣味庸俗化和同质化；等等。显然，城市被当作集中体现现代性种种弊病的场所，思想家常常将对现代性的批判寄于现代城市的批判，艺术家们则通过一系列意象的塑造，对城市中所出现的趣味沦丧、人性堕落现象进行挖掘与描述，基于这种语境，城市趣味也就成了现代性批判的重要对象。总体而言，在19世纪欧洲现实主义文学中，城市美学图景和审美趣味是被批判的对象，呈现的是都市文化交际场中的种种伪善做作和虚情假意，揭示了上层有钱有闲阶层灵魂空虚堕落的情状以及社会文化趣味病态与残损的形态。在批判现实主义小说家狄更斯、巴尔扎克等人眼中，都市是罪恶的渊薮，他们笔下描绘的都市是奢侈与穷困、浮华与落寞、寻欢作乐与悲苦穷愁的两极，人性的种种弱点在城市这个巨大的场景中展露无遗。比如在法国，巴黎被作为时尚高雅的文化标杆，受到人们尊崇，巴黎之外的所谓"外省人"则被冠以俗气乡下人的蔑称，这在巴尔扎克的"人间喜剧"中呈现得十分清晰，他的小说中塑造的主人公拉斯蒂涅作为外省小贵族来到巴黎，急于摆脱身上散发的乡间土气，模仿城市中所谓的高雅趣味，投身都市巨大的名利场中，其中讽刺的意味十分明显。在巴尔扎克笔下，这种由乡下人到都市人的转变过程带来的是良知、道德的丧失与人性泯灭，呈现出的是都市中的投机倾向与功利思想对人精神上的腐蚀和伤害。这种所谓的都市趣味，披着高雅的外衣，实际上是以地位与金钱为衡量标准，带着对底层民众深深的偏见甚至蔑视。如果揭开这层画皮，就显露出都市中种种追名逐利、寡廉鲜耻的嘴脸，并形成风尚以此诱导青年子弟滑向堕落的深渊。

　　法国诗人波德莱尔被认为是现代主义文学的第一人，他诗歌中19世纪的巴黎显现出种种对立的场景和现象，城市中光怪陆离的景观让诗人迷醉，而背后隐藏的种种问题同样触目惊心，比如街景光鲜亮丽，却又肮脏阴暗；人们喧嚣热情，而又阴郁消沉；社会变化成就各行业的

第三章　权力关系域下趣味的几种二元对立模式

"现代英雄",却又充斥着种种堕落罪恶,这与早期现代性转型中知识界、艺术界对资本主义工业社会发展的矛盾心理是一致的。根据本雅明的分析,波德莱尔的现代性预言一方面是将古典时代的颂歌和悲剧精神重塑为现代英雄诗歌①,另一方面又始终坚持对城市种种堕落与罪恶进行毫不留情的文化批判,正如诗人班维尔在波德莱尔墓前的献词中所说:"他接受了现代人的全部,包括现代人的弱点,现代人的抱负和现代人的绝望……他由此揭示了现代城市的令人悲哀并且常常是悲剧性的核心。"② 如果说在西方19世纪资本主义城市的恢宏图景能给人一种英雄史诗般的浪漫印象,并激发艺术家的描绘热情,那么20世纪城市只给人以冷漠、晦暗、嘈杂、罪恶等种种负面的印象,一方面是由于人们对城市的现代场景与机械生活产生疲倦,另一方面是城市社会中积累已久的压抑使人们对城市产生抗拒。齐美尔曾批判城市生活与文化使人的个性泯灭:"大城市充满着具体的无个性特点的思想……个人的生活变得极为简单,个人的行动、兴趣、时间的度过以及意识都要由各方面来决定,他们似乎被放在河面上托着,几乎不需要自己游泳。"③ 人们对都市趣味产生依附心理,促使欲望不断膨胀,从而远离质朴本性、走向人性泯灭,城市里长期灯红酒绿的生活,对人的生理和心理健康都产生腐蚀和伤害,尤其是使人们习惯于消费工业化的文化产品,从而丧失独立的趣味判断能力。

然而审美文化史具有复杂性,并非遵循一种固定原则而呈现线性的发展轨迹,其中有无数波澜甚至各种反复的情形出现。在精神文化演化轨迹上,城市文化的崛起并不代表乡村文化的消亡或沉寂,相反,在审

---

① [德]本雅明:《发达资本主义时代的抒情诗人》,生活·读书·新知三联书店1989年版,第101页。
② 转引自[美]马歇尔·伯曼《一切坚固的东西都烟消云散了——现代性体验》,徐大建、张辑译,商务印书馆2003年版,第169页。
③ [德]齐美尔:《桥与门——齐美尔随笔集》,涯鸿、宇声等译,上海三联书店1991年版,第277页。

审美趣味与文化权力

美现代性进程中，城市趣味的强势压制往往会导致乡村趣味强力反弹，这种张力作用体现在多个方面，其一是来自城市文化自身的反思、斗争与消解；其二是来自传统乡村文化的抵制。法国历史学家费尔南·布罗代尔认为随着城市工商业的发展，乡村生活方式也在发生变化，这是"城市奢侈生活的反映和后果"，由于土地对贵族头衔和地位的特殊意义，以及乡村优雅环境的吸引力，贵族和资产者会将城市里积累的财富投向周边的乡村，布罗代尔指出，这种"返乡现象"在西方非常普遍，"乡村沦为了城市的殖民地"，贵族和资产者兴建乡间别墅，维持乡间的城堡，维持奢侈的生活方式。①

城市给资本提供了绝佳的逐利舞台，但又因催生一系列价值和道德问题而受到思想界、文艺界的严词批判，在这种情况下，乡村文明自然就被当作城市价值扭曲、道德沦丧的对照而被附加一层理想化的"光晕"，成为安闲宁静、淳朴自守的价值理念和生活趣味的象征，这实际上是对逝去的生活方式的一种心理补偿，也是对现实社会的价值排斥。对现代性的文艺批判和思想批判集中到城乡问题时，基本是循着这个理路，用来自遥远乡村记忆拼凑而成的模糊意象，对抗现实中冷冰冰的城市伦理以及围绕在各种权力、各色资本周围的城市趣味，其实说到底也是落入了非此即彼二元论思维的窠臼。以现代文化观念来审视城乡变迁，城市文明迅猛扩张造成失却了前现代荣誉感的土地贵族深刻的精神危机，他们对逐渐消逝的乡村文化价值及生活秩序无比怀念，在文化上形成深切的感伤情调，影响了后来英国文学文化的基调。到18世纪末、19世纪初，文学上浪漫主义逐步兴起，一批英国浪漫主义诗人倡导田园牧歌式的乡村趣味，追求宁静安适的乡村生活情趣，创作摹写乡村风物情状的诗歌。"湖畔派"诗人威廉·华兹华斯（1770—1850）、萨缪尔·柯勒律治（1772—1834）以及罗伯特·骚塞（1774—1843）都曾

---

① ［法］费尔南·布罗代尔：《15至18世纪的物质文明、经济和资本主义》，顾良、施康强译，生活·读书·新知三联书店2002年版，第330—331页。

第三章 权力关系域下趣味的几种二元对立模式

远离城市，沿湖而居，明确表示对资本主义城市工业文明的厌弃，竭力讴歌乡村优美的田园风光和宁静生活。这种对存于中世纪宗法制乡村生活的缅怀情思以及乡村趣味的诗意表达，背后体现的是从社会政治漩涡中心退守自持的态度，以及对城市种种污秽现象的批判。华兹华斯在 1800 年《抒情歌谣集》序言中对他的诗歌作出如下一段说明：

> 我一般地是选择卑微的和乡村的生活，因为在那种情况下，心灵的主要激情找到了它们可以在其间成长的更好的土壤，而且更无所拘束，能够说出更明白更有力的语言；因为在那种生活的情况下，我们的各种基本感情都是以更纯真的状态一起并存，从而可以更精密地默察，更有力地传达出来，因为乡村的生活方式就是从那些基本感情中萌芽的，而且由于乡村事务的必然性，是更容易领会而且更能耐久；最后一点，因为在乡村情况中，人们的激情往往与大自然的美丽而恒久的形式结合起来。①

这代表了那个时代浪漫主义诗人的一种普遍观念，即将抒情的基点放在自然美景与乡村生活情调的赞赏中。华兹华斯还表示，自己对乡村趣味的追求还包括采用与乡村风格相适应的语言，同时批评那些试图脱离人类同情共感的诗人，他们沉迷于创造任性且武断的表现习惯，"以餍足爱恶无常的趣味和爱恶无常的胃口"。由此可见，在浪漫主义诗人的情感表现理念中，乡村趣味代表一种持久、恒常且带有温度的趣味形态，具有治愈创伤和纯化心灵的作用，所体现的是质朴、少虚荣而且更富蕴涵的价值理念。

联系具体情境，还应该注意一个事实，即浪漫主义诗人用以寄托价值和情思的乡村趣味，并非在乡村生活的所有人中间都能具备，柯勒律治曾说："并不是每个人都能从乡村生活或乡村劳动中有所获益。倘使

---

① [英]华兹华斯：《抒情歌谣集》序言，载《缪灵珠美学译文集》第三卷，缪灵珠译，中国人民大学出版社 1998 年版，第 5 页。

审美趣味与文化权力

大自然的变化、风光、景物能够成为有力的刺激,则必须先有相当的教育,或者天赋的敏感,或者两者兼而有之。"① 真正的乡野之民,在诗人眼中其实很多都不具备足够的审美能力,就像庄子所说的"瞽者无以与乎文章之观,聋者无以与乎钟鼓之声",因而虽生活在乡村,却谈不上具有美妙的乡村趣味。乡居之民常年为生存而劳作,并非以特定趣味教养为目标而生活,因此,浪漫主义诗人所谓的乡村趣味实质上还是接受过教育的乡村有产、有闲阶层文化消遣的产物。柯勒律治也承认,诗之为诗是理想的,而诗中所写人物必然会带上某种阶级的类型特征与共同属性,牧童、舟子、乡村牧师等,他们的情趣和态度都是所在阶级共同生长环境的产物。从柯勒律治的话语中可以看出,至少在浪漫主义诗人的笔下,乡村趣味并非是纯然脱离阶层观念与社会权力语境的审美精神形态。

随着历史步伐向前推进,现代性深入扩展其边界,整个社会在完成工业化甚至是后工业化转型之后,乡村文化逐渐式微并沦入城市文化控制场域,原先的乡村文化趣味主体已失去与城市文化价值相抗衡的文化价值生产基础,因此对城市趣味的精神抵制已远远超出原先乡村趣味主体力量范围之外。在新的历史条件下,城市趣味借助资本和市场牢固树立了中心主义的支配性思维,将广袤的乡村裹挟进城市所主导的文化消费大潮,原先的乡村趣味在城市文化冲击下变得越来越萧索寂寥,逐渐失去了原有的自在品格和自适的姿态。在这种情形下,乡村趣味是否必然走向消亡了呢?文学艺术所呈现的事实却并非如此,乡村趣味一直都得到精心的呵护与照料,或者以另一种精神寄托的方式得以传递,并未失去它在文艺话语中的力量。出现这种情形主要是由于城市自身文化趣味的分裂与反思、反省,带有想象意味的乡村趣味被借用作为城市趣味进行自我批判和自我消解的武器,真正恪守乡村原初文化趣味的人反而

---

① [英]柯勒律治:《文学生涯》,载《缪灵珠美学译文集》第三卷,缪灵珠译,中国人民大学出版社1998年版,第40页。

第三章　权力关系域下趣味的几种二元对立模式

在权力场域博弈中成为缺席的、不在场的话语主体。乡村图景被城市文化批判者们出于反叛动机随意描画，虚构出乌托邦式的诗性空间，成为演绎"回归"情结和"乡愁"记忆的道场，就像赵静蓉教授所说："在这些人的现实生活中，'乡村'似乎已经消失了，但'乡村'又始终存在着，'乡村'转变成一个个故事、一幅幅画面或场景、一种口味或习惯、一丝淡然无形却始终无处不在的感觉。在城市渐变为某种综合性的意向性对象的同时，乡村也逐渐模糊化为某种'想象力的产物'。"①"乡愁"母题在各个时期文学艺术作品中不断复现，也与乡村趣味本身所啮合的价值持守理念以及所标定的道德自赏行为紧密相关。现代性碾过乡村社会的传统，使城市摆脱种种精神束缚，却也造成都市生活的混乱、苦涩、焦虑与绝望，使得在都市中生存的艺术家与思想家将解脱苦闷诉诸一种过去的、想象中的、非城市化的空间与时间记忆，建构出种种田园诗式的超验图景，常常表现为对城市文化离散、断裂所产生张力的极限忍耐，以及对乡村趣味所关联的宁静素朴原型意象的无意识回归。

此外，自20世纪中后期开始，西方进入后工业社会，普遍存在逆城市化的现象，这种逆城市化现象往往和种族、阶层、宗教等方面的隔离问题纠缠在一起。美国学者布莱恩·贝利以美国城市发展为例，分析逆城市化的潜在动因，通过数据分析，他发现种族问题成了城市重要的过滤因素，黑人人口膨胀，会直接导致中心城市总人口急剧下降，这种"极化现象"在美国已普遍存在。贝利分析，白人郊区化趋势的原因很复杂，收入增加、休闲时间增多、种族隔离都是重要因素，其实都可归结为生活方式的重新选择，"拥有较多财富和闲暇时间的人们趋向于在有山、有水、有森林的偏远环境中居住和工作。同时，这也是大多数人

---

① 赵静蓉：《文化记忆与身份认同》，生活·读书·新知三联书店2015年版，第88页。

的理想"①。因此可以看出，无论城市趣味与城市文化如何发展，包含在另一种生活方式之中的乡村趣味作为审美乌托邦的现实镜像，一定程度上满足了人们的审美想象，因此尽管随着时代的发展，许多趣味价值观念都不复存在或者改换面目，但乡村趣味最原初的美学蕴含填补了现代城市生活的种种审美缺憾，因此将得以永久地持存。

三 构建城乡趣味的连续性

审美趣味包含多重文化信息，包括地域风俗信息、种族信息、性别信息以及时代风气信息等，在人类的文明进程中，城市和乡村趣味不断地在多层面的文化背景中演绎、发展、积淀，形成某些可以抽象出来的气质。乡村在许多田园式抒情艺术中带有闲散、古典的气质，城市也在寻求自身的美学定位，加拿大学者贝淡宁认为，"（城市）气质能使得社会生活更具价值和趣味的多样性"，拥有独特气质标识的城市，"往往拥有国际性声誉，并且能吸引那些在很大程度上就是因为这种精神气质前来的游客和居民"②。然而城市和乡村在现代性进程中造成了文化上的撕裂，彼此之间的美学审视都掺杂了过多的想象，并未达到真正的理解以及理解基础上的欣赏。

从艺术效果与艺术真实的角度进行分析，乡村趣味作为代言体存在于文学艺术作品中，也会产生一系列问题。首先，相当大一部分乡村趣味的鼓吹者与阐释者实际上是居住在城市的，生活在城市文化圈当中，这种身份错位使得他们对乡村趣味的演绎基本是来自间接的经验，不是来自乡村生活的原生体验，并未真正融于乡村的水土风物中。这样就难免会出现基本素材缝缀拼接式的叙事模式、纯粹理想化的抒情方式以及

---

① [美] 布赖恩·贝利：《比较城市化》，顾朝林等译，商务印书馆2010年版，第62—63页。
② [加] 贝淡宁、[以] 艾维纳：《城市的精神》，吴万伟译，重庆出版社2012年版，第6页。

第三章 权力关系域下趣味的几种二元对立模式

隔靴搔痒式的评论方法,不仅体现为生活经验上的"隔",还是一种审美情感上的"隔"。其次,乡村艺术如果脱离了乡村真实鲜活的生活场景,就会显得做作虚假,使乡村趣味彻底沦为商业宣传的噱头和工具。比如,在文化旅游市场,关于乡村的文字描述被包装出文艺情调,乡村趣味实际成为市场营销的彩虹笔和擦脚布。许多商业广告都打着乡村民俗的旗号来达到炒作目的,却遮蔽了乡村趣味最为本真的文化价值。此外,乡村趣味的代言体作品非常容易误导受众的判断,使他们误以为这就是原汁原味乡土气息的真实映照,其实这种虚构的乡村风情仅仅是迎合受众既有的审美期待,实质上取消了真正乡村文化主体的艺术话语权,阻断了来自乡村的文化趣味及其价值理念的传播路径。比如起于20世纪20年代的美国乡村音乐,至五六十年代追随听众进入城市,被纳入流行音乐序列,音乐元素越来越复杂,也不同程度地洗刷了来自乡间的"土气",人们担心,如果受城市文化影响而过度商业化,无法排除城市趣味的干扰,就会失去其原初素朴的风格以及深蕴着乡村人情风物的独特魅力;另外可以列举的一个例子是赵本山导演制作的电视剧《乡村爱情故事》,一些电视评论家批评它传递的是一种"伪"乡村风情,是以城市人的心态和趣味来编造乡村的生活故事,臆想乡村生活情趣。① 现代消费文化快餐式的生产模式往往透支了乡村趣味来自土地的厚重感和原生态的乡土韵味,使乡村意象成为与城市意象相对照的空洞符号式存在,而这些文化产品对乡村趣味的想象式演绎,实际上缺乏对乡村生活的足够尊重,增加了城乡之间的误解和隔膜。

面对现实存在的城乡趣味二元现象,美学学者高建平教授认为,需要建构一种新的美学,致力于拆除横亘在乡村文化与城市文化之间的城墙,同时关注乡村与城市在文化趣味上的连续性,"新美学的建构,要

---

① 参阅赵晖、曾庆瑞发表在《浙江传媒学院学报》2010年第4期的文章《拿什么样的批评奉献给中国电视剧?——从〈乡村爱情故事〉研讨会引发的文化事件说起》,以及张立发表在《文艺报》2010年3月22日的文章《电视剧〈乡村爱情故事〉乱点鸳鸯谱》。

从这种连续性开始"①。过去我们习惯于用二元对立的思维而不是从文化连续性上探究审美趣味,最终必然是缺乏彼此之间的包容,形成对抗格局。德国哲学家哈贝马斯对包容文化趣味上的"他者"表示赞成,肯定了主流文化之外其他文化的价值,但他同时认为:"不同种族共同体、语言集体、宗教群体和生活方式之间的平等共存,不能以社会的零散化为代价。痛苦的分离过程不能把社会分解成无数相互隔离的亚文化。"② 文化趣味上的二元论思维会导致整个社会文化无限细分为无数层级,每个层级都以趣味独立为名相互设置篱障,虽满足了多元化的诉求,却使得社会文化日益细弱散乱,失去凝聚的力量和互通的基础。

城市文化和乡村文化应被看成各具独特气质而又相互理解、相互包含的两种文化形态,在两者之间,我们应该看到有无数的桥梁相连,而不是被无数的沟壑隔断,只有回到城乡审美连续性的思路上,城市趣味才不至于被孤立和异化,乡村趣味才不至于被悬置和消费化,城乡之间才能够回归文化精神上的血脉联结。

---

① 高建平:《美学的围城:乡村与城市》,《四川师范大学学报》(社会科学版) 2010年第5期。

② [德]尤尔根·哈贝马斯:《包容他者》,曹卫东译,上海人民出版社 2002 年版,第 167 页。

第四章　文艺趣味与权力冲突：艺术之辨

审美趣味成为现代启蒙话题的过程，就是艺术现代性的过程。艺术作为审美元素最集中的体现形态，最能敏锐且最有代表性地反映审美趣味与文化权力之间的种种复杂演变关系。如果要深入了解审美趣味和文化权力两者演变过程中的动态关联以及各个时代语境下特殊的静态关系，必须要结合艺术理论与艺术审美实践进行具体细致的考察，其中涉及艺术发展中权力演进的轨迹、艺术高低雅俗的划分、艺术经典的建构与消解等命题，需要引入美学的视角进行深入思辨。

第一节　艺术发展与权力演进

艺术发展与整个社会的风貌特征与变革轨迹息息相关，如前所述，社会权力（包括经济、政治和文化权力）在审美活动中形成不同阶层之间逐渐清晰起来的区隔与控制关系，而这种社会权力在不同历史时期逐步演化，推进了审美趣味层级结构的转变，这一过程同时也对艺术发展产生了非常深远的影响。

一　艺术精神领域的划界与越界

在西方社会现代性进程中，艺术从宫廷、贵族与教会的豢养和控制下逐渐解脱出来，这些在审美精神和谋生方式上获得独立的艺术家群体开始在新的思潮下聚拢，艺术圈层的边界意识逐渐清晰，并试图划定自身的精神领域。

审美趣味在艺术领域体现为艺术趣味，即在艺术作品创作和鉴赏等方面呈现出的倾向性和判断能力。桑塔耶纳曾说："审美趣味的衡量标准要参与社会活动，它希望能教育人们和判断艺术。这种衡量标准为了成为一个可以实行的和公正的法规，它必须代表艺术和美学的各个方面。"① 审美趣味作为人的内在精神，首先在艺术实践中呈现出一致的标准。艺术精神领域最核心的部分就是艺术趣味，美国学者门罗·比厄斯利认为"趣味"这一概念的阐释意义能够覆盖很大的范围，尤其是在艺术领域，可以"帮助我们清晰地设定艺术作品的效果和价值的问题"②。一方面，艺术界为艺术精神领域划界，也是为艺术趣味的标准划定界限，从而抬高了普通人评判艺术的门槛；另一方面，在突破"为艺术而艺术"的仪轨之后，艺术总要保持适度介入社会的能量，参与对社会文化精神的塑造。在审美领域就表现为艺术趣味站在文化高地，对社会文化趣味进行干涉。德国学者海因茨·佩茨沃德认为高雅的趣味需要经过训练，而这种训练过程往往是通过艺术作品的鉴赏和交流实现的，他说："艺术作品的熏陶能够培养'趣味'（taste）。这里隐含着社会交流，因为'趣味'预设了一群汇聚于艺术作品周围的公众。"③

艺术趣味在精神领域不断突破自律的边界，权力伸张最终的走向就是成为社会教化的一个环节。英国哲学家怀特海从人类文明整体发展的视角来审视艺术，将艺术功能诉诸人的感觉经验，认为艺术有助于提高人的感觉，"在某种意义上，艺术是深藏在天性中的诸官能的病态的过

---

① ［美］桑塔耶纳：《审美趣味的衡量标准》，傅正元译，载《西方美学史资料选编》，上海人民出版社1987年版，第976页。

② ［美］门罗·比厄斯利：《西方美学简史》，高建平译，北京大学出版社2006年版，第156页。

③ ［德］海因茨·佩茨沃德：《符号、文化、城市：文化批评哲学五题》，邓文华译，四川人民出版社2008年版，第83页。

第四章 文艺趣味与权力冲突：艺术之辨

度生长"。① 怀特海认为，通过艺术体会本质的、绝对的"真"比追求"美"更为重要，在此基础上，他直接提出"艺术便是教化"的观点，艺术通过对人的天性的教育，实现意识知觉与情感生活的和谐完美。

艺术在精神领域无论是划界还是越界，都暗含着文化权力的动机。如果说在现代性进程中艺术突破精神边界，试图介入社会是艺术观念的自我调整，那么进入后现代社会，艺术精神领域的边界则承受来自外界的消解，变主动越界为被动地模糊边界，艺术融入生活，艺术作品的光晕消失，成为文化消费品，艺术精神也就很难在去中心化、反本质化的后现代思潮中独善其身，维持其原有的边界。

二 艺术独立品格的追求与放弃

艺术的发展离不开特定的社会环境，然而艺术在审美现代性进程中一直追求自身独立的品格，以摆脱前现代时期依附权贵以求得生存的模式。休谟认为，艺术只有在自由的政体下才能得到较为健康的发展，如果在君主专制社会中，社会文化处于一种沉重的压抑的氛围，人们在趣味方面不可能得以自由地沟通，追求高雅艺术就成为一种奢望，正如休谟所说："要期待艺术和科学能首先从君主政权下产生，等于期待一个不可思议的矛盾。"② 在启蒙思想家看来，艺术要获得独立的品格，必须走出前现代的政治环境，摆脱专制权力全方位的控制。在现代主义艺术家看来，这种独立品格对于艺术发展来说是非常重要的价值，甚至成为艺术家是否能够自我掌控审美权力的标志。

西方现代主义文学先驱、法国诗人波德莱尔对艺术家坚持自己独立的艺术品格外看重，他非常清晰地看到艺术家与公众在趣味方面的相互影响关系。艺术家给公众灌输某种趣味，而公众趣味所形成的艺术需求

---

① [英] 阿尔弗雷德·诺思·怀特海：《观念的冒险》，周邦宪译，译林出版社 2014 年版，第 299 页。
② [英] 休谟：《休谟散文集》，肖聿译，中国社会科学出版社 2006 年版，第 40 页。

也会对艺术家的趣味产生直接的影响,如果这两种趣味缺少碰撞,而是一味地彼此迎合,相互满足,社会趣味的发展就会偏离方向:"假如艺术家使公众愚蠢,公众反过来也使他愚蠢。他们是两个相关联的项,彼此以同等的力量相互影响。"① 意思是说,艺术家如果缺乏一种高贵的趣味以及对自身趣味的坚持,必然会沦落成平庸、愚蠢的随波逐流者,艺术家与公众如果陷入这种庸俗的循环链中,就会摧毁"法兰西精神"中真正高贵神圣的东西。不少理论家认为,西方在工业化过程中丢失了原有的审美心境,艺术也失去了原先的气质和灵韵。英国哲学家罗素指出:"艺术在我们时代的衰落,并不仅仅是由于艺术家的社会功能已经不像从前那样重要,而且也同样由于自发的喜悦已不再被认为是某种应该能让人享受的东西。"② 罗素认为随着工业化发展,人们也越来越变得组织化,个体的诗人气质逐渐消失,人们很难再有生活的余暇,沉浸到审美的悲喜氛围中去。在这种情形下,艺术家独立的审美气质和人格就应该彰显出来,成为引领社会走出审美迷茫和颓唐之风的标杆性群体,如果真像某些理论家所设想的那样,艺术家能够通过自由独立的艺术创作,引领社会审美习气,掌控审美风潮,无疑就掌握了审美趣味标准的评判权,从而在社会文化中占据重要的位置。

然而,西方后现代艺术思潮主动撤除了艺术与日常生活的界限,放弃了对艺术独立精神的追求,艺术原有的独立品格被当作权力的表征遭到遗弃,甚至在消费主义潮流中,艺术将自身变成文化消费品,汇入日常的消费生活,同时将艺术内涵的阐释置于文化消费语境中。从对艺术独立品格的执着追求到自动放弃甚至主动消解,这一过程跟随现代性到后现代性思潮变迁大的趋势,体现了艺术自律性理念的瓦解过程,艺术趣味所体现的权力关系也呈现从集中到分散的变化。艺术独立品格的放

---

① [法]夏尔·波德莱尔:《美学珍玩》,郭宏安译,上海译文出版社 2013 年版,第 278 页。
② [英]伯特兰·罗素:《权威与个人》,储智勇译,商务印书馆 2012 年版,第 40 页。

第四章 文艺趣味与权力冲突：艺术之辨

弃，意味着放弃了一种独立的批判意识，权力的耗散预示着艺术开始以一种弱的姿态面对现实社会。这时候，艺术追求的是将自身的元素填满日常的消费生活，而不是以精神的高蹈彰显艺术批判社会的力量，这就导致艺术不再追求相对统一的价值标准，从精神面貌到形式特征都走向多元，就像德国艺术理论家鲍里斯·格洛伊斯所说："当代艺术的趣味是过度化的，这其中包含趣味的多元化。在这个意义上，它体现了过度的多元化民主和对民主平等的过度强调，这种过度化使得趣味和权力的民主化平衡同时处于稳定又不稳定的状态。实际上，这一悖论就是当代艺术整体上的特征。"① 按格洛伊斯的观点，当代艺术中趣味过度多元导致权力被逐渐消解却又无处不在，一方面，趣味的多元化消解了原先艺术趣味权力集中的格局，使单向度的权力掌控不复存在，另一方面，被解构切割成细碎小块的艺术趣味和观念形成各自独立的权力领域，彼此之间处处龃龉，反对艺术观念整合，反对趣味标准，各种不同向度的、微细化的权力主体在各自领域内发声，在宏观的艺术格局中形成短暂的、相对平衡的局面，然而，由于各方权力相互掣肘，艺术趣味的话语权斗争更为复杂，致使宏观的平衡格局下暗流涌动，时时处于不稳定的状态。权力格局演变形成的这种悖论不仅是后现代艺术的特征，而且普遍存在于后现代社会的审美实践中，只不过艺术以作品、艺术思潮等方式凸显了这种悖论，使趣味多元化权力格局得到更清晰的呈现。

三 艺术家权威的维护与践踏

艺术其实可以看作人们精神交流的一种载体，处在公共交往的场域中，因此艺术家与公众是相互影响的关系，尤其是当艺术家渴望作品得到社会积极反馈时，不可避免会受到公众趣味的影响。美国人类学家斯科特教授（James C. Scott）以人类学视角观察文明的发展规律，他在研究高地东南亚（Zomia）地区文化的时候，提到民众对特定社会文化

---

① Boris Groys, *Art power*, The MIT Press, 2008, p. 2.

审美趣味与文化权力

艺术的形塑作用，历史上精神文化导师——先知的出现，很大程度上也是契合了普通民众的精神需求，而诗人、艺术家等更是如此，他以吟游诗人为例，所吟唱的内容迎合观众的趣味喜好，才能得到广泛的传布，"假设观众具有特定的趣味，我猜想，一点一点地，当吟游诗人了解他的观众，他在市场上所唱的歌曲——或许即便是演唱曲目的顺序和风格——将会逐渐向观众的趣味分布状况进行靠拢"[①]。从艺术发生过程来看，艺术家创作离不开其所在社会的文化环境，这种文化环境最重要的基础就是广大民众的审美趣味。休谟认为某个时代和某个民族中艺术家所取得的成就是和社会民众整体的趣味密切相关的，虽然艺术家在社会中是少数，精致艺术的兴起与进步常常来自某种机遇，但艺术家的产生和艺术成就的取得并非是孤立的现象，"如果产生他们的那个民族在此之前不具备同样的精神才能，并使它在人民中得到传播渗透，那么要从这民族最初的幼稚状态中产生，形成和培养出那些杰出作家的鉴赏力、判断力，就是一件绝不可能的事。要说群众都趣味索然，而能从他们之中产生出出类拔萃的优美精神，那是不可思议的"[②]。在休谟那里，艺术家精神似乎并不具有天然的神性，艺术家的趣味并非孤悬于民众之外，而取得绝对的权威。

现代启蒙艺术观是凸显艺术家权威的，常常产生与"艺术源自生活，高于生活"理念相一致的思路，即艺术家的趣味源自民众，高于民众。波德莱尔曾说："艺术家影响公众，公众反过来影响艺术家，这是一条不容置疑的、不可抗拒的规律。"[③] 然而他虽然承认这种影响，但反对艺术家被迫服从甚至趋附公众的趣味，他嘲讽那些在趣味上随波

---

① James C. Scott, *The Art of Not Being Governed: An Anarchist History of Upland Southeast Asia*, Yale University Press, 2009, p. 296.

② [英] 休谟：《人性的高贵与卑劣——休谟散文集》，杨适等译，生活·读书·新知三联书店 1988 年版，第 36 页。

③ [法] 夏尔·波德莱尔：《美学珍玩》，郭宏安译，上海译文出版社 2013 年版，第 282 页。

第四章 文艺趣味与权力冲突：艺术之辨

逐流的庸俗艺术家，认为他们放弃了追逐梦幻的艺术家精神。19 世纪法国思想家丹纳在其著作《艺术哲学》中将种族、环境、时代作为决定艺术发展方向的三大动因，他倾向于在大的社会背景下审视艺术发展，因此他认为艺术家趣味与他所处社会环境中普通民众的趣味是密切一致的，"这个艺术家庭本身还包括在一个更广大的总体之内，就是在它周围而趣味和它一致的社会。因为风俗习惯与时代精神对于群众和对于艺术家是相同的；艺术家不是孤立的人"①。丹纳这里所说的趣味一致是审美倾向方面的一致，他在分析意大利艺术时提到，在特定的时代，人们对于绚烂夺目的形象欣赏有加，喜欢装饰的本能以及讲究外表华丽的倾向人皆有之，"这些倾向存在于贵族与文人之间，也存在于平民与无知识的群众之间"。然而并不能据此认为丹纳是将艺术家与平民的趣味水平等量齐观，在他看来，艺术家的趣味源自社会整体的风俗和精神面貌，但艺术家的审美却总是站在时代最前沿，就像他所说的："艺术就是有这一个特点，艺术是'又高级又通俗'的东西，把最高级的内容传达给大众。"② 这也就是说，艺术家的审美趣味处于相应时代、种族和社会的文化环境中，与普通民众保持着联系，但艺术家的趣味总是高于所处时代的普通民众，通过艺术作品向民众传达高级的精神内容，在这种情形下，艺术家的权威就必然得到了维护。

19 世纪初的法国启蒙思想家圣西门期望在当时的社会建立新的精神支撑，他认为基督教已到了衰竭的边缘，不足以形成对人类灵感的鼓舞，因此需要形成一种新的崇拜。他将对艺术与艺术家的崇拜当作新式崇拜的范本，向社会公众揭示一种新文明的愿景。他围绕艺术家这一命题做了一番颇具激情的论述，认为艺术家的使命与职责应该走在时代的前列，发挥类似传教士的作用，对社会施加伟大的影响力。③ 同时期的

---

① ［法］丹纳：《艺术哲学》，傅雷译，人民文学出版社 1981 年版，第 6 页。
② ［法］丹纳：《艺术哲学》，傅雷译，人民文学出版社 1981 年版，第 31 页。
③ 参见［美］丹尼尔·贝尔《资本主义文化矛盾》，赵一凡、蒲隆、任晓晋译，生活·读书·新知三联书店 1989 年版，第 81 页。

审美趣味与文化权力

英国诗人雪莱在《诗之辩护》中，谈论了诗人作为"立法者和先知"对社会文化趣味的深刻影响。他认为艺术表现都遵从着一种规则，使得观者和听者感受到更纯粹、更强烈的快感，而与这种规则接近的感觉能力在近代被称为鉴赏力，也就是趣味判断的能力。他审视了艺术的发展历程，认为在艺术尚处于幼稚的时期，人们遵守着相似的规则，每个人之间鉴赏力的差别并不显著。然而随着艺术发展，诗人的表现能力与审美能力逐渐凸显出来，成为引领艺术前行的主导力量。雪莱认为，诗人们拥有卓越、充沛的鉴赏力，他们是"法律的制定者，文明社会的创立者，人生百艺的发明者，他们更是导师，使得所谓宗教，这种对灵界神物只有一知半解的东西，多少接近于美与真"①。雪莱在文化趣味方面赋予诗人极高的价值和地位，同时也就掌控了一定的权威，他为诗和诗人所要辩护的，就是这种权威存在于文化艺术发展中的合理性，而这种合理性的根基和来源，就是雪莱所说诗人高于常人的鉴赏力与审美表现力，正因为趣味高于一般人，使诗人获取了"立法者和先知"的话语权力。

艺术家的造物者神话来源于现代社会对艺术作品神性的强调，以及对艺术家与传统工匠的区分。从18世纪末到19世纪，浪漫主义和稍后的现实主义都强调艺术家主体的创造性，艺术家处于艺术观察与批评聚光灯的中心，艺术的全部神性来自于艺术家上帝般的灌注和赐予，对艺术的价值探讨也仅限于艺术家艺术观念、审美趣味与创作能力，止步于艺术作品的创作过程。20世纪文艺批评经过新批评、读者反应批评等多重洗礼，艺术创作主体在批评话语中逐渐弱化，关注的重点也移到作品与读者层面。美国实用主义哲学家杜威将艺术视为生产过程，是"做"，而将审美视为一种对艺术品鉴赏与消费的过程，是"受"，他用"一个经验"将"做"与"受"统一起来，认为艺术家在创作艺术品

---

① ［德］雪莱：《诗之辩护》，载《缪灵珠美学译文集》第三卷，缪灵珠译，中国人民大学出版社1998年版，第137页。

第四章 文艺趣味与权力冲突：艺术之辨

时离不开他同时作为鉴赏者的趣味经验，这是一个连续的、统一的经验，"艺术以其形式所结合的正是做与受，即能量的出与进的关系，这使得一个经验成为一个经验"①。杜威消解了艺术家生产与审美者消费的二元关系，将其变成"一个经验"理论框架下的统一的关系，这样消费鉴赏的趣味同时也是艺术生产不可或缺的影响因素，从而实质上抹平了艺术家与消费者之间趣味的鸿沟。

然而，直到后现代理论家那里，对艺术家的权威进行了彻底的消解，艺术家的造物者身份（creator）被降格为文化消费品的生产者（productor），取而代之的是对艺术作品另一环链——受众的强调，艺术家与受众的趣味被拉到几乎相同的水平，艺术家权威也因此无从谈起。尤其在消费社会，艺术生存方式被市场裹挟，艺术品被消费化，艺术家群体也出现分化和撕裂，一部分转而成为制造文化消费品的工匠，在商业模式套用下，他们与受众成了买卖关系，在趣味上，许多艺术家逐渐接受了不再承担引领和建构的角色，而是倾向于揣度公众的趣味，为特定文化消费人群量身定做，产生大量以畅销为目的的文化快餐。这种情形下，艺术家由高高在上变成甘为下尘，由极度的自傲、自尊变得极度自轻自贱。这种对艺术家权威的消解甚至尊严的践踏不仅来自外部的解构力量，也在于艺术家自身定位的庸俗化和平面化，这也反映了后现代消费文化的一个重要特征。

四 艺术品崇拜与光晕的消失

艺术品崇拜是对艺术神性强调的必然结果，艺术造神运动使艺术与权力的交织越来越绵密，越来越难以分割。当艺术品被供上高高的神坛，艺术就与人产生了难以逾越的距离；当艺术品所代表的价值与精神被视为彼岸的灯火，就意味着艺术成为常人精神世界难以企及的东西。英国艺术批评家约翰·凯里说过："艺术崇拜是超验的，它鼓励我们鄙

---

① ［美］约翰·杜威：《艺术即经验》，高建平译，商务印书馆2010年版，第56页。

视普通人。"① 他指出艺术的神化往往以人的肉体和精神牺牲作为代价，为此，他举出悖逆疯狂的例子来说明这一观点：比如，希特勒一直狂热地崇拜着艺术，他从肉体上灭绝犹太人，却又将从犹太人那里掠夺来大量的艺术品放入艺术馆，他甚至欢迎盟军轰炸德国的城市，因为城市成为废墟，就为实现新的符合他美学趣味的城市规划扫清了障碍，他对绘画和音乐存有近乎宗教般的崇拜，然而对人本身却没有丝毫的怜悯。约翰·凯里甚至还指出，英国皇家收藏了大量艺术品，这也表征着一种精神权力，就像锁在保险库里的金银一样，记录着拥有者的精神权威，这也是许多贵族以及手中掌握大量财富的人热衷于收藏各种艺术品的原因。虽然凯里的观点比较激进，但并非没有道理，艺术原本是要启示人们更诗意地生活，趣味是为鼓励人们能活得有美感和有尊严，然而如果将艺术鉴赏和趣味修养视作一种文化权力的体现，就不难理解为何人类在不断提升审美感悟力的同时，也可以像恶魔一样对现世的人如此暴虐和残忍。

在一些后现代理论家看来，艺术品被统治者当作虚假的精神图腾，供奉在修建得富丽堂皇的艺术馆、博物馆中，以此展示所谓高级趣味的荣耀，体现审美特权的合法性。在权力语境下，这些艺术品被视为人类文明的里程碑是不适当的，这种给所谓高雅艺术品封神的行为，实际上是权力肆虐的结果，是文化压制、特权张扬和精神不平等的标示牌。

艺术由现代主义发展到后现代主义，每一步都包含着权力的演进，后现代主义从艺术与日常生活、艺术品与寻常物、艺术家与受众三个层面的关系入手，消解了艺术、艺术家与艺术品的神圣性，艺术在平面化的社会不再是人类精神深度和高度的体现，艺术家和艺术品也不再是权威的化身。在后现代社会，艺术品的大众接受以及艺术界的自我认知出现向另一极滑动的现象。随着艺术品光晕的消失，艺术发展逐渐对传统

---

① ［英］约翰·凯里：《艺术有什么用》，刘洪涛、谢江南译，译林出版社 2007 年版，第 139 页。

第四章 文艺趣味与权力冲突：艺术之辨

的审美观念和趣味进行了无休止的消解，让·波德里亚认为艺术已进入"一种超美学化的庸常之中"，从杜尚的小便池到安迪·沃霍尔的布里洛盒子，现代艺术的发展越来越将艺术本身变成了一种具展示性的事件，而后来的许多艺术家走得越来越远，沃霍尔迂回和穿越艺术和美学，以激进的方式试探艺术体制的底线，然而后来，按波德里亚的说法，他的态度被滥用了。原先的艺术标准彻底沦陷，而新的艺术标准更加不堪，波德里亚说："对于从事艺术的人，对于那些通过某种非常精英的标准来定义自己的人，这显然不可接受。但是今天，这些标准更为虚假，因为它们是站不住脚的。艺术的道德律令现在已经消失了。只剩下一种游戏规则，一种激进的民主式的玩意儿。"①

如果说现代主义艺术是以高雅之名隔绝大众，后现代主义艺术则是以消解高雅为目标将艺术大众化，将艺术日常化，将艺术多元化。然而这留下的另一个问题是，在放弃权力的同时，艺术家或许也就放弃了某种责任，尤其是后现代主义艺术向多元维度延展，在消解原先的权力结构之后，究竟引领艺术整体上往何处去，这是当下值得我们反思的问题。

第二节　高低之分和雅俗之辨

如果单纯从艺术观念史来看，艺术的高低之分和雅俗之辨在很多情况下是同一个话题，因为长期以来，俗的艺术通常都被看成低级艺术，而高级艺术一般会被认为是雅的艺术，高雅与低俗作为艺术批评话语在有关领域相沿成习，似乎天然地结合在一起，成为几近于常识性的判断标准。然而，如果回到艺术发展史语境进行细致分析，高低之分与雅俗之辨是可合可分的两个命题，而且所谓"高雅"与"低俗"本身就是

---

① ［法］让·波德里亚：《艺术的共谋》，张新木等译，南京大学出版社2015年版，第65页。

值得反思的一种组合，"雅"即为高级这种判断值得怀疑，而在后现代语境中，"俗"代表低级这一观念则已经遭遇无数抨击。无论从何种立场出发，对艺术高低之分、雅俗之辨的分析和反思都离不开审美趣味差异性以及权力属性的解读。

一 艺术定义和艺术区分观念

艺术定义从来不是一个单纯的审美问题。什么是艺术，什么不是艺术，这种区分遵循的是某种趣味的标准，是权力话语主导下综合了社会观念和审美观念的判断。这种定义掌控在少数人手中，却需要多数人来服从，是通过文化权力将少数人的趣味外化为全社会的审美标准。

艺术区分的观念在西方由来已久，古希腊柏拉图与亚里士多德都曾对艺术进行分类，然而主要是侧重于对艺术模仿手段和内容进行区分。此外，希腊人将艺术分为"粗俗的"与"自由的"两类，据波兰学者塔塔尔凯维奇分析，这其中的差别是按劳力和劳心进行区分的，对某种艺术表现出偏好，其实反映出贵族的政体爱劳心不爱劳力的实质，"自由的或理解的艺术在当时人的心目中，不仅显要，而且高尚"[①]。这种区分明显可以体现出社会权力的介入，在贵族眼中，高尚的艺术就是那些能体现他们自由、亲近他们生活的艺术。艺术分类的思想在西方持续了两千多年，而要将艺术按照美的法则独立出来的观念，则到18世纪启蒙时期才真正显露苗头。

在18世纪的欧洲，有一批思想家提出"美的艺术"（the fine Arts）概念，将某些类型的艺术从传统的类似于"技艺"的概念领域里分离出来，赋予它们与众不同的特征和价值，使其从一般性的表述arts，到颇有尊重意味的Arts，这样，这些艺术类型就带有了区别于其他门类的神圣性。这一观念上的重大转变曾被视为是艺术观念觉醒的表现，然而问题

[①] ［波］瓦迪斯瓦夫·塔塔尔凯维奇：《西方六大美学观念史》，刘文潭译，上海译文出版社2006年版，第57页。

第四章　文艺趣味与权力冲突：艺术之辨

在于，从一开始对所谓"美的艺术"的界定就是歧义百出的，并且在这种界定过程中产生了现代性关于高级艺术与低级艺术的区分性思维。

最初，"美的艺术"只被界定在有限的几种艺术类型中。18世纪中期，法国神甫夏尔·巴托撰写《归结为统一原则的美的艺术》（1747年）一书，提出了"美的艺术"概念并将其系统化，将绘画、雕塑、音乐、诗歌和舞蹈五种艺术定为"美的艺术"这一体系的组成部分。这种划分在框定五种艺术的同时，也将其他艺术门类（所谓的"机械的艺术"）排除在外，一方面呈现了将艺术界定清晰化、明确化的诉求，另一方面则体现了一种基于自身审美理念和趣味的排他性思维。"趣味"在巴托的这本书中是一个重要概念，他用趣味法则来对应"美的艺术"的模仿原理，他明确提出："趣味生来便是所有美的艺术的裁判。精神在确立法则时，只能参照这位裁判，并试图取悦于他。"① 塔塔尔凯维奇分析，巴托艺术分类的结果就是：这些所谓的"美的艺术"，"现在在各种艺术之间享有以前曾被自由艺术（artes Liberales）所享有的那等特权的地位"②。艺术分类所贯穿的权力思维在艺术专注审美的时代来临之际，仍旧作为人们创造、欣赏和评价艺术的一种标准或动力而存在。作为古典主义美学的代表，夏尔·巴托所提出的"美的艺术"（the Fine Arts）概念及其艺术归类思路对后世影响较大，这实际上是对艺术中趣味的一种规范。苏联美学家布罗夫从审美趣味角度来解读夏尔·巴托所谓"统一的原则"，认为"这个统一的原则就是好的趣味的标准"③。夏尔·巴托认为趣味的标准性理应得到合理的论证，就如同科学理性一样，要找出背后存在的某些准则。几乎同一时期，苏

---

① ［法］夏尔·巴托：《归结为同一原理的美的艺术》，高冀译，载《外国美学》第32辑，江苏教育出版社2021年版。
② ［波］瓦迪斯瓦夫·塔塔尔凯维奇：《西方六大美学观念史》，刘文潭译，上海译文出版社2006年版，第66页。
③ ［苏联］亚·伊·布罗夫：《美学：问题和争论——美学论争的方法论原则》，张捷译，文化艺术出版社1988年版，第123页。

格兰哲学家亨利·霍姆（Henry Home，Lord Kames）1762年在一篇写给国王的信中，同样提出"美的艺术"的概念，他将"美的艺术"看成具有巨大社会影响的事物，而不仅仅是为个体的娱乐而存在，希望通过对"美的艺术"的研究，养成人们对艺术美尊重和欣赏的氛围，以此来形成社会审美趣味的统一标准，以"伸张那些可以控制每个个体审美趣味的原则"①。他是站在贵族的立场上，认识到艺术自觉意识对当时社会文化的革命性影响，倡导"美的艺术"观念，实际上包含着贵族阶层对审美趣味的控制企图。18世纪苏格兰哲学家托马斯·里德在谈论趣味时（1785）指出："所谓趣味就是一种精神的力量，让我们能够品味和识别自然之美，以及在美的艺术（the fine arts）中的所有出色之处。"②里德将趣味品鉴的对象确认为自然和"美的艺术"，这与当时"美的艺术"观念深入人心或许不无关系。艺术的观念最初与美联系起来，是艺术与其他技艺进行区分的需要，然而从后来现代派艺术直至后现代艺术，艺术与美分离的趋势使艺术观念之间形成了一道鸿沟，这其中深埋的一条线索就是审美趣味的变化。丹托认为康德的趣味判断理论无法用来解释当下的艺术，"它似乎对今天的艺术讲不出多少东西"。丹托将康德理论的阐释有效性归于现代主义艺术，而现代主义艺术"或多或少在20世纪60年代早期就已经结束了"③。与之相应，自20世纪中后期开始，艺术定义与艺术区分也呈现出截然不同的观念。

二 艺术的高低之分

从艺术概念诞生的那刻起，就预示着高级艺术与低级艺术的区分，因为艺术本身就是划界的结果，进入艺术门槛，又根据产生年代和参与

---

① Henry Home, Lord Kames, *Elements of Criticism*, Vol. 1, edited by Peter Jones, Indianapolis: Liberty Fund, 2005, p. 3.

② Thomas Reid, *Essays on the Intellectual Powers of Man*, edited by James Walker, D. D., Cambridge: Metcalf and Company, 1850, p. 429.

③ [美] 阿瑟·C. 丹托：《何谓艺术》，夏开丰译，商务印书馆2018年版，第97页。

第四章 文艺趣味与权力冲突：艺术之辨

人群等划分高低层次。艺术的高低之分从根源上取决于艺术观念，各个时期艺术观念又受到同时代审美趣味的影响。美国社会学家赫伯特·甘斯认为，高级艺术与低级艺术的的区分建立在趣味区分的基础上，这种区分除了指向艺术本身的审美价值，艺术的高低标准还与趣味的分歧相关联，评判者根据权力支配动机和自身趣味标准来设定艺术的高低，高级艺术通常被认为集中体现了高雅的趣味，而低级艺术则是低等级趣味的代表，这样，趣味的高低与艺术的高低基本上形成一种对应关系，是审美趣味权力结构在艺术中最为重要的表现方式之一。此外，掌握着艺术生产与批评话语权的阶层将艺术高低的评判标准带入艺术观念乃至艺术理论，固定为一种既定的范式以影响人们的审美趣味，形成权力在观念演进和艺术发展中的循环结构，在这种结构里，权力不断通过艺术批评实践和艺术观念建构巩固自身，致使文化权力在特定阶层不断沉淀。

　　结合艺术史来看，高级艺术和低级艺术区分的角度分为艺术类型、艺术表现形式以及艺术内容三种，第一种是艺术类型上的区分，不同历史时期人们将各个艺术门类进行划分，如绘画、音乐、雕塑和戏剧等，并且对其进行价值上的不同认定，比如雕塑和绘画在中世纪、文艺复兴直到新古典主义时期，长期被视作宗教和贵族的艺术，而戏剧则更多地被视为市民艺术。第二种是对流行于社会不同阶层的艺术表现形式的划分，上层阶级将某种艺术表现形式的好尚视为高级趣味的体现乃至地位的象征，使特定艺术形式成为社会阶层之间在趣味方面相互隔离的佐证，比如音乐长期以来被严格划分成高雅音乐和流行音乐等不同层级，而这种层级主要的区分来自音乐的表现形式，听歌剧、听交响乐被视为高级的艺术消费方式，而听流行音乐和民间音乐则被视为低级的，这是音乐这同一种艺术门类被人为做出的高低划分。第三种艺术高低划分的角度是艺术表现内容，这方面雕塑与绘画最为明显。古典时期艺术批评将作品主题作为首要考量因素，雕塑与绘画主要的功能在于再现宗教场景、宫廷贵族生活、神话和战争等重大场景和事件，描摹上帝和宗教人物的神圣形象以及国王和贵族的肖像等，从当时的艺术观念来看，艺术的神圣性在于主题的神圣性，普通生活与普通人形象却很难在艺术殿堂中获得一席之地，雅克·朗西埃认为特定的等级秩序塑造了当时的艺术面貌，形成某种艺术观念，"正是这种等级秩序，定义了哪些主题和表现形式值得被纳入既定的艺术范围"①。阿兰·德波顿也分析了法国17—18世纪以绘画题材划分的艺术准则和秩序，这是将艺术本身的价值与表现题材进行关联，即"艺术的等级序列直接对应于艺术家画室之外世界的社会等级序列"，最高级的描摹神的样貌，其次是宫廷贵族，而以穷苦民众为对象的绘画被认为是低下的、劣等的。然而，这种艺术价值的判断标准不断地受到一些艺术家的质疑，德波顿举出18世纪法国画家让-巴蒂斯特·夏尔丹等艺术家及其作品为例，说明颠覆传统艺术教育以及艺术价值观念的力量一直存在，"这些描绘日常生活的伟大艺术家能够帮助我们纠正一系列势利观念，从而对人世间何者应该受到尊重，何者应该获得荣耀得到全新的认识"②。艺术的进步跟随时代思潮的发展，建立在经院哲学和贵族文化观念基础上的艺术等级制度必然随着人文主义思潮的兴起而崩裂，然而这一变化是个较缓慢的过程，朗西埃指出，只有当后来艺术识别体制发生变化，绘画的主题退居于作品背后，而表现过程和表现价值得以凸显，主题的神圣性才与作品的艺术价值脱钩。还是以法国绘画艺术的发展史为例，当描绘贵族和宗教神圣荣光的新古典主义画派掌握着艺术展和艺术家荣誉评定话语权时，任何面向底层进行描绘的画作都不被认可，随着浪漫主义画派和印象派对新古典主义描绘题材的质疑和冲击，以及体制外画廊、艺术展不断涌现，城市新兴富商阶层的资助也开始出现，使得贵族对艺术的垄断被逐渐打破，但直到19世纪，以库尔贝、米勒等为代表的现实主义画

---

① Jacques Rancière, *Aesthetics and Its Discontents*, Translated by Steven Corcoran, Polity Press, 2009, p. 10.
② [法]阿兰·德波顿：《身份的焦虑》，陈广兴、南治国译，上海译文出版社2009年版，第136—143页。

第四章　文艺趣味与权力冲突：艺术之辨

派才真正理直气壮地将画笔描摹的对象转为最底层的劳动者，库尔贝的《采石工人》（1849）、米勒的《播种者》（1850）和《拾穗者》（1857）等一批优秀画作得到世人关注，并取得了巨大的荣誉。由此可见当贵族精英失去对艺术题材的话语垄断后，社会艺术趣味和艺术高低之分的评判标准也会随之改变。从社会史到艺术史，其中的关联无疑是非常紧密的，但许多历史中的因果是模糊的，很难说这种社会普遍的艺术趣味与艺术界的风尚潮流两者的变化过程谁为动因，谁为结果。在17—18世纪的欧洲，审美趣味得到了重点关注和集中阐释，某种程度上体现了当时理论思潮中对人性的觉醒与发现，而艺术自觉观念的产生也意味着艺术观念的更新以及审美观念的转变，这体现了打破中世纪神学对艺术观念束缚的诉求。这两种思想几乎发生在同一时期，流行于同一社会文化背景，这说明两者之间存在相互交错、相互印证的关系。

　　进一步从艺术发展史的表层挖掘就会看到，艺术高低的划分与审美趣味所隐含的文化权力结构息息相关。一方面，能创造和欣赏所谓高级的艺术，就被认为是拥有良好审美趣味的人；另一方面，上层阶级要标榜自己的趣味高于其他阶层，除了建立一种预设门槛的生活方式和特殊礼仪，最直接也最集中的就是诉诸艺术，将某种艺术的内容和形式包装成高雅趣味的完美呈现，在艺术创作与欣赏活动中展示其审美趣味如何与众不同。正如上文所说，艺术区分是艺术自我身份确认的标志，艺术与传统技艺的分野是艺术自身发展的结果，然而这种区分为社会趣味的层级化增添了新的也是最有力的动因，文化权力也因此从艺术充分传导至社会整个领域。

　　然而历史的悖反之处在于：当一种秩序被打破时，又有另一种秩序作为替代被建立起来，而先前被深恶痛绝的权力支配关系又通过新的模式确立起来。在西方，现代性进程使得审美趣味从僵化的教士和贵族文化体系中解放出来，满足新兴资产阶级重塑社会趣味的需求，即使得资产阶级趣味在社会中的影响与其经济地位的提升保持一致。这种获取审

审美趣味与文化权力

美权力的欲求与政治权力的诉求是相互联系的,首先都是以经济地位成长的趋势作为基础和动因,资产阶级在获取财富的同时拥有了消费文化艺术的财力和余暇。资本家首先将艺术鉴赏和创作看成一种经济行为,他们意识到文化趣味在资本增殖方面具有足够的价值与空间,将艺术品收藏视作回报率不错的商业投资,将文化包装看成一种面向市场宣传的手段。其次,新兴资产阶级还力求通过对高雅趣味的追求来达到提高社会地位、提升生活质量的目的,他们在文化趣味上努力建立对于下层阶级的优越感,然而面对经济方面(或许还有政治方面)处在没落态势的贵族阶层时,却还处于一种文化自卑的心理,在审美趣味方面极力向老式贵族看齐,试图洗脱作为新兴暴发户的不良印象。此外,在许多哲学家和文化理论家看来,资产阶级膨胀起来的文化野心并不会停留在利用生活和艺术趣味的追求来提升生活品质、获取经济利益这些层面,他们的最终目标是要获取整个社会文化趣味的控制权,以便更好更顺畅地为资本的增殖服务,甚至借此达到全面掌控整个社会的政治诉求。德国哲学家沃尔夫冈·弗里兹·豪格在《商品美学批判》一书中提到资本对艺术的控制方式,一方面,资本家将自己打扮成艺术鉴赏的行家里手,另一方面,把自己塑造成人类高级精神文化的创造者,却始终对自己的真正目的讳莫如深。这样一来,艺术与资本就形成合谋,艺术本身就成为迷惑公众的绝佳手段,为资本实现文化和思想方面的控制提供了方便的途径,正如他所说的:"艺术作为一种工具,令人炫目地制造了资本控制的合法性的幻象,就像制造对于商品、真理和美等的控制的正当性一样。"[1] 这与布尔迪厄关于文化资本的相关论述是一致的。

此外,上层阶级也寄希望于将高雅艺术作为维系社会稳定的手段,在19世纪的欧美社会,资本主义发展尚未解决下层民众的生存危机,不少穷人衣衫褴褛、衣食无着,于是就产生这样的文化假设:用高雅艺术

---

[1] Wolfgang Fritz Haug, *Critique of Commodity Aesthetic: Appearance, Sexuality and Advertising in Capitalist Society*, Translated by Robert Bock, Combridge: Polity Press, 1986, p. 129.

第四章 文艺趣味与权力冲突：艺术之辨

来改善人们的趣味，使下层民众能够超越物质的局限，安于自己的命运，减少对上层阶级财产、地位的觊觎和愤恨，从而达到缓和社会矛盾、平衡利益冲突的目的。即便延及当代，商品社会的高度发达以及生产力的提升解决了物质贫乏的问题，并且新媒体的发展部分地改变了艺术欣赏的方式，使普通人也能够接触和享用所谓高级艺术，而且不断兴起的先锋前卫艺术也在努力"姿态向下"，试图解构传统的高级艺术制度和精英艺术观念。然而就像舒斯特曼所说，艺术的重构与整合不可能通过高级艺术自己的改革尝试来实现，"高级艺术制度是如此强大，它容纳和再次占用它所主张的产品的能力更为灵活和有效，以至于它不可能单独克服其根深蒂固的意识形态和对艺术合法性的钳制"①。如果这种重构动力的源头还是艺术精英，体现的仍是精英的艺术变换方式来容纳新的艺术主张，产生看似突破精英边界的艺术形式和作品，实则为高级艺术继续叠床架屋，拓宽自身的"护城河"。舒斯特曼认为，打破这种高级艺术制度有希望的方式是关注"大众传媒文化的通俗艺术"，如电影、电视剧和通俗音乐等，"承认它们作为美学上合法的文化产品的地位，有助于减弱社会上将艺术和审美趣味压制性地等同于高级艺术的社会——文化精英"②。

中国一直以来也存在低级艺术与高级艺术的区分，这一方面与中国古代道统观念相关，能够阐道释教的艺术被看作是高级的，如韶乐被称为雅乐，而来源于胡乐、满足日常声色娱乐的丝竹则被视为俗乐；另一方面，这与中国古典的文人传统也有紧密关联，一般而言，能体现文人趣味的就被认为是高级的艺术，如文人画、书法、古琴等；反之，与文人的文化趣味不相符或者远离文人文化生活的则被贬为低级的艺术，如说书、曲艺、民间杂技等。总之，一方面，文人某种程度上控制着文化趣味的裁判权；另一方面，文人群体通过依附政治体制，在趣味上也同

---

① ［美］理查德·舒斯特曼：《实用主义美学——生活之美，艺术之思》，彭锋译，商务印书馆2002年版，第192页。

② ［美］理查德·舒斯特曼：《实用主义美学——生活之美，艺术之思》，彭锋译，商务印书馆2002年版，第192页。

时受到封建政治权力体系的制约，皇权通过官僚体系和科举制度掌控了文人阶层的身心，还通过恩赏和政令等手段影响着文人趣味的取向，比如宫体诗、宫廷画等艺术形式就是这种文化背景下的产物，因此艺术高低之分与统治阶层的意志相关，并通过文人趣味这一形式表现出来，文人趣味看似独立，却超出了文人群体自我意志之外。

总之，无论在中国还是西方，高级艺术与低级艺术的区分都是审美趣味权力结构的体现，这种高低之分的形成过程、形成原因以及形成样式，都受到每个时期社会各阶层权力博弈的影响，艺术的高低昭示着趣味的高低，而趣味的高低则体现着阶层的高低，越是在权力单一且集中的社会，这种逻辑越是格外明显。

二 艺术的雅俗之辨

美国人类学家罗伯特·雷德菲尔德（Robert Redfield）在《乡民社会与文化》一书中提出文化的"大传统"（great tradition）与"小传统"（little tradition），他解释说，可以联系其他一些相对的概念来理解这对概念，如"高级文化"与"低级文化"、"民间的、流行的文化"与"经典的、学者的文化"、"等级制的文化"与"俗文化"等，也就是说，"大传统"是社会少数文化精英通过知识反思与文化构建，形成典雅的、精英的文化传统，并在学校和寺庙中建立传承体系，而"小传统"则是不识字的乡民、俗民在生活中形成的文化，存在于乡村社区中，发挥自己的作用。"大传统"更多地通过文字保存，由精英传承，而"小传统"文化则显得粗糙，不受重视，正如雷德菲尔德所说："哲学家、神学家和文学家的传统是一种经过精心培育并传承下来的传统，小人物的传统在很大程度上不被重视，没有受到太多的审视，也没有经过深入细致的思考和完善。"[1]

---

[1] Robert Redfield, *Peasant Society and Culture: An Anthropological Approach to Civilization*, Chicago: The University of Chicago Press, 1956, p. 70.

第四章　文艺趣味与权力冲突：艺术之辨

高雅和低俗是特定社会等级结构下被建构起来的一种关乎审美趣味的判断，在中国古代文艺美学范畴中，雅俗的概念一向是与文化阶层意识紧密关联的，国内曾有学者分析说："'雅'与'俗'之间包含着等级的划分，'雅'属于统治者、士大夫精英文化层面，是正统的、雅正的；'俗'则属于被统治者、平民百姓大众文化层面的，是世俗、俚俗与浅俗、粗朴的。"① 当然雅俗问题或许在具体的历史文化环境下比这种解释更为复杂，但所反映的审美趣味权力结构的大致框架应该不会有太大偏差。

历来对于艺术雅与俗的审美判断和价值思考都来自于艺术家、理论家不同的艺术理念和艺术立场，对于坚守高雅文化的人们而言，对高雅艺术的维护来自对这种艺术自身价值的足够信心，但往往缺乏对他们眼中所谓"低俗艺术"的充分了解，仅凭某种预设的立场来进行非此即彼的价值评判，这与精英阶层对自身趣味判断能力的盲目自信是分不开的。然而很多时候，这种雅俗之分必然掺杂了权力之争和立场之争。对于大众文化的支持者而言，他们一般是从反精英主义立场出发，对作为精英阶层精神偶像的高雅文化进行多方面的质疑，比如英国艺术批评家约翰·凯里曾说："对那些献身高雅艺术的人来说，趣味是与自尊紧密相连的，除非冒认同危机的风险，否则要想消除那种高于'低俗'艺术的优越感几乎是不可能的。"② 然而这种自尊和优越感在面对文化消费社会潮流的冲击时毫无抵抗力，高雅文化无法正面应对大众娱乐的消解，英国学者费尔夫曾针对文化消费化背景下趣味发展的趋势预言道："当艺术衰落了，人们对真正的高雅文化失去了欣赏趣味时，娱乐便会繁荣。"③ 显然，他持的是相对悲观的观点，并不看好高雅文化在普通

---

① 曹顺庆、李天道：《雅论与雅俗之辨》，百花洲文艺出版社2009年版，第1页。
② ［英］约翰·凯里：《艺术有什么用》，刘洪涛、谢江南译，译林出版社2007年版，第51页。
③ ［英］R.W. 费夫尔：《西方文化的终结》，丁万江、曾艳译，江苏人民出版社2004年版，第124页。

民众中间的接受程度,认为人们会逐渐向娱乐文化靠拢,而不是向高雅文化看齐。其实,在对文化趣味的发展趋势做出种种预测之前,应先明确雅俗之分背后的文化权力关系,以及这种权力对雅与俗的观念进行支撑、控制的真相。

如果回到艺术观念发生之初考察雅与俗的概念,两者实际上本无高低之分,按不同的立场,雅的未必就一定是"高"的,而俗的则同样未必是"低"的,正如童庆炳先生所说:"我们不应该有这样一种认识:只有'雅'的才是优的,'俗'的都是不优的。'雅'和'俗'并不是衡量艺术趣味是否优化的标准。"① 由此,一方面,针对文化趣味高低的划分,有必要将文化的来源、生存环境与文化的精神追求区分开来,传统的雅文化、俗文化是按照文化所属的阶层人群划分的,俗文化一般来源于民间,生存于大众生活中,民间的、大众的俗文化往往精力弥满,呈现出旺盛的生命活力,这种俗文化之"俗"并非低俗,同样的,纯粹以上层阶级为标签的雅文化,其所谓的"雅"无法匹配高雅的名号;另一方面,艺术与日常生活中存在着追逐低级趣味与恶趣味的现象,这与精神文化的来源及所属阶层无关,而是人类精神追求走入歧途的结果。

进入工业时代以来,艺术可被大量复制,不再是少数人独享的稀缺物品,这推动了大众文化迅猛的发展。尤其是在消费社会,艺术大范围进入大众日常生活,艺术家、作品、大众之间所关联的雅俗问题更是成为理论家热议的话题。波德里亚在《消费社会》一书中对消费过程中所产生的阶级区分进行了研究,认为对稀缺物品的消费在社会学意义上是特定阶级用以区分和确定自己地位的方式,然而他同时提出一个问题,即消费社会让越来越多的阶级能够接触原先稀缺的特定符号,这就是所谓"媚俗"的由来。"在这种区分的逻辑中,媚俗永远不会改变:它的特性就在于其价值偏差和贫乏。这种弱价也是其无限倍增的原因之

---

① 童庆炳:《文学:精神之鼎与诗意家园》,复旦大学出版社 2016 年版,第 97 页。

第四章　文艺趣味与权力冲突：艺术之辨

一。"按波德里亚的分析，稀缺的代表高雅趣味的物品在外延上不断倍增，不再是上层阶级的专有物，而同时不可遏制的后果是品质上的不断倍减，迫使上层阶级更新所消费物品的种类以使自己维持趣味的高雅和稀有化。波德里亚将"大众社会"作为"媚俗"在消费社会的现实基础，而这又是一个流动的社会，社会的流动性恰恰又是媚俗产生的必要条件，"在一个没有社会流动性的社会中是没有媚俗的"①。波德里亚分析了反对文化和艺术平民化的观点，这部分观点认为平民化使"贵族文化"和"大众文化"两方面都造成了损失，这将使艺术成为生产和消费的普遍范畴被产生出来，屈从于一种"现实性"的使命而丧失了延续性所需要的意义和价值。按这种观点来延伸可以得出这样的结论：消费社会让审美趣味丧失了稳定的分层结构，社会的流动性造成了趣味结构的瓦解，彰显高雅趣味的艺术品被降格为消费品，这是一种"媚俗"，也是社会文化的堕落。波德里亚作为后现代理论家，他分析了消费社会中大众文化的堕落化和媚俗化，但对这种堕落持一种消极的态度。

然而，随着本雅明所说的"光晕"消失，艺术祛魅的同时形成了趣味的祛魅，艺术中艺术家趣味的权威性不再显现得那么鲜明。随着艺术观念不断发展，对古典时期艺术的叛逆更进一步，原先被摒弃的一些观念堂而皇之地登堂入室，甚至出现有意将庸俗本身作为艺术表现途径的现象，比如，古典主义批评家将庸俗艺术视为缺乏审美趣味的低级作品，而格调主义将庸俗艺术看成是一种艺术解释的范畴以及实现艺术价值的途径，即所谓"有意"的庸俗艺术。德国学者古茨塔夫·勒内·豪克认为，从艺术发展来看，相比古典主义，格调主义对庸俗艺术的界定与评判更加危险，他说："古典主义者在某种程度上可能只是使'自然'，即他的主要对象庸俗化。主观主义者即格调主义者却可能使整个

---

① [法]让·波德里亚：《消费社会》，刘成富、全志钢译，南京大学出版社2000年版，第113—114页。

世界，尤其是人的内在世界沉陷到低级趣味的泥淖之中。"① 也就是说，格调主义突破了"艺术高于生活"的律条，将艺术本身的趣味向庸常的生活"自然"看齐，无意从表现的对象提炼升华出更高的精神意蕴，这不仅与雅文化大相径庭，而且与俗文化也有内质上的不同。除了艺术，在社会文化生活中存在大量恶俗的趣味，美国学者保罗·福赛尔认为恶俗是"商业欺诈时代专有的现象"，他深入社会文化现象的种种细节，以精准的观点和犀利的言辞对商业社会的种种恶俗现象进行了鞭辟入里的批判，他以美国社会文化现象为例，给恶俗下了一个定义："恶俗是指某种虚假、粗陋、毫无智慧、没有才气、空洞而令人厌恶的东西。"② 这类恶俗趣味显然背离了人类健康向上的精神追求，而在低级的层次上满足人们的文化消费欲望。

总之，雅和俗是被人为建构起来的观念，如同高低之分一样，雅俗之辨同样脱不开权力的羁绊，判定一件艺术作品是雅还是俗，背后的根基是判断主体的趣味观念，如果将此再深入一步，就可发现文化权力渗入其中的踪迹。

第三节 经典传承与权力播撒

经典是艺术发展史中遗留下来的精髓范本，经典的形成包含着内部和外部的复杂因素，不仅是艺术自身阐释价值与审美价值的体现，而且深刻地显现一定社会的审美理想和审美趣味标准，这是经典外部的形成因素，同时也给经典套上了一层耀眼的光环。如果跳出纯粹的艺术与审美因素，进入更为广阔的社会空间，从社会历史变迁的视野来观照经典

---

① ［德］古茨塔夫·勒内·豪克：《绝望与信心——论20世纪末的文学和艺术》，李永平译，中国社会科学出版社1992年版，第197页。
② ［美］保罗·福赛尔：《恶俗：或现代文明的种种愚蠢》，何纵译，北京联合出版公司2017年版，第2页。

第四章　文艺趣味与权力冲突：艺术之辨

的形成过程和经典的存在状态，就会发现其中所凝聚的经济、政治以及文化权力的斗争过程及其结果。

一　经典建构的趣味区隔与权力表达

经典建构的过程无疑带有很强的目的性，艺术史中对于经典传承价值的设定就在于为后来的艺术创作和鉴赏提供某种范型和精神，描述并规约着包括艺术批评鉴赏标准、面向艺术作品的审美态度和趣味、艺术精神、文化价值等一系列理论和规则。经典被树为审美标杆，自然暗含一种极高的标准，这种标准为创造和评论经典作品的人掌握，用以衡量其他艺术作品，这样，经典的权威就顺利地转化为人的权力。康德提出以天才禀赋为艺术提供规则，但这种规则不是通过公式和概念提出的，而是从具体的作品尤其是典范性作品中抽取出来，他说："美的艺术的典范是把这艺术带给后来者的惟一的引导手段，这一点是不能通过单纯的说明来做到的。"① 康德将天才的价值直接与作品联系起来，通过天才作品典范化，实现天才对艺术发展的影响，这样，所谓"美的艺术的典范"就带有很强的目的论色彩，即通过典范价值实现天才价值，通过典范的影响力体现天才的艺术话语权，就像保罗·盖耶所说："在康德看来，所有真正成功的艺术都必须是天才的作品。"② 这就从因果两端赋予了天才绝对的力量，所有成功的艺术都必须始终具有康德所谓的"典范的原创性"，而正是这种"典范的原创性"使艺术成其为伟大的、成功的艺术。

艺术标准的设定取决于很多因素，来自主体的审美趣味是其中的根基。美国艺术批评家格林伯格提出"最佳艺术"的概念，与所谓"最佳趣味"联系起来，他说："最佳趣味是在最佳艺术的压力下发展起来

---

① ［德］伊曼努尔·康德：《判断力批判》，邓晓芒译，人民出版社2002年版，第154页。

② Paul Guyer, *Values of Beauty: Historical Essays in Aesthetics*, Cambridge: Cambridge University Press, 2005, p. 262.

的，最易受到这种压力的影响，而最佳艺术又是在最佳趣味的压力下产生的。"① 在格林伯格看来，"最佳艺术"与"最佳趣味"是相互生发、相互印证的关系，换句话说就是，好的趣味呼唤好的艺术，艺术典范往往是跟随趣味追求而被塑造的，然而这其中所谓的"最佳趣味"如何设定，往往就涉及文化权力的因素，而且在背后还关联更深入、更隐晦的社会政治和经济等方面的权力关系，以及所形成的整体性社会历史环境。经典作品的生成和附魅，其实一向是以一定社会关系为背景的，除了艺术价值，经典还具有某种社会政治的阐释价值，是掌握文化话语权的阶层按他们的趣味树立的一个标杆，是其文化生活方式和鉴赏标准的一种外化形态。实际上，经典建构从目标设定到实现过程都与社会权力结构息息相关，在经典的形成过程中，各个历史时期中不同阶层的审美趣味所形成的权力斗争因素，或隐或显地体现在经典的选择与固化等方面，就像布尔迪厄所说的，这种趣味的区分就是对社会主体按类别进行"区隔"。②

文学经典作品形成的前提首先是流传下来，被大量阅读和接受，而许多非经典作品的湮没不仅是艺术选择的结果，其中也包括掌控审美权力或主导审美趣味的阶层人为干预。一种方式是直接消灭，阻隔传播渠道，断绝其流传的可能性。这是一种直接的、硬性的干预，一般是政治权力强行介入，历史上大量禁书、佚文就因此而散失和埋没，真实的文本不存，也就不可能演化为经典而持续流传；另一种方式是利用话语权和批评渠道对不合其趣味规范的作品进行攻击、诋毁，试图以此消抹这些作品的艺术价值。这是一种间接的、隐性的干预，一般是运用所掌握的文化资源占领批评高地，希望以此影响人们的接受和评价，比如

---

① [美] 克莱门特·格林伯格：《自制美学：关于艺术与趣味的观察》，陈毅平译，重庆大学出版社 2017 年版，第 31 页。

② Pierre Bourdieu, *Distinction: A Social Critique of the Judgement of Taste*, Translated by Richard Nice, London, Melbourne and Henley: Routledge & Kegan Paul, 1984, p. 6.

第四章 文艺趣味与权力冲突：艺术之辨

《西厢记》《红楼梦》等都曾一度被列为禁书，而且在文学史上遭遇种种攻讦和蔑视，被斥为低俗的、无价值的作品。但是，在经典形成过程中，权力的干预往往也会适得其反，来自外部的压力无形中增加了作品的批判价值与张力，满足了受众的叛逆倾向和猎奇心理，这是颇为耐人寻味的现象，以至于当下一些作品为博取眼球，刻意制造被诋毁、受压制的假象，以此来扩大影响范围，这种反权力行为恰恰也是一种权力的游戏，遮蔽了文学本身的艺术标准，使某些趋时性的作品在一个时代畸形膨胀。

二 经典接受的趣味依附与权力表征

文学经典一经形成，本身就是一个权威性的范本，在有形或无形中对后世艺术产生规范性力量，这即是施加权力的过程。从趣味角度来说，经典就是经过筛选而存在于某段历史中审美趣味形态的凝结物，后人对前代经典作品的赏鉴与模仿，其实就是接受历史中存在的审美趣味影响的过程。这种影响一方面可使传统审美观念得以延续，趣味得以持存，但另一方面，它有时也会挫伤后人寻求新的审美体验的激情，使人产生审美文化的某种惰性，从而阻碍审美趣味标准的更新。美国文学批评家哈罗德·布鲁姆指出，"诗的历史是无法和诗的影响截然区分的"，[①] 所谓的"影响的焦虑"，就是认为经典树立了一个权威，让后世艺术家感觉难以摆脱其影响而产生一种焦虑心理，在布鲁姆看来，只有那些诗人中的"最强者"，才能突破这种焦虑，向"前代巨擘"的经典之作发起挑战，突破前人的成果最终又会成为新的权威，这种"影响的焦虑"会一代代延续下去。

德国美学家尧斯从审美经验的历史延续和社会接受角度，认为作品成为经典的过程依赖于一种审美经验的传统体系，而这个传统体系的权

---

① 哈罗德·布鲁姆：《影响的焦虑》，徐文博译，生活·读书·新知三联书店1989年版，第3页。

威性依靠不断纳入新的优秀作品而不断得到强化，即便是很多作品问世之初呈现出否定传统的姿态，但经过审美传统的含纳和筛选，也会逐渐失去其否定性色彩，他说："那些有历史性力量去超越习惯的准则、超越所期待事物的视界的作品，在他们文化接受的过程中，免不了丧失它们最初的否定性。"尧斯分析了阿多诺否定性美学对经典的态度，"典范性显然并不符合阿多诺的'进步的否定性道路'"，然而尧斯认为我们不能仅仅通过否定性来认识艺术的社会功能，艺术作品否定性的价值是作为推动艺术进步、促进艺术观念认同的中介，其中的否定性元素引起了人们"第一次视界改变"，但只有废除"第一次视界改变"中的否定性，产生含纳了审美传统的"第二次视界改变"，"才能获得经典性的品格"。① 从接受美学角度来看，经典生成—传承体系存在一种动态平衡的内在结构，即否定传统—含纳传统—再打破传统这一结构链条，对应的是打破平衡—形成新的平衡—继续打破平衡这一动态过程，最终形成艺术发展的历史轨迹。具体到审美传统中的经验和趣味传承来看，经典并不排斥艺术的创新与突破，艺术作品的否定性不断打破人们既有的审美趣味和审美经验，但要纳入经典的体系，需完成视域再融合的跳跃，与传统融合，成为传统的一部分。尧斯描述了艺术经典影响艺术发展轨迹的理想模型，在他的接受美学框架里，核心观念是当我们的趣味和经验与新出现的艺术表达方式不匹配时，需要接受者做出打破自身局限性的努力。换句话说，阿多诺所说的艺术"否定性"被含纳入传统，是在接受端完成的，要达到新的视域融合，实现视域再融合，更多的不是寄望于艺术自行磨平棱角，而是我们的接受方式和趣味心理需做出新的适应。

　　文学评论家南帆曾说，文学经典与传统形成、延续之间的关系，经典作家、经典作品的风格趣味开创了某种"文学系列"，涌现出克里斯

---

① ［德］汉斯·罗伯特·尧斯：《审美经验论》，朱立元译，作家出版社1992年版，第47页。

第四章 文艺趣味与权力冲突：艺术之辨

玛特质，引起后人大规模效仿，"对于后代来说，这无疑是某种文学传统的开始"。① 这背后存在一个趣味依附的问题，其动机是要在文化权力结构中占有一席之地，不至于被趣味关系形成的力场所排斥和抛离，英国哲学家哈奇森认为在社会普遍认同趣味存在高下之分的氛围中，"典范"作品可以引导审美感受能力弱的群体向趣味敏感性强的群体看齐，让整个社会能领悟更高的审美趣味，他列举了以下情形："对缺乏趣味或天赋的轻蔑的害怕常常会使我们也去赞许我们国家的名家作品，并阻止天然具有良好天赋或内在感官非常敏锐的那些人通过研习而臻于最高的完美；它还会使具有低劣趣味的那些人假装具有事实上并不具备的美的知觉。"② 哈奇森其实揭示了经典作品接受过程中一个普遍的动因，即审美趣味认同的需要促进了经典向全社会播撒。哈奇森将审美趣味主要归于人的天赋，趣味低劣的人未必能够真正感受经典作品所带来的审美愉悦，但他们害怕在文化趣味上掉队而遭到蔑视，因此需要掩饰审美感官能力的不足，需要一个高级趣味的代表作品来作参照，"典范"作品正是经过趣味筛选的结果，接触这些作品使得人们能够更好地在社会文化交往中获得认同。叔本华认为，人们的审美判断力是不同的，大多数人对于天才的、"高级别的"作品缺乏直接的感知，只有借助于"权威的强迫性力量"来做出恰当的判断，叔本华将这种审美判断中的权威性力量看作是必要的，不仅有助于普通人对天才作品的欣赏和理解，而且是维系这些作品知名度的保证，按他的话来说："这样，许多人就最终服从于极少数人的权威，由此就产生了评判作品的整套程序、制度——在这整套评判程序基础之上，那种牢固和远扬的名声也才有了奠定的可能。"③ 总之，经典的接受某种程度上是规训的结果，看

---

① 南帆：《南帆文集4·隐蔽的成规》，福建教育出版社2016年版，第176页。
② [英] 弗朗西斯·哈奇森：《论美与德性观念的根源》，高乐田等译，浙江大学出版社2009年版，第70页。
③ [德] 叔本华：《叔本华美学随笔》，韦启昌译，上海人民出版社2014年版，第131页。

起来似乎是自由自觉的选择,背后却有非常现实的动机,无论经典作品本身艺术价值如何,当它放到社会文化阶层之间的关系背景中时,经典的接受与艺术阐释必然受到文化权力的操控和牵制。

三 经典演变与政治变迁的关联与呼应

伊格尔顿认为,社会历史条件会使文学作品受关注的程度发生变化,这其中包括种族、女权、环境生态等政治和社会观念的因素,他举例说,纳粹不会关注犹太人的作品,而随着现代女权主义兴起和环境焦虑加深,历史上一些以女性为主角的小说以及关注环境问题的作品受到重视,这些小说由此成为了大众经典,"不再是供小众把玩的读物了"①。

文本的分离式表述策略与社会群体的分层和区隔有关,美国学者约翰·杰洛瑞结合了布尔迪厄的文化资本理论,分析西方社会经典建构存在的问题,揭示了经典建构过程受文化资本分配体制影响的真相。在西方教育体制中,维系经典与非经典的微妙平衡以及讲述经典与非经典的方式,都体现了一种"形象政治学",为了彰显表面上的文化多元主义。非经典作者被打上所谓弱势群体的标签,而非经典作品被塑造成亚文化的代表,在教育体制中,非经典作者和作品保持非经典的身份至为关键,因为他们之所以被讲授,就是在于其表征了某些特定的群体,杰洛瑞用一段话描述了经典与非经典建构背后存在的这种关系:"它意味着包容和排他的社会指涉物——由种族、性别、阶级和民族地位所规定的强势或弱势集团——正在被经典建构话语中两种作者和作品所代表:经典的和非经典的。某些文本只有作为经典作品才能说可以代表强势社会群体。反过来,其他一些文本只有作为非经典作品才能真实地代表那些社会的弱势群体。"② 这样一来,经典与非经典的区分只是为了满足

---

① [英]伊格尔顿:《文学阅读指南》,范浩译,河南大学出版社 2015 年版,第 207 页。
② [美]约翰·杰洛瑞:《文化资本——论文学经典的建构》,江宁康、高巍译,南京大学出版社 2011 年版,第 7 页。

第四章　文艺趣味与权力冲突：艺术之辨

社会政治表述的需要，而逐渐失去了作者作品在文学层面的意义，作为少数群体的作者以及反映亚文化的作品，永远被打上非经典的标签，在多元主义经典批评语境下，这些作者作品无法实现从非经典到经典的身份转换。从文学史的角度来看，这种经典与非经典的政治性表述，使传统意义上的经典遴选、文化沉淀和神性依附等一整套经典形成模式都脱离了原先的轨道，变成主流群体与少数群体、主流文化与亚文化之间文化权力斗争单纯的显现，在这种情况下，被归为经典与非经典的作家作品体现的就不是文学自身的规律和发展轨迹，而是记录了社会政治的影像和权力斗争的痕迹。

基于将经典体系与政治脱敏的考虑，哈罗德·布鲁姆主张从作品本身的美学要素出发来建构经典体系，反对经典确立过程中掺杂政治正确的因素："我们必须把西方经典中的美学力量和权威同由之衍生而出的任何精神、政治及道德后果区分开来。"[①] 他提出捍卫"美学尊严"，"美学尊严是经典作品的一个清晰标志"，强调要用美学标志来衡量经典作品的价值，清晰地划定经典与非经典之间的边界。为此他编著了《西方正典》来实践他的观念，然而，这种划界引来了包括后殖民等后现代理论的强烈反弹，而且在美学面向社会文化转型的时代，将美学与政治文化思潮完全切割几乎是不可能的，因此从文学理论的建构而言，《西方正典》回避趣味多元化的现实，不仅无法推进文学理论的发展，而且无法有效回应文学现实的发展趋势。

四　经典解构过程中的权力博弈

童庆炳教授曾说："意识形态的变动，文化权力的转移，在很大程度上影响了文学经典的秩序。"[②] 在权力场中生存并喧嚣一时的作品往

[①] [美]哈罗德·布鲁姆：《西方正典：伟大作家和不朽作品》，江宁康译，译林出版社2005年版，第26页。

[②] 童庆炳：《童庆炳文集·第六卷》，北京师范大学出版社2016年版，第416页。

往并不能经受住历史的汰择，如果从历史视野审视文学作品，权力的因素消退最快，等权力消散，支撑作品流传的因素就被抽空。那些艺术水准低劣的作品将很快消散在历史烟尘中，而艺术的因素逐渐显露历久弥新的本色。

伊格尔顿认为经典的意义与价值不是恒定不变的，随着不同时代观众的趣味而产生不同解读，而且经典本身也可能被人冷落乃至被遗忘，他说："不能想当然地以为经典就会万古长青。"[①] 以经典为纲织成的传统之网对后世艺术发展形成了一套美学的标准，然而同时也施加了强大的压力，在这种压力之下，必然也会产生摆脱经典的影响、解构经典所代表的趣味模式的诉求，因此，就形成了围绕经典而形成的建构与解构两种相互牵扯的艺术史观念，而在这背后所隐含的是对审美趣味控制权的争夺。

现代性建构过程对经典的阐释是颇为迷恋的，因为在现代性知识体系中，经典是深度模式和恒久价值的完美体现。然而随着现代社会思想与艺术转型节奏加快，各类范式范型变化与更新的周期缩短，导致任何被贴上神圣性、永恒性标签的东西都遭到解构与戏仿，基于普遍主义的永恒意义被质疑，我们缺乏精力去欣赏那些强大而深邃的符号，缺乏耐心去细细品味丰富的意蕴情感，艺术创作越来越满足于实验性、展示性存在，放弃那种超文化的、具有普遍价值的、高度可见的艺术生产诉求，同时对于艺术乌托邦理想的认同也越来越弱，这是后现代思潮带给文化艺术经典体系表达的后遗症。如前所述，由于所谓的艺术标准和艺术价值本身就包含着权力因素，因此经典的解构过程与建构过程一样，都体现着权力的运作过程，这样一来，基于后现代、反传统的既定理念，现时的艺术就放弃了经典建构追求，而原先的经典也被后现代的艺术观念所解构。

后现代对原有的艺术理论的解构造成经典所附着的"光晕"消失，

---

① [英]伊格尔顿：《文学阅读指南》，范浩译，河南大学出版社2015年版，第206页。

第四章　文艺趣味与权力冲突：艺术之辨

在深度模式和永恒性被淡化与弱化的前提下，后现代主义艺术满足于瞬时的展示价值，而不是努力寻求跨越不同时代可以长期持守的价值，相应地，后现代主义艺术家某种程度上放弃了对审美权力的争夺，改变现代主义艺术家所追求的强势的、先锋的姿态，而往往满足于以一种弱的姿态创作弱形式的艺术作品，试图以此来标榜回到生活，还原生活，体现某种全新的价值。艺术家群体对于审美趣味的开拓与坚守越来越弱化，在文化消费盛行的时代，艺术不再对时间和永恒抱有幻想，这也导致许多前卫艺术家开始放弃自身特立独行的风格和审美影响力，就像德国艺术理论家鲍里斯·格洛伊斯所说："前卫艺术的普遍化权力是一种弱的、自我消抹（self-erasure）的权力，因为只有当前卫艺术生产出尽可能弱的图像时它才能取得普遍性的成功。"① 然而，后现代发展现状却表明，这种艺术创作很容易就被社会不停变换的审美趣味所遗忘和淘汰，这种稍纵即逝的趣味展示无意于成为未来世界的经典，尚未与时代拉开距离并形成历史感，就湮没在被塞入了太多内容的时间和空间中。

第四节　趣味的标准与批评的标准

人们对文艺作品的批评牵涉许多方面的因素，其中最重要的是批评主体自身的审美趣味，对艺术品的评价其实植根于人们的趣味，康德认为良好的审美趣味就是对艺术形式与规律（例如节奏、线条、质地、平衡、和谐等）的合理理解、欣赏与评价，因此趣味对艺术评判尤其重要。艺术批评问题诸如批评方式、批评态度等问题与我们所探讨的审美趣味问题密切相关，尤其是艺术批评的标准问题，与审美趣味标准问题是一脉相承的。如果说艺术是美学观念最集中的体现，那么艺术创作与批评的标准是人的趣味最直接的反映。

---

① ［德］鲍里斯·格洛伊斯：《走向公众》，苏伟、李同良等译，金城出版社2012年版，第142页。

审美趣味与文化权力

一 文艺批评中趣味的个体性与时代性因素

如前所述，文艺批评与人的审美趣味密不可分，这里的审美趣味首先是以批评家个体趣味呈现出来的，文艺批评的个人性源自审美趣味的个体性，然而文艺批评中趣味的个体性并非超然于社会时代之外，批评家总是隶属于某个文化群体，批评话语代表着某个阶层的文化趣味观念，而且随着时代发展，批评家个体的审美趣味面貌跟随群体不断演变，文艺批评的内容也随着发生改变。

历来理论家对于批评家的个体趣味在艺术批评中的作用存在不同的意见，英国诗人和文学批评家艾略特曾对批评的目的进行分析："批评总是要宣称它在考虑一个目的，这个目的，大体说来，似乎是对艺术品的解释和对鉴赏趣味的纠正。"① 艾略特指出，批评的任务似乎被明确地规定好了，就是用某种普遍的权威标准解释艺术内涵，纠正读者阅读时的鉴赏趣味，然而事实表明，这种理想化的状态并不存在，批评更像是一个众生喧哗的演说场，充斥着拥有不同观点和趣味并乐于表达的各类偏执乖僻的批评家，这些批评家各执己见，以个体趣味来解读阐释文学作品，使文学批评丧失了可靠性与权威性。艾略特由此提出一个命题，即比较"外部权威"与"内心声音"，前者似可理解为存在于读者和批评家之外的某种权威标准，而后者则完全是出自人们自身的内心喜好和个体趣味。艾略特指出，如果有人在面对作品进行判断时，执意以"内心声音"为准，那么任何批评都是毫无价值的，"因为他们对于为了追求批评而努力寻找任何共同原则的这件事根本不感兴趣"，其中的原因很简单，对于他们来说，"既然有了内心的声音，何必再要原则"②？显然，艾略特对这种不讲原则和标准、纯以个人化的感受和趣

---

① ［英］托·斯·艾略特：《艾略特文学论文集》，李赋宁译，百花洲文艺出版社 1994 年版，第 66 页。
② ［英］托·斯·艾略特：《艾略特文学论文集》，李赋宁译，百花洲文艺出版社 1994 年版，第 71 页。

第四章　文艺趣味与权力冲突：艺术之辨

味来判断作品的艺术接受方式是不满意的。

此外，承认批评家个体趣味在批评中的合理性并不意味着趣味标准的滥用，美国哲学家杜威批判了艺术批评的两种模式，即"司法式批评"和"印象式批评"，认为都是对艺术本身所存有的客观价值认识偏差造成的。首先，"司法式批评"是将自身权威提高到至高无上的地位，"获得权威地位的欲望使得批评家们说起话来就像是拥有无可争议的既定原则的化身一样"。批评家以自己的批评原则和趣味标准作为尺度，将自己对艺术的评价强加在他人的判断之上。其次，"印象式批评"同样是无视艺术的客观价值："由于前者（司法式批评）建立了虚假的客观价值与客观标准的观念，印象主义批评家就很容易完全否认客观标准的存在。"杜威试图厘清"标准"问题所产生的混乱，提出不是要取消标准，而是反对某种僵化不变的标准。批评要从"对客观质料的经验中生长出来"，"而且还要有深化他人的同样经验的功能"①，在这一过程中，批评家要具有真诚性，而不是将自己的意见通过权威包装来强行推出。朱光潜先生认为"文艺标准是修养出来的纯正的趣味"，他承认"趣味无可争辩"，但同时认为趣味需要不断修养，才能提升文艺批评的水准，他肯定私人趣味在文艺批评中的影响，但反对将这种私人趣味作为批评的全部依据，他说："文艺批评不可漠视主观的私人的趣味，但是始终拘执一家之言者的趣味不足为凭。"② 按朱光潜的思路，批评家首先要努力修养自身的审美趣味，使趣味尽可能纯正；此外，在批评实践中，对他人趣味不应仅仅是不加分辨地批判，同时也要有同情和理解的态度，尽管他人的趣味可能与自身趣味并不合拍，但充分衡量多种趣味和批评标准，反思自身趣味是否存在修养不够而产生偏狭的问题。正确认识自身趣味，必要时悬置与反思个人的判断标准和审美感知

---

① ［美］约翰·杜威：《艺术即经验》，高建平译，商务印书馆2010年版，第347、354、375页。

② 朱光潜：《无言之美》，北京大学出版社2005年版，第188页。

能力，尽可能避免主观的自信和傲慢遮蔽了真正有价值的东西，这样才有利于文艺批评趋向理性和公正。

另外，批评的标准也随时代的变迁而呈现出差异，承认这种差异的合理性是符合艺术鉴赏与艺术传承规律的。无论是艺术批评家个体还是群体，都是从属于某个时代的，不少理论从时代变迁这条主线来看艺术批评中的趣味问题，在这种视角下，艺术批评超越了个体性，趣味标准也就变成随时代而流动的东西。19世纪法国艺术理论家丹纳在其著作《艺术哲学》中认为批评必然有一个"众所公认的真理"，在艺术批评方面，他认为最接近事实、最能反映艺术品真实价值的判断来自于各种话语权的张力平衡，在于不同人的趣味理念在冲突中相互补充，最后取得平衡，丹纳将这一过程延伸至不同的时代，通过不断地重新审查与修正，最终达到最为可靠的结论。丹纳将批评的可靠性寄望于不同意见、观点的冲突以及时代对此的筛选上，以此接近他所认定的批评的标准，在这种情况下，批评家个体的趣味如何就无关紧要了，他说："现在一个批评家知道他个人的趣味并无价值，应当丢开自己的气质，倾向，党派，利益……这并非随心所欲而是按照一个共同规则的的批评。"① 丹纳将他所谓的"众所公认的真理"绝对化了，艺术实践证明，这是一种理想化的状态，也是一种难以实现的目标。丹纳这种设定艺术标准使其超越时代的做法是西方艺术理论中一种普遍的思路，这种思路首先将艺术法则和艺术价值绝对化，而将审美趣味看成是随时代而变化的，就像意大利艺术史家里奥奈罗·文杜里在他的《西方艺术批评史》一书中所说："如果艺术是绝对的和永久的，那么审美趣味则是相对的。"② 文杜里承认历来对艺术的种种评判和鉴定，都呈现出审美趣味种种特有的个性，而艺术史所要做的就是在审美趣味观念与艺术作品本身之间做

---

① ［法］丹纳：《艺术哲学》，傅雷译，人民文学出版社1981年版，第345页。
② ［意］里奥奈罗·文杜里：《西方艺术批评史》，迟轲译，江苏教育出版社2005年版，第234页。

第四章 文艺趣味与权力冲突：艺术之辨

出某种区分，他说："只有当一个人具备了他的文明条件所允许的十分完善的审美观时，才能够理解过去的文明和遥远区域的审美观；才能从他眼前的或过去的时代中识辨出哪些是永久性的艺术，哪些是审美趣味中相对性的反映。"① 文杜里这段论述其实涉及过去与现在不同视域如何接合的问题，这在西方阐释学那里是一个重要命题，阐释学也曾强调要复归作品的原意，但到加达默尔那里已经强调视域的融合，自接受美学等受众理论兴起以来，越来越多的人相信这样的事实：艺术史实际上是一种接受史，每个时代都有对艺术品不同的理解与评判，相比而言，丹纳更强调每个时代趣味的局限性与批评的偏差，并强行将不同时代的批评归并统一，以验证他的超时代的共同规则，事实上，这种共同的规则是不存在的。俄国美学家车尔尼雪夫斯基指出："每一时代的美都是而且也应该为那一代而存在。"② 这就是说，趣味是随时代而变化的，批评的标准也不应该一成不变，只有将批评与趣味的时代特征相结合，才会是活的批评，是接地气的批评。维特根斯坦从语言的角度来谈新旧风格更替和审美趣味变迁之间的关系，他认为我们不能简单地将旧风格拿来修正，以适应新时代、新世界的审美趣味，其实那仍然是在讲旧的语言，复制旧的风格。我们应该着眼于新时代的风格去化用旧语言，而不是追求与旧语言的审美趣味相一致。③ 就像前面所说的，一个批评家或一个时代对于艺术的批评意见是与批评家个人趣味以及时代的趣味紧密相关的，承认这一事实的合理性，是我们构建和谐的批评秩序的关键。

然而，审美趣味个体性与时代性因素会引出文艺批评中一个经典的话题：艺术家和艺术批评家的趣味超越时代，常常导致艺术作品和批评

---

① ［意］里奥奈罗·文杜里：《西方艺术批评史》，迟轲译，江苏教育出版社2005年版，第236页。
② ［俄］车尔尼雪夫斯基：《生活与美学》，人民出版社1957年版，第125页。
③ ［英］路德维希·维特根斯坦：《文化和价值》，黄正东、唐少杰译，译林出版社2014年版，第85页。

观念与当下社会并不合拍,当我们立足当下趣味形态和发展水平时,对那些难以理解的艺术表现和艺术观念如何做出客观公允的评价？19世纪美国文学家爱默生坚持认为艺术批评应超越时代："最优秀的艺术批评家,是那些具有单纯的艺术趣味和艺术敏感,超脱于地方文化和时代影响的人。"① 法国哲学家孔狄亚克则详细解释了艺术批评超越时代对艺术发展的作用,他指出少数人的艺术鉴赏水平超越时代,不断打破趣味平衡,最终引领社会趣味的发展方向。他在论述音乐时说,人们对完美音乐的认定需要有一个标准,然而这个标准如何制定则成了一个难题,"能否因为听力没有经过多大训练的人是占大多数的,就以这些人的要求来确立标准呢"？或者说,"尽管擅于赏识音乐的人为数不多,是不是仍应按照他们的要求来确立这一标准呢？"孔狄亚克心中的天平倾向于后者,他从艺术发展角度给出解释：每一次音乐的革新与发展都会招致大众的批判,尤其是这种革新进步来得重大而突然的时候,这种批判的声音更为激烈。孔狄亚克将这种批判和抵制归因于人们的惯性思维和习俗的先入之见,人们惯常的趣味被撕裂,自然引起抵抗,然而当人们逐渐熟知并接受这种变革时,新的趣味平衡状态又会出现,正如孔狄亚克所分析的那样："到了它开始成为大众耳熟能详的时候,便会受到人们的喜爱,而且不会再有反对它的偏见出现了。"②

美学家宗白华从雅俗共赏的角度来试图解释和解决艺术趣味超越时代的问题,他认为一流的文艺作品必定具有广泛的适应性,首先能够适应大众欣赏："一切所谓典型的文艺都下意识地有几分适合于一般人,所谓'俗人'或'常人'的文艺欣赏的形式和要求。"宗白华认为"通俗"构成作品的"普遍性和人间性",使其能够广泛流传,但真正一流的作品必然具有超拔特异的价值,"他们必同时含藏着一层最深的

---

① [美] 爱默生：《爱默生人生十论》,亦非译,京华出版社2005年版,第125页。
② [法] 孔狄亚克：《人类知识起源论》,洪洁求、洪丕柱译,商务印书馆1989年版,第169—170页。

第四章 文艺趣味与权力冲突：艺术之辨

意义和境界，以待千古的真正的知己"①。这里所说的真正的知己是更高层次的鉴赏者，这种层次甚至超越了时代，不同于凡俗和流俗，宗白华在这里给文艺作品"隐含的读者"画像，通过这种方式提供了文艺兼通雅俗的一种解释，也传达了他对雅与俗之间辩证法的理解。宗白华将提升文艺作品鉴赏水平的问题放到时代之流中理解，学者李亦园则提出"精致文化"的鉴赏能力对于提升人们当前审美素养的意义："理解这种文化内在意义与精致文化的艺术表现间之关系，是人们对美的境界体会欣赏很重要的标准，也是欣赏素养必备的条件。"② 结合两位学者的观点来看，艺术批评为艺术的鉴赏趣味设定一个更高的标准，使超越时代和当下社会流俗的艺术能够保持生长的空间，无论是对于个人精神成长还是社会文化发展都是有益的，也是必要的。

二 当下大众批评与精英批评的矛盾

在我们这个时代，社会趣味结构出现了许多新的特征，文化也呈现与以往不同的面貌，批评也就出现了一些新的问题，大众批评和精英批评的矛盾日渐凸显出来，这一方面是由于文化消费社会推动了大众批评话语权的加强，形成大众批评的话语暴力；另一方面也是由于艺术精英和知识精英对大众文化的强力对抗，出现了精英阶层屡屡用"三俗"（低俗、庸俗、恶俗）来指责大众文化的现象。

其实，在阿多诺、本雅明的时代，大众的话语力量就开始显现出来，而在后现代思潮崛起之后，大众批评成为社会多级话语中处处展示其力量存在的异常活跃的批判形态，甚至时时显露出争夺权力的锋芒。尤其是在当下，随着公众教育水平的提高以及大众传媒的发达，尤其是网络平台的推出，不仅给公众提供了表达意见的舞台，而且使大众趣味的影响力得以膨胀，也使得他们的洞察力、判断力以及话语传达技巧得

---

① 宗白华：《美学的散步》，安徽教育出版社2006年版，第167页。
② 李亦园：《文化与修养》，九州出版社2013年版，第117页。

到了极大的提升,从而拥有了与精英趣味及其批评话语相抗衡的意图和能力。而且,网络的兴起总体的趋势是对传统话语权的分解,基于网络的自由言说是以反叛权威为背景和基本语境的,这就使得公众话语和草根言说往往具有消解权威的特征。因此,原先处于中心地位的精英批评受到了来自公众话语前所未有的挑战,承受着来自公众的关注和压力而变得小心翼翼,显得越来越底气不足,他们一时难以适应汹涌而来的大众话语,习惯于待在角落里,卸下超越自己能力的使命。

在一个趣味多元化的社会,信息生态系统一个显性特征是杂语丛生,话语的生发点和源头繁多,中心、主题、规范性被实时增加的大量信息所扭曲、淹没,形成一个个话语的漩涡,所带来的后果之一是话语暴力的无限扩大。一个观点及其持有者一旦被公众所针对,辩解的空间往往被粗暴压缩,公众在从众心理的引导下会产生选择性失明,失去独立思考的能力和必要的甄别、过滤信息以及判断真假的程序和标准,这就走向了另一个极端,即原先处于权威地位的精英批评倒置成弱势话语,而来自草根的批评话语因其量的压倒性优势和强大的群众基础,占据了临时的强势地位。

后现代的社会语境使公众话语得以极大释放之外,也常常使得问题的论争在发生的初期,在还没有得以充分深入之前,就已经呈现一边倒的局面而难以为继。这种现象如果长期持续,就可能使某些文人学者怯于发表不同的见解,懒于进行独立的思考,精于无原则地媚俗,甘于充当流行话语的附和者和注解者,从而完全失去其思想和观念引导者的价值。首先,知识分子应当站在公众的立场上来思考和评价问题,这是毫无疑问的,但并不等于随众趋时,走上庸俗化的道路。德国学者阿多诺甚至提出:"艺术乃是社会的社会对立面(social antithesis)。"[①] 认为艺术只有体现对现实社会的批判性才有价值,这是一种对艺术与社会关系的认识思路,意在从艺术自律性和社会性的两极中取得平衡。按这种思

---

① [德] 阿多诺:《美学理论》,王柯平译,四川人民出版社1998年版,第13页。

第四章　文艺趣味与权力冲突：艺术之辨

路，专家学者要在某种程度上成为社会的批判者和尖锐问题的提出者，以达到警醒世人的目的，才能最终得到公众真正的尊重。法国哲学家萨特也提出"知识分子的担当"这一命题，呼吁知识分子应该勇于担当，介入现实社会的批判，并把这当作自身存在的责任和价值。同样，鲁迅的伟大之处是不合于时，敢于发出心中的呐喊，唤醒国人麻木的神经，成为当时中国人的精神导师。因此，自身的定位不清、是非不明是某些精英批评话语发布者遭遇尴尬的内在因素，从这个角度来说，精英趣味的自我救赎才是重新赢得尊重的根本途径。

当下的事实是，在很多时候精英批评与大众批评站在了彼此的对立面。牵涉到社会文化话题的论争，现实中往往反映的是两者之间的博弈，给人的印象是一种此消彼长的关系。在所谓的后现代语境下，"权威"由于其先行置入的光环和神圣性，自然地成为被消解的标靶，走向一个祛魅的过程。权威体制受到来自底层话语的挑战，采取各种方式维护自己原先的话语强势地位，而这往往又引起草根民众的反感和抵制，几个方面的因素叠加，形成了当下精英与大众之间的紧张关系。这或许是一种互为因果的关系，是由彼此间的不信任和信息的不对称、地位的不对等所造成的恶性循环。

精英批评和大众批评一直存在紧张的关系，上面所说的大众批评的话语暴力，在很大程度上引起了精英阶层的强力反弹，精英阶层以高雅相参，以风雅为尚，自然对大众文化趣味采取不屑乃至鄙夷的态度，联系到批评方面，就是给大众趣味贴上"俗"的标签，比如说，"三俗"就是精英批评常用的字眼。"三俗"即通常所说的庸俗、媚俗、低俗，在当下的文艺批评中似乎出镜率很高，在不少批评家看来也非常好用，"三俗"成了一个荆棘编织的口袋，不仅拂逆自身趣味的东西都可往里面装，还可以体现批评家的权威，不用费力就能刺得人浑身难受。然而问题在于，这种不加分辨的标语体批评究竟能有多大的阐释作用？这种批评在社会文化导向中能否提供足够的正面效果？

首先，这种"三俗"体的批评常常是一种惰性思维的体现。诚然，批评的话语是必然要承续已有的惯用体系的，但这并不意味着要透支某一个词、某一种句式的表达张力，闭着眼睛来试图阐释一切。大批判时代给我们最大的教训就是标语化的批评模式不可取，比如"某某家的乏走狗"之类的标语体曾在文艺批评中被用滥，如今"三俗"体又成了批评中常用的佐饭小菜。这种文艺八股容易使人养成惯性思维，不仅造成批评话语的贫乏，而且忽略了文本细读的功力，形成一种脱离文本的印象式批评。极端的例子就是，某些批评家还未看完作品，闻着似乎像"三俗"的味儿，觉得应该差不离，就把"三俗"的帽子扣上，标语式的批评就此出炉。说到底，这样的批评所体现的如果不是功力不够，就是不思进取。其实文艺界如今有效的批评话语不是太丰富，而是太贫乏。批评界对西方文论用语的借鉴常常水土不服，对古代批评话语的沿用也常常造成食古不化，批评话语的有效性不彰，创新动力不足，公众亲和度不够，即便是产生有限的几种标语体，其丰富性还不如小馆子里的流水牌。

其次，"三俗"体批评的背后是一种独断论思维。文艺批评首先要有帮助作者提升艺术水平的善意，以及引导社会审美趣味向健康方向发展的责任感，是批是赞都要言之有据、言之成理。脱离作品本身的批评，简单地用大帽子扣人，或者用肉麻的词句进行廉价的吹捧，这都是预设立场的标语体批评，这种纯粹断语式的批评难以让人信服。造成的局面是，树着文化批判的大旗，拿着自认为放之四海而皆准的批判武器，最终却成了解决文化恩怨的口水烂仗，写满标语的旗帜也成了口水巾，受伤害的不仅是社会文化整体的氛围，而且还有批评界自身的声誉和公信力。

另外，标语体批评不仅缺乏对作品的尊重，而且缺乏对公众趣味的尊重。首先就抱着与公众对立的态度，忽略公众的判断力，造成批评罔顾文本事实和公众反应，面目可憎，最终走向公众话语的对立面。文艺

第四章　文艺趣味与权力冲突：艺术之辨

批评一直说要"接地气"，然而从批评事实来看，许多批评家还是习惯于在空中楼阁里隔空往下喊话，用学院派的眼光怀疑一切，常常脚下连楼板都没接着。这里并非是用民粹的立场来取消文艺批评界的引导力量，而是期望批评能够多点底层视角，多点现实关怀。如果对文化发展的现状视而不见，对大众的声音听而不闻，就会使文艺批评越来越自闭于一个狭小的圈子。

在网络时代，流行于网络中的所谓元芳体、咆哮体等，作为一种网民的集体狂欢，带有娱乐式的调侃意味，或许也还无伤大雅，而文艺批评如果滥用一种标语体例，则是自废武功、自甘堕落之举。我们真正需要期待的是有质量、有价值引导意义的批评，观点可以犀利，但立场必须公允，简单的"三俗"体批评似乎不在此列。

第五章　生活图景与趣味认同：生活之思

在艺术之外，审美趣味的影响还延伸至生活各个角落。社会给人们提供了展示和表达不同生活方式和生活态度的舞台，人们按各自对趣味的理解与追求形成一个个极具差异而又相互联系的生活圈子，日常的衣食住行都渗透了意识或潜意识中趣味认同观念。如果将生活图景看作是超越纯粹生存模式的社会显影，那么人类的生活在生存底线之上，更多地追求某种趣味和品质，这成为现代社会生活的一种趋势。尤其是在消费社会，物质匮乏和生存压力不再困扰人们的生活，日常生活审美化渐成一股潮流，人们更加注重艺术趣味和生活趣味的培育，对生活消费的内容与品质产生了多层次、多样化的追求，对精致、对时尚进行模仿和趋附，另外社会上有更多的人能够参与社会趣味的建构，并在此方面获得了更多的话语权，这都表明，时代发展变迁对社会普通人生活模式的塑造以及生活态度的转化具有极为重要的意义。

第一节　日常生活经验与审美经验

通常人们认为艺术高于生活，艺术所秉持的审美趣味标准也高于日常生活标准，即便是在文化消费时代，艺术进入日常生活，日常生活中的审美接受艺术的灌溉，形成艺术生活化或者生活艺术化的趋势，但艺术仍占据着审美趣味的制高点，艺术趣味的标准必然是少数人的标准，

第五章　生活图景与趣味认同：生活之思

而大众生活中的趣味则需照顾大多数，就像高楠教授所说："生活艺术化的标准必然是众人的标准，这构成生活艺术化与艺术的又一重要差异。"① 这就类似"木桶效应"所揭示的道理，艺术趣味标准与大众日常生活趣味的标准无法平齐。大众审美趣味融合在日常的生活经验中，属于审美的许多元素被稀释，审美经验中无功利的属性被弱化，这也是美学对日常生活审美和大众趣味进行批判的重要原因之一。

一　现代性与日常生活批判

英国社会学家安东尼·吉登斯在分析日常生活时说："日常生活具有连续性、流动性，但它并不指向任何地方。人们用'日复一日'或它的同义词来指时间的组织只是一种重复而已。与之相反，人的生命是有限的、不可逆的，'正在向死亡迈进'。"② 日常生活在哲学社会学批判中通常被视为重复、平庸、缺乏创造力的代名词，这种琐碎无奇、单调乏味的日常生活被认为是受资本主义商业生产与消费控制的，导致日常生活中所应有的本真性缺失，是资本主义社会全面异化的产物。现代社会中平民阶层每天为求生存而不得不接受有节奏的、无趣的生活，其特点就是高度程式化，如机器般单调乏味，本应鲜活的生活变成干巴巴日复一日的机械重复，缺乏美感与高雅的趣味。

因为日常生活被看作惯常的、缺乏深度的、世俗的以及反英雄的生活方式，现代性语境中充斥着对日常生活的批判，就如英国文化研究学者费瑟斯通所说："伴随着西方现代性的兴起，像科学家、艺术家、知识分子和学者这些文化专业者都获得了相对的权力，他们以不同方式大力倡导变迁、教化和文明化，修补和治愈那些被认为是日常生活的缺点

---

① 高楠：《艺术的生存意蕴》，辽宁人民出版社 2001 年版，第 83 页。
② Anthony Giddens, *The Constitution of Society*: *Outline of the Theory of Structuration*, Cambridge: Polity Press, 1984, p. 35.

的地方。"① 现代主义艺术家就是要对这种存在于日常生活中的无趣和平庸开刀，对其开展毫不留情的批判。美国学者马歇尔·伯曼在分析波德莱尔关于现代生活的批判思想时说："波德莱尔使用了流动状态（'漂泊的存在'）和气体状态（'像空气一样包围和浸润着我们'）来象征现代生活的独特性质……对于这些思想家来说，现代生活的基本事实是，正如《共产党宣言》所说，'一切坚固的东西都烟消云散了。'"② 在19世纪末的时候这种生活图景成为现代主义建筑、音乐、绘画和文学等艺术的基本品质，日常生活经验常常被认为是生糙的、带有低俗趣味的，相对而言，审美经验则被认为是纯化的、富有高雅趣味的，这也是现代主义艺术讲求自律性以及"为艺术而艺术"观念的依据之一。然而正如后现代主义思想家所反思的那样，现代主义艺术追求一种深刻的艺术反思和价值批判态度，却逐渐失去了对日常生活切近的、准确的把握，使得艺术表现的趣味与日常生活呈现的趣味产生了越来越远的距离。

实际上，审美趣味作为人的一种精神形态是一个整体，人们在日常生活和艺术活动之间所呈现的趣味本应是相互贯通的，然而这种连续性被人为切断，而且在艺术现代性过程中生活趣味和艺术趣味的鸿沟在不断加大，在美学层面形成对生活趣味的批判和压制，这是美学在面向日常生活审美转型过程中首先需要反思的命题。

二 对日常生活批判的反思

法国学者列斐伏尔在其著作《日常生活批判》中分析了哲学界对日常生活（daily life）进行描述与批判的过程，在过去，哲学家将日常

---

① [英] 迈克·费瑟斯通：《消解文化——全球化、后现代主义与认同》，杨渝东译，北京大学出版社2009年版，第80页。
② [美] 马歇尔·伯曼：《一切坚固的东西都烟消云散了——现代性体验》，徐大建、张辑译，商务印书馆2003年版，第185页。

第五章　生活图景与趣味认同：生活之思

生活排除在知识积累和哲学探讨之外，然而现代哲学则尝试着克服那种纯粹的抽象思辨，寄望于转向日常生活来更新自身的经验与知识体系，从另一种路径构建哲学理论的表达方式。马克思、胡塞尔、海德格尔等一批哲学家都在他们的思想中吸收了日常生活的经验与智慧，在文学方面，像乔伊斯等小说家倾向于贴近观察日常生活，从中汲取素材和灵感，从而创造出令人惊叹的艺术效果。这就是说，无论从理论还是艺术实践看，日常生活都是艺术重要的源泉，日常生活与艺术之间原本并不存在不可逾越的鸿沟，列斐伏尔提出："日常生活并非是与哲学的、超自然的、神圣的、艺术的这样一些非琐碎事物处于二元对立的位置。"① 日常生活看似琐碎，哲学和艺术看似具有超越的、神圣的光环，但没有大量琐碎的日常生活经验，任何神圣的东西都将是空中楼阁。杜威认为应强调日常生活经验和审美经验的连续性，从这个角度出发，艺术的低俗和高雅之分是可以被打破的。

后现代主义致力于重新发掘日常生活的价值，日常生活被认为是带酒神气质的、充满想象力的生活方式，这致使后现代主义艺术全方位拥抱日常生活，对此，德国艺术理论家鲍里斯·格洛伊斯（Boris Groys）做出如下分析："艺术性的活动如今已经变成了这样一种东西：艺术家与他们的观众分享最普通的日常经验。如今艺术家与观众分享艺术就如他当初与宗教或政治分享的那样，成为艺术家不再是一种独特的命运，而是成为一种每日实践——一种弱的实践，弱的姿态。"② 当艺术家和观众之间的距离消失，当日常生活经验与审美经验的界限被抹平之后，所出现的忧虑是艺术不再成其为艺术，紧随其后人们开始了新的追问：艺术的价值何在？艺术如何重新定位？这种追问无论从理论内核还是时代背景都已不同于以前人们对艺术所做的探索，而是艺术受审美日常生

---

① Henri Lefebvre, *Critique of Everyday Life*. Vol. Ⅲ, Translated by Gregory Elliott, London and New York: Verso, 2005, pp. 3–4.
② ［德］鲍里斯·格洛伊斯：《走向公众》，苏伟、李同良等译，金城出版社 2012 年版，第 153 页。

活化冲击所面临的新情况和新问题，这其中最受关注的是审美日常生活化过程中大众文化趣味的崛起，使精英化的艺术趣味受到极大的挑战，一些文化研究学者开始从大众日常生活的角度重新审视精英文化和精英趣味。英国文化理论家约翰·费斯克指出大众文化的核心是实践关联性（relevence），它弥合了日常生活与书本之间的裂隙，这与资产阶级文化以及自诩文化修养高的精英文化形成鲜明的对比。他同时指出："这种实践关联特征也意味着许多大众文化是瞬息即逝的，因为人们的社会状况不断在改变，实践关联性所产生的文本和审美趣味也在不断变化。"[①]后现代文化追求与日常生活、与大众文化无缝弥合，带来的结果就是价值与意义的滑动，现代性所追求的深度意义和固有价值荡然无存，这似乎也是后现代文化艺术状况留给我们做进一步反思的地方。

第二节　消费的趣味与趣味的消费

文艺作品的接受属于艺术领域的命题，而文化产品的日常消费则可归为生活领域的命题，实际上两者在实际的精神活动中很多方面是重叠的。文艺作品的接受建立在艺术家与受众审美趣味沟通的基础上，而文化产品的消费同样是基于生产者与消费者文化趣味的契合与认同。这就是说，文化产品消费中审美趣味的因素非常重要，趣味不仅是文化消费的动因，也是文化消费的一种结果，尤其是在消费社会中，存在大众审美趣味被消费裹挟的现象，利用文化消费掌控人们的审美趣味，是文化权力在日常生活中的重要体现，对文化消费中审美趣味的分层现象与引导作用进行分析，可以较为深刻地理解文化权力在日常生活中的渗透过程。此外，就像美国思想家戴维·哈维（David Harvey，又译大卫·哈维）所说："市场本身具有摧毁独特品质的作用"，这类品质包括"美

---

① John Fiske, *Reading the Popular*, Boston: Unwin Hyman, 1989, p. 6.

第五章　生活图景与趣味认同：生活之思

学方面的纯粹程度"①，在市场法则主导的文化消费行为中，审美趣味在很大程度上被消费化了，趣味变成了消费符号，这成为当下日常生活审美化的重要图景，对趣味的消费进行反思和批判则是介入当下社会时代文化发展趋势的一种必要途径。

一　消费图景下的趣味分层

马克斯·韦伯在《新教伦理与资本主义精神》中讨论欧洲宗教改革运动后出现的新教伦理对现代资本主义生产方式以及精神文化的影响，韦伯所探讨的是一种生产伦理，随着商品社会发展和消费革命时代的到来，面向消费链条的社会关系则需要联系资本主义的演变，发展出一套新的现代消费主义理论，尤其是相关的文化理论。受韦伯理论的启发，英国社会学家科林·坎贝尔在《浪漫伦理与现代消费主义精神》一书中，对参与资本主义社会消费的阶层进行了考察，发现真正消费的新潮流来自"新富阶级"（nouveaux riches），显然这个新富裕阶层不是老的贵族，而是新兴资产阶级，因此，坎贝尔说："一种结论表明，资产阶级同时信奉新教伦理与消费伦理。"② 受源源不断涌来的财富刺激，尽管资产阶级受清教价值观影响而存在刻意控制消费欲的情况，但随着消费潮流的洗刷，拥有财富的新富裕阶层必然会成为奢侈性消费的主力。

自英国工业革命早期，就有人注意到资本主义消费不足与工人阶级所受剥削加剧的矛盾，③ 在工人阶级被剥削得连一日三餐都难以为继的情况下，社会消费也被压在一个很低的水平，而文化艺术之类的休闲性

---

①　[美]戴维·哈维：《叛逆的城市——从城市权利到城市革命》，叶齐茂、倪晓晖译，商务印书馆2014年版，第93页。

②　Collin Campbell, *The Romantic Ethic and the Spirit of Modern Consumerism*, Palgrave Macmillan, 2018, p. 35.

③　[英]E. P. 汤普森：《英国工人阶级的形成》，钱乘旦等译，译林出版社2001年版，第225页。

消费更是基本与工人阶级绝缘。随着资本主义的发展,资本家开始改变无节制地盘剥工人的策略,通过财富的"涓滴",工人也逐渐享有余裕,购买超出生存需求之外的消费品。将工人阶级培养成消费者,某种程度上也符合资本家的利益,将数量庞大的工人群体纳入资本主义生产——消费体系,促进了资本的循环和增殖。西方思想界对工人阶级(或无产阶级)消费行为和休闲生活的各种论述颇有意味,这其中产生了基于不同立论角度的种种描述。在20世纪文化研究学派那里,工人阶级或无产阶级正逐渐泛化为一种文化概念,正如约翰·费斯克说:"在19世纪中叶的工人阶级词汇中,没有一个比'受人尊重'(respectability)一词更难分析。"① 一些学者移用了19世纪和20世纪的无产阶级概念,却更多的是一种泛化了的无产阶级,指称现代消费社会出现的新现象。所谓整个社会的"无产阶级化",就是在消费主义模式下,消费欲望和娱乐生活"清空了他们的头脑,并且侵占了身体的某些部分"②。如果说之前的无产阶级概念是基于财富的占有、基于生产链条上控制与被控制的关系,那么这里所说的无产阶级则是基于消费文化话语权的占有,基于消费链条上的控制、被控制的关系,最大的不同是娱乐消费时代,在这种情况下,人们并不完全占有他们的大脑,情感喜好和行为习惯等都逐渐被娱乐消费控制,审美趣味也变得越来越顺从潮流,进入被设计好的圈套。

凡勃伦在《有闲阶级论》中提出一种"炫耀性消费"(Conspicuous Consumption)的概念,是指拥有丰厚财力的上层阶级同时具有超出实用性和生存必需的奢侈性甚至浪费性的消费欲求,其目的是要借此向他人炫耀和展示所拥有的金钱与社会地位,希望以此获得并强化其个人名誉和社会声望。这种炫耀性消费的对象不仅是有形的物品,也包括了无

---

① [英] 艾瑞克·霍布斯鲍姆:《资本的年代——1848—1875》,张晓华等译,中信出版社2014年版,第261页。
② [法] 达尼-罗伯特·迪富尔:《西方的妄想:后资本时代的工作、休闲与爱情》,中信出版集团2017年版,第172页。

第五章　生活图景与趣味认同：生活之思

形的文化，在消费中不仅展示上层阶级的社会地位，还有与社会其他阶层相区分的审美趣味。此外，奢侈品被打上昂贵的标签，其高昂的价格主要对应的不是实用价值，而是作为一种趣味符号，体现审美趣味的展示价值和区分价值。吃、喝、穿着等日常消费不仅影响生活方式，而且是培养所谓闲雅绅士风度的手段，因此，消费行为因为能实现审美趣味在阶层之间的区分，受到上层阶级的重视，就像凡勃伦所说："为了避免沦为低俗，他必须涵养其趣味，通过对物品消费的细微之处来区分高贵和卑下已变成了他义不容辞的职责。"[①] 布尔迪厄也认为，很多时候审美趣味的区分是通过社会产品消费来彰显的，他假定审美趣味是一种含有区分社会阶层图谋的体系，是具有客体指向性的，即通过一定社会条件的显现来形成趣味的分野，从而体现不同阶层在社会中的地位。因此，上层阶级就在消费活动中寻求将经济实力转化为对稀缺性文化符号的占有，以此显示其身份的不同，"他们（上层阶级）选择与其所在社会场域中的位置相称的那些商品和服务"[②]。通过以趣味区分消费层级，经济身份就转变为文化身份，消费本身也就带有了文化权力的因素。

无论是生产伦理还是消费伦理，都暗示着文化关系和文化阶层的形成和演化。伴随都市的崛起，新阶层以及新型生活方式的出现，消费社会立足现代都市快速发展，消费时代的文化趣味也获得了全新的含义。消费社会一个重要的特征是大量闲暇时间的出现，尤其是都市中产阶级获得了闲暇时间得以消费。C. 莱特·米尔斯分析了 20 世纪中叶的美国中产阶级社会，认为美国都市新中产阶级（雇员）与老式中产阶级（农场主、小业主等）在消费文化上的区别便是闲暇伦理取代了工作伦理，他说："在此之前，闲暇仅仅属于那些经过社会训练来利用和享用它的少数人；其他人则被置于感觉、趣味和情感的交往低劣的层面

---

① Thorstein Veblen, *The Theory of the Leisure Class*, edited by Martha Banta, Oxford: Oxford University Press, 2007, p. 53.

② Pierre Bourdieu, "Social Space and Symbolic Power", *Sociological Theory*, Vol. 7, No. 1, Spring, 1989, pp. 14–25.

上。"而对于新中产阶级而言,更多的闲暇刺激了消费需求,相应地,对文化趣味也提出了新的要求,无论是主动还是被动,消费社会的日常休闲模式在这批都市人群中形成了具有共同性的趣味特征,正如米尔斯所说,闲暇领域和开动起来的娱乐机器,"成了影响性格塑造和认同模式的核心因素:这就是人们相互间的共性所在"[①]。美国学者戴维·哈维用"文化大众"的概念来说明这种政治身份不稳定、文化身份含混的阶层,文化大众是一种十分笼统的归类,用以指代在后现代社会文化生产与消费链条中形成的边界模糊的群体,某种程度上与中产阶级重合,但中产阶级是基于阶级意识的,而文化大众却是基于文化角色的定义,哈维用后现代文化中的种种文化表现来为这一群体画像,正因为文化大众缺乏传统意义上的那种阶级分明时代所具有的文化身份标签,"他们寻求某种文化产品作为自己社会身份的明确标志",与米尔斯所分析的新中产阶级相似,文化大众是存在于都市中的各类白领雇员,涵盖了金融、房地产、法律、教育、科学和商业服务等各行业,"他们为在时尚、怀旧、拼凑与矫揉造作的基础之上要求各种新的文化形式而提供了强大的资源——简言之,我们把这一切都与后现代主义联系起来"[②]。要满足数量越来越多的新兴中产阶级消费需求,则需要大量的、批量生产的文化消费品,之前因稀缺而凝结许多个体化趣味想象的文化艺术品及其鉴赏方式,显然已不能适应作为大众文化消费品进行广泛普及,因此以大量复制、快餐式消费、娱乐主义的现代大众文化得以快速膨胀,光晕加速消散,文化趣味的浓度被大大稀释。都市新中产阶级和所谓的"文化大众"在现代社会崛起,带来了巨量的文化消费需求,他们的产生与壮大与文化消费化进程同行同步,大众的审美文化需求使趣味被资本的工业化生产所针对和利用,当审美趣味被经济利益裹挟

[①] [美] C. 莱特·米尔斯:《白领:美国的中产阶级》,周晓虹译,南京大学出版社 2016 年版,第 225—228 页。

[②] [美] 戴维·哈维:《后现代的状况——对文化变迁之缘起的探究》,商务印书馆 2013 年版,第 431—432 页。

第五章 生活图景与趣味认同：生活之思

时，趣味价值和趣味标准就从内外两方面被消解。法国学者奥利维耶·阿苏利分析在资本主义工商业背景下，审美品味也变成工业化流水线的标准产品，"批量生产的商品必然带来必须中庸的工业审美品味"。审美沦为为经济利益服务的工具，因此工业化的审美品味必然是能够适应大多数消费者的那种，工业链条上的商品品味一切都随着市场变换，根据阿苏利的分析，这种品味"与消费品之间的联系必须足够牢固，好为购买行为提供依据，然而这种联系也要足够脆弱和短暂，能够在今后被抛弃，好为其他产品腾出市场空间"①。这段话其实从一个角度揭示了消费化社会中审美为何失去根基并且如浮萍变幻漂泊的原因，当品味在消费市场中被估定价格，那么商品定价原则的不确定性就如蛆附骨般侵蚀了审美价值观，使品味的变换彻底变成了资本的游戏。

西方新中产阶级的生活方式与大众趣味的诸多特征也体现于我们当下社会文化现实，作为后发性社会，我们的社会尤其是城市社会正在产生类似西方的新中产阶层，大众文化的崛起的一个显著标志也是有大量文化边界模糊的大众群体涌现，他们与哈维所定义的"文化大众"某些特征重叠，既不同于所谓上层阶级和知识阶层，也不同于精神和物质产品匮乏时代的工人、农民群体，而是有一定的文化趣味素养，有相对明确的趣味主张和独立的文化诉求，接受消费文化的影响，又渴求彰显自身文化身份，获取一定的文化话语权。他们并非完全是消费社会的派生群体，而是文化消费环境变化以及社会经济、教育发展，甚至城市化进程等多重因素形成的，这使得原先趣味分层结构变得更为复杂。

二 消费逻辑下的趣味垄断

阿多诺在《文化工业》中指出，商业社会中，每个人都消费着按标准化生产出来的各类商品，"商业中对个性进行沟通的需要产生了对

---

① [法]奥利维耶·阿苏利：《审美资本主义——品味的工业化》，黄琰译，华东师范大学出版社2013年版，第103页。

趣味的控制"①。在阿多诺所处的时代，消费对商业社会中趣味的形塑与控制作用已经很明显地体现了出来。消费社会中，媒体尤其是新媒体越来越深地介入消费文化，甚至某种程度上控制着大众的文化趣味和消费选择，克莱夫·贝尔认为，消费社会中媒体话语的强大剥夺了公众对于趣味的发言权，公众所能做的，仅仅是在媒体设定的框架下接受关于趣味的解释和认定，"阅读公众的批判逐渐让位于消费者'交换彼此品味与爱好'，甚至于有关消费品的交谈，即'有关品味认识的测验'，也成了消费行为本身的一部分"②。

此外，在文化消费时代，资本越来越深地渗入文化发展的各个角落，从全球视野来看，商业资本不仅掌控媒介传播，而且深度参与到文化的内容生产环节。一个深刻的变化是，过去资本总是追逐在文化作品之后，选择可获利的作品进行商业营销。然而，随着融资渠道的扩大和融资方式的不断创新，资本的灵活度大大提高，逐利野心也在增加，逐渐将触须延伸到原先不曾接触或很少接触的领域，最为明显的例子就是资本逐渐走在了文化产品生产的前面，以商业利益为动机，驱动文化生产，从而影响文化消费潮流，潜移默化地改变人们的文化趣味。

影视、动漫、游戏、周边文化纪念品，这是目前文化产业最显眼的生态链条，美国一些文化企业按这一链条开发出了比较成熟的产品生产和运营模式，并借助其文化影响力将其推向全世界。往往首先推出单个的影视作品或动漫产品，仅仅定位为纯粹的文化消费品，获得商业成功后，不断地进行叠加式宣传，后续的文化产品不断附会和修正所讲的故事，增加内容含量，增厚文化内涵，丰富所创造的文化形象，从而成功地将商业行为变成文化行为，将文化工业流水线偶然制造出的文化形象，变身为影响一代人甚至几代人的文化情怀，从而获得持久而稳定的

---

① Theodor W, Adorno, *The Cultural Industry*, edited by J. M. Bernstein, London and New York: Routledge, 1991, p. 40.
② ［英］贝尔：《艺术》，薛华译，江苏教育出版社2005年版，第196页。

第五章　生活图景与趣味认同：生活之思

收益。漫威漫画、漫威影业多年来通过一系列漫画和电影作品，塑造出蜘蛛侠、钢铁侠、美国队长、雷神托尔、绿巨人等拯救世界的英雄形象，形成英雄系列的人物长廊和自成体系的宇宙叙事框架，这就是漫威的"超级英雄宇宙"，属于体量巨大的超级 IP，背后有一系列电影和漫画作品以及周边产品作为支撑。同样，传奇影业则试图构建另一种"怪兽联盟"。传奇影业在 2014 年与华纳兄弟影业合拍过一部《哥斯拉》，今年又推出《金刚：骷髅岛》，翻炒了一遍金刚这一美国经典电影形象，上映三天，中国内地票房已高达 5 亿元。后续还有 2018 年即将上映的《哥斯拉2》，据说还计划投拍《哥斯拉大战金刚》，传奇影业的"怪兽宇宙"也逐渐成型，将长时间霸占全球票房排行榜。在这些超级 IP 中，文化产品生产能够自成体系，形成相互联系、相互诠释的生态圈，依托这种建构起来的宇宙观来讲故事，内容生产具有自生性和延展性。而从文化产品门类来看，这些文化企业也具有跨界延伸的能力，由动漫到电影，由电影到文字书籍，再到游戏，再到手办玩偶，几乎可以一条龙通吃。

　　未来谁将掌控我们的文化消费？未来谁来决定我们的文化趣味？我们是否低估了资本行为对全社会文化的影响作用？从文化消费层面看，资本将决定你会看到什么，决定你文化消费的内容和模式，资本的逻辑是利润最大化，文化的逻辑则在于满足人的精神需求，资本原本对作为个体的文化生活干涉有限，但随着信息时代到来，一切都变了，文化影响力很大程度上取决于文化信息传播力度和传播效果，几家航母级的文化公司或许就可轻易操纵整个社会的文化潮流走向。处于强势地位的文化输出国通过一些巨型文化企业进行 IP 倾销，通过成功的营销策略和给力的传播渠道，往往将内容并非最优的文化产品做成文化市场的标杆，加上各类媒体的推波助澜，社会每个人都很难从流行文化风潮中做到岿然不动。爆米花电影和相关游戏、周边动漫，本身就是美国和日本文化重要的一部分，通过小的、零散的 IP 逐渐聚拢粉丝，再借助资本强大的整合能力，将这些已获得一定市场容量的 IP 整合进来，塑造成体系的超级 IP，最终形成现象级的文化消费潮流。这些文化企业掌控着这些 IP 资源，通过卖情怀，将之前的一些老梗作为卖点，再加上点新质，就足够鼓动看日漫、美漫成长起来的一代年轻人进影院继续消费情怀。

在文化生产领域，罗琳的《哈利·波特》，马丁的《权力与游戏》，托尔金的《指环王》，刘慈欣的《三体》，这些作家凭一己之力建构起了史诗性叙事框架。但现在的趋势表明，资本本身显示了强大的能量，推动 IP 的生产与整合，这些超级宇宙框架不再属于某一个个体，不再出自某个人的脑袋，而是编剧团队，编导群体，策划队伍等共同创造的结晶。在电影行业，投资方不再甘做资金奶牛的角色，而是频频插手影视制作过程，对投拍作品题材、演员、叙事模式、具体戏份等拥有的话语权分量越来越重，资本决定了电影拍什么，不拍什么，导演的创作主导性不断被弱化，编剧工作也越来越职业化和程式化。此外，不少出版社、网络文学站点、文化传播公司等，利用版权壁垒来获取营利途径，进行市场冒险。他们通过买断版权等方式大量收集 IP，撷取作家创作成果，通过版权储备，垄断 IP 再创作权、动漫发行权和小说的影视改编权等，以此在文化市场中占据主动地位。虽然这些运作尚在法律允许范围内，但很多时候也会阻碍文化生产的正常秩序，比如天下霸唱的《鬼吹灯》系列，版权被多方购买，导致错综复杂的版权纠纷，甚至作者本人也被起诉，要求不准用《鬼吹灯》人物名称、关系等系列元素进行后续创作。因此，人们不禁担心，作家和导演在资本掌控的文化市场中，会不会逐渐丧失个性和创作主导权，沦为资本阴影下文化生产机器中的一个个小小的螺丝钉？换言之，资本会不会成为塑造社会文化趣味的上帝之鞭，驱动整个社会文化趣味的价值观走向，甚而决定我们文化的未来面貌？虽然这些话看起来有点危言耸听，但不妨可以先当作一种可能性，在此基础上进行一些理性的探讨。

第五章　生活图景与趣味认同：生活之思

然而，如果我们回过头来看，消费社会既然是社会发展不可阻挡的趋势，在包括文化在内的社会产品被消费化的过程中，审美趣味在肤浅化和媚俗化的基本判断之外，似乎也不全然就是在堕落的路上越走越远，换一种角度来看，趣味通过消费途径得到了更直接和快捷的传播，精英媚俗也好，大众附雅也罢，在消费关系中，起码人们在趣味方面获得了更流畅的沟通途径，这或许也是消费社会带给审美趣味沟通的新气象。

第三节　时尚的批判与趣味的批判

时尚其实是趣味的一种外化形态，通过具体的衣着、化妆品、房屋装饰、艺术作品等形态来体现某种趣味。时尚同时体现了上流阶层的趣味追求，以及大众趣味追求的盲动性，因此，时尚问题一直以来就受到来自不同文化身份群体的批判，矛头一般指向时尚的阶层性、价值追求的肤浅化和文化趋同性等等。通过对时尚这种文化现象的细致考察，我们可以更为深入地理解趣味价值在特定社会文化环境中、在不同阶层之间的流动轨迹，以及如何在这种流动中实现文化阶层之间的隔绝。

一　趣味与时尚的结合与排斥

时尚在不同时代契合不同的文化语境，法国历史学家布罗代尔分析15—18世纪欧洲时尚面貌时提出，时尚就像经济学中物价来回变动所包含的"趋势"一样，具有"缓慢的摇摆现象"[①]，一种时尚样式风行一段时间，然后逐渐退隐，到后来某个时期又开始抬头，思想界对时尚与趣味关系的认识也会因不同的文化语境而变化。尤卡·格罗瑙经过研究后发现："在欧洲古典的人文传统中，时尚一向被认为是与良好的审

---

① [法]费尔南·布罗代尔：《15至18世纪的物质文明、经济和资本主义》，顾良、施康强译，生活·读书·新知三联书店2002年版，第388页。

美趣味背道而驰的……在现代社会中，时尚和风格被认为同样具有良好趣味的功能。"① 如果在历史维度上联系趣味的标准对时尚进行考察，在不同时代的文化环境中时尚经历了一个审美接受方面的转变，这其中的变化非常耐人寻味。在古典文化传统中，主流文化恪守一种相对保守的行为准则与道德模式，在这种语境下形成的审美趣味，自然对时尚持有极度的反感与排斥，尤其是时尚常以乖张和反传统的方式刺穿审美与道德的气球，这使得审美趣味成为声讨时尚的武器，后者被冠之以所谓浅薄与轻浮的标签。

加达默尔分析了趣味与时尚在普遍化指向与个体自由诉求方面的差异，认为趣味不仅包含普遍化因素，而且具有立足于自身判断的尺度，他说："趣味尽管也是活动于这样的共同体中，但是它不隶属于这种共同体——正相反，好的趣味是这样显示自己的特征的，即它知道使自己去迎合由时尚所代表的趣味潮流，或者相反，它知道使时尚所要求的东西去迎合它自身的好的趣味。"② 与此相反，他认为时尚所具有的仅仅是趣味概念中包含的社会普遍化的要素，而这种经验的普遍性成为了时尚本质的、决定性的属性，这样就泯灭了个体性的准则，造就了一种社会的依赖性。

康德将时尚看成是和审美的理想性和无功利性相背离的："时髦终究并非一件鉴赏的事情，而主要与纯粹虚荣有关，是一种相互之间用来争强赌胜的事。"③ 围绕在时尚周围的新潮一族常被讥为虚荣与浮华的拥趸，他们被认为缺乏独到的审美经验内容和具有历史深度的价值沉淀，其审美趣味容易受风向左右而易变，在时尚符号的生硬吸收与表面占有中得到虚假的满足，是一种审美愉悦感钝化与弱化的心理代偿。康

---

① Jukka Gronow, "Taste and Fashion: The Social Function of Fashion and Style", *Acta Sociologica*, Vol. 36, No. 2, 1993, p. 89.

② [德] 汉斯-格奥尔格·加达默尔：《真理与方法——哲学诠释学的基本特征》上卷，洪汉鼎译，上海译文出版社2004年版，第48页。

③ [德] 康德：《实用人类学》，邓晓芒译，上海人民出版社2005年版，第57页。

第五章　生活图景与趣味认同：生活之思

德认为："时髦终究并非一件鉴赏的事情（因为它可以是极端反鉴赏的），而主要与纯粹虚荣有关。"① 他的意思是，时尚最初有可能与人的趣味选择有关，但时尚说到底是一种"模仿的游戏"，时尚的标杆产生，后续的过程就是习惯性的模仿，从而与人的趣味（鉴赏）判断能力越来越远。时尚通过纯粹的模仿行为流行起来，人们不在乎时尚的内容与形式是否真的符合趣味观念，而是要满足自身的虚荣，"取得人们的毫无用处的青睐"。

实际上，时尚就是一种风标，它与大众社会联系密切，却又保持着适度的距离，为日常生活树立一种带有炫耀性表达的典范，却又不是日常生活本身，因为时尚趣味虽然在后现代社会大行其道，却依赖现代性所没有散化的"光晕"来形成魅惑的力量，因此时尚同时遭遇到来自现代主义的批判以及后现代主义的解构。

二　时尚的阶层性与趣味的阶层性

在时尚这种变化万端、光怪陆离的社会文化现象背后，隐藏着不同阶层之间在趣味文化方面的差异性，上层阶级为维持自身趣味权威性的存在，既希望通过被动的流动而使其趣味普遍化，增加其文化控制力，同时又希望通过主动的隔离来保持趣味上的优越感。

西美尔（又译作"齐美尔"）对于时尚的理解是基于社会等级模式而产生一种社会身份和地位的昭示，时尚的产生、传播和转变整个的过程都离不开社会等级结构或明或暗的区分性思维，正如他在《时尚的哲学》一书中所说："凭借时尚总是具有等级性这样一个事实，社会较高阶层的时尚把他们自己和较低阶层区分开来，而当较低阶层开始模仿较高阶层的时尚时，较高阶层就会抛弃这种时尚，重新制造另外的时

---

① ［德］康德：《实用人类学》，邓晓芒译，上海人民出版社2005年版，第157页。

尚。"① 这和 19 世纪末 20 世纪初德国艺术史家格罗塞的观点几乎相同，他在《艺术的起源》中说："在社会高层中时髦风尚所以时常变更，完全是社会分化的结果。"② 他认为时尚是自上而下流传的，地位低的人群永远跟在社会上层后面亦步亦趋，这是随着社会发展而形成阶层的产物，而这在没有地位阶级之别的原始社会中是不存在的。另外，按照布尔迪厄的观点，时尚消费不是下层向上层的模仿，而是掌握文化领导权的上层为了将自己与下层进行区隔的一种策略。虽然枝节上有所修正，但其实这种思路和西美尔等人的时尚理论是一贯的，即认为时尚的潮流模式是权力裹挟下的社会阶级之间的纵向运动。这就是时尚传播的一种经典阐释：所谓的"滴流理论"（trickle-down），即将时尚看成是源自社会上层，然后像水一样逐渐滴流渗透至其他阶层。

然而，挪威哲学家拉斯·史文德森（Lars Fr. H. Svendsen）通过分析指出："如果近距离地观察时尚史就会发现，'滴流'理论只是局部正确。"③ 法国学者吉勒斯·利浦斯基（Gilles Lipovetsky）也指出："与流行的理论相反，有必要再次重申，阶级竞争并非时尚不断变化的准则。毫无疑问，阶级之间的竞争伴随着时尚的变化并决定了时尚的某些方面，但它并未揭开时尚之谜。"④ 原因在于时尚趣味无论是从历史之维还是社会之维来说，都不是简单的线性传递的。宽泛地说，自人类审美思维诞生之始，就产生了时尚趣味，当原始人用动物的牙齿串成项链挂在脖子上时，就被部落里其他人看作是时尚。而学术界对时尚的关注与研究一般是从现代性起始的，尤其是消费时代的到来，时尚似乎成为透视消费社会种种变化谜团的绝好窗口。然而，时尚在不同历史语境下

---

① [德] 齐奥尔格·西美尔：《时尚的哲学》，费勇等译，文化艺术出版社 2001 年版，第 72 页。
② [德] 格罗塞：《艺术的起源》，蔡慕晖译，商务印书馆 2008 年版，第 82 页。
③ [挪威] 拉斯·史文德森：《时尚的哲学》，李漫译，北京大学出版社 2010 年版，第 42 页。
④ Gilles Lipovetsky, *The Empire of Fashion*, Translated by Catherine Porter, Princeton: Princeton University Press, 1994, pp. 45-46.

第五章 生活图景与趣味认同：生活之思

是具有不同内涵和外延的一种现象存在，因此时尚并不是一个静态的观念，它所涵盖的恰恰是最富于变化的领域，时尚已经远远超出单一领域如社会学、美学的理解范畴，它是融合了美学思想史与政治、经济、文化发展历史的多种因素结合的产物，时尚对于变化的敏感以及变化无常的特性让研究它的思想家产生困惑，对时尚的哲学理解似乎也不能将其绑在康德或西美尔、布尔迪厄的思想柱上，如果简单地以一种文化区隔或阶级对立的思维来套用时尚的变化理路，显然会产生许多难以解释的误区。

"流行时尚美的自炫性主要是广大老百姓的自炫性，亦即'大众自炫性'或'大众主体性'。"[1] 如果从历史来横切一个断面，再从一种民粹的思维来解读，消费时代的流行时尚越来越显现其大众自足的一面。无论从原发性还是示范性，抑或是对于变化趋向的把握，大众正在成为集时尚的消费者与创造者于一身的自足自适的群体。20 世纪初美国社会学家爱德华·阿尔斯沃斯·罗斯（Edward Alsworth Ross）曾对低阶级的民众觉醒对时尚的影响做了一番考察，认为民众的独立意识和审美趣味的形成有利于打破上层阶级和贵族对时尚的控制，"由于具有独立判断力、良好的审美趣味，以及能欣赏健康和舒适的人群数量正在增加，他们将迟早在数量上超过那些故步自封、墨守成规、追逐时尚的人……独立人群的增加将会削弱不牢靠的、专横的、奢侈的、丑陋的、不合理的时尚（的影响力），因此这导致社会区分将寻求以其他方式来获取"[2]。这表明在后现代社会中，随着大众文化的影响力增强，大众对于时尚趣味的话语权也在增加，不再单方面向传统意义上的上层趣味进行趋附，而是创造符合大众文化自身趣味的精神模式。在这种情况下，时尚所体现的旧有的趣味权力结构也在发生着变化，随着消费文化的不断发展，这种变化还将持续地深入。

---

[1] 刘清平：《时尚美学》，复旦大学出版社 2008 年版，第 70 页。
[2] Edward Alsworth Ross, *Social Psychology*, New York: Macmillan, 1919, pp. 107-108.

三　时尚对强势趣味文化的推进

时尚作为审美趣味的一种外化形态，往往通过一种文化上的强势力量，推动某种趣味价值观走向普遍化。前面已经论述过男性与女性、西方与东方等趣味形态的二元关系，具体到社会文化现象，时尚价值观和时尚的演变规律其实体现了强势文化对弱势一方的控制，这种控制在性别和东西方种族文明之间体现得尤为明显。

英国学者伊丽莎白·威尔逊（Elizabeth Wilson）在《时尚与现代性》一文中指出："将时尚简单地视为一个女权主义的道德问题来讨论就会看不到它文化和政治意义上的丰富性。"① 但不可否认的是，时尚一直以来就和女性的审美活动相联系，时尚一度被认为是女性的秀场、女性的游戏，这至少符合女性被男性趣味对象化的现实，女性追逐时尚其实某种程度上是以男性的趣味为价值旨归的。因此，到了女权主义那里，时尚价值观常常与男性趣味中心主义一起成为批判的对象，在女权主义内部，时尚被理解为女性附属性的表现，强化了女性在现代消费社会中的被支配地位。

另外，时尚在某些时候还体现了西方文化的强势影响，西方的时尚文化像一股无坚不摧的浪潮席卷了全球，对于东方的传统审美观念形成了巨大的冲击，这是继西方殖民主义的军事开拓和政治控制、经济掠夺之后，对东方文化的一种强势冲击，这种影响可以从正反两方面来看，如果忽略其中的殖民思维，单从文化交流的角度来看，西方的时尚作为西方审美趣味的集中反映，不失为一种文化样本的参照系；然而联系到趣味背后的权力关系，我们又不得不警惕时尚光鲜亮丽的华丽装饰下对自身传统的冲击，不得不正视这种冲击所带来的危机后果。

---

① ［英］伊丽莎白·威尔逊：《时尚与现代性》，白玉力译，《艺术设计研究》2012年第3期。

第六章 趣味观念与社会精神：文化之观

审美趣味塑造了有情有意的人性，成就了有滋有味的生活，还构建了有型有范的社会文化，从大文化的观念出发，从社会历史整个的社会图景出入，联系社会文化发展进程中权力冲突的脉络，可以对审美文化的发展规律进行深入解读，进而对趣味的文化价值和人类精神史意义有更为全面、宏观的理解。

第一节 文化趣味脉络与人类精神史

审美趣味从个体精神自适走向社会文化建构，由个体的审美趣味变为社会语境下的文化趣味，形成反映每个时代精神面貌和文化特征的某种意识形态。文化趣味经过历史变迁，会损失大量细节化的、与时代贴合的经验性内容，而保留与人类精神特征相一致的以及体现文化意识形态斗争线索的信息，形成审美文化传统。循着文化趣味的脉络可以认识审美文化的传统，也可以进一步探寻人类精神史发展的轨迹。

一 从个体审美趣味到社会文化趣味

审美趣味个体性与社会性交互建构的过程，最终会沉淀某些相对固定的精神模式，类似布尔迪厄所说的"习俗"，这种精神模式深度浸入特定的文化生态中，将审美趣味的精神模式变成社会普遍接受并能够传承的文化形态，这就形成了一种文化趣味，纳入传统文化体系，成为社会教育的目标，并进入每个社会个体的日常文化生活。

一般而言，对个体趣味的探讨是基于个体审美活动的精神反应、心理倾向和审美判断能力，而文化趣味则是基于社会群体的审美精神认同与文化传承，即社会共同体所一致接受与认同的审美趣味形态和标准，童庆炳先生从社会心理分析的角度出发，提出群体趣味的概念并对其进行了界定，他说："个人趣味当然也与社会心理有密切关系，但与社会心理发生更为密切关系的是群体趣味。群体趣味是指社会某一时期、某一阶级、阶层、集团共享的趣味。"[①] 童庆炳所说的群体趣味大体相当于这里所说的社会文化趣味，都是从个体到社会的转变，但一点微细的差别是，童庆炳所言的群体趣味是从艺术领域入手，谈艺术趣味个体与群体的关系，而社会文化趣味不仅包括艺术趣味这一领域，也包含社会文化方面的探讨，考察文化发展历程中社会趣味的总体样貌，以及各类人群在审美文化中的位置及其关系，具体而言，就是在研究中体现历史透视的纵深、阶层分析的社会宽度、地域观察的专门视角，将趣味置入社会文化大的语境，将民族、国家等社会组织形态概念、政治、经济等社会运行形态概念、习俗、教育等社会群体生存与发展形态概念等关联起来综合考虑。总之，相对于个体审美趣味，社会文化趣味带有更浓厚的政治意味、更宽广的分析视域、更厚重的历史氛围。

个体审美趣味与社会文化趣味存在互为因果的关系，从个体精神层面来看，审美趣味指向每个人的精神生活，但同时带有影响他人的欲望和倾向性，这对他人、对社会的实际作用力可能是微弱的，但这种微作用力却在其所属阶层的话语语境中汇集，形成大体一致的群体诉求，这样，个体趣味的微作用力就通过群体合成能够在社会文化中显现出来的力量，这是个体审美趣味构成社会文化趣味的过程。然而，个体趣味对社会趣味的影响受许多因素制约，社会文化趣味并非简单的个人趣味的

---

① 童庆炳：《文学：精神之鼎与诗意家园》，复旦大学出版社2016年版，第93页。

第六章　趣味观念与社会精神：文化之观

集合，而是结合了特定社会审美文化特征与精神价值的统一体，受到审美价值观念、时代的审美取向等多重因素制约和影响，是超越了一时、一地、一人的浑整精神形态。首先，在个体趣味向群体汇集的过程中，会消除许多复杂的、细节的因素，仅仅保留了群体或阶层共性的部分；其次，对于社会普通大众乃至底层民众来说，他们的个体趣味更是受到有意无意的忽略，进入社会主流语境的可能性更是微弱，只是在现代社会，大众在文化中成长起来，并且凭借数量的巨大优势，才使他们的趣味观念汇集成的大众趣味逐渐转换成社会上不可忽视的一种话语。从权力角度来说，个人的审美趣味进入公共领域，就是获得权力的过程，社会文化趣味企图笼罩和统摄每个个体的审美趣味，往往是权力下渗并干预个体审美生活的过程。一般情况下，社会生活中存在的种种权力关系填满个体的审美，使个体审美趣味实际上并不具有真正意义上的独立性，而总是在其养成和变迁整个经历中实践着社会文化趣味的种种规则和规律。从社会整体语境来看，不同阶层的趣味构成社会文化权力的博弈单元，其实也是社会意识形态的组成部分，进入艺术或渗入生活，从大的社会文化语境反过来影响每个个体的趣味价值观念和审美选择方式。

然而，无论是个人审美趣味还是社会文化趣味，都要在美学的框架下进行分析，以审美观念、审美形态和审美活动等为中心命题，尤其是后者，如果脱离审美谈政治，脱离美学谈文化，就偏离了趣味的审美属性，将美学命题无限泛化，使相关命题的分析研究无法集中。另外，对趣味标准的质疑可以设定限于美学领域进行讨论，如果将审美趣味完全延伸为一种社会问题，"趣味无争辩"就失去了审美活动中共同价值建构的意义，实际上取消了"社会文化趣味"命题的合法性。一方面，绝对意义上的"无可争辩"就无所谓"社会文化趣味"的存在，因为这样很难形成作为社会集合的概念所固定的内涵与外延，趣味在不同个体那里则完全处于发散的状态；另一方面，一旦承认趣味存在固定的标准,趣味的高低优劣就可以有一套衡量的体系,在社会中趣味就会形成类似于共同价值观的东西,社会趣味就因此获得了普遍承认的基础,正如道德伦理那样,什么不能做,什么能做,都有一套历史文化语境下形成的既定规范。坚守纯粹的个人趣味自适性,与西方个人主义思潮相一致,在呼求打破封建专制体系的束缚与禁锢、追求个体自由和个性解放的现代性宣言中,趣味个人化的极端强调似乎契合某种历史逻辑,然而社会的组织体系、社会文化的沟通方式和渠道的推进和改善是人类文明向前发展的标志,作为人类价值体系和社会交往方式的一部分,社会趣味如何培养以及如何更好地适应社会文化的发展,是每一个历史阶段、每一种社会形态都要共同面对的话题。从个体心理与社会环境的关系来看,某个时代人们的趣味选择看似是非理性的,背后却有某种理性的和结构性的原因,这种具有稳定性和确然性的因素与社会现实阶层结构相关联;就个人趣味与其所属阶层的文化属性的形成过程而言,这是一种相互实现的关系,包括趣味等一系列精神性特征塑造了阶层的面貌,清晰地标明了阶层之间在文化身份上的鸿沟,而阶层的现实存在又决定了各自审美生活所体现的趣味。这整个的过程其实就体现为审美趣味逐步走出个体精神自适的范畴,寻求群体共识和共适的社会化与道德化过程。

总之,社会趣味的考察需联系个体心理发生机制和社会文化整体体系两方面,既不能作笼统粗疏的简单化解读,也不宜一味地采用从大群体到小群体到具体个人无限细分的方式,从而在实质上将整体价值的部分架空。当我们试图用社会趣味来解读某个社会问题时,应该暂时跳出特定的学术争论圈子,而将其做一个明确的界定,让社会趣味变成看得见、摸得着的东西,在阐释过程中形成一个较为清晰的逻辑体系。联系社会文化实践来看,尤其在育人的层面,要探讨培育什么样的社会趣味,就是要先确定一个可供评价的标准,什么是好的社会趣味,什么是恶趣味,应该有个较为明晰的界限,这样,审美教育才能目标明确,内

第六章 趣味观念与社会精神：文化之观

容清楚，在现实实践中更具可操作性。

二 从个体精神生活到人类精神史脉络

审美趣味对于每个个体的意义在于精神生活的品质和丰富性，个体的趣味差异决定了每个人审美需求不同，所接触的文化艺术品不同，对生活中审美活动的反映和评价也不同。这些个体趣味及其围绕趣味产生的审美实践组成社会文化趣味的微细单元，一个时代的社会精神画卷和美学图景就此铺开。

不同时代的审美趣味都体现在同时期具体而微的审美活动中，个体趣味也在个体精神生活中生动鲜活地呈现出来。然而从整个精神史的纵向脉络来看，许多微观的形态无法留存下来，包括个体的趣味价值观，即便是整个社会的趣味形态也仅仅是一个时代的断面，在精神文化史中也只是历史长河中的一段。那么，个体的、现时的个体趣味，与人类精神文化史又有何种关联呢？个体趣味又以什么样的方式在其中留下印迹呢？我们现在要了解过去的社会趣味形态，一般是通过史料记载、历史文化遗产（包括物质文化遗产和非物质文化遗产）和艺术作品（其中文化遗产不少本身也就是艺术品），艺术人类学倾向于通过考察当下人们的文化习俗来与关于古代的文化记载和遗存物相互印证，史料记载和文化遗产等通常只能体现过去某个时代社会文化趣味的粗略线条，而涉及当时人们个体的趣味细节，往往只能从更为私人化的艺术作品和理论著述中去寻找，比如文人的笔记、诗词小说，批评家和理论家的相关论著等，但这其中存在的最大问题是这种留存下来的个人趣味印迹一般带有浓厚的精英色彩，实际上广大民众生活趣味的状态，就被湮没在历史烟尘中，仅仅在勉强存留下来的民俗非物质文化遗产中看到些许模糊的影子，即便是这样，许多民俗也是经过改造的，经由艺术家和知识阶层保存下来，去除了民间生糙却鲜活的内容，流传至今的许多作品也渗透着精英的文化趣味，来自民间艺术作品的趣味经过精英趣味的晕染而得以辐射更远的地域和更久远的历史，但代价则是本真性的丧失，那些看似原生态的作品其实并非真实地还原民间底层趣味的原貌。

　　人类精神史中的变迁轨迹受许多复杂因素的影响，其中文化权力的因素贯穿始终，可以说，文化权力的因素左右着人类精神史的书写与传承的过程。从审美文化史的脉络来看，尽管理论界有无功利、唯美等诸多标签贴在审美活动和审美趣味上，但人类在审美领域从来没有脱出权力影响的范围，审美的人本身也是社会中的人，审美趣味同时也融进了价值观念，这决定了人的审美作为精神活动，趣味作为精神形态与权力、与支配关系缠绕在一起。

　　对于趣味的评判超越美学范畴，进入社会文化领域，甚至走得更远，在现实的社会政治格局中，各类意识形态进入日常审美和艺术批评，如果强行以政治需要来取代审美艺术自身发展规律，往往会扭曲审美趣味的正常发展。文化史中大量事例表明，政治权力深入文化领域，形成为统治阶级文化利益服务的文化权力，常常带有冷而硬的强制色彩，配合文化体制和教化体系，形成规制完整而严密的公共美学形态，关于趣味高低的争辩就被更直接、更无情的权力场大大扭曲了，斗争、批判、遮盖、清除就成为政治权力干涉美学与艺术的标准流程，对于艺术家和批评家的作品思想和人身的双重消灭在其中并不鲜见，只是到了现代社会，文化权力不再体现得那么直接，而是用更为隐蔽的方式塑造着社会趣味的面貌，并使这种权力演变与趣味变迁的因果关系更为巩固。

　　可以说，以趣味为主题书写的文化精神演变的历史，其实是一部精神压迫史，也是一部精神反抗史，不同阶层之间的精神对话通过趣味判断和审美选择行为呈现出鲜明的权力属性。如果从人类精神史变迁这一大的框架来观照审美趣味变迁与文化权力演变的关联与背后的逻辑，可以引出许多与线性历史相关、却指向不同文化精神领域的命题，比如指向个人精神生活的文化格调，指向社会精神记忆的文化情怀，它们都与

第六章 趣味观念与社会精神：文化之观

审美趣味紧密相关，在漫长的历史演变过程中受文化权力深刻的影响，体现不同社会审美文化精神的面貌及其发展轨迹。

第二节　文化趣味与文化格调

格调，一般指作品的艺术风格或人的风格、品格。在现实语境中，格调与趣味紧密缠绕在一起，人的趣味作用于生活和艺术选择中，显现出一种审美的意趣和品味，即为格调。格调就像音乐的音调声阶一样，在不同的文化阶层中体现鲜明的分野，格调不同，艺术鉴赏彼此难以共鸣，因此格调成为精英上层更愿意强调的彰显身份的审美文化概念。美国学者保罗·福塞尔（Paul Fussell）在他的著作《格调：社会等级与生活品位》详细剖析了美国社会中的格调，对格调暗含的社会等级与文化区隔阐释得较为清晰，可以作为我们审视格调这一概念社会审美文化意义的重要参照。

一　格调——定位一种文化身份

在前现代相对封闭的社会中，依据家族宗法链条以及政治领属关系，人们的阶层相对清晰，文化身份的认定也沿袭历史既有的模式进行，比如古代中国最典型的士族门阀制度，以家族而划分的等级非常分明，士族身份意识十分清晰而强烈。西方贵族制度建立在土地领属、军事效忠以及教会认定等多重关系基础上，阶层相对固定，这就赋予上层以超稳定的文化身份，这种文化身份对应了一套固定的、充满"光晕"的所谓上层生活方式。

进入现代社会以后，工商业资本的迅速膨胀让资产阶级成为"新贵"，社会财富的天平向新兴资本家倾斜，旧贵族不再拥有绝对的经济优势，这打破了整个社会的价值判断方式，无论是对旧贵族还是新兴的财富阶层都产生了极大的困扰，即如何维系或建构各自的身份。首先，经济实力所标识的身份关系已经不再稳定；其次，随着政治革命或改革的完成，贵族逐渐淡出政治权力的中心，在这种情况下，文化的相对稳定性充当了社会变革的减震器，品味、格调、趣味成为定位文化身份的理想标杆，而且这种格调的认定带着顽固的崇古之风，就像福赛尔在《格调：社会等级与生活品位》一书中对顶级阶层所描述的那样："界定他们地位的关键因素并非只有金钱，而是他们拥有金钱的方式。"① 顶级阶层的金钱来自家族遗产，而且崇尚古旧的物品，起居室"铺着手织的东方地毯，而且一定要旧到差不多磨出线的地步，以便给人一种流传了很多代的感觉"②。这其实是在昭示一种难以复制和超越的文化身份，带着历史记忆的旧贵族荣耀感和时间沉淀下来的厚重感，这正是所谓高级趣味与格调的重要标识。

格调，在历史的变迁中用来定位各阶层的文化身份，它极力营造出某种历史感，让人在格调品味中感受一种温雅舒适的氛围，以消除社会变革所带来的诸如震惊、失落等种种不适，这很大程度上应归结为文化趣味所包含的稳定性特征，甚至它经过时间的酿造，反而历久弥香。然而，这也使得某些没落的文化以及朽烂的、寄生式的贵族生活方式得到变态的推崇，使得整个社会文化身份的定位产生扭曲，这自然是趣味相对稳定性所带来的文明后遗症。

二 格调——暗示一种资本实力

格调一般体现在很具体很细致的生活中，无处不在暗示上层人士所拥有的种种资本，这不仅仅包含经济资本，而且包括文化和知识资本，

---

① ［美］保罗·福赛尔：《格调：社会等级与生活品位》，石涛译，世界图书出版公司2011年版，第25页。
② ［美］保罗·福赛尔：《格调：社会等级与生活品位》，石涛译，世界图书出版公司2011年版，第121页。

第六章　趣味观念与社会精神：文化之观

"品味、知识和感知力比金钱更能决定人的社会等级"①。福赛尔将知识和趣味感知力作为比金钱还重要的元素，实际上就是显现布尔迪厄所说"文化资本"的力量，将文化资本的占有作为左右格调评判最重要的依据。福赛尔对文化资本真实内涵的认识十分深刻，它首先不可能真正与财富脱钩，所谓看不见的顶层和充满传奇色彩的上层，没有一个不拥有雄厚的经济实力，有能力获得最顶级的物质享受，在此基础上他们才有资格蔑视金钱，超脱财富，从而在文化趣味、格调上寻求更多的价值体现。由此可以得出一个似乎任何时候都显而易见的结论：文化资本的占有和追求是以经济资本为基础的，而文化资本又在某种程度上超越金钱和财富价值，具有独立的符号意义，格调就是要实现这种意义。

要维持一种格调，上层对文化资本的占有和利用又刻意与炫耀财富的行为保持距离，从他们的起居室、家庭日用摆设、消费和休闲方式等生活设施和活动场景都体现着这种符号化的设计，古旧的甚至破烂的家具、低调的休闲方式等，恰恰是顶层和上层阶级掌握经济和文化资本的标志，顶层和上层阶级在日常生活中并不将炫富作为显示价值的方式，因为他们不需要通过物质炫耀来展示自己的实力，他们也不需要那种廉价的赞赏，正如福赛尔所说："只有中产阶级才习惯性地回报别人的恭维，因为这个阶级需要从恭维中获取信心。"② 他们坚守着某种格调，低调地显现其所拥有的各种资源，这些资源正是上层低调奢华的生活方式坚实而隐性的支撑，在资本实力背后，上层日常生活的每一个细节都被赋予一层"光晕"，这种"光晕"与中产阶级所刻意营造的光鲜亮丽是不同的，前者代表了一种难以复制的趣味和格调，这种鸿沟隐含着阶层间资本实力的鸿沟。

---

①　[美]保罗·福赛尔：《格调：社会等级与生活品位》，石涛译，世界图书出版公司2011年版，第25页。

②　[美]保罗·福赛尔：《格调：社会等级与生活品位》，石涛译，世界图书出版公司2011年版，第23页。

三 格调——化为一种生活方式

如果以格调代入各阶层生活的评判,细致而无所不包,格调已经化入日常生活的每一个环节,渗入社会的每一个毛细血管内,你的谈吐措辞、行为方式、姿势身段、着装上的每一个小细节、家里的每一件小摆设都逃不开外界的审视,被贴上某种阶层的标签,正像福赛尔在他的书中所提到的:"一张口,我就能了解你。"①

福赛尔对美国各个阶层生活的描述琐碎而细致,衣食住行几乎无所不包。衣着方面从衣服颜色、质地到衬衫领子搭配、领带款式选择巨细无遗;住房方面从车道、草坪、起居室到厨房、卫生间,每一个部分都包含着格调的区分;休闲方式方面,从喝酒、用餐到周末旅游、派对、喜爱的体育运动等,处处都是显示等级的陷阱。福赛尔以格调为视角,将审视的目光延伸到日常生活的方方面面,不仅广泛而且细致到极点,在很多地方却也真实到极点。在这其中,揭示了一种接近残酷的事实:无论你是否在意,都已经在每日最基本的生活中卷入一场无可逃避的文化游戏,这既是一种文化游戏同时也是社会生活的一种生态,其中的剧本已经写好,形形色色的人或为演员,或为道具,区别只是在于你是否主动而已。格调,将各个阶层的人都裹挟到一个大的文化体系中,下层不掌握游戏规则,上层却时时处心积虑地维持与中下阶层的差异,可以说在某种程度上,品味、格调控制了所有人的生活,将触角延伸到不同阶层的日常起居饮食中,如果跳不出来,就会落到这个枷锁中,进而产生无尽的烦恼和莫名的焦虑。

四 格调——隐藏一种焦虑心态

由于夹杂着太多社会等级的因素,格调背后隐含着普遍的焦虑心

---

① [美] 保罗·福赛尔:《格调:社会等级与生活品位》,石涛译,世界图书出版公司2011年版,第215页。

第六章　趣味观念与社会精神：文化之观

态，这种焦虑心态一方面来自社会整体的文化认同危机，另一方面则来自各阶层文化生活中所遭遇的不同矛盾和难题。

在美国这样的社会，缺乏历史的深度所带来的既定文化标识体系，如家族荣誉史和贵族谱系，这给人们带来一种对自我定位与文化认知的困惑和焦虑的心理，福赛尔将美国人的心理与欧洲人相比："美国人会因为在这个社会立足何处的问题而困惑不安……身处一个速变而非传统的社会，美国人发现，与大部分欧洲人相比，他们更难于'了解自己立足何处。'"① 在很长时间内，甚至在今天美国人也缺乏面对欧洲的文化自信，这也造成美国社会在品味、格调认知方面难以言说却根深蒂固的崇欧意识，福赛尔将这种崇欧意识归结为古风崇拜，崇欧意识实际上来自美国人对历史的敬意，他们将欧洲辉煌的历史作为自己荣耀的来源，"部分由于英国曾经有过鼎盛时期，'英国崇拜'社会上层品味中必不可少的要素，范围包括服装、文学、典故、举止做派、仪式庆典等等"②。上层阶级竭力在生活中带有欧洲古老时期的印迹，"一般来讲，客厅越带有欧洲装饰风格，主人的社会阶层就越高"③。甚至姓名也受到崇欧之风的影响："只要是英国的，就一定有档次——这种观念促使一些人更名换姓，只为听起来带有英国味。"④

隐藏在格调之后美国人的焦虑心态还起因于各阶层面对等级、面对他人所产生的种种矛盾，中下层的焦虑似乎容易理解，他们着力攀附上层阶级的品味，努力模仿上层格调和风范，然而生活的实际又处处暴露他们所处的阶层，这让一部分人心态失衡，一部分人产生抗拒心理。上

---

① ［美］保罗·福赛尔：《格调：社会等级与生活品位》，石涛译，世界图书出版公司 2011 年版，第 8 页。
② ［美］保罗·福赛尔：《格调：社会等级与生活品位》，石涛译，世界图书出版公司 2011 年版，第 97 页。
③ ［美］保罗·福赛尔：《格调：社会等级与生活品位》，石涛译，世界图书出版公司 2011 年版，第 121 页。
④ ［美］保罗·福赛尔：《格调：社会等级与生活品位》，石涛译，世界图书出版公司 2011 年版，第 101 页。

层阶级的焦虑来自于维系自身的优越地位，维系品味带来的优越感，福赛尔还将顶层和上层人士的焦虑归因于社会妒忌和仇富心理，"这两个阶层的人分享着一种同样的焦虑，但求自己的名字不要见诸报端"①。顶层和上层阶级的这种担心和焦虑促使他们采取了低调的生活方式，这与19世纪90年代托斯丹·凡勃伦的时代大相径庭，后者在《有闲阶级论》中讽刺了富人们虚张声势的炫耀行为，然而在福赛尔的时代，他们却藏匿了起来，上流社会的格调也处处显示这种隐藏、不外露的特征。

五 格调——形成一种"区隔"效果

尽管品味与格调作为时代的时髦话题总能够引起足够的关注，然而福赛尔在他《格调：社会等级与生活品位》一书中所探讨的更核心话题就是品味背后所隐藏的等级关系。书的一开始就把美国社会的等级问题提出来，尽管美国标榜是人人平等的社会，平等是最为政治正确的话语，等级则是一个敏感话题，但恰恰是在这个社会中，等级关系无处不在，尽管人们讳莫如深，但它一直都存在着，而且与美国社会的发展过程严密地啮合起来，形成一种内在理念顽固而具体形式又随时代不断变化的硬球，包裹着一层文化惯性所形成的坚硬的外壳，随着社会环境的变迁又在不断地滚动，既具有历史保守性又具有时代的适应性，上流社会的格调在时尚领域大行其道就是明证。

现代社会相互尊重的价值观实际上仅仅停留在表面，人们的潜意识其实包含着顽固的等级观念。福赛尔在分析平等观念的实践问题时，提出了一个可以上升为人性的悖论：平等是社会共识，但人们又希望在等级差别中获益，人们总是向上看希望平等，向下看则希望维系自身的优越地位。美国似乎在政治体制上为公民创造了均等的条件，然而却丝毫没有掩盖住一种人类共有的焦虑，即"如果人人都是人物，则人人都

---

① ［美］保罗·福赛尔：《格调：社会等级与生活品位》，石涛译，世界图书出版公司2011年版，第29页。

第六章　趣味观念与社会精神：文化之观

不是人物了"①。人们内心需要一种差别，尤其是物质条件和知识背景存在客观差异的情况下，占据优势的人们更是需要将自己从文化身份上与人们区分开来。法国哲学家布尔迪厄将趣味的差异分析为一种文化的"区隔"（distinction），是占据优势文化资本的阶层区分与其他阶层的标识。顶层和上层阶级需要维系自身的格调，维持与中下层的差异，对于他们来说，格调的神性来自差异，一旦这种差异通过模仿可以消除，那么文化上的优势也将难以维系，福赛尔对此分析说："在中上阶层学会了仿效之后，这种生活方式已不再是上层的独占，这情形有点像此前的双陆棋戏，在日渐流行后也就丧失了等级。"② 然而生活方式只是不同阶层相互"区隔"的手段和表征，某种生活方式通过模仿而失去"区隔"功能后，对于上层阶级而言，就需要另一种生活方式来替代它，这类似于挪威学者拉斯·史文德森所言时尚传播的"滴流理论"（trickle-down），即认为时尚是下层阶级通过模仿而从上层扩散出来的生活方式，康德之后凡勃伦、西美尔和布尔迪厄等都是以这种理论来理解时尚。透过这种生活方式的纵向扩散现象，背后却稳稳地站着一个极为稳固的阶层关系，这种关系并没有随着某种生活方式的扩散而打乱其格局，就像福赛尔在本书所做的一个比喻，各个阶层在社会中的格局就如"一条长街两侧数间毗邻的剧院"，这些剧院各自"旷日经年地上演有关自尊的戏剧。奇怪的是，没有哪一家能晋升为更高一级的剧院"③。阶级的固化远远比表面的、"滴流"的生活方式更为稳定，这种"区隔"对于下层阶级而言无疑是令人沮丧的，然而却是上层所极力维护和保持的。

---

①　[美] 保罗·福赛尔：《格调：社会等级与生活品位》，石涛译，世界图书出版公司2011年版，第9页。
②　[美] 保罗·福赛尔：《格调：社会等级与生活品位》，石涛译，世界图书出版公司2011年版，第33页。
③　[美] 保罗·福赛尔：《格调：社会等级与生活品位》，石涛译，世界图书出版公司2011年版，第62页。

六 格调——归结为一种特殊的权力关系

福赛尔在他的书中揭示隐藏在格调背后的等级关系,其实这种等级的形成则可以归结为一种特殊的权力关系,上层阶级掌控着话语权,建构全社会模仿遵从的品味标准,并以此标准来巩固其既有的文化权力。这种权力虽然不像政治权力那样拥有赤裸裸的硬性支配逻辑,但却同样拥有行为规训和隐性导引的功能,更为关键的是,格调和趣味所代表的文化权力影响范围深入生活的每一个细小的枝节,这种弹性和渗透力使得权力关系成为每个人时刻无法摆脱的一层锁链。

总之,格调看似一种优雅的生活方式,实则无处不包含着权力的关系,上层对自身格调的坚守和自信其实来自权力的自信,格调的温文尔雅背后却是对低层(底层)生活状态的漠视。在美国,由于整体生活水平高,这种漠视并不涉及人道问题,然而如果换一种社会环境或换一种时代背景,这种漠视却间接地造成人道灾难,严守生活的品味在某个阶层看来很美,但对于贫穷和饥饿充斥的世界来说,这种格调其实配不上那层文化的光晕,光晕退去,神性消隐,它那令人刺目的冰冷的真相就会显露无遗。

第三节 文化趣味与文化情怀

当我们从社会文化世相观照趣味的结构与功能时,可以联系一些含义相通、在人的精神层面彼此关联的概念,除了前文所说的"格调",还有"情怀",在社会各类人群中形成不同的文化印记,而这都与文化趣味密切相关,描画着社会文化权力的形态格局。

"情怀"是与审美趣味密切相关的文化话语之一,情怀话语背后隐藏着社会文化变迁的印迹和不同人群的审美观念与趣味信息。从审美文化研究角度来看,"情怀热"是一个很好的分析样本,可以从消费符

第六章 趣味观念与社会精神：文化之观

号、时代话语、代群关系、社会趣味等多个方面进行批评和解读，从而透过文化现象，剥除话语外壳，探寻隐含的审美历史情境以及现实的文化主张，对"情怀热"这种现象进行一种社会文化和美学意义上的理论回应。

一 "情怀热"：话语狂欢与意义崩解

情怀并非新词，也并非死词，而一直是使用比较频繁的词汇。当下"情怀热"渗透在文化生产与消费各个环节，影视、音乐、游戏、文学甚至手机等生活消费品的营销话语中，都触手可见情怀的影子。在各类喧闹的营销盛宴里，情怀被贴上审美趣味和文化品质的标签，暗藏的却是收割粉丝经济的套路。在文化高度消费化的时代，卖相、广告、流量、曝光度，这些对于文化产品生存来说无比重要的概念，实际上都是话语狂欢的现象和结果，这一过程就是靠话语包装支撑起文化消费链条，情怀被裹挟其中，成为提升卖相，制造广告噱头，增加关注流量的绝佳法宝。许多营销作为纯粹的商业行为，却用情怀进行意义兜底，这样，情怀就被越炒越热，导致文化生产与消费过程中许多荒诞甚至怪诞的现象出现。流行于网络与现实空间的各类情怀营销，比如白酒品牌江小白的广告文案、锤子手机的情怀宣言、网易云音乐的粉丝评论等，都暗含"情怀经济学"的资本逻辑，即以"情怀"低成本营销带来有效的资本增值，情怀作为"重要的附加值，甚至超过了产品本身"[①]。情怀常与一些热点话题纠缠在一起，如"猴年春晚没请六小龄童成遗憾""周星驰，我们欠你一张电影票""致80后终将逝去的青春"等，将怀旧鸡汤与现实诉求捆绑，背后却是一场场精彩的营销大戏。更有甚者，不少人打着情怀旗号，刻意美化一些急功近利的行为，形成碰瓷式营销，商家乐此不疲，观者意犹未尽，其原因在于贴话语标签的营销模式成本小、门槛低，辐射范围广，而情怀一旦变成无须进行深度解读的商

[①] 张子宇等：《锤子的"情怀经济学"》，《中国品牌》2014年第7期。

业符号，也比较容易满足普通消费者浮泛的情感需求。

然而，情怀大餐提供的是速食食品，浅文化的营销策略最容易餍足，但从长远来看，人们却往往由此败坏了胃口。情怀无法合理地解释文化产品质量低劣的硬伤，加之民众对于商业炒作的本能反感，结果引起人们的情感反弹。比如，周星驰在 2019 年春节档推出的电影新作《新喜剧之王》，就遭到滥打情怀牌的质疑，有媒体人指出周星驰透支了他的好口碑，而情怀现在已不是影市褒义词，许多电影"以情怀为名，却伤了情怀"①。另一个事实是，情怀话语常常受到多个方面的挤压和消解，一方面是商业化的消解，另一方面是受到传统深度意义空间的挤压。毫无疑问，情怀对于文化消费者而言是高度理想化的，然而对于文化产品营销方来说，情怀仅仅是一个巨大的 IP，这类情怀文宣都有一个共同点，就是面向受众，精准把握受众心理，为不同爱好趣味和文化背景的目标受众画像。德国学者沃尔夫冈·弗里兹·豪格在《商品美学批判》一书中揭示了抒情诗式广告文案的虚假面目，这类广告宣传制造一种"诗意化品质"幻象，针对的只是潜在买家的消费心理，对商品实体却只有浮光掠影式的介绍。② 在商业利益主导下，人们对情怀话语的理解和使用是极度功利化的，正是这种过度使用造成了情怀原初意义的崩解。情怀被商业化之后，其原有的情感浓度被稀释，号召力被弱化，同样被过度包装的"诗意""远方""青春"等情怀话语，被放在滥情影视剧、空洞无营养的鸡汤文、不怀好意的广告文案等里面狠狠地涮了一把，使情怀消费毫无质量可言，各种诉求都堆砌在欲望的浅表层面，无法进入更深层的意义领域，比如情怀鸡汤文，只有廉价的怀旧伤感而没有足够的反思；情怀电影，只有对青春的留恋却无助于对人生的领悟；各类情怀文案广告，只有空洞的关于诗意生活的想象，却无

---

① 倪自放：《你还欠周星驰一张电影票吗——新片营销"情怀牌"泛滥》，《齐鲁晚报》2019 年 1 月 18 日。

② Wolfgang Fritz Haug, *Critique of Commodity Aesthetic*: *Appearance*, *Sexuality and Advertising in Capitalist Society*, Translated by Robert Bock, Cambridge: Polity Press, 1986, p. 124.

第六章　趣味观念与社会精神：文化之观

法有效地提升实践层面上的生活趣味。

其实，目前"情怀热"的大部分问题都可归结为话语滥用和误用问题，即"情怀"这一语词本身意蕴与实际应用过程中话语指称之间形成断裂，换句话说，当下的"情怀热"本质上是一场话语游戏，并不指向真正的意义和价值。情怀话语如果变成转瞬即逝的文化符码，就会深陷后现代典型的意义离散化陷阱，最终造成意义和价值分崩离析。美国学者伊哈布·哈桑曾如此描述后现代话语危机状况："在这样一个时代里，符号就像落叶般向四面八方飘散，权威在人们怨声四起的凛冽秋风中萎谢。"[①] 在这种文化情境下，创造意义变得无比艰难，而锚定和沉淀意义更无法实现。"情怀"一词本义过于美好，而现实中却附着了太多浮躁、低俗的东西，使人们内心对情怀的期待形成巨大的落差。假大空的情怀营销"不是文化消费的强心剂，而是一剂毒药"[②]，在情怀话语的现实应用场景中，太多商业信息被强行装入，造成表达透支和意义过载，却遮蔽了情怀本身的文化意义与美学情感，消解了文化产品原本具有的美学价值，除了显示我们时代语言的贫乏，并不能提升话语的表达深度，无法积累情怀一词给人的文化好感，也无法使目前的文化消费真正承担审美启蒙的功能。这是我们所处时代文化消费话语贫乏与审美泛化的后遗症，"情怀热"不过是这种文化症候的集中体现，因此，对于"情怀热"，还需联系社会历史大的语境进一步深入分析。

二　情怀乌托邦与后现代幻象

结合具体的社会语境与文化背景分析，就会发现当下"情怀热"所具有的伪乌托邦性质，它所对应的社会层级关系和时代文化特征，与当下中国现代、后现代并置的社会发展阶段及相应的文化生态息息相

---

① ［美］伊哈布·哈桑：《后现代转向——后现代理论与文化论文集》，刘象愚译，上海人民出版社2015年版，第334页。
② 黄仲山：《防止过度消费文化情怀》，《中国社会科学报》2016年3月3日。

关。因此，我们只有代入社会文化史的判断和考量，才能更准确地理解"情怀热"出现的深层次原因。

西方 20 世纪社会文化变迁是现代走向后现代的典型路径，时间节点也较为清晰，按美国学者詹明信的观点，西方自 20 世纪 60 年代由现代转向后现代社会，逐步摧毁和瓦解美学的乌托邦主义，然而旧的美学范式的微弱痕迹仍然残存下来。① 而中国的情况比较复杂，如果考察中国后现代社会的历史状况，首先需上溯现代性的发展历程，按李欧梵的分析，在西方步入后现代社会的很长一段时期内，中国的现代性仍处于未完成的状态。不过自 20 世纪 90 年代以来，随着历史潮流的积淀，社会文化发生了很大改变，加之全球化浪潮的影响，现代性已很难涵盖社会文化的种种现象，"这种情况之下，只有后现代适于描述中国所处的状态，因为后现代标榜的是一种世界'大杂烩'的状态，各种现象平平地摆放在这里，其整个空间的构想又是全球性的"②。中国因其社会体量巨大，文化形态复杂，发展处于极度不平衡的状态，以至于我们很难以一种统一的模式来描述发展的阶段，就社会文化而言，无论从文化氛围、社会趣味、艺术精神等总体风貌，还是从意识观念、审美趣味、生活境界等个体精神文化状态，都呈现着多层并置的局面，其中又包含了地域、城乡、代际、两性、贫富等多重维度的差异，更凸显了社会文化的复杂与多元，我们常常能够从中同时找到前现代、现代、后现代的文化特征，在这样一个动态的社会中，任何文化现象的出现都隐含着复杂的因素，但西方学者对后现代文化种种"症候"的分析同样适用于我们当下的文化分析和研究。

从文化变迁角度来看，"情怀热"其实是后现代离散式社会中，特定文化阶层的前现代反刍式追思，这一幕同样发生在现代性进程中，由

---

① [美] 詹明信：《晚期资本主义的文化逻辑》，陈清侨等译，生活·读书·新知三联书店 1997 年版，第 132 页。
② 李欧梵：《未完成的现代性》，北京大学出版社 2005 年版，第 93 页。

第六章　趣味观念与社会精神：文化之观

于面对现代性的诸多问题以及由此出现的文化不适，人们曾产生一种强烈的回归愿望，产生前现代田园生活的想象，这似乎是人类共同的心理倾向。在西方传统中，田园主义情怀似乎可以追溯到伊甸园的故事，英国学者雷蒙·威廉斯则引述古希腊诗人赫西俄德的建议，将田园传统推向遥远的黄金时代。而在中国文学文化传统中，回归田园成为文人情怀最显著的标志之一，直至影响到当代乡土写作在文学格局中的位置，很多作家的"乡土情结"（或曰"原乡情结"）根深蒂固，虽有乡土写作的惯性因素，但这也体现了作家对现代城市生活批判与反抗的方式。①

从社会文化上看，田园情怀渗透到社会文化生活的各个角落。实际上，就如大多数文化情怀一样，田园情怀能穿越不同地域文化和历史空间，其本身不在于田园生活实际是否与审美想象一致，就像威廉斯所说，田园诗在发展过程中剔除了乡村生活中黑暗与粗俗的部分，"变得戏剧化和浪漫化"，通过"高雅的伪装"塑造一个"传统的、纯真的形象"。② 这种理想化正是田园情怀得以流传至今的关键。西方从古典到现代到后现代的文化变迁，都始终存在回归古典的一种情怀，19 世纪末到 20 世纪初，欧洲现代主义虽然是以反传统、反古典的姿态出现，但艺术上并未切断与古典的联系，本雅明指出："现代主义标明了一个时代，同时它也指示出在这个时代起作用，带它接近古典的那种能量。"③ 他以法国诗人波德莱尔为例，尽管波德莱尔极具现代主义意识，在他的理论中颠覆古典的东西，但在他的诗（如《恶之花》）中，却

---

① 可参见王杰泓发表于《中南民族大学学报》（人文社会科学版）2014 年第 2 期的《原乡情结与中国生态文学批评的发生》、陈超发表于《中国现代文学研究丛刊》2015 年第 4 期的《文学视域中的"城市化"景观及其反思》，以及笔者在《浙江学刊》2015 年第 6 期发表的《生态文学与城市文学的融合困境》等文，都有较详细的论述。

② [英]雷蒙·威廉斯：《乡村与城市》，韩子满、刘戈、徐珊珊译，商务印书馆 2013 年版，第 28 页。

③ [德]本雅明：《发达资本主义时代的抒情诗人》，张旭东、魏文生译，生活·读书·新知三联书店 1989 年版，第 101 页。

体现了现代主义与古典艺术之间的渗透，这说明，古典时代关于美的许多认知以及留下来的艺术经典是现代主义无法彻底打破的，现代主义在构建自身的审美趣味观念和艺术作品体系时，许多元素都建立在古典时期艺术的基础上。后现代文化艺术同样存在接续古典的倾向，德国哲学家彼得·科斯洛夫斯基指出后现代社会文化存在渗透性，形成一种情境化的文化环境，某种程度上产生向古典汲取文化营养的需求，这种"后现代古典主义"看似是一种悖论，其实这种倾向就包含在后现代文化情境中，"既保留了已成为历史的东西，又力图使本源与未来相融合"①。所谓"后现代古典主义"，似乎是后现代社会解决艺术自由与社会文化情境之间平衡的一种方式，并非将前现代的古典文化作为最终目的。

　　西方后现代社会对前现代田园生活的追思自有其文化发展的现实逻辑，而在中国，社会文化多层并置格局使传统的、田园的、前现代的文化情怀更容易找到现实的模板。"情怀热"就是这种文化语境下一种典型的文化现象，各种关于情怀的伪风格化叙事契合了不同世代、不同文化群体的精神需求，这种需求往往是被现实生活挤压而激发出来的，或者是对文化体验不足与情感剥夺等现象的应激反应。当我们无法回到传统，无法在深度意义上对价值转变进行有效反思时，常常会诉诸碎片化的情怀符号作为心灵饥渴的替代饮品，以填充精神的空旷地带。人们渴望回到曾经质朴的年代，致已逝去的青春，寻回行将消失的文化符号，重温过去的感觉和味道，就如木心《从前慢》所传达的情境，这种"老清新"的文字与情怀的感觉相遇，容易让读者读起来很舒服。② 他们需要一种宣泄渠道和寄托方式，其中最廉价和简便的方式是寻求市场化的情怀消费成品，使情怀既能适应现代消费生活节奏，又能满足乌托

---

① ［德］彼得·科斯洛夫斯基：《后现代文化——技术发展的社会文化后果》，毛怡红译，中央编译出版社2011年版，第154页。
② 张柠：《文学大师木心被高估》，《羊城晚报》2013年3月10日。

第六章　趣味观念与社会精神：文化之观

邦想象和怀旧情绪，借此幻象弥合记忆与现实的种种错位。

三　尴尬的情怀：彰显话语权力又陷于权力话语

无论是从生产伦理还是消费伦理来解读人们的文化选择，分析文化关系和文化阶层的形成和演化，实际上都绕不开一个固定的领域，即情怀、趣味所暗示的权力区隔功能，在此基础上得以洞察话语权的博弈以及权力资源的重新分配等问题。伴随都市的崛起，新型生活方式以及新的文化阶层出现，会带来文化需求和文化消费主张的变化，也就是说，消费社会立足现代都市生活环境快速发展，社会文化趣味也获得了全新的含义。从情怀话语出现的场合及其拥趸者身份来看，"情怀热"的出现与近些年都市新消费人群的崛起密切相关，这部分人群比较在意表达自身主张，通过制造和追捧各种符号来彰显话语权，情怀作为平衡品味幻想与公共认知的美学符号，正契合这种文化需求语境。

美国学者戴维·哈维用"文化大众"的概念来说明后工业社会新的阶层关系，区别于以政治、经济定位的传统中产阶级，这是相对不稳定且边界模糊的群体，"他们寻求某种文化产品作为自己社会身份的明确标志"，"文化大众"集合了城市中金融、房地产、法律、教育、科学和商业服务等新的社会阶层，"他们为在时尚、怀旧、拼凑与矫揉造作的基础之上要求各种新的文化形式而提供了强大的资源"[①]。哈维所描述的"文化大众"在很多方面符合当下城市文化阶层分布现状，情怀符号契合他们寻求文化身份认同的需要，"情怀热"正是在这部分"积极受众"追捧下得以膨胀的。因此，情怀话语在某种程度上又可看成是一种权力话语，当人们在公共语境中凸显情怀、消费情怀的时候，其实是在表达一种审美主张，传递自身面向社会文化的一种姿态。情怀作为个体彰显文化趣味的标签，同时具有认同和辨异两种功能，一方面

---

① ［美］戴维·哈维：《后现代的状况——对文化变迁之缘起的探究》，阎嘉译，商务印书馆 2013 年版，第 431—432 页。

期待获得某个文化群体认同,即向较高的文化阶层看齐;另一方面隐含区隔于其他群体的意愿,如法国学者布尔迪厄所说:"审美趣味是使事物蜕变为区隔性和差异化符号的实际操控者"①,特定文化阶层为凸显趣味的不同,就将情怀当作区隔性的符号,实际是为了展示对文化权力的掌控。此外,情怀营销之所以有人买单,其实不能简单地将这些消费人群理解为被操控的人,有人分析"情怀电影"的出现,认为这种电影"是市场和观众互相之间做出的双向选择的结果。观众需要这样的电影,它即应运而生"②。正如奢侈品是财富的标签,富人消费某种奢侈品,并不是被其掌控,而是借此传达身份信息,情怀消费的话语阐释往往也是生产者与消费者相互合谋、相互借重的过程。

情怀之所以容易被利用,以隐藏话语权争夺的真相,是因为其隐约带有康德"审美无功利"的美学质素,但比"审美无功利"这套话语更容易延伸和普泛化,在无功利表象下隐藏着功利的目的。当下许多情怀话语在公共交往中的尴尬在于,伪装一种内心自适的、无功利的审美体验情境和审美趣味形态,却因商业营销的粗暴参与而漏洞百出,且没有更深入的意义阐释与价值沉淀,往往情怀消费之后,就剩一地鸡毛,只留下权力话语的空洞外壳。相对于"趣味无争辩"这一古老的美学命题,"情怀无争辩"更是一种任性的独白式话语,有所谓"精神导师"屡屡祭出情怀大旗,却时时抛出不接受争论的立场,强调"彪悍的人生不需要解释",面对外界质疑走向"偏执"和"理想主义"。③这就造成小众自闭式的呓语与情怀大众化营销之间难以弥合的裂缝,如果认识不到两者的矛盾,而是试图强行以情怀话语人为制造趣味鄙视链,以此应对大众质疑,则是滥用话语权力,越过了文化修养和价值认

---

① Pierre Bourdieu, *Distinction*: *A Social Critique of the Judgement of Taste*, Translated by Richard Nice, London, Melbourne and Henley: Routledge & Kegan Paul, 1984, p. 174.
② 徐鹏:《一碗叫情怀的鸡汤——简析中国电影"情怀"》,《北方传媒研究》2016年第6期。
③ 朱楠:《"情怀营销"的概念、传播机制及存在问题》,《今传媒》2015年第11期。

第六章　趣味观念与社会精神：文化之观

同之间的边界，最终陷入无休止的话语权争夺和话语正当性论争中。

四　何为情怀、情怀为何、情怀何为？

面对消费市场对美学意义和文化价值的冲击，需要批判的是"情怀热"所引发的种种乱象，而非情怀本身。当下我们反思的焦点可归结为：何为情怀？即如何准确地理解与阐释情怀的含义？情怀为何？即情怀究竟为谁而存在，表达谁的精神价值观和审美趣味？情怀何为？即情怀在社会文化接续发展链条中应起什么样的作用？

如前文所述，情怀真正有价值的内涵被浮泛的营销话语遮蔽，如果细究情怀的含义，需将其放在与其他概念的关系中去理解。首先是情怀与传统的关系，情怀是文化沉淀凝结的最初产物，作为不稳定的凝结物，有可能逐渐消散，也可能升华为更具价值硬核的文化传统。可以说，传统对应的是长历史，情怀对应的则是短历史，传统是经过充分沉淀的固文化，情怀则是散文化，情怀要凝聚成传统，还需长期的提炼与含蕴，而快餐式文化消费则不断冲刷着情怀的意义，最终什么也沉淀不下来。其次是情怀与情感的关系，情怀的内在支点和外在诉求都是以特定的情感为基础，这种情感融合个人与群体、过去与当下的经历处境。在具体的话语应用场景中，情怀带有非常浓厚的怀旧意味，包含对过去某个时代、某个地域、某些亲人的文化记忆，牵涉场景记忆、味道记忆、容貌记忆、情绪记忆等一些很具体的片段，这种记忆来自有温度、有触感的透肤体验，融汇渗透到日常生活中，形成审美生活不可或缺的部分。比如，回到自然的情怀是对农耕时代生活场景的留念，想念家乡美食是对儿时生活经历的回顾，记起初恋种种情状则是对青春韶华的无尽怀想，这些记忆片段随着时间冲刷不断流失细节，而其中的主要情感元素通过拼接、融汇与升华，最终生长成充满仪式感与符号化的情怀认同。然而，在如今的情怀话语中，非功利的、深沉隽永的内蕴情感被消解，取而代之的是平面化、欲望化的情绪表达。如果情感没有厚度和真实度，情怀就很难真正打动人心。再次，情怀与趣味也密不可分，下节将对两者的关系进行具体分析，在此不做赘述。

"情怀为何"其实包含两个问题，一是情怀为何会成为社会热点？二是情怀为何人所描述、所阐释？第一个问题前面已有分析，第二个则涉及文化话语权问题。情怀如今已深深地裹挟进社会话语权的博弈之中，我们在思考"情怀为何"时，首先需充分考虑文化阶层、代际关系等因素，在特定的权力场域中进行分析。正如千百年来纠缠不休的趣味是否有标准这个问题一样，情怀虽是个人化的内蕴情感和精神，但实际表达过程天然地被纳入群体观念的框架内，因此就存在影响与被影响、教育与被教育、支配与被支配的关系。社会大众的生活经历和文化情感是孕育情怀的土壤，但很长一段时间内，情怀的阐释却掌握在少数知识精英手中，进入文化消费时代，情怀又被商家利用，被作为商品的包装物灌输给大众。而且，有学者指出，消费社会的逻辑使大众趣味权力化，大众开始努力"使自己成为文化或趣味市场的主体"①，这至少揭示了当下社会文化的部分事实，大众自身也在努力摆脱跟随者的角色，对情怀等文化话语表达自己的理解。在此情形下，对于情怀的解读应持一种开放却又谨慎的态度，一方面警惕情怀为精英文化所独占，另一方面又要防止大众文化对情怀意义的无端解构，这样才能使情怀成为社会文化健康发展的正向推动力。

情怀何为？情怀的意义如果仅仅是怀旧，那么就永远无法摆脱被消费的命运，因为没有反思意味的精神废墟就只能任市场操弄。一味的怀旧只能使文化越来越虚弱，真正的情怀不应仅有记忆功能，更应有批判功能，也就是说，"情怀真正的力量不在于简单的文化反刍，而在于面向未来的文化反思和文化重构"②。提出"情怀何为"的问题，就促使我们对情怀的价值进行更深入的思考。对情怀的价值评判不在于大小，

---

① 沈湘平：《大众趣味权力化及其后果》，《求是学刊》2007 年第 2 期。
② 黄仲山：《情怀：面向未来的文化反思与重构》，《天津日报》2018 年 9 月 20 日。

第六章 趣味观念与社会精神：文化之观

而在于真假，情怀营销最大的硬伤正是在于虚假。小的情怀，一本好书、一曲小调，都有助于提升个人文化修养，提供精神自适的空间；大的情怀，体现家国责任与人文关怀，张法教授从中国传统的文化美学观念出发，对"家国情怀"进行语义分析，他说，情怀内蕴的就是性—心—意—志—情这一整体，"家国情怀"强调情而内蕴性—心—意—志，"怀，思之、念之、藏之、珍之也，强调情感的深厚性"①。这种大的情怀正是建立在家国认同基础上，由此产生浓烈感情和强烈意志力。由认同心出发，情怀还体现为悲悯心，即对弱势群体的关怀，作家梁晓声曾言："我是一个文化悲悯者，我认为作家要有悲悯情怀。"② 这种悲悯情怀正是跳出自我、关注他人和社会命运的意识，也就是传统知识分子"民胞物与"观念的映射。一直以来，历史和人文情怀都是文学艺术滋生的土壤，许多作家、艺术家都将情怀作为创作重要的精神源泉，作家毕飞宇曾说："对一个作家来说，没有一样东西比他的情怀更重要。情怀会决定你关注什么。"③

总之，真正的情怀应感于记忆，涵于情感，精于反思，厚于积淀，发于意志，无论是生活还是艺术，情怀都是提升境界的重要因素，向内可以明心见性，涵养趣味，向外可以由此介入社会，提供融合传统与现代的审美方式，情怀对于整个社会文化的价值正在于此。

五 情怀与趣味：回归审美人生的基本情境

文化情怀与审美趣味具有深度的关联性，一般而言，审美趣味即主体审美方面的品性与素养，表现为审美活动的敏感性和倾向性，文化情怀是文化记忆的凝结物，拥有特定情怀，必然会对相关的文化主题敏

---

① 张法：《家国情怀与中国美学》，《中国社会科学报》2017年9月1日。
② 梁晓声：《作家要有悲悯情怀，我是一个文化悲悯者》，《辽宁日报》2014年4月24日。
③ 王一、曹静、毕飞宇：《情怀才是最重要的才华——独家专访著名作家毕飞宇》，《解放日报》2014年6月6日。

感，同时也预示着一种倾向，并在实践层面影响人们的行为，因此，趣味和情怀在内蕴意义与外在表现上是相通的。情怀映射着趣味，又常常影响着趣味，比如回归传统的情怀，就标示着古典的趣味，长期拥有这种情怀，自然会涵孕出古典的趣味倾向。人们在谈论情怀，标示趣味时，往往掺杂了太多审美之外的功利因素，如果真正使其嵌入个体的精神生活中，就需回归审美的本源，使其成为审美人生的重要内核，在审美情境中实现情怀的价值。即便是在消费化语境下，情怀和趣味仍然可以维持独立自由的空间，使之成为审美人生不可或缺的精神营养。法国学者奥利维耶·阿苏利指出，尽管在市场影响下，品味逐渐成为工业化生产和消费的附属物，但品味的源泉并不是商业化的知识，而是"更多地源于文化、历史、风俗和时间的储蓄"，"生产者要有利可图，就要让品味保持自由"①。因此，保持情怀自由和趣味独立，维系情怀而达于个人精神自适，即便在商业化环境中也是可以实现的。

　　属于个人精神领域的情怀和趣味，其实离不开社会文化大环境和所在阶层、群体的支撑，情怀与趣味的意义生成与价值阐释都体现在个体与群体的关系中，并随着时代变迁而起伏震荡。可以说，情怀是个体化情感与集体性记忆相融合的产物，这在代际文化形成的情怀共同体中体现得尤为明显。个人的怀旧情结形成的特殊情怀往往来自一代人的共同经历，个人经验与时代话语叠加，打上属于某个时代的情感烙印，形成代际之间不同的文化趣味和审美主张，比如比如老一辈知青对红色歌曲的怀念，就来自上山下乡生活经历的集体追忆；"80后"对流行于20世纪八九十年代港台歌曲割舍不断的情缘，体现了对行将消逝的青春的集体感伤；"90后"对二次元文化的图腾式崇拜，则代表了新世代截然不同的生活经历和生活情感。这些情怀话语实际上是某一代人趣味的表达，在不同世代之间交流就会形成隔膜，汇入社会文化大的语境中，体

---

①　[法]奥利维耶·阿苏利：《审美资本主义——品味的工业化》，黄琰译，华东师范大学出版社2013年版，第190页。

第六章　趣味观念与社会精神：文化之观

现为代际之间文化权力的博弈。随着社会文化消费的转换节奏加快，许多情怀所标示的样本距离当下的时间越来越短，比如五六十年代在缅怀年轻时的文化生活，中间隔着两三代成长的跨度，而"80后"所追思的周星驰电影、七龙珠漫画等，其实仅仅是十几二十年而已，如今几年前红火一时、在年青一代中流传的文化符号，如火星文等，也已经被贴上情怀标签了。正如鲍曼所说，我们处在一个"流动的社会"，"'溶解所有固态'从一开始就一直是现代生活形态固有的根本特点"①。在这种社会情境下，人生存的意义很大程度上取决于选择什么样的人生态度和立场，以及联结个体与群体的审美趣味。我们需要在急速变化的社会中寻找自身的定位和文化归属感，赵静蓉教授对此分析说："我们只能建立一种'流动的'身份认同观，只能通过连续不断地确立边界、修订范围乃至重新界定边界的方式来逐渐接近对自我同一性的'确认'。"② 文化身份的确认方式是情怀认同和趣味依附，即人们总要在时代洪流和集体矩阵中寻找坐标点，而情怀和趣味则是重要的精神因子，由个体的精神生活走向群体的文化生态，实现小环境与大空间的互鉴与互参。

个体的审美人生接入社会文化，就获得了宏阔的社会场景与深远的历史空间，鉴于此，情怀的阐释应从传统的文化和美学精神中汲取营养，增加历史厚度和面向未来的力量。李泽厚指出，华夏传统的本体是人，是人性，也是所谓"心理本体"，他标举出人性情感，认为人内在的情感是心理本体的重要内涵，而华夏美学传统最重要的价值就在于这种凝合各种情感和人生滋味的文化情怀，并指出这种情怀的回顾和咀嚼是我们精神自新、文化发展的重要动因，他描述说："对以儒学为主的华夏文艺——审美的温故，从上古的礼乐、孔孟的人道、庄生的逍遥、

---

① ［英］齐格蒙特·鲍曼：《流动世界中的文化》，戎林海、季传峰译，江苏教育出版社2014年版，第6页。
② 赵静蓉：《文化记忆与身份认同》，生活·读书·新知三联书店2015年版，第36页。

屈子的深情和禅宗的形上追索中是不是可以因略知人生之味而再次吸取新知,愈发向前猛进呢?"① 情怀切近审美人生的体验,由于传统审美精神更能激发我们的情感,因此许多情怀带有传统文化的基因,这与我们既往的审美经验有关。除此之外,情怀也需包容不同的文化,尤其是近代以来,西方的艺术和审美经验进入中国,融进了文化的血液,成为我们生活经验的一部分。文明的冲突不妨碍文化的融合,正如梁漱溟所说,"文化与文明有别",文化"乃是人类生活的样法"②,从这个意义上说,文化情怀含纳中西审美传统并将其融入审美生活,正体现情怀的张力和包容性,为审美人生情境提供了丰富的可能性。

---

① 李泽厚:《美学三书》,安徽文艺出版社1999年版,第429页。
② 梁漱溟:《东西文化及其哲学》,上海人民出版社2015年版,第61页。

第七章　重塑趣味社会结构与价值标准

　　审美趣味按主导关系可以分成官方、精英和大众趣味，布尔迪厄将趣味的主导权与文化资本的占有联系起来，趣味层级结构显现了文化权力的支配关系，区隔了社会文化阶层，按他的说法，就是这种区隔"发挥着阶级的各种功能特征"①，这其实是某种相对隐性的权力结构关系，趣味区隔的功能就是维持各个文化阶层间的张力结构。当下社会审美文化中，一方面，因后现代思潮的解构，原先的趣味层级结构受到冲击，官方趣味和精英趣味的主导权受到冲击；另一方面，因文化消费化和网络文化兴起等因素，大众趣味在社会趣味建构中的话语权得以彰显，但这些变化又给审美文化的发展带来许多新的问题，比如，原有的趣味层级结构和秩序被打破，不同阶层的趣味对话模式没有更好地建立起来，就会造成美学批评实践中混乱纷杂，无据可依；去中心化导致文艺领域择优汰劣机制的运行基础出现崩塌，许多思想水平和艺术境界低劣的作品在各种亚文化的缝隙中穿行无碍，而体现传统趣味的作品无法随时代找寻适合生存的方式，社会趣味也难以得到真正的提升。这需要我们正视社会趣味层级结构以及文化权力存在的事实，采用合适的方式重塑趣味社会结构与价值标准，使社会各文化阶层趣味理念的交流与

---

① Pierre Bourdieu, *Distinction*: *A Social Critique of the Judgement of Taste*, Translated by Richard Nice, London: Melbourne and Henley: Routledge & Kegan Paul, 1984, p. 2.

沟通保持和谐，使社会趣味契合社会审美文化的发展节奏与发展方向。

第一节　大众趣味权力化批判的反思

长期以来，大众趣味处在社会文化的边缘，被贴上诸如"低俗""低级"等标签而被矮化，并且处在官方趣味与精英趣味的双重压制之下。然而，在后现代文化语境中，原有的审美趣味层级结构被颠覆，精英阶层所主导的趣味标准被打破，大众趣味走出前现代和现代主义文化中被统治、被引导、被压抑的被动局面，话语权得到了前所未有的提高，从而在整个社会文化中形成了深远的影响。

大众趣味在当下社会文化中的影响力变化被不少学者解读为大众趣味的权力化，并依据自身对大众趣味的价值定位和形势认知，形成了盲目乐观和过度忧虑两种倾向。然而，如果从相应立场和具体语境认真反思的话，我们可以发现其中的种种误判与误读。

一　文化偏移论与反乌托邦危言

大众趣味的权力化过程一直是被放在文化变革的大背景下来审视的，如果历史地分析，大众趣味的发展模式与价值定位与大众文化是密不可分的。

20世纪中前期，受马修·阿诺德（Matthew Arnold）文化艺术精英主义的影响，乡愁式的利维斯主义作为一种"文化拟古主义"（cultural archaism），更倾向于前工业模式（preindustrial modes），心存回归前工业社会有机状态的美好愿景，这种空中楼阁式的追思对应了对大众文化和大众趣味的批判。法兰克福学派在文化工业的批判基础上，对大众文化及其趣味也抱持一种不信任的态度。"阿多诺、霍克海默与马尔库塞的共同点是，他们都认为大众文化替现代之极权主义奠定了基础，认为

第七章　重塑趣味社会结构与价值标准

大众文化使得反抗现代资本主义物化趋势的力量，无复可见。"① 阿多诺等人认为大众文化的发展最终会演变为对资本主义文化工业的趋从，使社会文化整体丧失了批判的力量。大众文化和大众趣味一度成为左派和保守派共同抨击的对象，英国文化研究者霍加特就抱怨大众文化在吞没工人阶级文化，指责大众娱乐是一种"反生活"，将大众文化作为一种堕落的保守力量来看待，所体现的大众趣味"充斥着堕落的快感，不适当的诉求和对道德的规避"②。这些针对大众文化和趣味的批判，都是立足在一种自我认定的文化理想基础上的，认为大众文化偏移了社会文化应有的演化路径，将社会趣味引向一种堕落的、不健康的发展方向。

德国哲学家霍克海默曾说："自从艺术变得自律以来，艺术就一直保留着从宗教中升华出来的乌托邦因素。"③ 审美现代性在某种程度上说，具有试图超越社会文化的乌托邦精神，并在此基础上树立一种批判式的姿态。而另一方面，现代性自身矛盾导致的乌托邦精神困境，又形成了"横扫一切的反乌托邦冲动（antiutopian drive）"④。大众趣味在后现代思潮背景下，被认为是一种针对精英主义自律性艺术精神的解构力量，秉持着从内部生成的反乌托邦特质。在大众趣味的批判者看来，反乌托邦特质导致两种文化倾向，一种是反式乌托邦构想，就如某位英国文化研究学者所言："将最好的或者最坏的设想投射到未来，形成了乌托邦和反式乌托邦构想……确定的未来从现在趋势推断而来，可能既

---

① ［英］阿兰·斯威伍德：《大众文化的神话》，冯建三译，生活·读书·新知三联书店2003年版，第24页。

② Richard Hoggart, *The Use of Literacy: Aspects of working-class life with special references to publications and entertainments*, London: Chatto and Windus, 1957, p. 277.

③ ［德］霍克海默：《霍克海默集》，渠东、付德根等译，上海远东出版社2004年版，第214页。

④ Matel Calinescu, *Five Faces of Modernity: Modernism, Avant-Garde, Decadence, Kitsch, Postmodernism*, Duke University Press, 1987, p. 66.

预示反乌托邦，又预示乌托邦。"① 托马斯·莫尔主义旨在提出一个充满希望的未来，而反式乌托邦设想虽然结局不同，却循着同一的思路，即用一种预设的未来体现对现实的批判和改造的愿望。知识精英提出反式乌托邦危言，目的就是将大众趣味作为一种堕落文化形成的动因，并预见大众文化和趣味占据主导地位后的灾难性后果。另一种文化倾向是认为大众文化和趣味的权力化将导致乌托邦精神的消失。阿多诺用一种否定的辩证法来解释艺术与乌托邦精神的联结，他说："艺术使得自身成为一种乌托邦的因素，恰恰是对乌托邦的存在进行否定以及拒绝服从的态度。"② 也就是说，艺术正是通过一种反乌托邦的批判使其成为乌托邦精神的象征，这也是艺术所应具有的使命，如果这种批判消失了，那么附着在艺术之上的乌托邦精神也就死亡了。法兰克福学派学者霍克海默也针对艺术批判性精神的消失提出自己的担忧："人类已丧失了认识不同于他所生存的那个世界的另一个世界的能力。那另一个世界就是艺术的世界。"③ 在他看来，脱离了艺术世界，乌托邦精神就逐渐走向死亡，这类似于一种末世危言，意在用危机预言的方式提出对大众趣味的批判。美国学者拉塞尔·雅各比从知识分子本身的定位出发，认为知识分子应具有建构未来世界的想象力和洞察力，"如果没有知识分子，或者知识分子的角色发生了转变，乌托邦就会逐渐消失"④。他认为知识精英如果缺乏对未来的使命感，变得越来越趋时趋众，就会从乌托邦走向鼠目寸光的境地。

文化偏移论和反乌托邦危言是立足精英主义立场对大众文化和趣味

---

① ［英］阿雷恩·鲍尔德温等：《文化研究导论》，陶东风等译，高等教育出版社 2004 年版，第 220 页。

② Theodor W. Adorno, *Aesthetic Theory*, translated by Robert Hullot-Kentor, Minneapolis: University of Minnesota Press, 1996, p. 32.

③ ［德］霍克海默：《霍克海默集》，渠东、付德根等译，上海远东出版社 2004 年版，第 216 页。

④ ［美］拉塞尔·雅各比：《乌托邦之死：冷漠时代的政治与文化》，姚建彬译，新星出版社 2007 年版，第 158 页。

第七章 重塑趣味社会结构与价值标准

提出的批判,这种建基于现代性基础上的精英主义在后现代思潮下遭遇了合法性危机。后现代的解构思潮使得原先对大众趣味的单纯偏见被逐渐扭转,甚至形成了另一种极端,即文化民粹主义倾向,将精英趣味与大众趣味的界限抹平,取消精英趣味的价值主导权,从而实现对精英文化的放逐目的。这虽然是对文化精英理论的反拨,但又陷入了另一层阐释的误区,无视趣味之间的弹性互补与协调关系,同样是一种对立性的思维。

二 大众概念的误读与两种观点的错位

针对大众趣味的研究和反思,首先要认识到,大众趣味概念是多义的,这来源于"大众"概念的模糊性。"大众"一直以来是颇具革命性而又歧义百出的复数指称,作为一种文化身份的暗示,脱离不了政治性的背景,因此并不是人们想象中的单纯概念。

从资本主义启蒙时期开始,"大众"作为一个群体指称其内涵和外延就处于游移不定的状态中,"公民""公众""群众""民众"等,都与"大众"概念存在着某种交集和游离关系,其实反映的是不同层面的权力意识和各阶层之间的权力关系。17世纪法国思想家圣·艾沃蒙(Saint-Evremond)曾提出"群众趣味"(people of taste)的概念,从维护贵族趣味的立场出发,他认为追求"群众趣味"是"完全专横的行为"①。20世纪美国社会学家米尔斯(C. Wright Mills)则在社会权力层面上区分了"大众"和"公众",认为两者在权力属性上存在差别:"大众社会(mass society)的概念暗示着一种权力精英观念,而公众(public)则意味着一种没有任何权力精英意识的自由的社会传统,或者至少是祛除了精英至高无上的重要性。"② 他认为与"公众"相比,

---

① Michael Moriarty, *Taste and Ideology in Seventeenth-century France*, Cambridge University Press, 1988, p. 107.

② C. Wright Mills, *The Power Elite*, Oxford University Press, 1956, p. 323.

"大众"更多地暗含着一种权力意识。德国哲学家雅斯贝斯似乎将"大众""群众""公众"作为同义语来看,是指"由于共同接受某些观点而在精神上彼此相连的一群人。不过,这样的一群人界限模糊,分层不清,尽管往往是典型的历史产物"。正因如此,他将其看作无常易变的幻象,然而这些特性"却仍然能够在短时间内赋予大众以举足轻重的力量"[①]。

一方面,社会文化阶层的划分随着经济和政治地位的流变而不断迁移,这是大众概念模糊的客观原因;另一方面,这种游离的过程也暗含着社会各阶层政治、经济、文化权力的种种博弈,他们出于各种主观动机界定着"大众"的概念,或限定,或放大,其目的都是为满足文化话语权争夺的需要,这样就形成了对于"大众"这个概念的种种误读和误用,由此导致的可预见的后果则是关于大众趣味的观点在各阶层之间的错位。比如,所谓的"小资趣味"是一种准精英化趣味,标榜"小资趣味"的中产阶级人群往往都刻意地与大众拉开距离,然而实际上这部分人群在文化研究者眼中是属于大众范围之内的。另外,许多公共知识分子和媒体人掌握着话语权,却将自己打扮成草根大众,当代许多艺术家也利用"大众"概念来完成一种政治波普暗示,这些都造成了"大众"概念的混乱和模糊。从这个意义上说,大众趣味权力化的批判如果缺乏对对象历史的、现实的分析,就可能会出现张冠李戴、以偏概全的现象。

批判立场的差异和对大众概念的不同理解使得学界对大众趣味的认识产生两种不同的倾向,一种是将大众文化和趣味作为批判的对象,另一种是对大众趣味采取一种包容甚至迎合的态度,这两种倾向的极端形态就是上一节所提到的文化精英主义和民粹主义。英国学者吉姆·麦克盖根描述了文化精英主义和民粹主义在当代文化图景中的命运:"纯粹

[①] [德] 卡尔·雅斯贝斯:《时代的精神状况》,王德峰译,上海世纪出版集团 2005 年版,第 7 页。

第七章 重塑趣味社会结构与价值标准

的文化精英主义不再能站得住脚。文化民粹主义给了它致命一击：开启值得研究的'文本'之范围（从大型歌剧到肥皂剧，从抒情诗到迪斯科舞），表明对通俗趣味的谦卑，置积极的观众于图景的中心。这些无一是非政治的。"① 文化精英主义和民粹主义都是特定文化权力关系背景下的产物，两者的碰撞形成了两种观点之间的错位。然而这种错位却非意味着大众趣味掌握了有效的对抗力量，文化精英主义与民粹主义其实是一个根基上的两个树杈，民粹主义对于大众文化和趣味来说并不是主动发声，而是被动建构，其理论主体仍然是知识精英，它只是一种代言体。

三 不在场的尴尬与强势的假象

如果借用霍加特的话来说："工人阶级"在历史上一直"被表征"，从来没有"自我表征"，同样地也存在这种现象："大众"是被"知识分子"定义的"大众"，对"大众"的阅读通常是由知识分子完成的。大众"在精英们的理论解释中，获得了权力身份，成为一个新的权力自我"②。

就目前来说，大众趣味是在精英阶层的理论话语矩阵中被形构的，必然会纳入知识精英的话语体系里，某种程度上是精英阶层审美自反性的结果，也就是说，大众趣味往往成为知识精英对自身趣味自我消解和重构的一种参照。不论是文化精英主义还是民粹主义，大众趣味在社会文化中的定位都是被建构的，大众作为大众趣味的主体在其中呈现的是缺席和失语的状态，因此，大众趣味是在精英的理论阐释中被赋予了权力身份，大众则处于不在场的尴尬境地中。可以说，学界在这种文化语境下对于大众趣味的争论，不论是批判还是辩护，往往都只是代言体而

---

① [英]吉姆·麦克盖根：《文化民粹主义》，桂万先译，南京大学出版社2001年版，第91页。
② 高楠：《文学经典的危言与大众趣味权力化》，《文学评论》2005年第6期。

不是自我批判和自我辩护。所谓大众趣味的权力化，或许更多的是知识精英的一种话语策略，并没有充分容纳社会大众真实的意志和声音，缺乏对当下社会文化足够的实证精神和阐释价值。

另外，在历史上，精英阶层通过知识传承和理论构造形成一套趣味体系，并通过官方体制和学院派的师承关系以及文化沙龙、媒介传播等方式，形成可供模仿和认同的趣味标准。与之相反，"大众"因其界限不明而缺乏组织性和目的性，因此在当下，大众趣味总体上是现时性的，缺乏自觉的历史传承性；同时又是多维散乱的，处于杂语化的零乱状态，缺乏一种有效的合力，难以形成统一的指向；另外，大众趣味还是游移不定的，像处处牵绊的游丝，很难形成一种凝聚态。鲍曼从消费活动的特性来分析其原因，他说："消费活动是所有协调与整合的天敌……即便是聚集在一起行动，消费者依然是孤独的。"① 这就是说，大众作为消费主体，虽然具有消费的个体选择权，却并不具有整合的力量和趣味的统一性。因此，尽管在消费时代，大众占据了文化消费的主体，大众趣味却难以在社会文化中占据真正的主导地位以及形成示范力量，就如学者沈湘平所分析的那样："大众趣味的权力化总的来说是一种微观权力的宣示，并不能构成一种真正实质意义上的对社会的解构作用。"②

大众趣味的外延太广，很容易找到所谓低级趣味的文化样本，比如情色电影、地摊文学、Q版语文以及"杜甫很忙"之类对经典的恶搞与解构，这些都成为了知识精英对大众趣味排斥与不信任的理由。大众趣味在被作为一个整体来做价值评判的时候，其原本健康的、有利于社会文化发展导向的部分很容易被遮蔽掉，随之形成一种暴力性的、纯粹印象式的批判。

---

① [英]齐格蒙特·鲍曼：《工作、消费、新穷人》，仇子明、李兰译，吉林出版集团2010年版，第74页。
② 沈湘平：《大众趣味的权力化及其后果》，《求是学刊》2007年第2期。

第七章 重塑趣味社会结构与价值标准

大众趣味在社会文化实践中或许能形成某种舆论,但是这种舆论"幻影般地难以捉摸、易于消逝"①,它不能单独决定文化风向,更不意味着就可以随时沉淀为主流的趣味。事实上,一方面,当下大众的声音还处于海量却无序的状态,大众趣味还远未实现一种权力的掌控;另一方面,依附在学术和文化体制上的知识精英仍然形构着我们这个时代趣味的基本面貌,从这方面说,大众趣味自身还没有做好主导话语权的准备,所谓的大众趣味的强势化和权力化或许也只是个假象,并未呈现为事实。

四 语境还原与立场纠偏

从休谟的趣味标准论述到康德趣味判断的悖论辨析,再到布尔迪厄文化资本语境中的趣味批判,西方对趣味理论的研究循着一种美学与社会批判结合的道路,而大众文化和大众趣味在西方的理论阐释和价值认知更是与美学和社会理论的发展密不可分,是一定的美学思潮和社会语境下的产物。

大众文化和大众趣味在前现代和现代,基本处于被污名化的命运。就如英国学者马克·J.史密斯所说:"文化领域中最频繁地被贬损为粗鄙、低级和琐碎的莫过于'大众文化'。"② 与精英趣味的所谓"高雅"一样,大众趣味的"低俗"似乎在前现代时期就已成定论,被贴上标签,形成对立的二元结构。而消费时代所产生的大众文化消费的膨胀和大众趣味话语权重的增加,又引发了对大众趣味无原则的迎合现象,对大众趣味本身存在的问题选择性地盲视,从而完全放弃了批判性的态度。相应地,针对大众趣味在文化消费时代的影响力问题,其认识存在两种错误的倾向,要么是对大众文化日益膨胀的过程和大众趣味日益增

---

① [德]卡尔·雅斯贝斯:《时代的精神状况》,王德峰译,上海世纪出版集团2005年版,第8页。
② [英]马克·J.史密斯:《文化——再造社会科学》,张美川译,吉林人民出版社2005年版,第17页。

长的影响力视而不见，要么是对大众趣味的权力化过程进行无限夸大，出现的新的现象是在趣味层级结构的建构和价值评判中，大众趣味被对象化为一种想象中的霸权力量。其实这都是因忽略历史与现实语境而导致的某种立场偏误。

西方18世纪以来的现代性在政治经济上体现为民主政治和自由市场，而在文化艺术上则标榜艺术的自由自律精神。然而，审美现代性强化的是一种审美和艺术的分化，现代主义艺术强调艺术自律，通过对高雅趣味和审美价值的强调，对大众文化保持一种批判姿态和拒斥态度。从历史语境来说，这种有意识的分化是试图摆脱资产阶级对审美文化和艺术生产控制的一种策略，体现了具有独立意识的知识分子和艺术家争夺话语自我支配权的一种努力。然而，这种分化的策略和自我隔绝的过程也使得文化精英阶层在与资本家划界的同时，也与大众的审美趣味产生了深深的隔阂。周宪教授分析认为，这种分化"在纯化和提升艺术趣味的同时，也限制了公众对现代主义艺术的广泛参与和支持，给他们带来诸多的接受障碍"。这样，就使得艺术文化成为"导致社会阶层分化的新的'催化剂'"[①]。精英阶层在趣味上的自我隔绝使得艺术文化产生了深深的危机，最终不可避免地遭遇后现代主义的批判与解构。

后现代理论认为随着话语权的扩散和趣味结构的碎片化，原先的权力中心被解构和旁移，趣味中心主义也逐渐趋于瓦解，"多边势力的交错互动和重组制造了各种意想不到的局面"[②]。在消费社会中，传统的典雅艺术和精英趣味的"光晕"消失，机械复制时代使得精英阶层对文化资源的绝对垄断不复存在。在这种情况下，在与精英趣味的博弈和角力过程中，大众文化和大众趣味在消费时代渐次取得了前所未有的话语权，颠覆了以前被压制和被引导的格局，就如鲍曼所说："消费者有

---

① 周宪：《审美现代性批判》，商务印书馆2005年版，第314—315页。
② 南帆：《文学经典、审美与文化权力博弈》，《学术月刊》2012年第1期。

第七章　重塑趣味社会结构与价值标准

充足的理由感觉自己在掌控。他们是法官、评论家和选择者。"① 这些变化就是所谓的大众趣味的权力化过程，"一度边缘化的大众趣味正自发或自觉地权力化，逐渐占据了社会文化的中心舞台"②，这深刻地影响了时代文化艺术生活的面貌。同时，这种审美权力结构的颠覆也让一些学者产生了另一重顾虑，周宪指出："随着这种正统趣味的权威削弱和多种选择的可能性的实现，再加上流行时尚和趣味的广泛蔓延，就可能在正统趣味之外树立另一种形态的'霸权'。"③ 这种担心其实延续了趣味控制论的思路，认为在原有的趣味层级结构被颠覆以后，权力中心产生位移而不是被打破，形成了另一种形态的支配结构。

其实大众趣味崛起并不是个新鲜话题，正如前文所说，在西方，从法兰克福学派到文化研究学派，针对大众趣味和精英趣味的地位问题就有各种论争，突出的就是精英主义和民粹主义之争，从阿多诺对文化工业的批判到葛兰西的"文化霸权"理论，从马修·阿诺德的文化精英主义、利维斯主义到伯明翰学派的文化研究理论等，都在某种程度上回应着这个话题。当下对于审美文化所呈现的权力博弈和趣味颠覆，学者态度不一，难成定论，而当下学界针对大众趣味权力化的批判似乎也存在诸多问题。如果说，一部分学者坚守着精英主义的底线，对大众趣味日益增加的影响力视而不见的话，另一种极端则是对这一过程的过度阐释，将大众趣味在整个社会审美文化的影响视为决定性的力量，这都是不符合事实的。实际上，一方面，当下大众文化虽然发展迅猛，但缺少充分的整合，整体上处于无序的状态，并未实现真正意义上对文化权力的掌控；另一方面的事实是，依附在学术和文化体制上的知识精英虽然受到前所未有的质疑，精英趣味却仍然在某种程度上左右着我们这个时

---

① ［英］齐格蒙特·鲍曼：《工作、消费、新穷人》，仇子明、李兰译，吉林出版集团2010年版，第68页。
② 沈湘平：《大众趣味的权力化及其后果》，《求是学刊》2007年第2期。
③ 周宪：《中国当代审美文化研究》，北京大学出版社1997年版，第221页。

代的趣味风向。这种权力的博弈还在持续，并在时代语境中正产生着新的力量平衡关系，同时也产生了许多新的困惑和危机。如何在社会审美文化领域消弭这种趣味的鸿沟，消减权力的干预，不仅需要体现知识精英和艺术家的智慧、责任意识和包容精神，更需要大众对于审美权力把握的自觉和审美趣味方面的自立。

将大众趣味的影响力无限夸大，其实掩盖了精英文化自身的矛盾和缺陷。长期以来，精英趣味的自我封闭和自我隔绝的现象，造成了相关的文化艺术理论和实践不接地气，成为局限在小圈子内小众化的自娱自乐。还有一种所谓自律性艺术的原教旨主义，比艺术精英主义的观念更为封闭保守，拒绝任何大众趣味和大众文化的掺入与互动。在这种情况下，审美现代性所追求的艺术介入社会的诉求只是一种空想，其批判力量也就苍白乏力。从这个意义上说，精英阶层趣味的自我封闭性往往并非只是由于大众趣味的压迫而导致的，因此仅仅将精英文化的危机追因于外部的解构力量是无助于问题解决的。许多知识精英因其立场偏误产生了双重困惑：一方面是对精英趣味的内部危机反思不够，另一方面却对新的力量失衡产生了过度焦虑。反思不够，批判也就不够真诚；过度焦虑，就会影响到正常的判断能力。

其实就目前而言，大众趣味权力化命题更多的是一种具修辞意味的悬空话语，身后跟着一连串的悖论和后现代的解构欲望，而缺少透入社会文化深处的洞见价值。要说大众趣味正走向权力化，或许只是陈述了部分事实，离真正形成话语的主导力量，还有一段远未完成的路途要走。大众趣味要越度现有的权力场域，一方面需要大众文化和趣味在量的积累基础上做好价值沉淀的工作，另一方面需要相关研究者在事实陈述和理论建构中还原历史与现实的语境，撤除预设的立场与偏见。唯其如此，才能够在不断变化的社会文化语境中形成一种健康而平衡的趣味生态系统。

第七章　重塑趣味社会结构与价值标准

第二节　走向大众，而不是趋向大众

正如上一节所说，就当前社会文化环境及其发展的趋势而言，由于历史的原因和自身缺陷，大众文化与大众趣味虽然尚未真正形成权力的主导地位，然而这种判断并非否定大众在社会审美文化中日益增强的力量。面对文化发展新的趋势，需要结合过去的历史来理解当下和未来的现象。考察知识与文化精英面向大众文化趣味的态度变迁史，是我们了解社会审美文化的一个关键环节，从中观察每个阶层在各历史阶段的真正处境，看清趣味价值观不断变迁的真正动因。

一　隔绝大众与趋向大众的两种极端

在艺术史中，艺术家与大众的关系一直是一个绕不开的话题，艺术家是选择与大众隔绝，还是主动趋向大众的趣味，这关联到艺术创作的形式和主题，从大的方面来说，甚至直接影响着不同时期、不同文化背景下艺术的面貌。法国哲学家和汉学家弗朗索瓦·朱利安比较中国和西方艺术鉴赏的区别，认为中国的艺术鉴赏方式更隔绝大众，他说："如果在我们所说的艺术领域中，中国所特有的欣赏模式有所不同的话，我认为首先是在于这一点上：并非因为其品位更贵族或精英化……而是因为其并非处于大众或大众空间的构成中。"在朱利安看来，中国文人艺术家更强调鉴赏的私密性，而不是将鉴赏判断诉诸公共领域，所谓"知音"，讲究艺术家与鉴赏者之间的交流，彼此之间达到默契与共鸣，强调对艺术所传达妙味的会通和体悟，在这种情况下，唯一需要考虑的是"个人的接收性"，而非"戏剧性地召唤一个来自公众的认同"①。朱利安的这番评析未必没有道理，但他只是看到了中国处于文人士大夫

---

① ［法］朱利安：《美，这奇特的理念》，高枫枫译，北京大学出版社 2016 年版，第 109—111 页。

阶层的艺术家对于"雅"的执着,而这种执着在魏晋南北朝时期达于极致,朱利安分析论证所采用的例证出自《世说新语》和《文心雕龙》,正是来源于那个品评文化高蹈于世的典型时期,而中国艺术的鉴赏模式绝不仅仅限于此,从《诗经》的"风",到柳永"有井水处皆歌柳词",到宋元戏剧,这些创作都是直接面对普通民众的,中国艺术历来有雅俗之分,即便是许多雅文化的传统,原本也是源自百姓日常生活,经过历史的附魅、文人的润色,这些源自民间的艺术逐渐被雅化,如《诗经》的雅化、词的雅化,都是对俗文化的萃取与提炼,不过这种艺术的精致化与雅化的过程,也是逐渐抛离民众、隔绝民众的过程,不过这在精英阶层那里,虽然是主动隔绝,但在解释过程中却将重点放在民众的趣味水平和欣赏能力上,认为是民众趣味的低下导致无法欣赏所谓高雅艺术。

除了艺术这种最典型的情境,整个社会文化的发展也受到精英与大众话语权博弈的影响。面对现代汹涌而来的大众文化洪流,知识精英中一直存在如何评价以及何以自处的问题,对于大众文化趣味,是努力隔绝还是有意趋向,理论界对这两种极端倾向有不同的观点,其实问题集中在两个方面,一是大众在社会审美文化中的地位和作用究竟如何?另一个问题是知识精英如何应对大众趣味影响力不断增强的现实,前者牵涉到对审美文化整体的判断,后者则是面对另一阶层文化趣味的态度,这两者是紧密关联的,大众趣味对社会审美文化的掌控程度,很大程度上会左右知识精英的态度,影响文化趣味理论的建构。

大众文化和大众趣味话语权的演变跟随社会审美文化变迁的步伐,不同时期的理论家从文化状况出发,做出了相应的理解阐释,同时表明对大众趣味的态度。20世纪初英国美学家克莱夫·贝尔分析了资本主义文化发展的历程,揭示出大众尤其是底层大众在文化趣味上接受规训的过程,"谁拥有一部百科全书,谁就是有教养的人;这一标准逐渐在箍桶匠和手工业者中间也被接受了下来。'民众'被导向文化,而不是

第七章　重塑趣味社会结构与价值标准

文化自身俯就大众"①。法兰克福学派代表人物阿多诺关注大众文化的发展状况,分析了大众文化的种种特征及其在社会审美文化中的影响,认为商品社会发展以及大众传媒兴起,使得大众文化不断膨胀,这意味着传统精英文化逐步走向崩溃。阿多诺认为大众文化自身生产出一种"虚假的需要",从而隐藏了资产阶级在文化上的"权力话语",使人们安于虚假的舒适体验而消解了批判意识与能力,这是阿多诺批判大众文化的重要原因。法兰克福学派对大众文化的批判主要着眼于特定社会结构的病态造成文化病态的现象,对资产阶级利用大众文化来麻痹和控制民众抱有一种高度警惕的态度,将大众文化看成受资产阶级控制的、文化工业流水线上的庸俗产品,从而压制了人们心中原本存有的否定性、批判性和超越性向度,使人成为丧失了创造意识和自由思想的单面人。法兰克福学派对大众文化的这种认知态度代表了当时左派知识分子普遍的观点。后来的美国学者利奥·洛文塔尔坚持用法兰克福学派的批判理论应用于文学文化现象的研究,他对大众趣味的认识方式是跳出狭义的心理学范畴,将其放在社会权力和利益的关系维度下进行考察的,他说:"不能把'大众的趣味'作为一个基本范畴,而是要坚持查明,这种趣味作为技术、政治和经济条件以及生产领域主宰利益的特定结果,是如何灌输给消费者的。"② 正如上一章论述的,以今天的观点来看,法兰克福学派在分析、批判大众文化和趣味时存在自身的缺陷,但对文化工业下大众文化趣味的一系列批判观点,还是可资借鉴的重要理论资源,可以部分地借用来分析当下文化趣味的种种现象和问题。

在文化消费时代,整体的文化环境已经发生巨大的变化,大众文化产品日益膨胀的体量已成为社会文化难以忽视的组成部分,批评实践与理论研究如果执着于和大众文化趣味划定界限,就必然会将批评家、理

---

① [英]克莱夫·贝尔:《艺术》,薛华译,江苏教育出版社2005年版,第192页。
② [美]利奥·洛文塔尔:《文学、通俗文化和社会》,甘锋译,中国人民大学出版社2012年版,第31页。

论家群体隔绝在整个社会文化之外,成为精英主义文化的孤岛。就现代主义文学艺术而言,基本上是刻意与大众趣味保持距离的,尤其是先锋派艺术,向隔绝大众的僻静小道一路走下去,这是其坚守艺术理想的现实表现,从反面来看,隔绝大众其实就是隔绝了自己,现代主义的所谓艺术实验离大众越来越远,将自身封闭在艺术自律和自适的极小圈层内,发展到最后,就变成如马歇尔·伯曼所说的"完美构造的、完美密封的坟墓",丧失了面向社会生活的活力,逐渐遭遇难以为继的困境,艺术实践和理论开始解构自身,进入后现代时期。后现代主义理论家已经明确地认识到,在现代性审美体系逐步解体的情形下,审美趣味已经与社会文化整体观念一起变得泛化、零散化,要隔离大众文化,重回审美规约化、集权化的时代,已经不再可能。让·波德里亚认为大众对于审美的控制,"存在着某种不可驯化、不可化约的东西",大众,或曰公众,他们对审美体系与教化体系进行了某种抵制。在波德里亚看来,大众是一直在生长着的概念,我们每个人都将被整合进去,"你无法隔离他们,我们都身处其中"。[①]

实际上,在后现代消费社会中,不管是所谓高雅文化还是通俗文化,不管是精英文化还是大众文化,往往都被打上消费品的标记,文化精英所追求的高雅趣味经过精心的商业包装,成为刺激消费的一种噱头。英国文化学者伊丽莎白·威尔逊曾列举这样的事实:"大众文化是一种全身心的体验,世界每天都沉浸在大众文化的审美态度中。然而这种景象、声音和感觉实际上不仅仅是'通俗'就好……这种文化大爆炸也包括被人们指责为'精英主义'的高雅文化。"[②] 流行文化也将传统的所谓"高雅文化"裹挟其中,人们谓之"高雅趣味"的文化艺术品也被商业文化包装成消费品。对于审美追求不断提升的大众来说,一

[①] [法] 让·波德里亚:《艺术的共谋》,张新木等译,南京大学出版社 2015 年版,第 85 页。

[②] [英] 伊丽莎白·威尔逊:《波西米亚——迷人的放逐》,杜冬冬、施依秀等译,译林出版社 2009 年版,第 274—275 页。

第七章　重塑趣味社会结构与价值标准

直以来不同程度地存在趋附高雅文化的倾向，然而在文化消费化语境下，原先那种尊崇式的趋附心理逐步被心安理得的消费意识所取代，在这一过程中，已经很难分清究竟是高雅文化在趋向大众，还是大众向高雅文化靠拢。

此外，大众媒介与大众趣味之间的关系也是后现代消费社会不可忽视的一个命题，媒介的力量在文化话语权的博弈中也起到了推波助澜的作用。现代传媒带有大众文化的基因，并深处各种话语漩涡中，而且"人们并没有将媒体看做传送信息和思想的中性的工具"[1]，在传递信息过程中体现了自身的生存策略和话语立场。美国学者米尔斯分析了媒介生产与大众需求之间所包含的趣味影响关系，一般而言，大众消费者的趣味很难左右大众媒体提供给他们的消费产品，而是被训练接受媒体提供的东西。然而这也不意味着媒体对大众趣味的塑造是单向的过程，"在媒介与公众之间存在着密切的交互作用，它既在灌输需要，同时又在满足这些需要"[2]。媒介要想尽可能地获得受众，从短期来看，在内容和形式两方面迎合大众趣味的现象非常明显，然而媒体时代的大众趣味实际上又与媒介文化密切相关，按照麦克卢汉"媒介即讯息"的著名提法进行延伸，媒介的信息编码方式和文化传递方式本身创造了一种不同于传统的以阶级区分的文化圈层，从这个意义上理解，大众媒介既迎合大众趣味，又创造大众趣味。

在后现代语境下，不少学者主张弥合社会阶层在文化方面的裂缝，打破趣味在精英与大众之间的分界线，美国社会学家哈罗德·威林斯基（Harold L. Wilensky）分析了现代社会在文化方面整合与划分的新情况："即使社会分化并没有消除，现代社会的文化也在趋向于标准化，这种标准化是信念、价值和审美趣味的普遍共享，它横向地切割了社会

---

[1] [美] 戴安娜·克兰：《文化生产：媒体与都市艺术》，赵国新译，译林出版社2001年版，第4页。

[2] [美] C. 莱特·米尔斯：《白领：美国的中产阶级》，周晓虹译，南京大学出版社2016年版，第326页。

群体和类别。"他将审美趣味跨越社会群体的设想与文化消费环节的同质化现象联系起来，突破传统的文化阶层划分标准，在文化趣味方面显示了更为复杂的权力场域，他的判断是："总体来说，不同的数据表明：作为不同生活品味（尤其是审美趣味和文化意识形态）的预示者，性别、年龄和社会经济地位对社会群体的区分作用远远弱于宗教、受教育类型以及所从事的职业所起的作用。"[1] 此外，在他看来，现代传媒的作用也不可忽视，在传媒面前，来自不同阶级的观众正被迅速同化为一种称为"大众"的文化群体。同样地，美国哲学家诺埃尔·卡罗尔（Noël Carroll）并不认同高级艺术和趣味体现着社会阶级之间的支配关系，他说："针对大众艺术的趣味，以及对高级艺术的背离，似乎打破了阶级的分界线，至少在现代的美国社会是这样的。"[2] 如果像他所说，既然大众艺术的趣味和高级艺术的趣味不再存在阶级的界限，那就意味着在不同社会人群中艺术鉴赏的标准趋于同质化，而原先坚守艺术独立品格与艺术家权威的群体要么被时代潮流所抛弃，要么在这种同质化过程中主动寻求与大众的联合，在趣味理念方面做出改变，撤除原先一直存在的心理栅栏。

文化艺术精英面向大众的这种联合体现为两种不同的方式，一种是趋向大众，完全放弃自身的趣味理念，依附于大众趣味之下，失去了原先所具有的美学张力，也失去了精神对话与文化反思的空间；另一种则是走向大众，保留自己的趣味作为依据和参照，以更加平和的心态主动深入了解大众趣味，以更加开放的姿态不断修正自身的审美趣味，从容地思考如何重建一种和谐的融汇关系。

二 理解大众与走向大众

艺术家趣味的建构与传达，根据艺术家生存环境而发生变化，这在

---

[1] Harold L. Wilensky, "Mass Society and Mass Culture: Interdependence or Independence?", American Sociological Review, Vol. 29, No. 2, Apr., 1964, pp. 173-197.

[2] Noël Carroll, A Philosophy of Mass Art, Oxford: Clarendon Press, 1998, p. 180.

第七章　重塑趣味社会结构与价值标准

前文已有描述，大致的变化线索是：早期艺术家在民间求生存，自然容易理解和趋近民众的趣味；到封建时期，艺术家的艺术创作受国王、贵族和教士阶层赞助，必然会趋向上层阶级；现代性进程中，艺术家开始独立谋求生存，寻求艺术趣味的自律和自适，而到了后现代社会，去中心化消解了艺术家趣味的光晕，文化消费化又彻底打破了艺术家对艺术趣味的垄断，大众的话语权开始扩张。

一方面，消费社会给文化带来的最大变革就是文化的全民参与，与此相应，审美趣味所隐含的隐性权力博弈对社会整体发展带来的影响就被逐渐放大，尤其是在相对稳定的社会形态中，依托暴力政治革命和国家间军事冲突解决文化意识形态争端的可能性越来越小，这种情形下，文化等级秩序带来的矛盾冲突以政治的形式来引发以及解决的可能性也在降低；另一方面，占据着文化消费最主要人群的大众逐渐掌握了更多的主动，利用把握消费选择权的方式来实现权力进阶，进而获取参与建构社会趣味的权力。

对于大众文化和大众趣味，文化精英一般存有两种截然不同的态度：一种是敬而远之，一种是诣而媚之，这两种态度对应着上文所提到的应对大众文化趣味的两种方式：隔绝大众或者趋向大众，然而这对于文化和知识精英来说，都不是应有的姿态。首先，不同审美趣味之间并非只是零和博弈，能够形成和谐的关系模式或许仅仅是乌托邦幻想，但事实上，现代社会文化趣味越来越多元化的现实使我们不得不思考如何在不同趣味间形成相对宽容的氛围，并寻求可以敞开沟通的开放状态以及各方能够对话的平衡状态。此外，在当前社会，人们将争夺审美趣味话语权作为一种低烈度却又具有持续韧性的斗争形式，相对于历史上精神方面的话语权斗争动辄牵扯到肉身的政治，这或许可以视为一种社会的进步，然而需要注意的是，防止这种论争变为寄意于一时快感的庸俗化和口水化的无端战场，从而丧失了对审美趣味真正价值上的思索以及人文精神的关怀。

审美趣味与文化权力

另外，还应关注一种客观存在的趋势，那就是原先在商业文化中被严格界定的精英和大众某种程度上已形成互渗、混杂的局面，这就是说，消费文化模糊了精英与大众的分野，原先用来相互区分的价值内涵被抽空，不论是精英还是大众，都同样身处消费文化的大背景下，在很多时候变得只有消费理念却无文化理念，只有消费价值追求而缺少审美价值的追求，只有消费能力区分而无美学鉴赏能力区分，这样，所谓的精英与大众就淡化了各自的文化身份意识，变成同质化的、缺乏内在灵魂的符号化消费主体，他们的文化行为则沦为流行趣味的注解。比如，在商业社会，细分为无数不同层次的亚文化构造了社会审美文化的多棱镜，然而不论是所谓主流文化还是小众文化，不论是雅皮士趣味的追逐者还是朋克趣味的拥趸者，实际上都是被商业文化统合过的；再比如，混合了高雅与通俗的艺术实验的波西米亚风格，逐渐消解了最初所包含的先锋性和叛逆性，因适应了商业文化的感觉而变身为一种流行趣味，许多原先精英阶层所持守的趣味观念变成了商业消费的筹码和噱头，趣味的关系随之演变为商业关系，大众可以选择文化消费的内容与方式，精英往往就此也将自身趣味投入文化生产和消费环节中去，半推半就地接受消费文化的整合。在这种情形下，走向大众的动机就变得不再纯粹，文化精英一直标举的教化大众、启蒙文化的意志也逐渐蜕化。

无论是处于何种社会文化背景，"趣味无争辩"都不应成为拒绝对审美趣味进行评判的一种遁词。这样将趣味隔绝在真空状态中，个体趣味的选择不用为任何存于社会群体中的价值观念负责，就会导致审美活动完全游戏化以及社会美丑观念的混乱，这也是当下戏仿、恶搞等游戏行为大行其道的原因所在。一方面，当我们对文化权力、权威抱有一份必要的警惕心时，却并不意味着可以不辨美丑，不分是非，对他人趣味应有尊重之意，对经典作品应有敬畏之心，尤其是人文知识分子理应有人文精神，需要剥除一味排斥大众的精英主义思维定式，采取走向大众并且理解大众的态度，联系社会最广泛的人群，使文化知识精英对社会

第七章 重塑趣味社会结构与价值标准

趣味的建构与阐释形成可参与的、可交流的、开放的动态结构;另一方面,也要避免趋时附势,毫无原则地趋向大众,不加分辨地追捧新鲜、时髦的潮流话语,如果是那样,不仅对于知识分子自身趣味的认知、认同以及在社会审美文化中的定位产生模糊,而且对于大众文化发展也是莫大的损害。比如文化精英评判大众文化时所提到的"草根"趣味,无论批评话语中"草根"所代表的文化身份如何,都是通过心理移位来代言底层民众,通过想象来为底层民众画像。然而不可忽视的事实是,不少批评话语已经失去了曾经的价值思索和批判精神,变成了一种解决文化恩怨的手段,造成的口水漫天飞,既不能对文化的导向产生正面的作用,也得不到社会公众真正的理解与认同。

走向大众是一种积极参与和主动融入的姿态,将自身趣味的涵养以及社会趣味生态的思考作为美学实践的起点而非终点,从这里,个人叙事变成了集体叙事乃至社会民族的叙事,一方面是立足自身趣味,观察和评判包括大众趣味在内的社会审美文化情状,参与社会趣味的构建;另一方面是面向大众趣味和大众文化,积极地进行分析评判,并从中汲取营养,修正趣味观念中的某些偏误,使趣味判断更切合审美文化实践,更符合美学的规律。

第三节 审美教育何为:一种基于审美的思考

一 审美趣味的来源:天资和教育

关于人的认知、道德、趣味等精神形态的来源,理论界长久以来开展了深入细致的分析。一个人从出生到成长,生理上不断成熟,精神心理方面也在逐渐定型,审美趣味在人的成长过程中也有一个从产生到发展演化的过程,从源头来分析审美趣味的产生过程,才能对其后来的发展演变有更好的理解,才能对文化权力的嵌入过程看得更清晰。一直以来，人们对审美趣味如何产生的认识都是从两个方面着眼，一是人的天资，一是后天的教育，在思想界，有人各执一端，也有人两者并重，体现了不同的哲学背景以及不同的认知角度，关于这方面的探讨很多，思路也比较驳杂，在此仅举几例。

英国哲学家洛克不承认审美趣味是天生的，而是认为所有趣味都来自于习俗和教育等后天社会因素的影响。休谟虽然十分重视人的天资在趣味敏感性方面的作用，同时标举少数在趣味方面表现杰出的人物作为评判的范本，然而他并非将少数人的天资进行绝对化的无限延伸，而是指出趣味敏感性并非天然生成，教育和训练在审美趣味养成过程中起着重要的作用，而且指出，杰出人物在趣味方面的良好教养也是在特定社会文化中逐渐形成的。斯宾塞则指出教育的目标是为了人性格的养成，他说："教育的一个主要目的是培养性格。遏制不受纪律约束的倾向，唤醒沉睡的情感，加强认识力和培养鉴赏力，鼓励这种感情而压抑那种感情，以便最终使儿童发展成为具有均衡与和谐天性的人。"[①] 斯宾塞所说的性格应该是比较笼统的，应该是指人的精神内质，包括审美鉴赏力。尽管他指出教育对于人精神成长的作用，但他并不赞成对儿童施加种种权威和物质性手段进行教育，而是尽可能创设环境进行感化，并允许其自主发展，这种观点似乎对审美趣味的培养更为契合。

对于 19 世纪法国画家安格尔来说，趣味追求似乎是属于天性，人天生就具有涵养良好趣味的能力，"从我们诞生之日起，就有取得这种趣味并使之完善的唯一可能，这就和我们与生俱来就具备的那种习惯于社会法则或者善于适应这种法则的天赋素质一样"[②]。但他同时认为这只是给良好趣味的养成提供了可能性，而精深的趣味是通过后天教养形成的。维特根斯坦也强调教育对培养良好的审美力的作用，他将未经教

---

① [英]赫伯特·斯宾塞：《社会静力学》，张雄武译，商务印书馆 1996 年版，第 79 页。

② [法]安格尔：《安格尔论艺术》，朱伯雄译，辽宁美术出版社 1979 年版，第 30 页。

第七章　重塑趣味社会结构与价值标准

育的审美力与经过教育的审美力进行对比："某些人的审美力与受过教育的人的审美力之关系，就如同半瞎的眼睛具有的视觉相比于正常的眼睛具有的视觉一样。"① 维特根斯坦这里所谓的审美力指的是审美感受的能力，与审美趣味所包含的审美感知力、审美敏感性相一致，他认为特定的审美教育可以让审美感受变得清晰，更能感知和体验到美的事物的全局和细节。很显然，在维特根斯坦看来，后天的教育是获得良好审美力的重要条件，未受教育的人无法自然获得这种能力，这样，教育的意义在审美力养成过程中的意义就凸显出来。

而从艺术的理论传统来说，天赋艺术才能的观念由来已久，自古希腊以来，理论界对艺术才能包括艺术感悟能力和艺术创造能力等都有归因于天赋的传统，苏格拉底就认为诗人作诗是出于"天机之灵"，苏格拉底的学生柏拉图也坚持认为诗歌的灵感是出于神灵凭附，亚里士多德则认为诗艺才能与人的天性有关，他说："由于摹仿及音调感和节奏感的产生是出于我们的天性，所以，在诗的草创时期，那些在上述方面生性特别敏锐的人，通过点滴的积累，在即兴口占的基础上促成了诗的产生。"② 在亚里士多德看来，艺术才能是上天赋予的，正是那些拥有艺术天资的人促成了艺术的产生。然而一直以来，理论家对于天才作用的关注多数集中在艺术创造领域，康德将艺术创造能力看成是自然的，是天才所具有的天生的禀赋。康德将天才在艺术创造领域的创作天赋和鉴赏领域的鉴赏力进行了区分，鉴赏力即趣味判断的能力，是靠后天不断的练习得来的，他说："鉴赏力只是一种评判的能力，而不是一种生产的能力……这些规则是能够被学习和必须被严格遵守的。"③ 因此，康德所说的天才所具有的禀赋与趣味鉴赏能力并不是一个论域的问题，对此朱光潜先生曾说："康德把创造和欣赏看成是对立的，因此把欣赏所

---

① ［英］路德维希·维特根斯坦：《文化和价值》，黄正东、唐少杰译，译林出版社 2014 年版，第 89 页。
② ［古希腊］亚里士多德：《诗学》，商务印书馆 2005 年版，第 47 页。
③ ［德］康德：《判断力批判》，邓晓芒译，人民出版社 2002 年版，第 157 页。

凭的审美趣味和创造所凭的天才也看成是对立的。"① 在康德的言辞中很明确地表明了一点，即趣味判断的能力是后天养成的，要掌握鉴赏的能力和技巧，需要接受相当程度的教育。而在鉴赏力与天才的关系上，意大利美学家克罗齐就表达了完全不同的观点，他认为鉴赏力与艺术创造的天才能力在本质上并无不同，他将判断事物为美与创造美的活动看成是统一的，"唯一的分别在情境不同，一个是审美的创造，一个是审美的再造。下判断的活动叫做'鉴赏力'，创造的活动叫做'天才'；鉴赏力与天才在大体上所以是统一的"②。按克罗齐的说法，艺术家作为艺术创造者需要拥有鉴赏力，而作为鉴赏者的批评家也需要艺术家的天才，两者在心灵上是相通的，这样才能真正理解艺术家的作品，完成对作品的品鉴。但克罗齐所说的仅仅是艺术品在创造者与鉴赏者心灵能够达到共通的理想情况，也就是说，鉴赏者在观照和判断作品时，鉴赏力需要跟上创造者的天才水平，因此需要消除"省察的缺陷""理论上的偏见"等扰乱因素，要达到这种状况和水平，就应该多去体验艺术家的天才作品。

20世纪英国艺术史家贡布里希同样强调艺术趣味培养对提升鉴赏敏锐性的作用，他说："古老的格言说，趣味问题讲不清。这样说也许不错，然而却不能抹煞趣味可以培养这个事实。"③ 在他看来，人人都可以通过培养而提升趣味鉴赏能力，而且可以很轻易地在日常生活中得以验证，苏格兰哲学家休谟曾举了一个品酒的例子，而贡布里希举了一个品茶的例子，只要人们有闲情逸致，就可以品味每种茶的细微差异。在休谟的例子中，对酒的味道的准确判断似乎是来自于人天生敏感的味觉，而贡布里希则明确表示每个人都可以通过培养获得提升的机会，趣

---

① 朱光潜:《西方美学史》，人民文学出版社1979年版，第389页。
② [意]克罗齐:《美学原理美学纲要》，朱光潜等译，人民文学出版社1983年版，第108页。
③ [英]贡布里希:《艺术的故事》，范景中译，广西美术出版社2008年版，第36页。

第七章 重塑趣味社会结构与价值标准

味培养也是如此。

由此，文化权力的合法性也在天赋和教育两方面分别有不同的体现。首先，如果说审美趣味是一种天赋，那么拥有良好审美趣味和敏锐鉴赏能力的人必然是集中于少数天才身上，这样，天才的趣味本身就成为审美趣味的范本，社会趣味的整体构建有赖于天才提供有效的样本，依此进行引导，天才因此就拥有了权威的力量。此外，如果说趣味更多的是来源于后天的教育环境，那么个体的审美趣味很大程度上取决于他所处的文化阶层，占据文化资本的阶层不仅拥有建构自身审美趣味的话语权，而且也拥有趣味教化的权力，通过审美教育向全社会灌输特定文化阶层的趣味观念。

二　审美教育与趣味权力结构再生产

美国学者保尔·摩尔曾提出这样的观点："受过教育的人就有权利宣布鉴赏的标准，因为他兼有高尚与低级趣味的体验。"[①] 在不少学者看来，教育是维持趣味权威性的一种途径，就整个社会来说，不同阶层趣味结构的成型和维持是与整个教育体系密切相关的，布尔迪厄曾花费大量时间和精力考察分析法国二战以后高等教育的发展情况，发现不同阶级在文化消费模式方面和教育的成就方面差异很大，上层阶级通过教育来维护并强化其在文化上的特权地位，教育投入成为上层阶级在社会文化中进行权力再生产的重要策略，这种再生产一方面体现阶层的固化，即占据文化资本的阶层将知识和趣味等传递给子女，依托精英化的教育体系实现精英阶层文化权力的延续。另外，这种再生产还体现为文化资本本身的增殖，由精英阶层掌握的教育体系将符合其利益的文化观念、知识形态、趣味风格等融入教育内容，向全社会滴灌，使相关的文化资本水涨船高，筑起更高的文化壁垒，以维持这种不平等的文化权力

---

① [美] 保尔·摩尔：《论批评的标准》，文美惠译，载《文学研究所学术汇刊》第一辑，知识产权出版社 2006 年版，第 37 页。

结构。如果联系审美教育与趣味培养的关系，按照布尔迪厄的思路，审美教育如果掌控在上层精英手中，他们不仅可以通过教育实现精英主体趣味话语权的延续，而且可以通过教育内容设计以及教育模式控制，按照上层精英的意愿实现趣味权力结构的再生产。

在中国，审美教育也曾被寄予涵养和改造国民审美趣味的重任。在20世纪初，审美教育就在梁启超、蔡元培等人倡导下成为近现代中国美学最初的关键性命题之一，在当时的语境下，审美教育寄托着知识界改造国民精神、促进民族复兴的强烈愿望。蔡元培当初就倡导"以美育代宗教"，将审美教育纯粹化、理想化，他说："纯粹之美育，所以陶养吾人之感情，使有高尚纯洁之习惯，而使人我之见、利己损人之思念，以渐消沮也。"[①] 他希望通过美育来彰显美的普遍性，这种普遍性似乎有个已经设定好的标准，这其实也归结为一种教化，无论在中国还是西方，审美教育都会遇到同样的诘问：这种教化究竟体现着什么样的动机？最终要塑造什么样的社会趣味价值观？这种趣味价值观又代表了哪一个阶层的利益？

总之，就审美趣味的生成过程而言，后天的教育对于趣味形成是不可或缺的，实际上，一个社会的教育体系难免会体现国家的意志，统治阶级根据自身利益和意愿建构教育体系，维系文化趣味层级秩序。要重构一种合理的趣味形态，首先要思考如何改变既有教育体系中的教育理念和教育方式，当然，这属于社会各阶层文化权力的深层博弈，已经超越审美趣味养成这样一个美学问题了。

第四节 趣味关系何以合理：一种基于正义的解读

审美趣味由个体精神走入社会公共领域，与文化权力产生关联，这其中所涉及的突出矛盾都是资源分配不公平、不合理的问题，出现的审

---

① 《蔡元培全集》第三卷，中华书局1984年版，第33页。

第七章　重塑趣味社会结构与价值标准

美危机根源与社会危机一致，都是权力滥施造成的关系紧张，最终造成阶层错位和叛离。当我们追问如何在纷繁复杂且跟随时代不断变化的文化权力场域中构建合理的趣味关系时，或许可以引入相关的社会理论，其中最契合的就是关于正义的理论，将正义理论嵌套进趣味关系的分析中，不仅可以充分借用正义理论的资源，透视审美趣味与文化权力的关系问题，而且为构建合理的关系机制提供了有益的思路。

一　社会正义与审美趣味的联结

在西方社会学理论中，"正义"是一个联系社会发展设想与社会结构分析最核心的一个概念，从古希腊开始，正义就被赋予多重意义和属性，它不仅是一种原则，更是一种美德；不仅是一种方法论，更是一种价值观，体现为社会进步的推动性力量。正义在柏拉图那里，主要是用于对人的行为方面作出规定，是他城邦政治理想的核心理念；在基督教神学领域，正义被纳入上帝的"爱"这一元伦理框架内，正如保罗·利科所分析的，圣经信仰中，爱与正义的辩证法是与"对上帝的命名"相关的，是上帝仁慈的表现，超越于人的身体和精神秩序之外，是忠实于信仰的秩序。① 而到了近现代西方思想家那里，则给正义赋予了评价社会制度的功能。

休谟在《人性论》中探讨正义是自然原生的还是人为设置的德，他说："我们对于每一种德的感觉并不都是自然的；有些德之所以引起快乐和赞许，乃是由于应付人类的环境和需要所采用的人为措施和设计。我肯定正义就属于这一种。"② 在休谟看来，正义的法则是人为设计的，当这一套法则被建立起来并且被世人所公认，对于法则的遵守就自然地产生了道德感与神圣感。休谟从人类社会发展历史来解释正义法

---

① ［法］保罗·利科：《作为一个他者的自身》，余碧平译，商务印书馆2013年版，第38页。
② ［英］休谟：《人性论》，关文运译，商务印书馆2009年版，第513页。

则作为德性存在的依据，正义法则之所以存在是因为自然资源不足以满足人类生存欲望，而社会道德有缺，需要正义来维持社会正常运转，维护社会德性和价值秩序，否则正义就会成为"一种虚设的礼仪"①。同时期的亨利·霍姆认为人们按照正义原则行事的时候，会比友爱、仁慈等美德受到更为严格的约束，似乎有一种强力以人们普遍赞同的方式强迫我们遵守正义的法则。亨利·霍姆的观点被亚当·斯密所赞同，斯密谈论了仁慈与正义两种美德的关系，一种是自觉遵守的，另一种则是强迫遵守的，他说："然而还存在着另一种德行，对它的遵守并不是按照我们自由的意志，而可能是被强迫遵守的，侵犯了它会招来愤恨，从而招致惩罚。这种德行就是正义。"② 按他的观点，所谓"正义"就是人为设计并被社会所认可的美德，同时它也是受到强制性约束的行事法则。相对而言，人的审美趣味在美学层面上是自由的，作为个体精神的选择，趣味形成似乎不存在特别明显的强制性，而更多地是依靠个体的自觉追求，由此，"趣味无争辩"的说法在审美自由的名义下获得了合理性与合法性。然而，趣味也是根据不同人群的审美需求而设计的，总是在特定的社会语境下生存演化，趣味所对应的主体是生活在社会中、参与审美文化活动的一个个人，这些主体拥有不同的社会身份与社会地位，因此趣味必然要受社会权力的袭扰，要符合同时期、同一文化语境的知识状况与情感倾向等，在这个意义上说，趣味所关联的文化权力秩序都是依照某种人为目的而生成的，趣味的原则也似乎与正义的原则形成了某种相通性。

另外，趣味在社会文化中形成某种秩序，这也与社会关系结构的生成原理是一致的。19世纪英国哲学家赫伯特·斯宾塞曾提出社会关系的"第一原理"："每个人都有做一切他愿做的事的自由，只要他不侵

---

① [英] 休谟：《道德原则研究》，曾晓平译，商务印书馆2001年版，第36页。

② Adam Smith, *The Theory of Moral Sentiments*, edited by D. D. Raphael and A. L. Macfie, Indianapolis: Liberty Fund, 1984, p. 79.

第七章　重塑趣味社会结构与价值标准

犯任何他人的同等自由。"① 这个所谓同等自由的法则被认为是实现社会最高正义的保证,在西方社会思想中影响甚深,即建立在平等权利法理基础上利己不损人的原则。斯宾塞同时指出,在满足自己本性的同时不干扰别人的幸福,这就是"消极的善行";而在本人感受愉悦的同时,参与到别人愉快的感情中,在使别人获得幸福的同时使自己感到满足,这即是所谓"积极的善行"。然而,在利己利人美好愿望下对他人幸福情感的干预,往往会在现实中滋生隐含的支配欲望,并且形成支配关系的结果。深受种种社会权力制约的审美趣味观念,在从个人精神走向群体意识的过程中,存在一种推己及人的原则。实施这一原则表面看是平和的过程,甚至给人一种道济拯溺的崇高使命感,然而从目的论角度来看,最终要实现的是以一种观念取代另一种观念,其利己性体现在支配欲的满足上,利他性则往往只是停留在施加者单方面的想象中,因此就在趣味推行与普遍化过程中产生了对他人的干涉,这种干涉往往并非依照斯宾塞所谓实现正义的"第一原理"推进,其行为动机更多的是立足于利己而不是利他。

美国政治哲学家罗尔斯提出"作为公平的正义"的观念,为达到这种正义,他提出一种纯粹假设的所谓平等的原初状态,这是相对于传统社会契约理论中平等的自然状态立论的。平等的原初状态清空了自然状态中存在的人的天赋、社会地位及其所产生的立场偏见等,消除了这些因素对正义原则的干扰,这种对人类社会和历史环境中全部知识的屏蔽,即为罗尔斯所设想的"无知之幕",给人提供了能够选择最适合的正义观念的初始状态。这样一来,"在选择原则时任何人都不应当因天赋或社会背景的关系而得益或受损看来就是合理和能够普遍接受的条件

---

① [英] 赫伯特·斯宾塞:《社会静力学》,张雄武译,商务印书馆 2005 年版,第 52 页。

了"①。他希望这样能保证所有人能合理地行使自己的权力，展开公平的竞争。罗尔斯所提出的仅仅是一种正义的法则，实际上，这种"无知之幕"只存在于哲学家的想象中，就像代表某个阶层的审美趣味在社会文化中推行，体现的恰恰是社会不同群体在社会话语中力量不平衡以及地位不平等，每个人对趣味的价值评价都不可能脱离社会地位和与此相关的知识结构等，因此要真正按正义的法则重建社会文化中审美趣味的秩序，就必须承认不同社会群体知识状况和文化背景的差异性，不然非但不能实现公平，反而会造成更大的不平等和更深的隔阂。

德国哲学家韦尔施对现代社会中的政治思维和审美思维进行了比较分析，认为在支配关系存在的地方，审美思维能够使被压制者获得为自身权利辩护的机会，"在非审美上，政治进行得更为顺利，但唯独在审美上，它才能够考虑今日提高了的正义性要求"②。然而如果将这种观念推进一步，审美思维本身同样存在支配和被支配的关系，同样处在权力的影响之下。联系审美趣味的话题，在西方趣味理论中，趣味的养成环节一直是和人的天赋（如休谟的"理想的批评家"，康德、赫尔德的"天才论"）以及所处的社会出身（如布尔迪厄的"习性"形成因素理论）息息相关的。此外，审美趣味的评价机制也是联系了人对社会和历史的相关认知，这就是说，在现实情况下，在趣味方面被压制的阶层同样具有基于审美正义的诉求，渴望更为公平合理的文化秩序。实际上，在社会现实环境中，人的存在被切割成种种不同的命运，命运又跟随阶层被分发成不同的情感形态，审美趣味则给这种命运之轮涂上了润滑剂，隐藏了冷冰冰的残酷现实，磨平了让人不舒服的棱角，使人不自觉地沉湎其中，很难认识到自身被支配的命运。这就需要我们基于正义

---

① [美]约翰·罗尔斯：《正义论》，何怀宏、何包钢、廖申白译，中国社会科学出版社 1988 年版，第 18 页。
② [德]韦尔施：《审美思维与后现代》，载刘小枫编《德语美学文选》下卷，华东师范大学出版社 2006 年版，第 416 页。

第七章 重塑趣味社会结构与价值标准

的原则进行追问：什么样的趣味才是真正能让自己身心感觉舒适的趣味？什么样的趣味才有利于心灵适度发展而不是被硬性插入的某种教化目标所左右的趣味？人对趣味的选择与喜好怎样才是真正合乎情感和自由意志的？这既是审美问题，更是社会问题，因此建构一种合理的、和谐的趣味关系，是体现社会公平正义的一个重要方面。

二 从趣味到正义：审美原则融入社会原则

在社会文化中构建不同阶层审美趣味的平等关系与和谐的沟通机制，这看起来像是一种社会理想，当人们构建正义社会的理想时，一些原则构成了评估社会是否正义的标准，涉及审美正义的理想，我们也需结合审美原则与社会原则，使审美原则纳入正义相关的社会原则中进行分析考察。

结合正义原则来看，正义最重要的原则是平等，而平等历来有不同的解释，一种是数学意义上的平等，即所有个体、所有份额都是平等的，这是基于自然人考量的平等；还有一种是伦理意义上的平等，即确保人与人之间在发展机遇和发展权益等方面的平等，这是基于社会人考量的平等。实现社会正义包括审美正义，使下层阶级和弱势群体也能感受到平等和尊重，就可以有效地改变社会各阶层彼此间的仇恨、偏见和歧视。然而，正义不仅仅是一个目标和理想，还需要真正切实可行的实现公平正义的方式，尤其是实现审美方面的正义，更是需要探讨如何将审美原则融入社会原则的可行方式。

西方正义观念在制度领域内是通过契约精神站稳脚跟的，正如保罗·利科所说："根据这种社会契约，某个由个体组成的群体就成功超越了一种被认为是源初的自然状态，达到了权利状态。"[①] 这一过程就是将正义的原则通过制度固定下来，以取代和实现关于善的道德承诺。

---

① [法]保罗·利科：《作为一个他者的自身》，余碧平译，商务印书馆2013年版，第336页。

伯纳德·威廉斯分析了现代自由主义对于正义的理解和态度："如果个人在社会中的位子要由经济和文化的外力以及个人的运气决定时，具体来说，如果这些要素要决定他或她在多大程度上处于他人的权力（有效的，如果不是公然强制性的）支配下，那么，自由主义的希望就只是，所有这些应当在制度的框架范围内发生，而这些制度确保了以上程序及其结果的正义。"① 根据威廉斯的论述，现代自由主义希望在社会角色分配和社会权力支配结构中，控制和弱化先在的经济、文化优势和运气出身等必然性因素所发挥的作用，而强调一整套制度的作用，并在这一理念的基础上建构社会正义的框架。在美学领域，趣味的标准其实可以看作是一种隐形契约，并没有形成明确条文，但需要人们广泛遵从，但这种契约意义的边界模糊，而且很难得到制度的支持，因而更具有游离性和推倒重来的可能，因为相比通过推翻制度以撕毁关于正义原则的契约，通过审美理念的反思和艺术实践的尝试来反叛趣味秩序，显然后者更为易行，操作成本更低。

美国学者玛莎·努斯鲍姆提出在公共生活中应引入文学和审美的思维判断模式，以建立一种所谓的"诗性正义"，在社会公共生活领域以"人化"代替"物化"，充分地运用"畅想"（fancy）来使关于社会事件（乃至法律事件）的裁判增加预先体验，这种体验有类似文学审美特征的情感加入，以设身处地地感受事件的具体情境，让之前纯粹遵循理性条文和机械程序进行的判定过程变得有血有肉，更贴合现实社会情境和人性的温度，这就回避或软化了程序正义等正义理论相对冷而硬的操作原则，而是在更充分地照顾人的情感、尊严等的前提下实现社会正义。努斯鲍姆提出让熟知法律等技术性知识的诗人担任裁判，直接介入社会公共生活，她说："为了达到完全的理性，裁判必须同样有能力进行畅想和同情。他们不仅仅必须培养技术能力，而且也应该培养包容人

---

① ［英］伯纳德·威廉斯：《羞耻与必然性》，吴天岳译，北京大学出版社2014年版，第141页。

第七章　重塑趣味社会结构与价值标准

性的能力。如果缺少这种能力，他们的公正就将是迟钝的，他们的正义就将是盲目的。"① 努斯鲍姆以诗人作为社会公共生活裁判的设想颇有乌托邦的意味，可以说是柏拉图《理想国》的现代演绎版本，"哲学王"掌控理想国的设想在现实生活中从来没有实现过，然而从美学角度来看，这种"诗性正义"理论或许给我们理解通过社会趣味改造以达向审美正义的逻辑路径提供某种启示，也就是说，如果我们将审美趣味也看作诗性范畴的一部分，那么即便社会趣味的形态不像努斯鲍姆所说的那样可以支配社会生活的裁判过程，起码也能够影响我们社会的生存价值和生活意义及方式，这样就建立了趣味这个美学范畴与正义这一社会范畴之间联系的桥梁。

那些乌托邦主义以及未来主义的设想将自己认为好的生活方式和社会秩序置放于一个一厢情愿的人类未来设计中，这种行为法则是以自身推定他人，但却很少不带偏见和预设的立场。如果缺乏合适的审美权力分配的前提，却盲目许下一个关于正义的诺言，那无异于一种谎言，无论这种谎言是否是善意的，对于被权力支配却无力无助的底层群体都是持久的伤害。在这里，我们并非是要给审美趣味在社会文化权力关系中介入的姿势与形态在抽象正义的角度下一个统一的、不变的判断，然而，我们可以设想一种更好的、更适应这个时代特征的社会趣味文化模型，体现社会正义的基本原则，又能够保留美学的基本精髓，促进社会审美文化的发展。如果说，艺术和日常生活中美的创造和鉴赏滋养了社会趣味的不断生长，那么让社会审美资源分配、审美活动中所体现的文化阶层状况、趣味结构中的权力关系等更符合正义的原则，就类似于给审美文化的发展设置了一道闸口，让文化权力不再肆意越界，使审美趣味在现有的社会阶层关系中尽可能匹配各阶层真实的文化需求。

基于审美正义的原则，首先需追问关于趣味价值方面的问题，许多

---

① ［美］玛莎·努斯鲍姆：《诗性正义——文学想象与公共生活》，丁晓东译，北京大学出版社 2010 年版，第 121 页。

审美趣味与文化权力

人坚持着一种观念，即良好的审美趣味能使人的生活境遇和人生境界变得更好，却很少严肃认真地思考这样一个前提：人的精神状态（包括趣味）怎样才能算是更好？如果将审美趣味放在预设的、封闭独立的纯精神性框架中加以审视，趣味按自身的审美逻辑和精神尺度变成具有内在成长性的命题，那么高低之分和好坏之别自然会根据实践积累的数量和质量找到较为直观的证据，然而社会权力关系的进入打破了这种游戏规则，同时带入了许多难以看穿的社会隐性法则，使这种看似完美的预设模型跌回到原初的不确定状态中。美国哲学家特德·科恩提出，人们可以自由选择自身所处的趣味层级，但每个趣味层级所相应获取的审美愉悦不应有高下之分，也就是说，不管你处于何种趣味层级，都有可能获得丰富的审美愉悦，而这种愉悦不应被剥夺、被嘲弄。科恩的观念其实包含了一个至为重要的审美正义话题，即精英群体是否有天然的权力去对底层人获取的与其趣味匹配的审美愉悦说三道四？在社会文化分层的客观前提下，处于每个阶层的民众是否拥有享受审美、获取愉悦不受干预的权力？社会审美文化资源的分配是否需要更多地为满足底层民众的趣味而倾斜？

正如前文所说，艺术被设置门槛，审美被设定层级，其实是社会权力延伸为文化权力，文化权力又投射到艺术与审美领域的结果，对于这一领域，精英阶层总有将其秩序化的冲动，以最大限度保持自身的文化权力。文化消费时代的到来以及大众审美趣味崛起，原先的趣味价值观念以及基于此形成的审美秩序必然被打破，理论界对这一趋势造成的审美文化生态变化多有批判，但也有一些理论家持积极建构的态度，美国美学家阿诺德·柏林特就提出远离康德的精英传统，形成一种更趋多元化、容纳更多人参与的新美学，他提出这种多元化"完全能够包容人类所有的艺术以及形形色色的文化现象中的创造性行为"[①]，这就将审

[①] [美] 阿诺德·柏林特：《美学再思考——激进的美学与艺术学论文》，肖双荣译，武汉大学出版社 2010 年版，第 22 页。

第七章　重塑趣味社会结构与价值标准

美活动和艺术行为从云端拉下来，使美学趣味由层级性的与断面式的变为情境性的与连续性的，使普通人享有融入审美活动的权力并有机会参与艺术价值的构建，柏林特专门用"审美参与"这个概念来描述这一行为过程，或许这可以为我们构建和谐的趣味生态、体现审美正义提供可行的路径。

中国当下也有美学学者从正义角度关注普通民众的审美需求问题，比如高建平指出："在经济发展的同时，要追求社会正义。我们现在提，要让老百姓过有尊严的生活。"这种有尊严的生活也包括"过一种有品位的生活"。① 高建平认为，一方面，这种品位不是财富带来的，而是生活的艺术化和审美化，按照这种观念，普通民众可以突破财富造成的鸿沟，在生活趣味上实现自己的尊严；另一方面，也提示美学本身在面对社会正义建构问题上所担负的使命，即社会各阶层在政治、经济等方面权力平等所体现的正义之外，还有一层审美的正义非常关键。不过，关于"有品位生活"的定义权以及全社会对审美趣味的理解认同如何实现，这些问题都将长期困扰美学界，不仅需要美学界对自身精英观念进行有价值的省思，更需要美学理论针对当下社会审美文化生态做出真正有意义的回应。

三　唯权力论的歧途和价值重建新思路

随着美学与文化理论的演进，面对时代、种族、性别等变量而日益复杂化的趣味命题，实际上已远远超越休谟、康德时代趣味所触及的深度和关涉的范围。在新的社会审美文化语境下，我们不能将趣味问题单纯地规定在一个受限制的领域，无论是从审美本身还是联系社会权力这一更大的背景来看待趣味问题，都仅仅是审视趣味时所偏重的角度，而不是规定的尺度或必然的定律。如果追求趣味审美的纯粹性而忽略社会

---

① 高建平：《美学的当代转型：文化、城市、艺术》，河北大学出版社2013年版，第55页。

审美趣味与文化权力

关系对其内质的影响，或者一味以社会学观念作政治的解读，而无视趣味作为审美范畴的特殊规律，都将带来最终结论的偏颇和阐释效度的弱化，即便是哲学和社会学大家布尔迪厄，在用社会学观念和方法来对审美趣味作出哲学性思考时，也给人留下了过分强调社会权力和阶层分化，而忽略其审美特性的批判口实，在稍后雅克·朗西埃的时代，布尔迪厄的趣味区隔理论就遭到了类似的抨击。

审美趣味是一个历史性的话题，不同时代赋予其不同的内容与价值，这是由不同的社会生产、生活环境与理论话语环境决定的，然而所有关于趣味的讨论与阐释毕竟是涵盖在一个概念体系下，必然有固定的、延续性的东西，除了特定的美学内核，还存在与文化权力之间基本的逻辑关系，后者相对于前者而言，似乎承担了更多的非议，因为趣味毕竟天然地具有个人化的精神视角，在强调艺术自律的时代，趣味的个人化特色得到极端的阐释，极为敏感地拒斥趣味与社会权力的任何关联。然而，一方面，艺术终究无法跳脱时代与社会，艺术自律的前提也是文化市场、政治环境等外部条件朝着宽松、自由的方向转变，允许了艺术家和批评家可以独立地面对艺术作品；另一方面，任何时期的艺术观念都是一个包含无数向度的复杂综合体，任何一种主流观念都处在与其他观念相互博弈的状态，艺术自律在艺术观念史中也从未获得垄断性的地位。无论是艺术他律的时代还是突出艺术自律的时代，外部社会环境和现实的权力结构就像一个巨大的影子，无时无刻不投射在艺术的底色上，要彻底地实现"为艺术而艺术"，几乎是不可能实现的。

由此，所有趣味所体现的稳定的现实导向性，都并非将具体的审美行为浇入一个绝对平衡的固定模具中，以一种生硬的姿态来彰显审美趣味的特性。当我们用权力关系试图解读审美趣味这一命题时，一方面不应陷于唯权力论的窠臼，自我封闭于权力关系的想象、建构与整合这一闭合环链中，陷入一种权力妄想症；另一方面，在涉及审美趣味分析时，不能盲目地用预设的权力关系模型套用在上面，这样会遮蔽美学自

第七章　重塑趣味社会结构与价值标准

身的意义和特性。

德里达、福柯、德勒兹等为代表的新尼采主义注重将权力结构的批判与价值建构联系起来，福柯将权力关系贯穿在所有社会关系的分析研究中，就像英国学者约翰·格莱德希尔所指出的，这是一种"毛细血管式的权力模式"①，即权力以一种毛细状态渗透于社会各个层面与枝节，福柯通过对社会权力关系的精细化分析和描述，用来反抗特定的支配模式。然而这种权力无处不在的观点往往也会导致对权力之外其他维度的遮蔽，加拿大学者查尔斯·泰勒批判了这种研究对新尼采主义理论的滥用，即一味地用权力结构来分析阐释社会文化问题，这其实是"虚伪的应承"，他说："新尼采主义理论的支持者为了逃避这种十足的虚伪，遂把全部问题都变成权力与反权力（power and counterpower）的问题。"② 他认为要获得尊重与承认并不是简单地反对某种中心主义，而需综合考量各个方面的因素，对问题进行全面而科学的分析。如果一味地将文化与趣味描绘成剥夺和反剥夺的权力博弈，这样就把问题单一化，而对趣味问题所关联的其他影响因素（比如美学因素）视而不见。失落了审美一极的趣味，就不再具有审美活动灵魂的意义，变成了纯粹意识形态的反映。

在社会各阶层中构建审美趣味沟通的渠道，需要打破权力的壁垒，首先需要的是了解，如果仅仅是一味地将所谓中心文化价值、上层趣味作为批判的标靶，而不去深究权力关系存在的社会根源，则无助于社会审美趣味顺利建构，在充分的理解与沟通之前，要求上层对下层的尊重，中心对边缘的承认，那么，所谓的尊重必然是虚伪的，所谓的承认也是违心的。这也是处于文化权力中心位置的主体对边缘文化趣味的解读似是而非的真正原因，所形成的实际后果是：底层民众、边缘群体的

---

① ［英］约翰·格莱德希尔：《权力及其伪装——关于政治的人类学视角》，赵旭东译，商务印书馆2011年版，第205页。
② ［加拿大］查尔斯·泰勒：《承认的政治》，载汪晖、陈燕谷主编《文化与公共性》，生活·读书·新知三联书店1998年版，第328页。

审美趣味与文化权力

趣味或许就成为上层阶级娱宾遣兴的谈资，一种狂欢派对上用以寻求刺激与新鲜感的假面，就如欧美20世纪中期以来流行的非洲狂野主义一样，将非洲原生态的文化元素与狂野风格进行艺术嵌套和商业包装，但问题是，这些来自底层或边缘社会群体的审美趣味、艺术风格真正获得了尊重和了解吗？

其次，要在充分沟通、彼此尊重的基础上承认趣味存在的差异，试图完全弥合趣味的差异其实并不明智，就像查尔斯·泰勒所说的："表面上公正和无视差异的社会不仅是违背人性的，而且其本身是高度歧视性的，尽管这种歧视往往是以含蓄的和无意识的方式表现出来。"① 价值中立和无视差异原则确实是一种极具诱惑力的思维方式，但其实同样暗含趣味支配的逻辑和文化霸权，后殖民主义、女性主义对于原有核心——边缘二元结构的消解不应变成无标准和无差别的局面，无视差异就是无视自然与社会客观存在的多元化现实，将会导致思想与趣味的同质化；而价值中立主义的末流往往也会导向某种价值虚无主义、自由原教旨主义和安那其主义。在对审美趣味进行社会性考察的过程中，不能以一种偏见代替另一种偏见，也不可能抹平审美趣味的各种形态，尽管这背后暗含着权力的逻辑，但承认差异存在是一种理性客观的态度，也会给我们反抗不合理的权力布局增加思辨的效度和力度。审美趣味价值层面的倡导应遵循多元化的理路，而趣味多元化的演进则应该得到多方面力量的支持，建立一种范式并不需要向已有范式逆向附合，而是要保持开放的姿态，包括向个体性独特精神甚至异质性思维不断掘进。

此外，要重新建立一种公平合理的趣味关系，还需要各种趣味价值观在彼此承认的前提下相互沟通，形成加达默尔所说的视域融合，达到相互的尊重和理解。在这方面，首先是要认识到，纯粹是在权力扶持下的所谓高雅审美趣味在展示其炫目光环时，却难以掩盖其内容的贫弱和

---

① [加拿大]查尔斯·泰勒：《承认的政治》，载汪晖、陈燕谷主编《文化与公共性》，生活·读书·新知三联书店1998年版，第305页。

第七章　重塑趣味社会结构与价值标准

价值的贫乏。就像德国学者沃尔夫冈·弗里兹·豪格所说的："如果没有要麻醉自己的人们，就不会有麻醉人们的麻醉剂。"[①] 一方面，资本家要通过文化资本来控制民众的趣味，就是要通过现代社会民众自我麻醉、自我欺骗的需求来实现；另一方面，这种控制是普通民众自身趣味的心理弱势造成的，对高雅趣味的盲目趋附与崇拜往往并没有达到审美提升的效果，反而失落了自身趣味抚慰心灵这一原初的价值。

因此，处于文化弱势地位的群体要使自身趣味得到社会尊重，还需摆正自己的心态，站稳自己的立场。在现代社会尤其是欧美社会，政治正确性（Political Correctness）原则其实对文化领域的延伸颇广，这就在审美文化中出现相互矛盾的现象，一方面是白人男性精英的文化趣味主导权依然强势，另一方面少数群体（少数种族、少数民族等）或一般认为的弱势群体（女性、草根人群等）也在努力伸张自身的审美趣味理念，这与他们在政治方面争夺话语权是一致的。于是，趣味高低等客观差异成为禁忌话题，社会各阶层出于不同心态，不愿正视社会趣味建构过程中普遍存在的"影响的焦虑"等问题，这些问题同时带有社会属性和美学属性，并不会随着政治上各种去中心化的运动而自行消失，而且这种对权力结构的极端反应是不正常的，阻断了趣味在不同人群间的沟通交流，另外也使文化弱势群体在趣味上的孤立局面更加严重，他们在社会审美活动中并未得到真正的尊重。无论是对于文化弱势群体还是强势群体而言，宽容都应成为面对他人趣味的一种基本立场，除此之外，我们更应有一种活跃的态度，一种积极的反应，其本质在于预见、理解和尝试那些既能够体现彼此尊严，又能促使我们心灵相互沟通的趣味存在方式与演进方向，这与时代精神也是高度契合的。

总之，在审美趣味价值评判与建构实践中，需要充分认识社会权力结构在其中的影响。此外，在反思与重建合理的社会趣味关系时，也要

[①] Wolfgang Fritz Haug, *Critique of Commodity Aesthetic: Appearance, Sexuality and Advertising in Capitalist Society*, Translated by Robert Bock, Cambridge: Polity Press, 1986, p. 135.

回到美学本身，回到人的精神特性本身，在社会发展规律和美学规律的基础上，批判地解读权力结构下现实的趣味关系，从而提出更为合理的趣味存在形态的建构方案，这是一种美学实践，也是一种社会实践，不仅需要理论的长期探讨，也更需要结合社会文化现实进行不断的尝试。

参考文献

一 西文部分

1. Adam Smith, *The Theory of Moral Sentiments*, edited by D. D. Raphael and A. L. Macfie, Indianapolis: Liberty Fund, 1984.

2. Adolfo Sánchez Vázquez, *Art and Society: Essays in Marxist Aesthetic* (Translated by Maro Riofrancos), Monthly Review Press, 1973.

3. Allan Ramsay, *A Dialogue on Taste.* London: Printed in the year MDCCLXI, 1762.

4. Alexander Gerard, *An Essay on Taste*, London, printed for A. Mlar in the strand, A. Kincaid and Bell, in Edinburge, Mdcclix, 1759.

5. Anthony Giddens, *The Constitution of Society: Outline of the Theory of Structuration*, Cambridge: Polity Press, 1984.

6. Andrew Arato and Eike Gebhart, eds., *The Essential Frankfurt School Reader*, New York: Continuum1.

7. Alexander Broadie, edt., *The Cambridge Companion to the Scottish Enlightenment*, Cambridge: Cambridge University Press, 2003.

8. Arthur de Gobineau, *The Inequality of the Human Races*, Ostara Publications, 2016.

9. Arnold Hauser, *Social History of Art, Volume 2, Renaissance, Mannerism, Baroque*, Taylor & Francis Routledge, 1999.

10. Boris Groys, *Art power*, The MIT Press, 2008.
11. Colin Blakemore and Susan Iversen, eds., *Gender and Society: Essays Based on Herbert Spencer Lectures Given in the University of Oxford*, Oxford: Oxford University Press, 2000.
12. C. Wright Mills, *The Power Elite*. Oxford University Press, 1956.
13. Colin Blakemore and Susan Iversen, eds., *Gender and Society: Essays Based on Herbert Spencer Lectures Given in the University of Oxford*, Oxford: Oxford University Press, 2000.
14. Collin Campbell, *The Romantic Ethic and the Spirit of Modern Consumerism*. Palgrave Macmillan, 2018.
15. Dabney Townsend, *TASTE: Early History*, *Encyclopedia of Aesthetics*, Oxford University Press, 1998.
16. Douglas Kellner, eds., *Collected papers of Herbert Marcuse*, Vol. 1, London and New York: Routledge, 1998.
17. Douglas den Uyl, ed., *Characteristicks of Men, Manners, Opinions, Times*, Vol. 2, Indianapolis: Liberty Fund, 2001.
18. Edward Alsworth Ross, *Social Psychology*, New York: Macmillan, 1919.
19. George Dickie, *Evaluating Art*, Philadelphia: Temple University Press, 1988.
20. George Dickie, *Art and the Aesthetic: An Institutional Analysis*, Ithaca and London: Cornell University Press, 1974.
21. George Dickie, R. J. Sclafani, eds., *Aesthetics: A Critical Anthology*, New York: St. Martin's Press, 1977.
22. Gilles Lipovetsky, *The Empire of Fashion*, Translated by Catherine Porter, Princeton: Princeton University Press, 1994.
23. George Santayana, *The Sense of beauty*, *Being the Outline of Aesthetic Theory*, New York: Dover Publications, Inc., 1955.

参考文献

24. George Santayana, *Dominations and Powers: Reflections on Liberty, Society, and Government*, New Brunswick: Transaction Publishers, 1995.

25. G. W. F. Hegel, *Philosophy of Right*, (Translated by S. W Dyde). Kitchener, Ontario: Batoche Books, 2001.

26. Henry Home, Lord Kames, *Elements of Criticism*, Peter Jones, ed., Indianapolis: Liberty Fund, 2005.

27. Hugh Blair, *Lectures on Rhetoric and Belles Lettres*, Vol. 1, printed by I. Thomas and E. T. Andrews, 1802.

28. Henry E. Allison, *Kant's Theory of taste*, Cambridge University Press, 2001.

29. Hannah Arendt, *Lectures on Kant's Political Philosophy*, edited by Ronald Beiner, Chicago: The University of Chicago Press, 1992.

30. Herbert J. Gans, *Popular Culture & High Culture: an Analysis and Evaluation of Taste*, Basic Books, 1999.

31. Henri Lefebvre, *Critique of Everyday Life*, Vol. Ⅲ, Translated by Gregory Elliott, London and New York: Verso, 2005.

32. Hamelink, C. J., *cultural autonomy in global communications*. New York: Longman, 1983.

33. Hilde Hein and Carolyn Korsmeyer, eds., *Aesthetics in Feminist perspective*, Indianapolis: Indiana University Press, 1993.

34. Immanuel Kant, *Prolegomena to Any Future Metaphysics*, Translated by James W. Ellington, Indianapolis: Hackett Publishing Company, 2001.

35. John Locke, *Two Treatises of Government*, edited by Mark Goldie, London: Everyman Paperback, 1993.

36. John Locke, *The Works of John Locke*, Vol. 8, London: Rivington, 1824.

37. John Locke, *Some Thoughts Concerning Education*, Posthumous Works,

Familiar Letters, in *The Works of John Locke* , Vol 8, London: Rivington, 1824.

38. Jacques Derrida, *The Truth in Painting*, Translated by Geoff Bennington and Ian McLeod, Chicago and London: The University of Chicago Press, 1987.

39. Joseph Margolis, ed. , *Philosophy Looks at the Arts: Contemporary Readings in Aesthetics* II , Philadelphia: Temple University Press, 1987.

40. James Northcote, *The Life of Sir Joshua Reynolds*, Printed for Henry Colburn, Conduit-Street, London, 1819.

41. James O. Young, ed. , *Aesthetics: Critical Concepts in Philosophy*, Vol. I , London and New York: Routledge, 2005.

42. James C. Scott, *The Art of Not Being Governed: An Anarchist History of Upland Southeast Asia*, Yale University Press, 2009.

43. Jacques Rancière, *Aesthetics and Its Discontents*, Translated by Steven Corcoran, Polity Press, 2009.

44. Jonathan Loesberg, *A Return to Aesthetics: Autonomy, Indifference, and Postmodernism*, Stanford , California: Stanford University Press, 2005.

45. John Fiske, *Reading the Popular*, Boston: Unwin Hyman, 1989.

46. Jeffrey C. Alexander, Steven Seidman, eds. , *Culture and Society: Contemporary Debates*, Cambridge: Cambridge University Press, 1990.

47. Loic Wacquant, ed. , *Pierre Bourdieu and Democratic Politics - The Mystery of Ministry*, Polity Press, 2005.

48. Pierre Bourdieu, *Distinction: A Social Critique of the Judgment of Taste*, (translated by Richard Nice), Routledge & Kegan Paul Ltd. , 1984.

49. Pierre Bourdieu and Loic J. D. Wacquant, *An Invitation to Reflexive Sociology*, Chicago: The University of Chicago Press, 1992.

50. Peter Kivy, ed. , *The Blackwell Guide to Aesthetics*, Blackwell

Publishing, 2004.

51. Paul Guyer, *Kant and the Claims of Taste*, Cambridge: Cambridge University Press, 1997.

52. Paul Mattick, ed., *Eighteenth-Century Aesthetics and the Reconstruction of Art*, Cambridge: Cambridge University Press, 2008.

53. Robert Stecker and Ted Gracyk, eds., *Aesthetics Today: A Reader*, Rowman & Littlefield Publishers, inc., 2010.

54. Robert Joyce, *The Esthetic Animal——Man, the Art-Created Art Creator*, Hicksville, New York: Exposition Press, 1975.

55. Robert Redfield, *Peasant Society and Culture: An Anthropological Approach to Civilization*, Chicago: The University of Chicago Press, 1956.

56. Richard Hoggart, *The Use of Literacy: Aspects of working-class life with special references to publications and entertainments*. London: Chatto and Windus, 1957.

57. Rebecca Kukla, ed., *Aesthetics and Cognition in Kant's Critical Philosophy*, Carleton University, Cambridge University Press, 2006.

58. Thomas Reid, *Essays on the Intellectual Powers of Man*, edited by James Walker, D. D., Cambridge: Metcalf and Company, 1850.

59. Theodor Adorno, *Minima moralia: reflections from damaged life* (translated by E. F. N. Jephcott), London and New York: Verso, 2005.

60. Theodor Adorno, ect., *Aesthetics and Politics: The Key Texts of the Classic Debate Within German Maxism*, London & New York: Verso, 1977.

61. Theodor W. Adorno, *Aesthetic Theory*, translated by Robert Hullot-Kentor, Minneapolis: University of Minnesota Press, 1996.

62. Theodor W. Adorno, *The Cultural Industry*, edited by J. M. Bernstein, London and New York: Routledge, 1991.

63. Theodor W. Adorno, *Prisms*, translated by Samuel and Shierry Weber, MIT Press, 1981.

64. Tamar Japaridze, *The Kantian Subject: Sensus Communis, Mimesis, Work of Mourning*, State University of New York Press, 2000.

65. Thorstein Veblen, *The Theory of the Leisure Class*, edited by Martha Banta, Oxford: Oxford University Press, 2007.

66. Matel Calinescu, *Five Faces of Modernity: Modernism, Avant-Garde, Decadence, Kitsch, Postmodernism.* Duke University Press, 1987.

67. Michael Moriarty, *Taste and Ideology in Seventeenth-century France*, Cambridge University Press, 1988.

68. Noël Carroll, *A Philosophy of Mass Art*, Oxford: Clarendon Press, 1998.

69. Wolfgang Fritz Haug, *Critique of Commodity Aesthetic: Appearance, Sexuality and Advertising in Capitalist Society*, Translated by Robert Bock, Combridge: Polity Press, 1986.

二　中文译著

1. ［法］霍尔巴赫：《健全的思想——或和超自然观念对立的自然观念》，王荫庭译，商务印书馆1966年版。

2. ［德］黑格尔：《美学》（第1卷），朱光潜译，商务印书馆1979年版。

3. ［法］安格尔：《安格尔论艺术》，朱伯雄译，辽宁美术出版社1979年版。

4. ［英］休谟：《人性论》，关文运译，商务印书馆1980年版。

5. ［法］丹纳：《艺术哲学》，傅雷译，人民文学出版社1981年版。

6. ［德］叔本华：《作为意志和表象的世界》，石冲白译，商务印书馆

1982年版。

7. ［美］苏珊·朗格：《情感与形式》，刘大基、傅志强、周发祥译，中国社会科学出版社1986年版。

8. ［意］维柯：《新科学》，朱光潜译，人民文学出版社1986年版。

9. ［英］达尔文：《人类的由来》，潘光旦、胡寿文译，商务印书馆1986年版。

10. ［美］玛格丽特·米德：《文化与承诺——一项关于代沟问题的研究》，周晓虹、周怡译，河北人民出版社1987年版。

11. ［前苏联］亚·伊·布罗夫：《美学：问题和争论——美学论争的方法论原则》，张捷译，文化艺术出版社1988年版。

12. ［美］约翰·罗尔斯：《正义论》，何怀宏、何包钢、廖申白译，中国社会科学出版社1988年版。

13. ［美］露丝·本尼迪克特：《文化模式》，王炜等译，生活·读书·新知三联书店1988年版。

14. ［英］休谟：《人性的高贵与卑劣——休谟散文集》，杨适等译，生活·读书·新知三联书店1988年版。

15. ［美］丹尼尔·贝尔：《资本主义文化矛盾》，赵一凡、蒲隆、任晓晋译，生活·读书·新知三联书店1989年版。

16. ［德］本雅明：《发达资本主义时代的抒情诗人》，生活·读书·新知三联书店1989年版。

17. ［法］孔狄亚克：《人类知识起源论》，洪洁求、洪丕柱译，商务印书馆1989年版。

18. ［美］E.希尔斯：《论传统》，傅铿、吕乐译，上海人民出版社1991年版。

19. ［英］伯特兰·罗素：《权力论：新社会分析》，吴友三译，商务印书馆1991年版。

20. ［德］齐美尔：《桥与门——齐美尔随笔集》，涯鸿、宇声等译，上海三联书店 1991 年版。

21. [美] 巴里·斯特德：《休谟》，周晓亮、刘建荣译，山东人民出版社 1992 年版。

22. [德] 汉斯·罗伯特·尧斯：《审美经验论》，朱立元译，作家出版社 1992 年版。

23. [英] 托·斯·艾略特：《艾略特文学论文集》，李赋宁译，百花洲文艺出版社 1994 年版。

24. [古希腊] 亚里士多德：《政治学》，吴寿彭译，商务印书馆 1996 年版。

25. [奥] 弗洛伊德：《弗洛伊德文集·文明与缺憾》，傅雅芳译，安徽文艺出版社 1996 年版。

26. [法] 福柯：《权力的眼睛——福柯访谈录》，严锋译，上海人民出版社 1997 年版。

27. [美] 詹明信：《晚期资本主义的文化逻辑》，陈清侨等译，生活·读书·新知三联书店 1997 年版。

28. [法] 波伏娃：《第二性》，陶铁柱译，中国书籍出版社 1998 年版。

29. [英] 弗格森：《文明社会史论》，林本椿、王绍祥译，辽宁教育出版社 1999 年版。

30. [法] 米歇尔·福柯：《疯癫与文明》，刘北成、杨远婴译，生活·读书·新知三联书店 1999 年版。

31. [德] 哈贝马斯：《公共领域的结构转型》，曹卫东等译，学林出版社 1999 年版。

32. [美] 罗伯特·金·默顿：《十七世纪英格兰的科学、技术与社会》，范岱年等译，商务印书馆 2000 年版。

33. [美] 罗尔斯顿：《环境伦理学》，杨通进译，中国社会科学出版社 2000 年版。

34. [德] 康德：《论优美感和崇高感》，何兆武译，商务印书馆 2001

年版。

35. ［美］戴安娜·克兰：《文化生产：媒体与都市艺术》，赵国新译，译林出版社 2001 年版。

36. ［英］鲍桑葵：《美学史》，张今译，广西师范大学出版社 2001 年版。

37. ［英］吉姆·麦克盖根：《文化民粹主义》，桂万先译，南京大学出版社 2001 年版。

38. ［英］鲍曼：《现代性与大屠杀》，杨渝东、史建华译，译林出版社 2002 年版。

39. ［英］史蒂夫·康纳：《后现代主义文化——当代理论导引》，商务印书馆 2002 年版。

40. ［德］彼得·比格尔：《先锋派理论》，高建平译，商务印书馆 2002 年版。

41. ［法］亨利·马蒂斯：《画家笔记——马蒂斯论创作》，钱琮平译，广西师范大学出版社 2002 年版。

42. ［法］费尔南·布罗代尔：《15 至 18 世纪的物质文明、经济和资本主义》，顾良、施康强译，生活·读书·新知三联书店 2002 年版。

43. ［德］康德：《判断力批判》，邓晓芒译，人民出版社 2002 年版。

44. ［芬］尤卡·格罗瑙：《趣味社会学》，向建华译，南京大学出版社 2002 年版。

45. ［斯洛文尼亚］齐泽克：《意识形态的崇高客体》，季广茂译，中央编译出版社 2002 年版。

46. ［德］埃利亚斯·卡内提：《群众与权力》，冯文光、刘敏、张毅译，中央编译出版社 2003 年版。

47. ［美］马歇尔·伯曼：《一切坚固的东西都烟消云散了——现代性体验》，徐大建、张辑译，商务印书馆 2003 年版。

48. ［英］斯图尔特·霍尔编：《表征——文化表现与意指实践》，徐亮、陆兴华译，商务印书馆 2003 年版。

49. ［美］理查德·罗蒂：《哲学和自然之镜》，李幼蒸译，商务印书馆 2003 年版。

50. ［德］汉斯-格奥尔格·加达默尔：《真理与方法——哲学诠释学的基本特征》，洪汉鼎译，上海译文出版社 2004 年版。

51. ［英］R. W. 费夫尔：《西方文化的终结》，丁万江、曾艳译，江苏人民出版社 2004 年版。

52. ［德］马克斯·韦伯：《支配社会学》，康乐、简惠美译，广西师范大学出版社 2004 年版。

53. ［英］阿雷恩·鲍尔德温等：《文化研究导论》，陶东风等译，高等教育出版社 2004 年版。

54. ［美］瓦莱里·斯蒂尔：《内衣：一部文化史》，师英译，百花文艺出版社 2004 年版。

55. ［德］伊曼努尔·康德：《实用人类学》，邓晓芒译，上海人民出版社 2005 年版。

56. ［法］米歇尔·福柯：《性经验史》，佘碧平译，上海世纪出版集团 2005 年版。

57. ［英］贝尔：《艺术》，薛华译，江苏教育出版社 2005 年版。

58. ［法］皮埃尔-安德烈·塔基耶夫：《种族主义源流》，高凌瀚译，生活·读书·新知三联书店 2005 年版。

59. ［美］哈罗德·布鲁姆：《西方正典：伟大作家和不朽作品》，译林出版社 2005 年版。

60. ［美］爱默生：《爱默生人生十论》，亦非译，京华出版社 2005 年版。

61. ［英］马克·J. 史密斯：《文化——再造社会科学》，张美川译，吉林人民出版社 2005 年版。

62. ［古希腊］亚里士多德：《诗学》，陈中梅译，商务印书馆 2005

年版。

63. ［德］G. G. 莱布尼茨：《中国近事——为了照亮我们这个时代的历史》，杨保筠译，大象出版社 2005 年版。

64. ［美］奈（Nye J. S.）：《硬权力与软权力》，门洪华译，北京大学出版社 2005 年版。

65. ［德］卡尔·雅斯贝斯：《时代的精神状况》，王德峰译，上海译文出版社 2005 年版。

66. ［英］赫伯特·斯宾塞：《社会静力学》，张雄武译，商务印书馆 2005 年版。

67. ［英］伊丽莎白·赖特：《拉康与后女性主义》，王文华译，北京大学出版社 2005 年版。

68. ［意］里奥奈罗·文杜里：《西方艺术批评史》，迟轲译，江苏教育出版社 2005 年版。

69. ［美］门罗·比厄斯利：《西方美学简史》，高建平译，北京大学出版社 2006 年版。

70. ［德］马克斯·霍克海默、西奥多·阿道尔诺：《启蒙辩证法》，渠敬东、曹卫东译，上海世纪出版集团 2006 年版。

71. ［美］诺埃尔·卡罗尔：《超越美学》，李媛媛译，商务印书馆 2006 年版。

72. ［德］瓦尔特·本雅明：《巴黎——19 世纪的首都》，刘北成译，上海人民出版社 2006 年版。

73. ［英］休谟：《休谟散文集》，肖聿译，中国社会科学出版社 2006 年版。

74. ［德］尼采：《权力意志》，孙周兴译，商务印书馆 2007 年版。

75. ［美］萨义德：《东方学》，王宇根译，生活·读书·新知三联书店 2007 年版。

76. ［法］米歇尔·福柯：《疯癫与文明》，刘北成、杨远婴译，生活·

读书·新知三联书店2007年版。

77. [美] 阿瑟·丹托:《美的滥用——美学与艺术的概念》,王春辰译,江苏人民出版社2007年版。

78. [德] 约翰·哥特弗里特·赫尔德:《赫尔德美学文选》,张玉能译,同济大学出版社2007年版。

79. [英] 托尼·本尼特:《本尼特:文化与社会》,王杰、强东红等译,广西师范大学出版社2007年版。

80. [英] 约翰·凯里:《艺术有什么用》,刘洪涛、谢江南译,译林出版社2007年版。

81. [法] 马克·布洛赫:《封建社会》,李增洪等译,商务印书馆2007年版。

82. [澳大利亚] 薇尔·普鲁姆德:《女性主义与对自然的主宰》,马天杰、李丽丽译,重庆出版社2007年版。

83. [美] 阿诺德·柏林特主编:《环境与艺术:环境美学的多维视角》,刘悦笛等译,重庆出版社2007年版。

84. [德] 海因茨·佩茨沃德:《符号、文化、城市:文化批判哲学五题》,邓文华译,四川人民出版社2008年版。

85. [英] 贡布里希:《艺术的故事》,范景中译,广西美术出版社2008年版。

86. [德] 格罗塞:《艺术的起源》,蔡慕晖译,商务印书馆2008年版。

87. [英] 达尔文:《物种起源》,周建人、叶笃庄、方宗熙译,商务印书馆2009年版。

88. [英] 弗朗西斯·哈奇森:《论美与德性观念的根源》,高乐田等译,浙江大学出版社2009年版。

89. [法] 克洛德·列维-斯特劳斯:《忧郁的热带》,王志明译,中国人民大学出版社2009年版。

90. [法] 阿兰·德波顿:《身份的焦虑》,陈广兴、南治国译,上海译文出版社 2009 年版。

91. [英] 苏珊·弗兰克·帕森斯：《性别伦理学》，史军译，北京大学出版社 2009 年版。

92. [英] 伊丽莎白·威尔逊：《波西米亚——迷人的放逐》，杜冬冬、施依秀等译，译林出版社 2009 年版。

93. [美] 朱迪斯·巴特勒：《性别麻烦：女性主义与身份的颠覆》，宋素凤译，上海三联书店 2009 年版。

94. [美] 朱迪斯·巴特勒：《权力的精神生活：服从的理论》，张生译，江苏人民出版社 2009 年版。

95. [德] 尤尔根·哈贝马斯：《合法化危机》，刘北成、曹卫东译，上海世纪出版集团 2009 年版。

96. [英] 迈克·费瑟斯通：《消解文化——全球化、后现代主义与认同》，杨渝东译，北京大学出版社 2009 年版。

97. [美] 杜威：《艺术即经验》，高建平译，商务印书馆 2010 年版。

98. [英] 戴维·英格利斯：《文化与日常生活》，张秋月、周雷亚译，中央编译出版社 2010 年版。

99. [英] 齐格蒙特·鲍曼：《工作、消费、新穷人》，仇子明、李兰译，吉林出版集团有限责任公司 2010 年版。

100. [爱尔兰] 埃德蒙·伯克：《关于我们崇高和美观念之根源的哲学探讨》，郭飞译，大象出版社 2010 年版。

101. [英] 弗兰西斯·哈奇森：《道德哲学体系》，浙江大学出版社 2010 年版。

102. [美] 塞缪尔·亨廷顿：《文明的冲突与世界秩序的重建》，周琪等译，新华出版社 2010 年版。

103. [美] 爱德华·霍尔：《超越文化》，何道宽译，北京大学出版社 2010 年版。

104. [美] 布赖恩·贝利：《比较城市化》，顾朝林等译，商务印书馆

2010年版。

105. [美] 玛莎·努斯鲍姆:《诗性正义——文学想象与公共生活》,丁晓东译,北京大学出版社2010年版。

106. [法] 米歇尔·福柯:《生命政治的诞生》,莫伟民、赵伟译,上海人民出版社2011年版。

107. [英] 约翰·埃默里克·爱德华·达尔伯格-阿克顿:《自由与权力》,侯健、范亚峰译,译林出版社2011年版。

108. [德] 加布丽埃·施瓦布:《文学、权力与主体》,陶家俊译,中国社会科学出版社2011年版。

109. [法] 让-弗朗索瓦·利奥塔尔:《后现代状况》,车槿山译,南京大学出版社2011年版。

110. [英] 弗·培根:《培根论文集》,张造勋译,中国社会科学出版社2011年版。

111. [德] 彼得·科斯洛夫斯基:《后现代文化——技术发展的社会文化后果》,毛怡红译,中央编译出版社2011年版。

112. [瑞士] 卡尔·古斯塔夫·荣格:《文明的变迁》,周朗、石小竹译,国际文化出版公司2011年版。

113. [法] 阿兰·巴迪欧:《世纪》,蓝江译,南京大学出版社2011年版。

114. [法] 卢梭:《社会契约论》,李平沤译,商务印书馆2011年版。

115. [美] 杰弗里·亚历山大:《社会生活的意义——一种文化社会学的视角》,周怡等译,北京大学出版社2011年版。

116. [美] 大卫·雷·格里芬编:《后现代精神》,王成兵译,中央编译出版社2011年版。

117. [美] 道格拉斯·凯尔纳、斯蒂文·贝斯特:《后现代理论——批判性的质疑》,张志斌译,中央编译出版社2011年版。

118. [美] 约翰·杰洛瑞:《文化资本——论文学经典的建构》,江宁康、高巍译，南京大学出版社 2011 年版。

119. ［美］保罗·福赛尔：《格调：社会等级与生活品位》，石涛译，世界图书出版公司 2011 年版。

120. ［法］皮埃尔·布尔迪厄：《男性统治》，刘晖译，中国人民大学出版社 2012 年版。

121. ［澳大利亚］马克·吉布森：《文化与权力：文化研究史》，王加为译，北京大学出版社 2012 年版。

122. ［美］戴维·斯沃茨：《文化与权力——布尔迪厄的社会学》，陶东风译，上海世纪出版集团 2012 年版。

123. ［德］鲍里斯·格洛伊斯：《走向公众》，苏伟、李同良等译，金城出版社 2012 年版。

124. ［法］吉尔·德勒兹：《批判与临床》，刘云虹、曹丹红译，南京大学出版社 2012 年版。

125. ［美］利奥·洛文塔尔：《文学、通俗文化和社会》，甘锋译，中国人民大学出版社 2012 年版。

126. ［美］布莱恩·沃利斯主编：《现代主义之后的艺术：对表现的反思》，宋晓霞等译，北京大学出版社 2012 年版。

127. ［荷兰］彼得·李伯庚：《欧洲文化史》，赵复三译，江苏人民出版社 2012 年版。

128. ［加］贝淡宁、［以］艾维纳：《城市的精神》，吴万伟译，重庆出版社 2012 年版。

129. ［法］爱弥儿·涂尔干：《哲学讲稿》，渠敬东、杜月译，商务印书馆 2012 年版。

130. ［美］大卫·利文斯顿·史密斯：《非人——为何我们会贬低、奴役、伤害他人》，冯伟译，重庆出版社 2012 年版。

131. ［英］伯特兰·罗素：《权威与个人》，储智勇译，商务印书馆 2012 年版。

132. [法] 布封：《自然史》，陈筱卿译，译林出版社 2013 年版。

133. [法] 维吉尔·毕诺：《中国对法国哲学思想形成的影响》，耿昇译，商务印书馆 2013 年版。

134. [德] 倭铿：《人生的意义与价值》，周新建、周洁译，译林出版社 2013 年版。

135. [法] 保罗·利科：《作为一个他者的自身》，余碧平译，商务印书馆 2013 年版。

136. [法] 夏尔·波德莱尔：《浪漫派的艺术》，郭宏安译，上海译文出版社 2013 年版。

137. [美] 乔治·斯坦纳：《语言与沉默——论语言、文学与非人道》，李小均译，上海人民出版社 2013 年版。

138. [德] 诺贝特·埃利亚斯：《文明的进程》，王佩莉、袁志英译，上海译文出版社 2013 年版。

139. [斯诺文尼亚] 斯拉沃热·齐泽克：《自由的深渊》，王俊译，上海译文出版社 2013 年版。

140. [法] 露西·伊利格瑞：《他者女人的窥镜》，屈雅君译，河南大学出版社 2013 年版。

141. [美] 内尔·诺丁斯：《女性与恶》，路文彬译，教育科学出版社 2013 年版。

142. [英] E. P. 汤普森：《英国工人阶级的形成》，钱乘旦等译，译林出版社 2013 年版。

143. [法] 夏尔·波德莱尔：《美学珍玩》，郭宏安译，上海译文出版社 2013 年版。

144. [英] 雷蒙·威廉斯：《乡村与城市》，韩子满、刘戈、徐珊珊译，商务印书馆 2013 年版。

145. [美] 戴维·哈维：《后现代的状况——对文化变迁之缘起的探究》，阎嘉译，商务印书馆 2013 年版。

146. ［法］奥利维耶·阿苏利：《审美资本主义——品味的工业化》，黄琰译，华东师范大学出版社2013年版。

147. ［法］保罗·利科：《作为一个他者的自身》，余碧平译，商务印书馆2013年版。

148. ［德］叔本华：《叔本华美学随笔》，韦启昌译，上海人民出版社2014年版。

149. ［澳］亨利·洛瑞：《民族发展中的苏格兰哲学》，管月飞译，浙江大学出版社2014年版。

150. ［英］路德维希·维特根斯坦：《文化和价值》，黄正东、唐少杰译，译林出版社2014年版。

151. ［德］莫里茨·盖格尔：《艺术的意味》，艾彦译，译林出版社2014年版。

152. ［法］吉尔·德勒兹：《哲学与权力的谈判》，刘汉全译，译林出版社2014年版。

153. ［英］艾瑞克·霍布斯鲍姆：《资本的年代——1848—1875》，张晓华等译，中信出版社2014年版。

154. ［英］特里·伊格尔顿：《后现代主义的幻象》，华明译，商务印书馆2014年版。

155. ［英］阿尔弗雷德·诺思·怀特海：《观念的冒险》，周邦宪译，译林出版社2014年版。

156. ［英］伯纳德·威廉斯：《羞耻与必然性》，吴天岳译，北京大学出版社2014年版。

157. ［美］汉娜·阿伦特：《极权主义的起源》，林骧华译，生活·读书·新知三联书店2014年版。

158. ［美］理查德·桑内特：《公共人的衰落》，李继宏译，上海译文出版社2014年版。

159. ［英］齐格蒙特·鲍曼：《流动世界中的文化》，戎林海、季传峰译，江苏教育出版社 2014 年版。

160. ［英］伯纳德·威廉斯：《羞耻与必然性》，吴天岳译，北京大学出版社 2014 年版。

161. ［英］伊格尔顿：《文学阅读指南》，范浩译，河南大学出版社 2015 年版。

162. ［法］阿里亚娜·舍贝尔·达波洛尼亚：《种族主义的边界——身份认同、族群性与公民权》，钟震宇译，社会科学文献出版社 2015 年版。

163. ［美］理查德·J. 伯恩斯坦：《根本恶》，王钦、朱康译，译林出版社 2015 年版。

164. ［法］阿尔贝·蒂博代：《批评生理学》，赵坚译，商务印书馆 2015 年版。

165. ［法］让·克莱尔：《艺术家的责任——恐怖与理性之间的先锋派》，赵苓岑、曹丹红译，华东师范大学出版社 2015 年版。

166. ［美］伊哈布·哈桑：《后现代转向：后现代理论与文化论文集》，刘象愚译，上海人民出版社 2015 年版。

167. ［英］约翰·伯格：《观看之道》，戴行钺译，广西师范大学出版社 2015 年版。

168. ［法］让·波德里亚：《艺术的共谋》，张新木等译，南京大学出版社 2015 年版

169. ［意］罗西·布拉伊多蒂：《后人类》，宋根成译，河南大学出版社 2016 年版。

170. ［美］C. 莱特·米尔斯：《白领：美国的中产阶级》，周晓虹译，南京大学出版社 2016 年版。

171. ［法］朱利安：《美，这奇特的理念》，高枫枫译，北京大学出版社 2016 年版。

172. ［美］克莱门特·格林伯格：《自制美学：关于艺术与趣味的观

察》，陈毅平译，重庆大学出版社 2017 年版。

173. ［英］安东尼·帕戈登：《启蒙运动为什么依然重要》，王丽慧等译，上海交通大学出版社 2017 年版。

174. ［美］汉娜·阿伦特：《艾希曼在耶路撒冷：一份关于平庸的恶的报告》，安尼译，译林出版社 2017 年版。

175. ［德］马克斯·韦伯：《新教伦理与资本主义精神》，刘作宾译，作家出版社 2017 年版。

176. ［美］保罗·福赛尔：《恶俗：或现代文明的种种愚蠢》，何纵译，北京联合出版公司 2017 年版。

177. ［法］达尼-罗伯特·迪富尔：《西方的妄想：后资本时代的工作、休闲与爱情》，中信出版集团 2017 年版。

178. ［荷］布拉姆·克姆佩斯：《绘画权力与赞助体制——文艺复兴时期意大利职业艺术家的兴起》，杨震译，北京大学出版社 2018 年版。

179. ［英］玛丽·比尔德：《女性与权力》，刘漪译，天津人民出版社 2018 年版。

180. ［德］沃尔夫冈·韦尔施：《美学与对世界的当代思考》，熊腾等译，商务印书馆 2018 年版。

181. ［美］阿瑟·C. 丹托：《何谓艺术》，夏开丰译，商务印书馆 2018 年版。

三　中文著作及论文

1. 梅兰芳述、许姬传记：《舞台生活四十年》，中国戏剧出版社 1957 年版。

2. 朱光潜：《西方美学史》，人民文学出版社 1979 年版。

3. 周晓亮：《休谟及其人性哲学》，社会科学文献出版社 1996 年版。

4. 周宪：《中国当代审美文化研究》，北京大学出版社 1997 年版。

5. 李泽厚：《美学三书》，安徽文艺出版社 1999 年版。
6. 高楠：《艺术的生存意蕴》，辽宁人民出版社 2001 年版。
7. 林语堂：《吾国与吾民》，陕西师范大学出版社 2002 年版。
8. 曹俊峰：《康德美学引论》，天津教育出版社 2002 年版。
9. 袁祖社：《权力与自由》，中国社会科学出版社 2003 年版。
10. 李建盛：《后现代转向中的美学》，江西教育出版社 2004 年版。
11. 朱光潜：《无言之美》，北京大学出版社 2005 年版。
12. 李欧梵：《未完成的现代性》，北京大学出版社 2005 年版。
13. 周宪：《审美现代性批判》，商务印书馆 2005 年版。
14. 文洁华：《女性与性别冲突——女性主义审美革命的中国境遇》，北京大学出版社 2005 年版。
15. 范玉吉：《审美趣味的变迁》，北京大学出版社 2006 年版。
16. 朱国华：《文学与权力——文学合法性的批判性考察》，华东师范大学出版社 2006 年版。
17. 彭亚非：《中国正统文学观念》，社会科学文献出版社 2007 年版。
18. 费孝通：《乡土中国》，人民出版社 2008 年版。
19. 高建平：《全球与地方——比较视野下的美学与艺术》，北京大学出版社 2009 年版。
20. 彭锋：《回归：当代美学的 11 个问题》，北京大学出版社 2009 年版。
21. 曹顺庆、李天道：《雅伦与雅俗之辩》，百花洲文艺出版社 2009 年版。
22. 彭立勋：《趣味与理性》，中国社会科学出版社 2009 年版。
23. 张朝霞：《经验的维度：休谟美学思想研究》，安徽大学出版社 2010 年版。
24. 邵燕君：《新世纪文学脉象》，安徽教育出版社 2011 年版。
25. 金惠敏：《全球对话主义——21 世纪的文化政治学》，新星出版社

2013 年版。

26. 李亦园：《文化与修养》，九州出版社 2013 年版。
27. 赵静蓉：《文化记忆与身份认同》，生活·读书·新知三联书店 2015 年版。
28. 梁漱溟：《东西文化及其哲学》，上海人民出版社 2015 年版。
29. 童庆炳：《文学：精神之鼎与诗意家园》，复旦大学出版社 2016 年版。
30. 南帆：《南帆文集 4·隐蔽的成规》，福建教育出版社 2016 年版。
31. 张永禄：《新世纪文学的变局与审美幻象》，法律出版社 2017 年版。
32. 高小康：《反美学：当代大众趣味描述》，《天津社会科学》1990 年 4 期。
33. 童庆炳：《艺术趣味与社会心理》，《人文杂志》1996 年第 5 期。
34. 张玉能：《英国经验主义美学论审美趣味》，《安徽师范大学学报》（人文社会科学版）2005 年第 5 期。
35. 高楠：《文学经典的危言与大众趣味权力化》，《文学评论》2005 年第 6 期。
36. 范玉吉：《神经美学与审美趣味研究的转向》，《山西师大学报》（社会科学版）2006 年第 2 期。
37. 沈湘平：《大众趣味的权力化及其后果》，《求是学刊》2007 年第 2 期。
38. 袁敦卫：《"趣味共同体"与审美泛化再考察》，《暨南学报》（哲学社会科学版）2008 年第 6 期。
24. 李春青：《论雅俗——对中国古代审美趣味历史演变的一种考察》，《思想战线》2011 年第 1 期。
39. 李春青：《论士大夫趣味与儒家文道关系说之形成》，《北京师范大学学报》（社会科学版）2011 年第 3 期。
40. 高建平：《发展中的艺术观与马克思主义美学的当代意义》，《文学评论》2011年第3期。
41. 李春青:《在讽谏与娱乐之间:"文人趣味"生成的历史轨迹》,《江苏行政学院学报》2011年第4期。
42. 南帆:《文学经典、审美与文化权力博弈》,《学术月刊》2012年1月号。

后　记

美学研究一直不"美",因为总是受"美"之外的东西干扰。谈到审美趣味,总以为是个人自由精神的选择,因此千百年来流传着"趣味无争辩"的说法,许多人因此以趣味为名圈地自赏,躲进小楼成一统。然而审美的选择无法摆脱外界的权力,文化权力是一把"软刀子",常常挤进艺术与生活审美的窄缝,然后渗透得无处不在。

个人的识见非常有限,却在日常的审美生活中因趣味和情感的晕染而变得具有穿透性,感时花溅泪,是因为放不下国与家;池塘生春草,是因为悟透了生与死。我们总是讨厌权力而喜欢自由,尤其是厌恶个人的审美受他人掌控,对个人趣味的坚守被解读为心灵自由,但事实上趣味无时不在权力的笼罩之下,我们自认为能坚持自己的趣味,不容他人批自己的"逆鳞",于是我们相互指责,惹来无数烦恼。佛家认为业障起于执着,执着又源自心魔,现代人的生活支离破碎,又怎能指望有个坚定持守、永不移易的审美趣味?所谓高雅趣味永远是端着才让人敬畏,许多人害怕纠缠于权力是非,着了色相,损了道行,就像一个高居云端的仙人动了凡心,摇摇晃晃下到凡尘又惹一身污泥,于是生出感叹:卿本佳人,奈何从贼?实际上,并非是权力玷污了趣味,而是趣味一直都未曾离开过权力。权力是理性的,又总是让人失去理性,人总是太执着地绕在权力的话语里,结果却是老套的"西风压倒东风"话术,如此这般陷入权力的迷宫陷阱,趣味的话题也就越来越离不开权力话语的操控。

　　当我们以审美的经验来构造趣味时，就莫名地产生一种自信，进而产生指点他人的冲动。任何一代在上一代人眼里都是在趣味上堕落的一代，"80 后"曾备受指责，但现在也开始板起脸训斥"90 后"、"00 后"趣味庸俗。代际的战争在不断上演，性别的争斗也在变换花样，民族国家的审美建构更是被纳入文明之争的巨大话语之下。权力建立了秩序，秩序形成了牢笼，也结下愤恨的种子，权力无论是走在台前，还是隐于幕后，总是引出一根根或显或隐的丝线，牵动着大时代下的每个普通人，也像一个巨大的投影，影响着一个时代文学艺术的基本面貌。

　　这本书以《审美趣味与文化权力》为题，尝试从文化权力的角度来解读审美趣味及其相关的理论。此书根据我的博士论文增补修改而来，期间又申请了国家社科基金项目并结项，前后经历十年之久，部分内容经过修改后陆续在各类期刊发表。人们常说"十年磨一剑"，意思是功夫到家，终成气候，而我这十年成书，实属拖延症发作，书中还有很多未尽之意、缺漏之处，见笑于大方之家。

　　本书得到我的恩师中国社科院文学所高建平研究员悉心指导，当初从博士论文定题、设定框架、撰写初稿到定稿答辩，每一步高老师都躬亲指导，对我给予了极大的耐心和宽容，同时又体现出极严格的态度。博士毕业后，高老师又时时关心书稿出版的问题，并给予我最大的帮助，百忙中还为我的书作序，老师的序言本身就是一篇关于审美趣味言简思深的论文，读之如嚼橄榄，余味回甘。老师常说，文章不要写得绕来绕去让人看不懂，这不是好文章，哪怕是学术文章也是如此，他的美学著作和论文总是带有很浓厚的个人风格，深入浅出，娓娓道来，真正做到了博观而约取，厚积而薄发。高老师从人格、学识到文风都是我终身学习的榜样，可以说，我的每一个进步、每一点成果都和我的恩师倾心投入是分不开的，在此深深地鞠躬以致我最诚挚的敬意与谢意！

后　　记

　　还要感谢中国社科院文学所党圣元、金惠敏、彭亚非、丁国旗、刘方喜、靳大成等各位老师，他们都在论文开题、写作、答辩各个环节给我提供过指导。毕业十年，我仍然怀念当年所里师生相处轻松自在的氛围，尤其是在理论室，就像一个大家庭，一起吃饭一起说笑，多年后回想起来仍感温暖惬意，也是我最为珍视和怀念的一段记忆。在写作过程中给过我指点和帮助的还有中国人民大学牛宏宝教授，北京师范大学王旭晓教授、刘成纪教授，香港浸会大学文洁华教授，还有国际美学协会前主席柯提斯·卡特教授、美国长岛大学阿诺德·伯林特教授等，他们都曾给我提供过相关的建议或资料，在此致谢。另外，也要感谢我的硕士导师——南京师范大学的朱崇才教授，我从在京城求学到后来工作，我们一直保持着联系，对我寄予了厚望。还有一些学术前辈和老师也对我关怀备至，南京师范大学骆冬青教授，南京大学周群教授、李昌舒教授，北京外国语大学李建盛教授，北京大学丁宁教授，深圳大学吴予敏教授等都在我的学业、工作上提供过帮助，在此一并致谢！

　　另外，还要感谢中国社会科学出版社张潜老师的辛苦编校，最终使此书能够顺利出版。

　　最后要感谢我的家人，多年在外求学、工作，难得回家乡，有一天却猛然发现父母真的老了，惊愕之余又唏嘘不已，欲为早晚奉帚尽孝而不可得，只有在电话中报声平安、聊以安慰而已。感谢我的妻子和小女，在我每每遇事烦恼时，是她们让我得以清心安宁。

　　一晃眼间，博士毕业已有十年，回望走过的这段路程，越来越唏嘘感叹，之前总是觉得处处美好，现在却是处处烦恼，也许是那时正青春，带有时光的滤镜，说到底，还是时间的流逝让人感觉恐惧神伤，就像走在小径分叉的花园里，面对无数路口，我们总是觉得自己选择了那条最坏的路。从三十而立到四十不惑，许多事功当立未立，许多事情当断未断，许多事理当清未清，整个人都是个半成品，就像过一炉生活的猛火而烧坏的陶胚,处在一个不生不熟、不离不即的状态,未成形却有心,难成器却又难自弃,就像论文收尾须有结论,人到一定年龄,许多事都渴望有个答案,但回头一想,许多事又何必指瑕求全?求仁得仁固然不错,生活在未尽处,不也挺好吗?

黄仲山
2023 年 7 月记于北京